普通高等教育人工智能与大数据系列教材

机器视觉

陈兵旗　陈思遥　王　侨　编著

机械工业出版社
CHINA MACHINE PRESS

本书首先介绍了机器视觉基础知识，然后利用专业图像处理软件，对图像数据及存储与采集，像素分布与图像分割，颜色空间及测量与变换，几何变换及单目视觉检测，傅里叶变换，小波变换，滤波增强，二值运算与参数测量，双目视觉测量，二维、三维运动图像测量实践，模式识别，神经网络，深度学习等常用理论方法进行了实用化讲解。每章都是个大类，包含丰富的理论、实践与应用案例介绍及二维码视频演示。

本书主要用于理工农医类本科生机器视觉的实践教学，也可以作为研究生、专业人员和一般读者的学习参考读物。

图书在版编目（CIP）数据

机器视觉 / 陈兵旗，陈思遥，王侨编著. -- 北京：机械工业出版社，2025. 6. -- （普通高等教育人工智能与大数据系列教材）. -- ISBN 978-7-111-78557-6

Ⅰ. TP302.7

中国国家版本馆 CIP 数据核字第 2025DR4987 号

机械工业出版社（北京市百万庄大街22号　邮政编码100037）
策划编辑：路乙达　　　　责任编辑：路乙达　韩　静
责任校对：曹若菲　丁梦卓　封面设计：张　静
责任印制：李　昂
涿州市般润文化传播有限公司印刷
2025年8月第1版第1次印刷
184mm×260mm · 21.25印张 · 524千字
标准书号：ISBN 978-7-111-78557-6
定价：69.80元

电话服务　　　　　　　　　网络服务
客服电话：010-88361066　机　工　官　网：www.cmpbook.com
　　　　　010-88379833　机　工　官　博：weibo.com/cmp1952
　　　　　010-68326294　金　书　网：www.golden-book.com
封底无防伪标均为盗版　机工教育服务网：www.cmpedu.com

前言 ▶ PREFACE

2022 年 ChatGPT 的横空出世，使人们对人工智能有了新的认识，被认为是一场前所未有的工业革命。2021 年 12 月，工业和信息化部等 15 部门发布了《"十四五"机器人产业发展规划》，提出到 2035 年，我国机器人产业综合实力达到国际领先水平，机器人成为经济发展、人民生活、社会治理的重要组成。2018 年，教育部推出了"新工科、新医科、新农科和新文科"的"四新"建设计划。为了响应该计划，近年农业院校陆续开设了"农业智能装备工程"专业，其他院校也增设了相关领域的智能专业。

就像人离不开眼睛一样，人工智能离不开机器视觉。无论是"中国制造 2025"还是"工业 4.0"都离不开机器视觉。对于所有用到人工智能技术的专业学生（理工农医类），都有必要学习或掌握机器视觉的相关知识和技术，《机器视觉》一书就是基于此目的，以本科生实践教学为主的教材。当然，以其全面性、专业性和易懂性，对于研究生、专业人员和一般读者也不失为较好的学习参考读物。

本书包含以下 14 章内容：绪论，图像数据及存储与采集，像素分布与图像分割，颜色空间及测量与变换，几何变换及单目视觉检测，傅里叶变换，小波变换，滤波增强，二值运算与参数测量，双目视觉测量，二维、三维运动图像测量实践，模式识别，神经网络，深度学习。每章都是个大类，包含丰富的理论、实践与应用案例，涵盖了机器视觉常用的理论、技术和方法。

在绪论中，首先介绍了机器视觉的基础知识，然后介绍了用于实践教学的专业软件：通用图像处理系统 ImageSys 和二维、三维运动图像测量分析系统，最后演示多种环境下车辆视觉导航视频。通过这样的安排，学生对本书有个总体了解，理解本书实践教学的方法，提高学生学习的兴趣。以后各章内容，在讲解基本理论的同时，用专业软件进行理论的实践展示，最后介绍与本章理论相关的应用案例并可扫码观看视频演示。这样可以使学生在实践中轻松学习和理解复杂的理论，为将来的进一步学习和实际应用奠定基础及增强信心。

本书适合 32 ~ 36 学时课堂教学，如果安排上机实践课，需要另外增加学时。上机课可以采用作者主编的《VC++ 图像处理与分析实践》和《Python 图像处理与分析实践》，其中包含本书多数理论的 C 语言函数源代码，可进行程序开发实践学习，搭建属于自己的图像处理系统。上机学习安排 4 ~ 6 学时比较合适，学生自带笔记本计算机，在上课的教室即可进行上机实践。上机课后，学生可以根据自己的课题需要、兴趣和时间，自行深入上机实践和课题研究开发。

由于本书的内容较多，编排难免有不合理之处，敬请读者批评指正，有问题可以通过电子邮箱 fbcbq@163.com 与作者联系。

陈兵旗

目录 ► CONTENTS

前言

第1章 绪论 1

1.1 机器视觉基础知识 1
- 1.1.1 发展与展望 1
- 1.1.2 硬件构成 3
- 1.1.3 算法软件 6
- 1.1.4 机器视觉、机器人和智能装备 6
- 1.1.5 功能与精度 7

1.2 深度学习基础知识 9
- 1.2.1 发展历程 9
- 1.2.2 基本原理 10

1.3 实践用专业软件介绍与基本设定 11
- 1.3.1 通用图像处理系统 ImageSys 11
- 1.3.2 二维、三维运动图像测量分析系统 13

1.4 多种场景下的车辆视觉导航视频演示 15

思考题 17

第2章 图像数据及存储与采集 18

2.1 数字图像的采样与量化 18
2.2 彩色图像与灰度图像 20
2.3 图像的计算机显示 22
2.4 图像文件 23
- 2.4.1 理论介绍 23
- 2.4.2 图像文件功能实践 24

2.5 视频文件 25
- 2.5.1 理论介绍 25
- 2.5.2 多媒体文件功能实践 26
- 2.5.3 多媒体文件编辑 28

2.6 图像视频采集 28
- 2.6.1 基础知识 28

2.6.2　CCD 与 CMOS 传感器 30
　　　2.6.3　DirectX 图像采集系统 31
2.7　应用案例 34
　　　2.7.1　排种器试验台视频采集与保存 34
　　　2.7.2　车流量检测视频采集 35
　　　2.7.3　车辆尺寸、颜色参数检测视频采集与演示 36
思考题 37

第3章　像素分布与图像分割　　　38

3.1　像素分布 38
　　　3.1.1　直方图 38
　　　3.1.2　线剖面图 39
　　　3.1.3　累计分布图 40
　　　3.1.4　3D 剖面 41
　　　3.1.5　应用案例——水田管理导航路线检测及视频演示 43
3.2　灰度分割与实践 46
　　　3.2.1　常规阈值分割 46
　　　3.2.2　模态法自动分割 48
　　　3.2.3　p 参数法自动分割 48
　　　3.2.4　大津法自动分割 50
　　　3.2.5　应用案例——排种器试验台图像拼接与分割 51
3.3　彩色分割与实践 53
　　　3.3.1　RGB 彩色分割 53
　　　3.3.2　HSI 彩色分割 54
3.4　图像间运算及实践 55
　　　3.4.1　运算内容 55
　　　3.4.2　运算实践 55
3.5　应用案例 59
　　　3.5.1　车流量检测及视频演示 59
　　　3.5.2　车辆尺寸、颜色实时检测及视频演示 61
思考题 68

第4章　颜色空间及测量与变换　　　69

4.1　颜色空间 69
4.2　颜色测量 70
4.3　颜色亮度变换 72
　　　4.3.1　基础变换 72
　　　4.3.2　L（朗格）变换 74

4.3.3 γ（伽马）变换 75
4.3.4 去雾处理 76
4.3.5 直方图平滑化 78
4.4 HSI 变换 80
4.5 RGB 色差变换 82
4.6 自由变换 83
4.7 应用实例 84
4.7.1 小麦苗列检测 84
4.7.2 果树上红色桃子检测 86
4.7.3 玉米粒在穗计数及视频演示 88
4.7.4 玉米种粒图像精选与定向定位及视频演示 90
思考题 95

第5章 几何变换及单目视觉检测 96

5.1 基础知识 96
5.2 单步变换 97
5.2.1 实践准备 97
5.2.2 平移 98
5.2.3 放大缩小 99
5.2.4 旋转 99
5.3 复杂变换 100
5.3.1 仿射变换 100
5.3.2 透视变换 102
5.4 齐次坐标表示 102
5.5 单目视觉检测 103
5.5.1 参考坐标系 104
5.5.2 摄像机模型分析 105
5.5.3 摄像机标定 106
5.5.4 功能实践 107
5.6 应用案例——交通事故现场快速图像检测及视频演示 110
思考题 115

第6章 傅里叶变换 116

6.1 频率的概念 116
6.2 频率变换 117
6.3 离散傅里叶变换 120
6.4 图像的二维傅里叶变换 121
6.5 滤波处理 122

6.6 图像傅里叶变换实践 ·······124
6.6.1 基本功能 ·······124
6.6.2 加噪声与去噪声 ·······129
6.6.3 图像加密处理 ·······131
6.7 应用案例——傅里叶变换在数字水印中的应用 ·······131
思考题 ·······132

第7章 小波变换 133

7.1 小波变换概述 ·······133
7.2 小波与小波变换 ·······133
7.3 离散小波变换 ·······135
7.4 小波族 ·······136
7.5 信号的分解与重构 ·······137
7.6 图像处理中的小波变换 ·······142
7.7 图像小波变换实践 ·······144
7.8 应用案例 ·······149
7.8.1 小麦病害监测 ·······149
7.8.2 小麦播种导航路径检测及视频演示 ·······154
思考题 ·······157

第8章 滤波增强 158

8.1 基本概念 ·······158
8.2 去噪声处理 ·······160
8.2.1 移动平均 ·······160
8.2.2 中值滤波 ·······160
8.2.3 高斯滤波 ·······162
8.2.4 单模板滤波实践 ·······164
8.3 基于微分的边缘检测 ·······169
8.3.1 一阶微分（梯度运算） ·······169
8.3.2 二阶微分（拉普拉斯运算） ·······170
8.3.3 模板匹配 ·······170
8.3.4 多模板滤波实践 ·······172
8.4 Canny 算法及实践 ·······178
8.5 应用案例 ·······182
8.5.1 插秧机器人导航目标检测 ·······182
8.5.2 变电压板投退状态检测及视频演示 ·······187
思考题 ·······190

第9章 二值运算与参数测量　　　191

9.1 基本理论　　191
9.1.1 图像的几何参数　　191
9.1.2 区域标记　　193
9.1.3 几何参数检测与提取　　193

9.2 二值运算　　194
9.2.1 基本运算理论与实践　　194
9.2.2 特殊提取实践　　197
9.2.3 应用案例——插秧机器人导航目标去噪声　　199

9.3 几何参数测量　　201
9.3.1 几何参数测量实践　　201
9.3.2 应用案例——排种试验台籽粒检测及视频演示　　207

9.4 直线参数测量　　210
9.4.1 哈夫变换　　210
9.4.2 最小二乘法　　211
9.4.3 直线检测实践　　211
9.4.4 应用案例——农田视觉导航线检测及视频演示　　213

9.5 圆形分离实践　　217
9.6 轮廓测量实践　　218
9.7 应用实例——果树上桃子检测及视频演示　　219
思考题　　222

第10章 双目视觉测量　　　223

10.1 双目视觉系统的结构　　223
10.1.1 平行式立体视觉模型　　223
10.1.2 汇聚式立体视觉模型　　225

10.2 摄像机标定　　227
10.2.1 直接线性标定法　　227
10.2.2 棋盘标定法　　228
10.2.3 摄像机参数与投影矩阵的转换　　232

10.3 标定测量试验　　233
10.3.1 直接线性标定法试验　　233
10.3.2 棋盘标定法试验　　234
10.3.3 三维测量试验　　236

思考题　　238

第11章 二维、三维运动图像测量实践　　　239

11.1 二维运动图像测量　　239

	11.1.1	菜单介绍	239
	11.1.2	2D 标定	240
	11.1.3	运动测量	242
	11.1.4	结果浏览显示	244
	11.1.5	结果修正	249
	11.1.6	实践视频	249
	11.1.7	应用案例——羽毛球技战术检测及视频演示	250
11.2	三维运动图像测量		253
	11.2.1	菜单介绍	253
	11.2.2	多通道图像采集	254
	11.2.3	直接线性标定实践	255
	11.2.4	棋盘标定实践	256
	11.2.5	结果浏览显示	258
	11.2.6	实践视频	260
	11.2.7	应用案例——三维作物生长量检测及视频演示	260
思考题			266

第 12 章　模式识别　　267

12.1	模式识别与图像识别的概念	267
12.2	图像识别系统的组成	268
12.3	图像识别、图像处理和图像理解的关系	269
12.4	图像识别方法	270
	12.4.1　模板匹配	270
	12.4.2　统计模式识别	270
	12.4.3　仿生模式识别	273
12.5	应用案例	275
	12.5.1　人脸识别技术介绍	275
	12.5.2　蜜蜂舞蹈跟踪检测及视频演示	279
	12.5.3　车牌照检测及视频演示	283
思考题		289

第 13 章　神经网络　　290

13.1	人工神经网络	290
	13.1.1　人工神经网络的生物学基础	290
	13.1.2　人工神经元	291
	13.1.3　人工神经元的学习	292
	13.1.4　人工神经元的激活函数	293
	13.1.5　人工神经网络的特点	294

13.2 BP 神经网络 …… 295
    13.2.1 BP 神经网络简介 …… 295
    13.2.2 BP 神经网络的训练学习 …… 296
    13.2.3 改进型 BP 神经网络 …… 299
13.3 应用案例——BP 神经网络在数字字符识别中的应用 …… 300
    13.3.1 BP 神经网络数字字符识别系统原理 …… 300
    13.3.2 网络模型的建立 …… 301
    13.3.3 数字字符识别演示 …… 303
思考题 …… 305

第 14 章 深度学习 …… 306

14.1 浅层学习和深度学习 …… 306
14.2 深度学习与神经网络 …… 307
14.3 深度学习训练过程 …… 307
14.4 深度学习的常用方法 …… 308
    14.4.1 自动编码器 …… 308
    14.4.2 稀疏编码 …… 311
    14.4.3 限制玻尔兹曼机 …… 312
    14.4.4 深信度网络 …… 314
    14.4.5 卷积神经网络 …… 315
14.5 深度学习框架介绍 …… 318
14.6 应用案例 …… 322
    14.6.1 基于 YOLOv4 的前方车辆距离检测及视频演示 …… 322
    14.6.2 基于 YOLOv7 的果园导航线检测及视频演示 …… 324
思考题 …… 327

参考文献 …… 328

第1章 绪 论

1.1 机器视觉基础知识

1.1.1 发展与展望

1. 机器视觉的作用

提起"视觉",自然就联想到了"人眼",机器视觉通俗来讲就是"机器眼"。同理,由人眼在人身上的作用,很容易联想到机器视觉在机器上的作用。不过,虽然二者功能大同小异,但是也存在一些本质的差别。二者的相同点在于都是主体(人或者机器)获得外界信息的"器官",不同点在于获得信息的途径和处理信息的能力不同。

对于人眼,一眼望去,人可以马上知道所看到东西的种类、数量、颜色、形状、距离等,几乎都呈现在人的脑海里。基于人从小到大长期积累的知识经验,能够不假思索地说出所看到东西的大致信息,这是人眼结合人脑的优势。但是,请注意前面所说的人眼看到的只是"大致"信息,而非准确信息。例如,我们一眼就能看出自己视野里有几个人,甚至知道有几个男人、几个女人以及他们的胖瘦和穿着打扮等,包括目标(人)以外的环境都很清楚,但是我们无法准确说出他们的身高、腰围、与自己的距离等具体数据,最多只能说"大概是××吧",这又是人眼的劣势。再比如,让工人到工厂的生产线上去挑选有缺陷的零件,即使在很慢速的生产线上,干一会儿也会出现视觉疲劳,不仅辛苦,而且还可能会出现检查错误的情况,工人难免不发牢骚"这哪里是人干的事",对于那些快速生产线这样的工作就更不适合人干了。的确,这些确实不是适合人眼长期干的事,而是机器视觉该干的事。

对于机器视觉而言,上述的工厂在线检测就是其强项,不仅能够检测产品的缺陷,还能精确地检测出产品的尺寸大小等外观特征,只要照相机(简称相机)分辨率足够,精度便可达到 0.001mm 甚至更高。人一眼可判断出视野中的全部物品,机器视觉则缺乏足够的经验,很难具备这样的能力。机器视觉并非如同人眼一般会自动存储曾经"看到过"的事物,如果没有给它输入相关的分析判断程序,它就是个"睁眼瞎",虽然能够看到事物,但是依然什么都不知道。当然,它也可以像人那样,通过输入学习程序不断学习,但是也仍然很难像人一样什么都懂,至少目前还未达到这个水平。

总之,机器视觉是机器的"眼睛",可以通过程序实现对目标物体的分析判断,可以检测目标的缺陷,可以测量目标的尺寸、大小和颜色等外观特征,可以为机器的特定动作提供特定的精确信息。

2. 机器视觉的应用领域

机器视觉可以应用在社会生产和人们生活的各个方面,总体功能可以概括为检测、定位和识别。在替代人的劳动方面,所有需要用人眼观察、判断的事物,都可以用机器视觉来完成,因此机器视觉最适合用于大量重复动作(如工件质量检测)和眼睛容易疲劳的判断（如电路板检查）场合。对于人眼不能做到的准确测量、精细判断、微观识别等工作，机器视觉能够很好地实现。表 1.1 是机器视觉在不同领域的应用事例。

表 1.1 机器视觉的应用领域及应用事例

应用领域	应用事例
医学	基于 X 射线图像、超声波图像、显微镜图像、核磁共振（MRI）图像、CT 图像、红外图像、人体器官三维图像等的病情诊断和治疗、病人监测与看护等
遥感	利用卫星图像进行地球资源调查、地形测量、地图绘制、天气预报，以及农业、渔业、环境污染调查、城市规划等
宇宙探测	海量宇宙图像的压缩、传输、恢复与处理等
军事	运动目标跟踪、精确定位与制导、警戒系统、自动火控、反伪装、无人机侦查等
公安、交通	监控、人脸识别、指纹识别、车流量监测、车辆违规判断及车牌照识别、车辆尺寸检测、汽车自动导航等
工业	电路板检测、计算机辅助设计（CAD）、计算机辅助制造（CAM）、产品质量在线检测、装配机器人视觉检测、搬运机器人视觉导航、生产过程视觉检测控制等
农业、林业、生物	果蔬采摘、果蔬分级、农田导航、作物生长监测及 3D 建模、病虫害检测、森林火灾检测、微生物检测、动物行为分析等
邮电、通信、网络	邮件自动分拣、图像数据的压缩、传输与恢复、电视电话、视频聊天、手机图像的无线网络传输与分析等
体育	人体动作测量、球类轨迹跟踪测量等
影视、娱乐	3D 电影、虚拟现实、广告设计、电影特技设计、网络游戏等
办公	文字识别、文本扫描输入、手写输入、指纹密码等
服务	看护机器人、清洁机器人等

3. 机器视觉的发展前景

我国目前正处于由劳动密集型向技术密集型转型的时期，对于提高生产效率、降低人工成本的机器视觉技术有着旺盛的需求，正逐步成为机器视觉技术发展应用较为活跃的地区之一，例如，长三角和珠三角作为国际电子和半导体技术的转移地，同时也就成为了机器视觉技术的聚集地。许多具有国际先进水平的机器视觉系统进入到我国，国内的机器视觉企业也在与国际机器视觉企业的良性竞争中不断茁壮成长，许多大学和研究所都在致力于机器视觉技术的发展应用研究。

在国外，机器视觉主要应用在半导体及电子行业，其中，半导体行业占 40% ~ 50%，如印制电路板（PCB）、表面贴装（SMT）、电子生产加工设备等。此外，机器视觉还在质量检测的各方面及其他领域均有着广泛应用。

随着人工智能技术的兴起以及边缘设备算力的提升，机器视觉的应用场景不断扩展，催生了巨大的应用市场，机器视觉行业迎来了快速增长期。据国际资讯公司预测，预计到 2025 年全球机器视觉市场规模将突破 130 亿美元，2026 年将接近 140 亿美元。据国内新产业智库 GGII 预测，我国机器视觉产业未来三年复合增速接近 24%，预计到 2026 年我国机器视觉市场规模将突破 300 亿元。

目前，国际机器视觉高端品牌市场主要被美、德、日占据。我国机器视觉起步较晚，但由于我国下游行业应用较为广泛，发展较为迅速。目前，我国各种类型的机器视觉企业已超过 4000 家。

当前智能制造发展如火如荼，为社会带来持续不断的动能。无论是"中国制造 2025"

还是"工业 4.0"都离不开智能制造,离不开机器视觉,而机器视觉技术必将作为智能制造领域的"智慧之眼"不断发展进步。

1.1.2 硬件构成

将机器视觉和人眼系统类比,人眼系统的主要工作硬件构成笼统来说就是眼珠和大脑,而机器视觉的硬件构成则是摄像机和计算机,如图 1.1 所示(单点画线框内)。作为图像采集设备,除了摄像机之外,还有图像采集卡、光源等设备。以下划分为计算机和图像输入采集设备两部分,并具体展开说明。

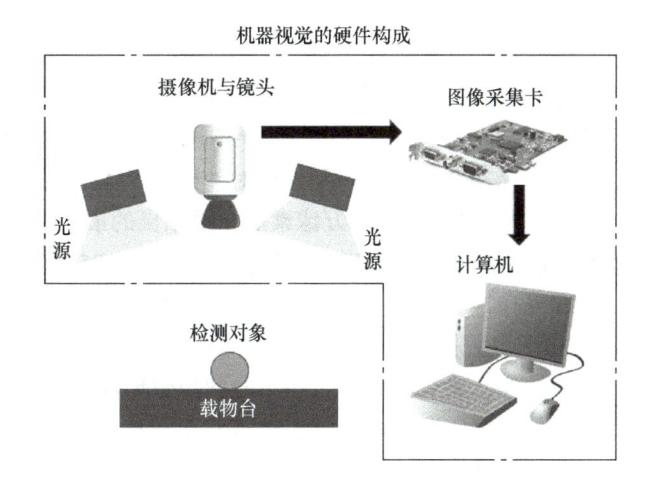

图 1.1 简易机器视觉系统

1. 计算机

计算机的种类很多,有台式计算机、笔记本计算机、平板电脑、工控机、微型处理器等,但是其核心部件都是中央处理器、硬盘、内存和显示器,如图 1.2 所示。不同类型的计算机其区别在于核心部件的形状、大小和性能不一样。

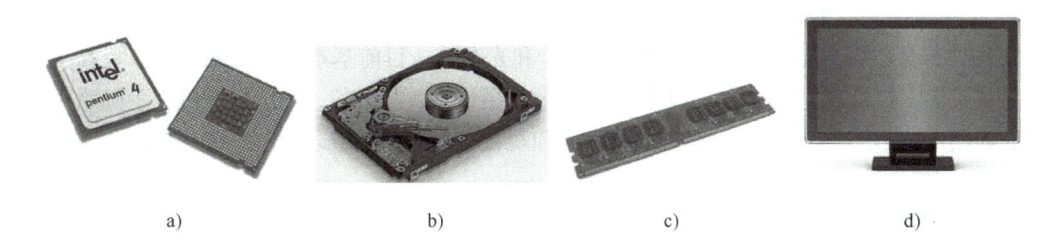

图 1.2 计算机核心部件
a)中央处理器(CPU) b)硬盘 c)内存 d)显示器

(1)中央处理器 中央处理器(Central Processing Unit,CPU)属于计算机的核心部位,相当于人的大脑组织,主要功能是执行计算机指令和处理计算机软件中的数据。其发展非常迅速,目前个人计算机的计算速度已经超过了 10 年前的超级计算机。

(2)硬盘 硬盘是计算机的主要存储媒介,用于存放文件、程序、数据等,由覆盖有铁磁性材料的一个或者多个铝制或者玻璃制的碟片组成。

硬盘的种类有：固态硬盘（Solid State Disk，SSD）、机械硬盘（Hard Disk Drive，HDD）和混合硬盘（Hybrid Hard Disk，HHD）。SSD采用闪存颗粒来存储，HDD采用磁性碟片来存储，HHD是将磁性硬盘和闪存集成到一起的一种硬盘。绝大多数硬盘都是固态硬盘，被永久性地密封固定在硬盘驱动器中。

数字化的图像数据，与计算机的程序数据相同，被存储在计算机的硬盘中，通过计算机处理后，将图像表示在显示器上或者重新保存在硬盘中以备使用。除了计算机本身配置的硬盘之外，还有通过USB连接的移动硬盘，最常用的就是通常说的U盘。随着计算机性能的不断提高，硬盘容量也在不断扩大，目前计算机的硬盘容量通常都在TB数量级，1TB = 1024GB。

（3）内存　内存（memory）也被称为内存储器，用于暂时存放CPU中的运算数据，以及与硬盘等外部存储器交换的数据。只要计算机处于运行状态，CPU就会将需要运算的数据调至内存中进行运算，当运算完成后CPU再将结果传送出来，如将内存中的图像数据复制到显示器的存储区而显示出来等。因此内存的性能对计算机计算能力的影响非常大。

现代数字图像一般都较大，例如，900万像素照相机拍摄的最大图像是 $3456 \times 2592 = 8957952$ 像素，一个像素包括红绿蓝（RGB）3个字节，总计 $8957952 \times 3 = 26873856$ 字节，需要 $26873856 \div 1024 \div 1024 \approx 25.63MB$ 内存。实际查看拍摄的JPEG格式图像文件仅2MB左右，主要是因为将图像数据存储成JPG文件时进行了数据压缩，而在进行图像处理时必须首先进行解压缩处理，然后再将解压缩后的图像数据读到计算机内存中。因此，图像数据非常占用计算机的内存资源，内存越大越有利于计算机的工作。现在32位计算机的内存一般最小是1GB，最大是4GB（2^{32} B）；64位计算机的内存，一般最小是8GB，最大可以达到128GB（2^{64} B）。

（4）显示器　显示器（display）通常也被称为监视器。显示器是计算机的I/O设备，即输入/输出设备，有不同的大小和种类。根据制造材料的不同，可分为阴极射线管显示器（Cathode Ray Tube，CRT）、等离子显示器（Plasma Display Panel，PDP）、液晶显示器（Liquid Crystal Display，LCD）等。显示器可以选择多种像素及色彩的显示方式，从 640×480 像素的256色到 1600×1200 像素以及更高像素的32位的真彩色（true color）。

2. 图像输入采集设备

图像采集设备包括摄像装置、图像采集卡和光源等。目前基本上都是数码摄像装置，而且种类很多，包括PC摄像头、工业摄像头、监控摄像头、扫描仪、高级摄像机、手机照相机等，如图1.3所示。当然，观看微观的显微镜和观看宏观的天文望远镜也都是图像输入装置。

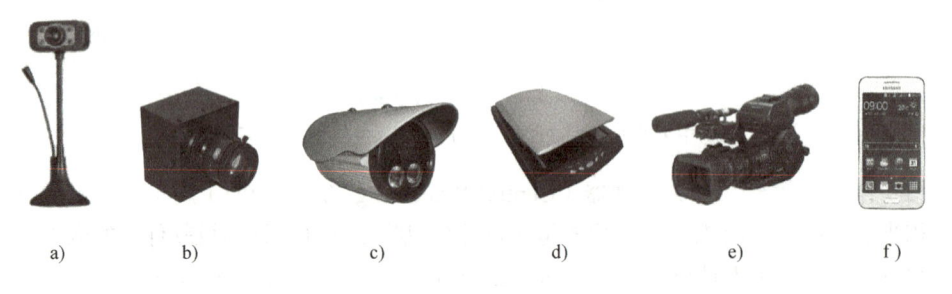

图 1.3　摄像装置

a）PC摄像头　b）工业摄像头　c）监控摄像头　d）扫描仪　e）高级摄像机　f）手机照相机

镜头是摄像装置的关键部件，如图 1.4 所示，镜头的焦距越小，近处看得越清楚，焦距越大，远处看得越清楚，相当于人眼的眼角膜。对于一般的摄像设备而言，镜头的焦距是固定的，PC 摄像头、监控摄像头等常用摄像设备的镜头焦距通常为 4 ~ 12mm。工业镜头和科学仪器镜头，有定焦镜头也有调焦镜头，可以根据需要配置。

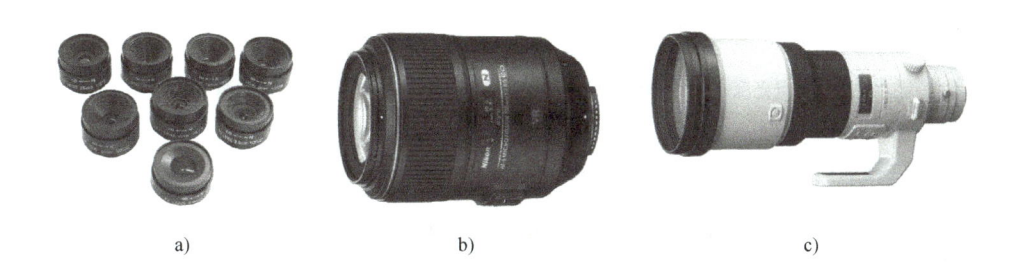

图 1.4 镜头

a）定焦镜头 b）调焦镜头 c）长焦镜头

摄像装置与计算机一般是通过 IEEE1394 接口、USB 接口或专用图像采集卡来完成连接，如图 1.5 所示。计算机主板上通常都有 USB 接口，有些便携式计算机，除了 USB 接口之外，还带有 IEEE1394 接口。台式计算机需使用 IEEE1394 接口的数码图像装置进行图像输入时，如果主板上没有 IEEE1394 接口，需要另配一张 IEEE1394 图像采集卡。由于 IEEE1394 图像采集卡是国际标准图像采集卡，价格非常便宜，市场价从几十元到三、四百元不等。IEEE1394 接口的图像采集帧率较为稳定，一般不受计算机配置影响，而 USB 接口的图像采集帧率受计算机性能影响较大。现在，随着计算机和 USB 接口性能的不断提高，一般数码设备都趋向于采用 USB 接口，而 IEEE1394 接口多用于高性能摄像设备。对于特殊的高性能工业摄像头，例如，采集帧率在每秒一千多帧的摄像头，一般都自带配套的图像采集卡。

图 1.5 图像输入接口

a）IEEE1394 接口 b）USB 接口 c）图像采集卡

在室内生产线上进行图像检测，一般都需要配置一套光源，不仅可以减轻软件开发难度，也可以提高图像处理速度，可以根据检测对象的实际状态选择适当的光源。由于交流电光源会导致图像产生一定频率的闪烁现象，所以图像处理的光源一般需要直流电光源，特别是在高速图像采集时必须用直流电光源，直流电光源一般采用发光二极管（Light Emitting Diode，LED），根据具体使用情况做成圆环形、长方形、正方形、长条形等不同形状，如图 1.6 所示。有专门开发和销售图像处理专用光源的公司，这样的专业光源一般都较贵，价格从几千元到几万元不等。

图 1.6 光源

a）点光源 b）条形光源 c）环形光源 d）方形光源 e）背光源

1.1.3 算法软件

将机器视觉的硬件连接在一起，即使通上电，如果没有软件也无法正常工作。机器视觉的硬件就相当于人眼的肉体结构，人眼要起作用，首先必须得是活人，也就是说需要心脏跳动供血，这相当于给计算机插电源供电。但是，只是活着还不行，如果是脑死亡，人眼也无法发挥作用。机器视觉的软件功能就相当于人脑的功能。人脑功能可以划分为基本功能和特殊功能两部分，基本功能一般指人的本性功能，不用学习就会的功能，而特殊功能是需要学习才能实现的功能。计算机的操作系统（Windows 等）和软件开发工具由专业公司供应，可以认为是计算机的基本功能，而图像处理软件就是机器视觉的特殊功能，是需要开发商或者用户来开发完成的功能。这里提到的机器视觉的软件是指机器视觉的软件开发工具和开发出的图像处理应用软件。

计算机的软件开发工具包括 C、C++、Visual C++、C#、Python、Java、BASIC、FORTRAN 等。由于图像处理与分析的数据处理量很大，而且需要编写复杂的运算程序，从运算速度和编程的灵活性综合考虑，C 和 C++ 目前是最佳的图像处理与分析的编程语言。目前的图像处理与分析的算法程序多数利用这两种计算机语言来实现。C++ 是 C 的升级，它将 C 从面向过程的单纯语言升级成为面向对象的复杂语言，完全包容 C 语言，也就是说 C 语言的程序在 C++ 环境下可以正常运行。而 Visual C++ 又是 C++ 的升级，将不可视的 C++ 变成了可视型，C 和 C++ 语言的程序在 Visual C++ 环境下完全可以执行，目前最流行的版本是 Visual C++10，全称是 Microsoft Visual Studio 2010（也称 VC++2010、VS2010 等）。本书使用的专业图像处理系统平台，如通用图像处理系统 ImageSys、二维运动图像测量分析系统 MIAS 和三维运动图像测量分析系统 MIAS3D，均是在 VS2010 上开发完成的。

1.1.4 机器视觉、机器人和智能装备

提起机器人，通常大家都会联想到人形机器人，甚至有人会误以为只有外形和功能都像人的机器才叫机器人。其实不然，人形机器人只是机器人的一种，更多的机器人则是形状千奇百怪、具备不同专业功能的机器，也被称为智能装备，如图 1.7 所示。同样是机器，有些能被称为机器人或者智能装备，而有些则不能，衡量标准就是看它是否具备类似人脑的分析判断功能。至于具备多大的分析判断能力，并无限定，只要具备分析功能，就可称为机器人。

人眼（视觉）是人脑从外界获取信息的主要途径，占总信息量的 70% 多，除此之外，还有皮肤（触觉）、耳朵（听觉）、鼻子（嗅觉）、嘴巴（味觉）等。与此对应，机器视觉是机器的处理器从外界获得信息的主要途径，其他还有接触传感器、光电传感器、超声波传感器、电磁传感器等。由此可知，机器视觉对于机器人或者智能装备是多么重要。

图 1.7 不同形态机器人

a）工业机器人 b）农田机器人 c）人形机器人 d）探测机器人 e）智能机床

1.1.5 功能与精度

机器视觉的功能与人眼相似，简单来说就是判断和测量。每项功能又包含了丰富的内容。判断功能可以包括有没有、是不是，以及缺陷检测等，一般不需要借助工具。测量功能，包括尺寸、形状和角度等几何参数的测量以及速度、加速度等运动参数的测量。如同人眼一般，测量功能一般需要借助工具。例如，要求 0.1mm 的尺寸误差，人眼测量时一般需要借助精度为 0.1mm 以上的卡尺。而机器视觉测量，除了需要借助 0.1mm 的卡尺（标定物）之外，还需要照相机有足够的分辨率，也就是说需要满足一个像素所代表的实际尺寸不超过 0.1mm。对于不同的功能，虽然精度的概念不一样，但是共同的特点是测量时需要提前将镜头焦距固定、预先完成标定。以下分别阐述不同功能对应的精度概念。

1. 判断功能

判断功能的实施也存在着检测精度问题。如图 1.8 所示，只有人眼在图像上能看出来的缺陷，才能进行视觉检测判断。对于静态图像，只要缺陷的纹理结构、尺寸面积等与物体自身的对应特征肉眼可辨，机器视觉就可以判断。而对于生产线上的动态判断，除了缺陷的静态大小之外，还需要考虑生产线运行速度和照相机采集帧率之间的匹配关系。例如，假设生产线运动速度是每秒 100 毫米（100mm/s），照相机的图像采集帧率是每秒 100 帧（100fps），那么每帧图像间的位移就是 1mm，这样 1mm 以下的缺陷就判断不了。

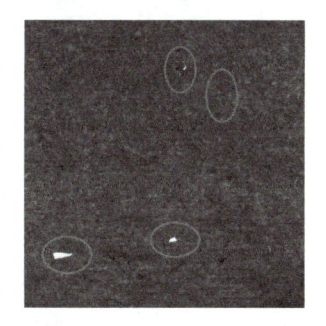

图 1.8 有缺陷的图像

2. 精密测量

如图 1.9 所示，精密测量一般可用于静态目标的尺寸测量，摄像头垂直于被测量目标进行图像采集，通过在测量平台放置标尺来进行相机标定。

图 1.10 为相机标定的实例。图面上 "2" 到 "3" 的白线，共计 146 个像素，代表实际距离 1cm，即一个像素表示 1/146（0.00685）cm，由此完成标定。

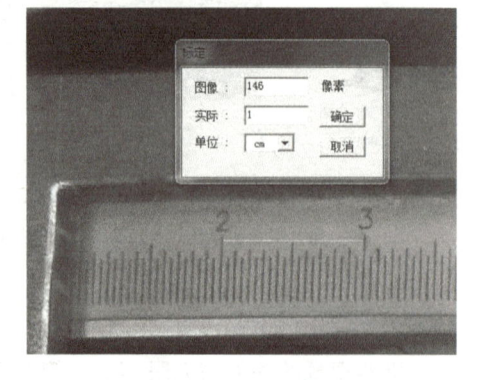

图1.9 精密测量　　　　　　　　　图1.10 标定图

3. 摄像测量

摄像测量分为单目测量和双目测量，测量内容一般包括位置、距离、角度等。单目测量是指使用一台摄像机拍摄一幅图像，根据标定数据推算测量数据，如图1.11a所示，平铺放置在摄像机视野中心附近的彩色板为其标定物。双目测量是指使用两台照相机同时拍摄两幅图像，根据标定数据和测量的图像数据，计算出被测物体的三维数据，如图1.11b所示，几个竖直杆为其标定物。

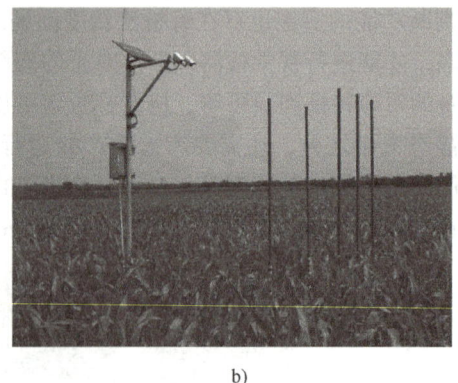

a)　　　　　　　　　　　　　　　b)

图1.11 摄像测量

a）单目测量　b）双目测量

摄像测量与精密测量的最大差别是，摄像测量的照相机一般斜对被测物体，且拍摄视野通常较大，不能简单地用某处像素所代表的实际大小作为标定值，需要经过几何透视变换来计算标定矩阵，为此摄像测量一般无法获得较高的精度，其测量精度一般采用相对精度来表示，采取百分数表示形式，如误差1%等，而非采取mm或者cm等绝对数精度的表示形式。根据经验，10m之内的测量误差一般在5%以内，距离越远误差越大，被测物偏离标定物越远，误差也越大。

4. 运动测量

运动测量内容一般包括位置、距离、速度、加速度、角度、角速度和角加速度，其中位置、距离和角度参数的测量就是上述摄像测量的内容。因此，也可以说运动测量就是对运动目标的连续摄像测量。速度、加速度、角速度和角加速度等运动参数的测量，通常是根据目标在每个帧上的位置、距离和角度等数据，并结合帧间的时间差来计算获得。帧间的时间差也就是帧率，如30fps帧率的帧间时间差就是1/30s（0.03333s）。运动测量的精度和摄像测量相似，一般精度不高，也是采用相对精度来描述。

1.2 深度学习基础知识

1.2.1 发展历程

2012年6月，《纽约时报》披露了Google Brain项目，吸引了公众的广泛关注。该项目由著名的斯坦福大学机器学习教授Andrew Ng和大规模计算机系统方面的世界顶尖专家JeffDean共同主导，使用16000个CPU Core的并行计算平台，训练一种称为"深度神经网络"（Deep Neural Networks，DNN）的机器学习模型，在语音识别和图像识别等领域获得了巨大的成功。该机器学习模型内部共有10亿个节点。尽管如此，该网络也不能跟具有150多亿个神经元的人类神经网络相提并论。

2012年11月，微软公司在中国天津的一次活动上公开演示了一个全自动的同声传译系统，讲演者用英文演讲，后台的计算机一气呵成自动完成语音识别、英中机器翻译和中文语音合成，效果非常流畅。据报道，后面支撑的关键技术也是DNN，或者深度学习（Deep Learning，DL）。

2013年1月，在百度年会上，创始人兼CEO李彦宏高调宣布要成立百度研究院，其中第一个成立的就是"深度学习研究所"（Institute of Deep Learning，IDL）。为什么拥有大数据的互联网公司争相投入大量资源研发深度学习技术？什么是"Deep Learning"？为什么有"Deep Learning"？它是怎么来的？又能干什么呢？目前存在哪些困难呢？本节就上述问题进行说明。

机器学习（machine learning）是一门专门研究计算机怎样模拟或实现人类的学习行为，以获取新的知识或技能，并重新组织已有的知识结构使之不断改善自身的性能的学科。机器能否像人类一样具有学习能力呢？1959年美国的塞缪尔（Samuel）设计了一个下棋程序，这个程序具有学习能力，它可以在不断地对弈中改善自己的棋艺。4年后，该程序战胜了设计者本人。又过了3年，该程序战胜了美国一个保持8年之久的常胜不败的冠军。该程序向人们展示了机器学习的能力，提出了许多令人深思的社会问题与哲学问题。

如图像识别、语音识别、自然语言理解、天气预测、基因表达、内容推荐等，目前我们通过机器学习去解决这些问题的思路通常如下（以视觉感知为例）：首先通过传感器（摄像头）来获得数据；其次经过预处理、特征提取、特征选择，再到推理、预测或者识别；最后，也就是机器学习的部分，绝大部分的工作在这一步完成，目前存在很多相关研究。

其中中间的三部分，概括起来就是特征表达。良好的特征表达，对最终算法的准确性起到非常关键的作用，而且系统主要的计算和测试工作都消耗在这部分。手工选取特征非常费力，能不能选取好，很大程度上还依赖经验和运气。Deep Learning就是通过学习一些特征，然后实现自动选取特征的目的。它的一个别名 Unsupervised Feature Learning，意思是指不需要人参与特征的选取过程。

机器学习是一门专门研究计算机怎样模拟或实现人类的学习行为的学科。人的视觉机理如下，从原始信号摄入开始，接着做初步处理（大脑皮层某些细胞发现边缘和方向），然后抽象（大脑判定眼前的物体的形状，如是圆形的），然后进一步抽象（大脑进一步判定该物体是具体的什么物体，如是只气球）。

总的来说，人的视觉系统的信息处理是分级的。高层的特征是低层特征的组合，从低层到高层的特征表示越来越抽象，越来越能表现语义或者意图。而抽象层面越高，存在的可能猜测就越少，就越利于分类。例如，单词集合和句子的对应是多对一的，句子和语义的对应又是多对一的，语义和意图的对应还是多对一的，这是个层级体系。Deep Learning 的"Deep"就是表示这种分层体系。Deep Learning 是如何借鉴这个过程的呢？为此，面对的一个问题就是怎么对这个过程建模。

特征是机器学习系统的原材料，对最终模型的影响是毋庸置疑的。如果数据被很好地表达成了特征，通常线性模型就能达到满意的精度。对于特征，我们需要考虑什么呢？学习算法在一个什么粒度上的特征表示，才能发挥作用？就一个图像来说，像素级的特征根本没有价值。例如，一辆汽车的照片，从像素级别，根本得不到任何信息，其无法进行汽车和非汽车的区分。而如果特征是一个具有结构性（或者说有含义）的时候，例如，是否具有车灯，是否具有轮胎，就很容易把汽车和非汽车区分开，学习算法才能发挥作用。复杂图形往往由一些基本结构组成。不仅图像存在这个规律，声音也存在。

小块的图形可以由基本边缘构成，更结构化、更复杂、具有概念性的图形，就需要更高层次的特征表示。深度学习就是找到表述各个层次特征的小块，逐步将其组合成上一层次的特征。

那么每一层该有多少个特征呢？特征越多，给出的参考信息就越多，准确性会得到提升。但是特征多，意味着计算复杂、探索的空间大，可以用来训练的数据在每个特征上就会稀疏，会带来各种问题，并不一定特征越多越好。此外，多少层才合适呢？用什么架构来建模呢？怎么进行非监督训练？这些需要有一个整体的设计。

1.2.2　基本原理

假设有一个系统 S，它有 n 层（$S_1,\cdots,S_n$），它的输入是 I，输出是 O，形象地表示为：I =>S_1=>S_2=>$\cdots$=>S_n => O，如果输出 O 等于输入 I，即输入 I 经过这个系统变化之后没有任何的信息损失，保持了不变，这意味着输入 I 经过每一层 S_i 都没有任何的信息损失，即在任何一层 S_i，它都是原有信息（即输入 I）的另外一种表示。深度学习需要自动地学习特征，假设有一堆输入 I（如一堆图像或者文本），设计了一个系统 S（有 n 层），通过调整系统中的参数，使得它的输出仍然是输入 I，那么就可以自动地获取到输入 I 的一系列层次特征，即 $S_1,\cdots,S_n$。对于深度学习来说，其思想就是设计多个层，每一层的输出都是下一层的输入，通过这种方式，实现对输入信息的分级表达。

上面假设输出严格等于输入，实际上无法实现，通常信息处理不会增加信息，大部分处理会丢失信息。可以略微地放松这个限制，如只要使得输入与输出的差别尽可能小即可，这个放松会导致另外一类不同的 Deep Learning 方法。

1.3 实践用专业软件介绍与基本设定

1.3.1 通用图像处理系统 ImageSys

1. 系统简介

ImageSys 是一个大型图像处理系统,主要功能包括图像/多媒体文件处理、图像/视频捕捉、图像滤波、图像变换、图像分割、特征测量与统计、开发平台等。可处理彩色、灰度、静态和动态图像;可处理文件类型:位图文件(.bmp)、TIFF 图像文件(.tif、.tiff)、JPEG 图像文件(.jpg、.jpeg 等)、文档图像文件(.txt)和多媒体视频图像文件(.avi、.dat、.mpg、.mpeg、.mov、.vob、.flv、.mp4、.wmv、.rm 等);图像/视频捕捉采用国际标准的 USB 接口和 IEEE1394 接口,适用于台式计算机和笔记本计算机,可支持一般民用 CCD 数码摄像机(IEEE1394 接口)和 PC 相机(USB 接口),也可以配套专用图像采集设备。

ImageSys 以其广泛丰富的多种功能,以及伴随这些功能提供给用户的大量可利用的函数,使该系统能够适应于不同专业不同层次的需要。教学中可用于向学生展示现代图像处理技术的大多数功能;实际应用中可以代替使用者自动计算、测量多种数据;可以利用提供的函数组合各种功能用于机器人视觉判断;特别是对于需要利用图像处理开展的科学研究,可以借助该系统提供的丰富功能简单地进行各种试验,快速找到最佳方案,并使用提供的函数库便捷地编出自己的处理程序。

ImageSys 提供了二次开发平台,附带包含 400 多条图像处理函数的函数库。二次开发平台包括图像文件的读入、保存、图像捕捉、视窗程序的基本系统设定等与图像处理无关但令人头疼又不得不做的繁杂程序,也包括部分图像处理程序,可以方便地将自己的程序写入框架程序,不仅能节省大量宝贵的时间,还能参考函数的使用方法。本书的应用案例算法都是在此平台上开发完成的。

图 1.12 是 ImageSys 的初始界面。

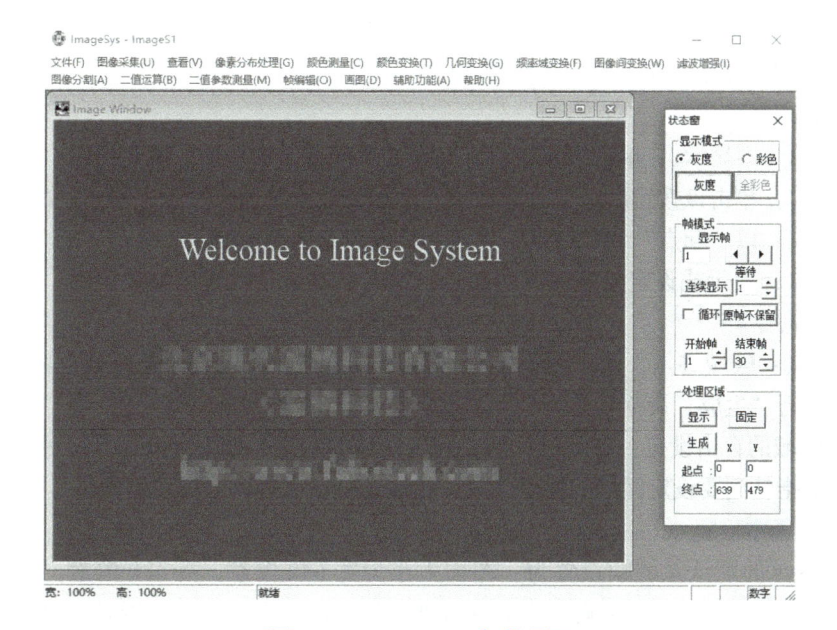

图 1.12 ImageSys 初始界面

为了便于实践教学，在此介绍一下常用的"状态窗"功能和系统基本设定。

2."状态窗"功能说明

如图 1.12 所示，状态窗用于显示模式、帧模式以及处理区域的设定。

（1）显示模式

1）灰度：选择后，灰度表示图像，单击"灰度"按钮将交替灰度或伪彩色表示图像。

2）彩色：选择后，彩色表示图像，单击"全彩色"按钮将交替表示全彩、R 分量、G 分量、B 分量。R、G、B 表示时，表示方式与"灰度"按钮的选择有关。

3）灰度（伪彩色）：灰度表示方式的选择，参考说明 1）。

4）全彩色（R 分量、G 分量、B 分量）：彩色表示方式的选择，参考说明 2）。

正常情况下，选择"灰度"，读入灰度图像；选择"彩色"，读入彩色图像。

如果选择"灰度"，而读入了彩色图像，系统会自动将彩色图像变换为灰度图像，并显示在图像窗口。

如果选择"彩色"，而读入了灰度图像，系统会自动将灰度图像分别读入 R、G、B 帧号上，并显示在图像窗口。

（2）帧模式

1）显示帧：表示当前显示帧的序号。可设定序号，也可输入序号。

2）连续显示：依次连续表示从"开始帧"到"结束帧"的图像。

3）等待：设定连续显示的时间间隔，假设该数为 n，时间间隔为 $n \times 33\text{ms}$。

4）循环：选择后，单击"连续显示"按钮，将循环连续表示各帧上的图像。

5）原帧不保留（原帧保留）：结果帧设定，单击该按钮将交替表示"原帧保留"和"原帧不保留"。"原帧保留"：图像处理结果表示在下帧上，原图像保留；"原帧不保留"：图像处理结果写在原帧上。

6）开始帧：设定开始帧。

7）结束帧：设定结束帧。结束帧减少时，减少部分的内存被解放，结束帧增加时，重新分配内存，实现了内存的动态管理。初始打开软件时，显示的数据是系统设定的帧数，图 1.12 显示系统设定的灰度帧数为 30。

（3）处理区域

1）显示（不显示）：单击该按钮后，交替显示或不显示处理区域的周边。

2）固定：单击该按钮后，交替选择预先设定的最大处理区域和中间 1/2 处理区域。

3）生成：以"起点"和"终点"设定的数据建立处理区域。

4）起点：表示或设定处理区域的起点。输入数据进行处理区域设定时，设定后须执行"生成"命令。

5）终点：区域终点，表示或设定处理区域的终点。输入数据进行处理区域设定时，设定后须执行"生成"命令。

处理区域的自由设定：移动指针到要设定区域的起点，按下〈Shift〉键后再按下鼠标左键，移动指针到要设定区域的终点位置，抬起〈Shift〉键和鼠标左键即可。

3. 系统基本设定

ImageSys 的默认系统帧设置为：图面大小为宽 640 像素、高 480 像素，图像帧数为灰度图像 12 帧、彩色图像 4 帧。默认界面语言为汉语，可以进行英语界面设置。下面介绍改变系统帧设置方法。

1）单击图像窗口右上角的"×"，关闭图像窗口。

2）单击菜单"文件"→"系统帧设置"，弹出"设置系统帧"对话框，如图 1.13a 所示。

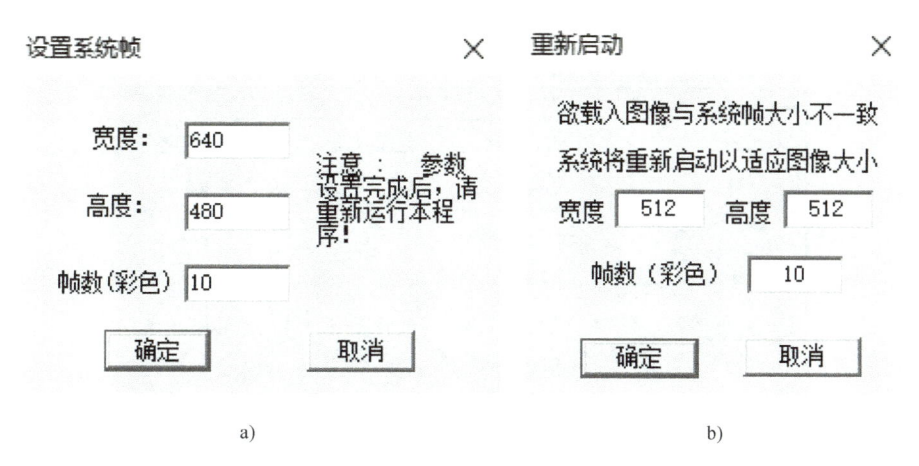

图 1.13 系统帧设置

a）初期设定 b）读入图像设定

3）设定图像的"宽度""高度"和彩色图像的"帧数"，设定后单击"确定"按钮关闭对话框。设定的图像帧数为彩色帧数，灰度图像帧数为设定数的 3 倍。帧数的临时设定可以参考"状态窗"功能介绍。

4）关闭 ImageSys。重新启动 ImageSys 后，设定有效。

5）在读入图像时，如果读入图像的大小与系统帧设置不同，会自动弹出提示对话框，如图 1.13b 所示，单击"确定"按钮后，自动重新启动，完成设置，然后重新读入图像。

1.3.2 二维、三维运动图像测量分析系统

1. 二维运动图像测量分析系统 MIAS

二维运动图像测量分析系统 MIAS（Motion Image Analysis System）可应用于以下领域：人体动作解析，物体运动解析，动物、昆虫、微生物等的行为解析，应力变形量的解析，浮游物体的振动、冲击解析，下落物体的速度解析，机器人视觉反馈等。

本系统的主要功能及特征包括：

1）多种测量及追踪方式。通过对颜色、形状、亮度等信息的自动跟踪，测量运动点的移动轨迹。追踪方式有：全自动、半自动、手动和标识点跟踪。

2）多个目标设定功能。在同一帧内，最多可以对 4096 个目标进行跟踪测量。

3）丰富的测量和表示功能。可测量位置、距离、速度、加速度、角度、角速度、角加速度、两点间的距离、两线间夹角（三点间角度）、角变量、位移量、相对坐标位置等十余个项目，并可以图表或数据形式表示出来，也可对指定的表示画面单帧或连续帧（动态）存储，同时还具有强大的动态表示功能：动态表示轨迹线图、矢量图等各种计测结果以及与数据的同期表示。

4）便捷实用的修正功能。对指定的目标轨迹进行修改校正，可进行平滑化处理，对目标运动轨迹去掉棱角噪声，更趋向曲线化。可以进行内插补间修正，消除图像（轨迹）

外观的锯齿，还可以进行数据合并，将两个结果文件（轨迹）进行连接，亦可设置对象轨迹的基准帧，添加或删除目标帧等。

图 1.14 是二维运动图像测量分析系统 MIAS 的初始界面。

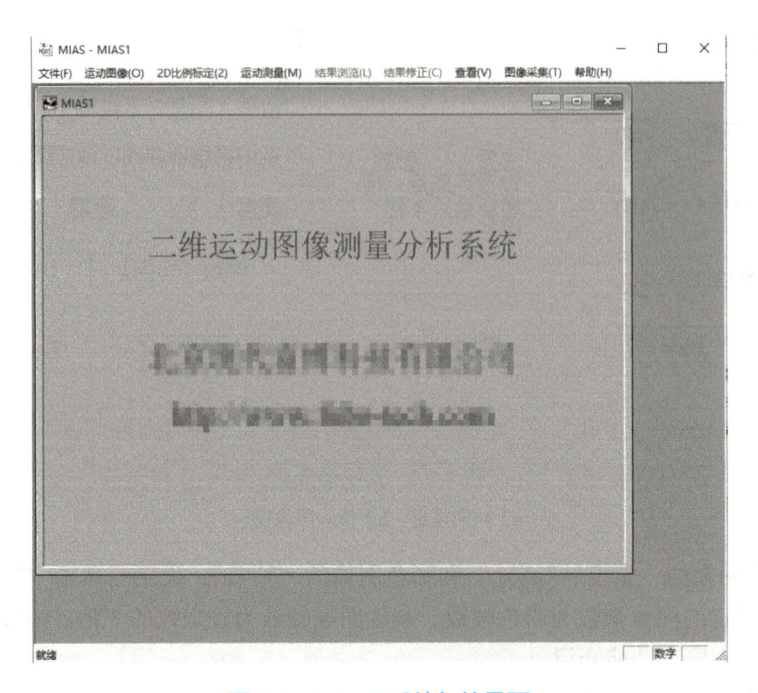

图 1.14　MIAS 系统初始界面

2. 三维运动图像测量分析系统 MIAS3D

MIAS3D（Motion Image Analysis System 3D）系统是一套集多通道同步图像采集、二维运动图像测量、三维数据重建、数据管理、三维轨迹联动表示等多种功能于一体的软件系统。

主要应用领域：人体动作解析，人体重心测量，动物、昆虫行为解析，刚体姿态解析，浮游物体的振动、冲击解析，机器人视觉反馈，科研教学等。

主要功能特点：简体中文及英文界面，操作使用简单；多通道内同步图像采集、单通道切换图像采集功能；全套的二维运动图像测量功能；三维的比例设定功能；二维测量数据的三维合成功能；多视觉动态表示三维运动轨迹及轨迹与图像联动表示功能；基于 OpenGL 的 3D 运动轨迹自由表示功能；强调表示指定速度区间轨迹功能；各种计测结果的图表和文档表示功能；人体各部位重心轨迹的三维、二维测量表示功能；多个三维测量结果数据的合并、连接功能。测量的二维、三维参数包括：位置、距离、速度、加速度、角度、角速度、角加速度、角变位、位移量、相对坐标位置等。系统的初始界面如图 1.15 所示。

MIAS 和 MIAS3D 的系统基本设定与 ImageSys 相同，也提供有一个框架源程序的二次开发平台，带有一个 400 多条图像处理函数库。本书的二维、三维运动图像应用案例都是在此平台上开发完成的。

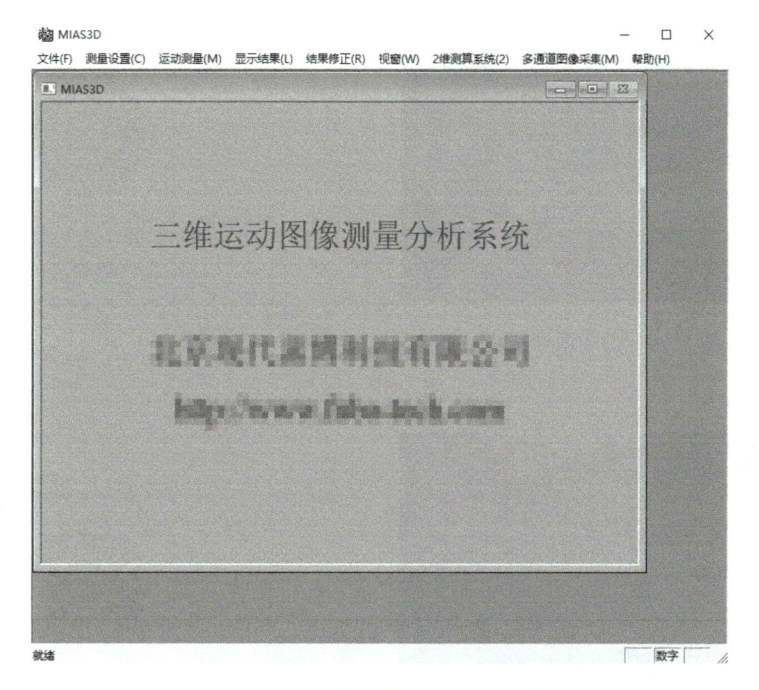

图 1.15　MIAS3D 系统初始界面

1.4　多种场景下的车辆视觉导航视频演示

下面给出多种场景下的车辆视觉导航的视频演示，如图 1.16～图 1.24 所示，读者可以扫描图片旁边的二维码观看视频。

图 1.16　沿车道实线行驶

链 1-1　沿车道实线行驶

图 1.17　沿车道虚线行驶

链 1-2　沿车道虚线行驶

图 1.18　沿车道弯线

链 1-3　沿车道弯线

图 1.19　激光

链 1-4　激光

图 1.20　耕地

链 1-5　耕地

图 1.21　棉花播种

链 1-6　棉花播种

图 1.22 棉花喷药

链 1-7 棉花喷药

图 1.23 收割机地缝

链 1-8 收割机地缝

图 1.24 红枣收获

链 1-9 红枣收获

思考题

1. "机器视觉"相当于机器的"眼睛",请结合"人眼视觉"的信息获取原理,论述"机器视觉"与"图像处理"的关系。

2. 目前,机器视觉技术已在人们的日常生活中获得广泛应用,如人脸识别、车牌照识别、扫地机器人、交通违规监控等,请问你认为下一个基于机器视觉技术的日用产品可能会是什么?

第 2 章 图像数据及存储与采集

2.1 数字图像的采样与量化

在计算机内部,所有的信息都表示为一连串的 0 或 1 码(二进制的字符串)。每一个二进制位(bit)有 0 和 1 两种状态,8 个二进制位可以组合出 256（$2^8 = 256$）种状态,称为一个字节(B),也可以理解为,一个字节可以用来表示从 00000000 到 11111111 的 256 种状态,每一个状态对应一个符号,这些符号包括英文字符、阿拉伯数字和标点符号等。采用 GB/T 2312—1980 编码的汉字是 2 个字节,可以表示 $256 \times 256 \div 2 = 32768$ 个汉字。标准的数字图像数据也是采用一个字节的 256 个状态来表示。

计算机和数码照相机等数码设备中的图像都是数字图像,在拍摄照片或者扫描文件时输入的是连续模拟信号,需要经过采样和量化两个步骤,将输入的模拟信号转换为最终的数字信号。

1. 采样

采样(sampling)是将空间上连续的图像分割成离散像素的集合。如图 2.1 所示,采样越细,像素越小,越能精细地表现图像。采样的精度有许多不同的设定,如采用水平 256 × 垂直 256 像素、水平 512 × 垂直 512 像素、水平 640 × 垂直 480 像素的图像等,目前智能手机照相机 1200 万像素(水平 4000 × 垂直 3000 像素)已经非常普遍。从中可以看出一个规律,图像长和宽的像素个数都是 8 的整数倍,也就以字节为最小单位,这是计算机内部标准操作方式。

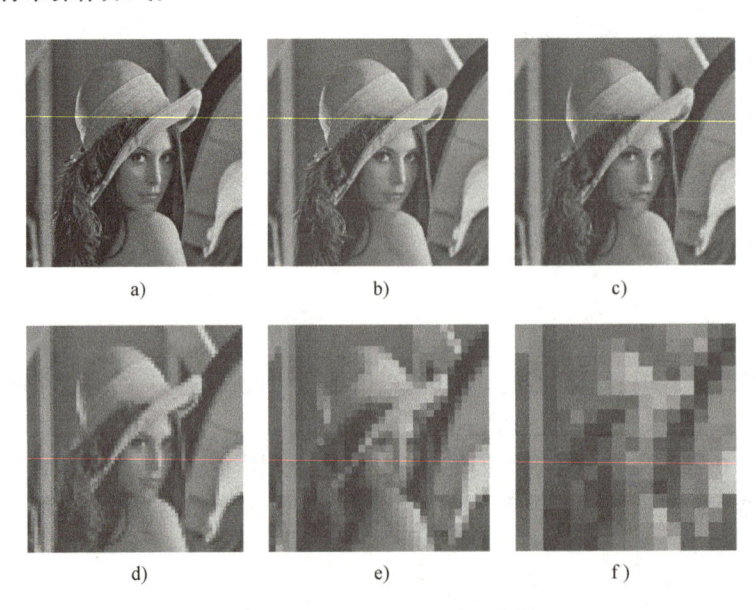

图 2.1 不同空间分辨率的图像效果

a)512 × 512 像素 b)256 × 256 像素 c)128 × 128 像素 d)64 × 64 像素 e)32 × 32 像素 f)16 × 16 像素

基于 ImageSys 的功能实践：依次单击菜单"颜色变换"→"自由变换"，弹出"自由变换"窗口，如图 2.2 所示，通过马赛克来查看不同分辨率的效果。

图 2.2　采样实践

2. 量化

量化（quantization）是将像素的亮度（灰度）变换成离散的整数值的操作。最简单的形式是采用黑（0）和白（1）两个数值，即用 1 位（bit）的两种状态（2 级）来量化，称为二值图像（binary image）。图 2.3 表示了量化比特数与图像质量的关系。量化越细致（比特数越大），灰度级数表现越丰富，对于 6bit（64 级）以上的图像，人眼几乎看不出有什么区别。计算机中的图像亮度值一般采用 8bit（2^8 = 256 级），也就是一个字节，这意味着像素的亮度是 0 ~ 255 之间的数值，形成灰度图像，其中 0 表示最黑，255 表示最白。

图 2.3　灰度分辨率的影响

a）8bit（256 级）　b）6bit（64 级）　c）4bit（16 级）　d）3bit（8 级）　e）2bit（4 级）　f）1bit（2 级）

基于 ImageSys 的功能实践：依次单击菜单"颜色变换"→"颜色亮度变换"，在弹出的窗口中单击"N 值化"单选按钮，如图 2.4 所示，用 N 值化功能实践量化效果。

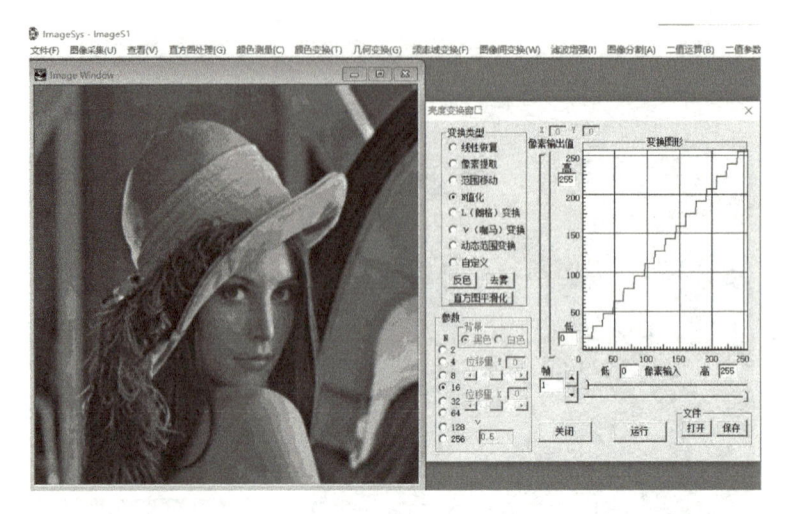

图 2.4　量化实践

2.2　彩色图像与灰度图像

1. 彩色图像

所有颜色都是由红色（Red, R）、绿色（Green, G）和蓝色（Blue, B）3 种颜色调配而成，每种颜色一个字节（8 位），每个字节从 0 到 255 分成了 256 个级，所以根据 R、G、B 的不同组合可以表示 $256 \times 256 \times 256 = 16777216$ 种颜色，被称为全彩色图像（full-color image）或者真彩色图像（true-color image），也被称为 24 位彩色图像。

一幅全彩色图像如果不压缩，文件将会很大。例如，一幅 640×480 像素的全彩色图像，一个像素由 3 个字节来表示 R、G、B 各个分量，需要保存 $640 \times 480 \times 3 = 921600B$（约 1MB）。

除了全彩色图像之外，还有 256 色、128 色、32 色、16 色、8 色、2 色图像等，这些非全彩色图像，在保存时，为了减少保存的字节数，一般采用调色板（palette）（或称 Look up Table LUT，颜色表）来保存。历史上由于计算机和数码设备的硬件容量限制，为了节省存储空间，采用非全彩色图像的情况较多，现在所有彩色数码相机都是全彩色图像。

上述用 R、G、B 三原色表示的图像被称为位图（bitmap），有压缩和非压缩格式，扩展名是 bmp。除了位图以外，图像的格式还有许多。例如，TIFF 图像，一般用于卫星图像的压缩格式，压缩时数据不失真；JPEG 图像，是被数码相机等广泛采用的压缩格式，压缩时有部分信号失真。

当前数码设备流行使用 RGBA 的 32 位颜色图像，每个像素在 RGB 颜色之后增加了一个字节，用于放置透明度（Alpha, A）数据。当 A 为 255 时，表示图像完全不透明，就是一般的彩色图像；当 A 为 0 时，表示图像完全透明，就是看不见图像；在 0～255 之间的值则使得像素可以透过背景显示出来，如同透过玻璃（半透明性）一样。透明度数据，一般用在影视效果中，图像处理一般不使用该类数据。

2. 灰度图像

灰度图像（gray scale image）是指只含亮度信息，不含色彩信息的图像。在 BMP 格式的图像中没有灰度图像的概念，但是如果每个像素的 R、G、B 完全相同，也就是 R=G=B，该图像就是灰度图像（或称单色图像，monochrome image）。彩色图像可以由式（2.1）变为灰度图像，其中 Y 为灰度值，各个颜色的系数是由国际电信联盟（International Telecommunication Union，ITU）根据人眼的适应性确定的。

$$Y = 0.299R + 0.587G + 0.114B \tag{2.1}$$

彩色图像的 R、G、B 分量，也可以作为 3 个灰度图像来看待，根据实际情况针对其中的一个分量处理即可，没有必要采用式（2.1）进行转换，特别是对于实时图像处理，这样可以显著提高处理速度。图 2.5 是彩色图像由式（2.1）转换的灰度图像及 R、G、B 各个分量的图像，可以看出灰度图像与 R、G、B 等的分量图像比较接近。

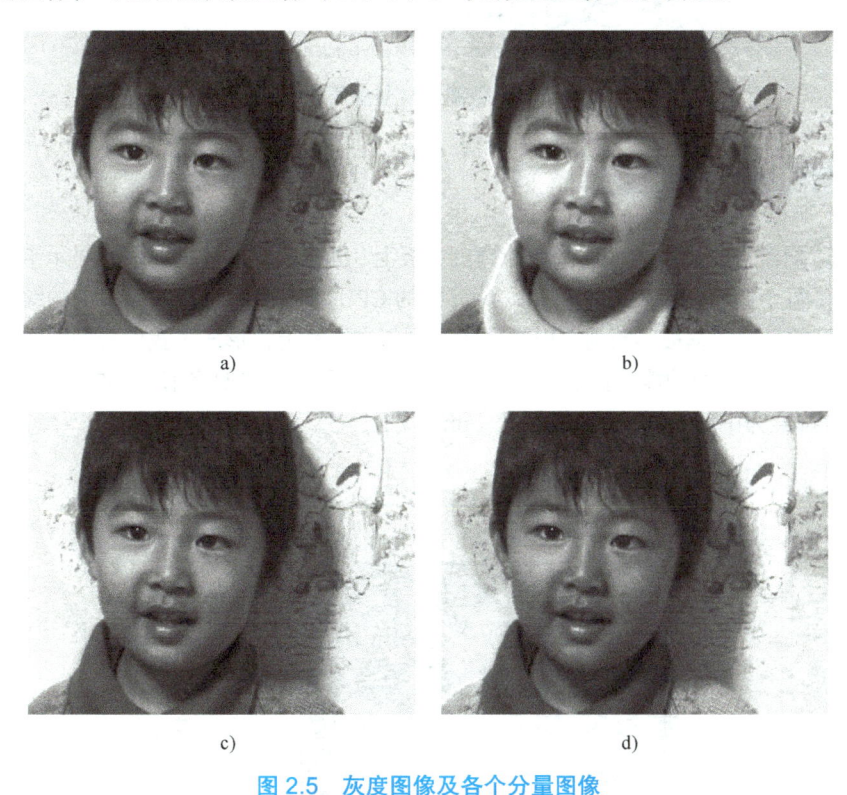

图 2.5 灰度图像及各个分量图像

a）灰度图像 b）R 分量图像 c）G 分量图像 d）B 分量图像

除了彩色图像的各个分量以及彩色图像经过变换获得的灰度图像之外，还有专门用于拍摄灰度图像的数码摄像机，这种灰度摄像机一般用于工厂的在线图像检测。历史上的黑白电视机、黑白照相机等，显示和拍摄的也是灰度图像，这种设备的灰度图像是模拟灰度图像，现在已经被淘汰了。

基于 ImageSys 的功能实践：如图 2.6 所示，读一帧彩色图像，在"状态窗"中，单击"显示模式"选项组的"全彩色"按钮，会依次显示"R 分量"—"G 分量"—"B 分量"—"全彩色"图像。选择"灰度"后，再读入图像，如果读入的是彩色图像，会按式（2.1）计算成灰度图像并显示。

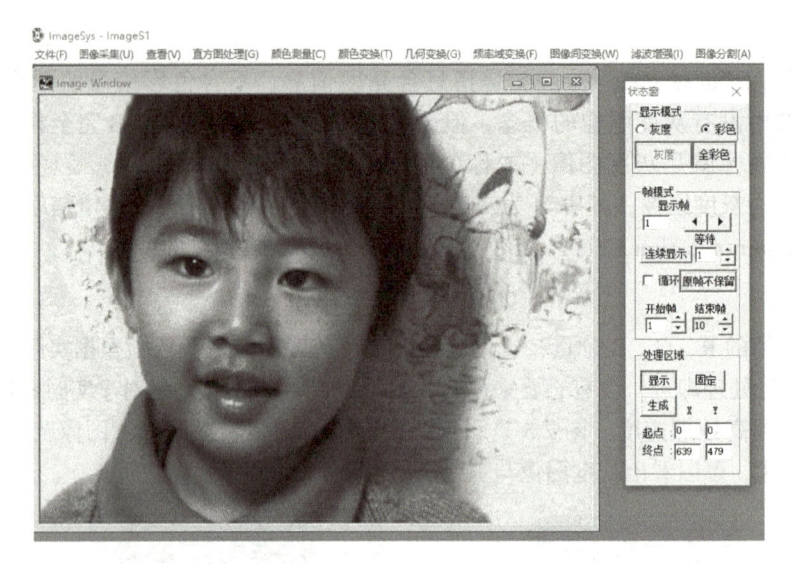

图 2.6　彩色图像与灰度图像实践

2.3　图像的计算机显示

图形适配器（即显示卡）连接在计算机主板上，也连接着计算机屏幕；显示卡里的缓存存储着屏幕每个像素如何发光的信息，计算机的 CPU 将图像信息写入显示卡的缓存，而显示卡缓存里的显示数据被不断地以极快的频率刷新在屏幕上，形成了我们看到的图像。

基于 ImageSys 的功能实践：依次单击菜单"查看"→"像素值"。如图 2.7 所示表示了以"+"符号为中心 7×7 范围的像素（pixel）R、G、B 颜色值。

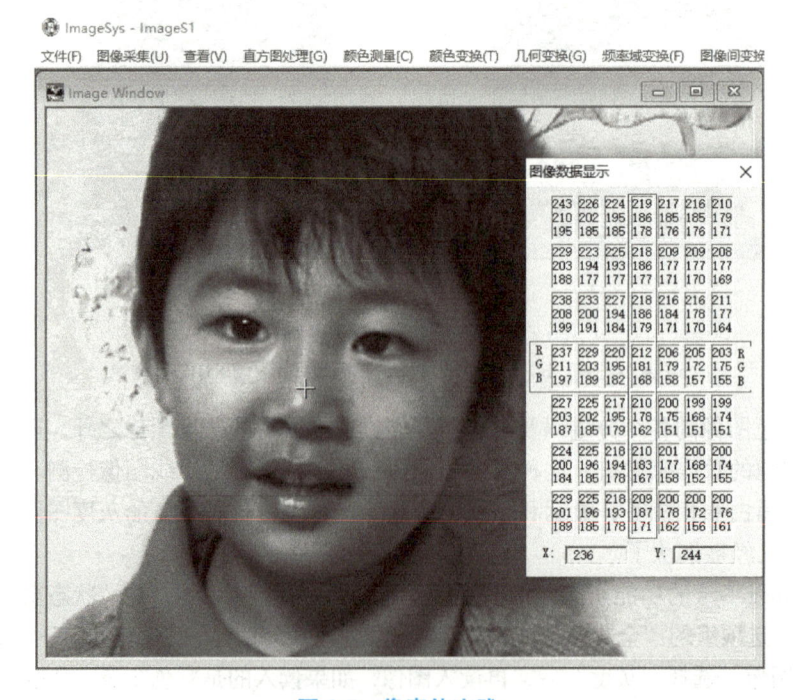

图 2.7　像素值实践

依次单击菜单"查看"→"比例"。图 2.8 显示了局部放大后的图像,放大后可以看见图中的各个小方块即为像素。

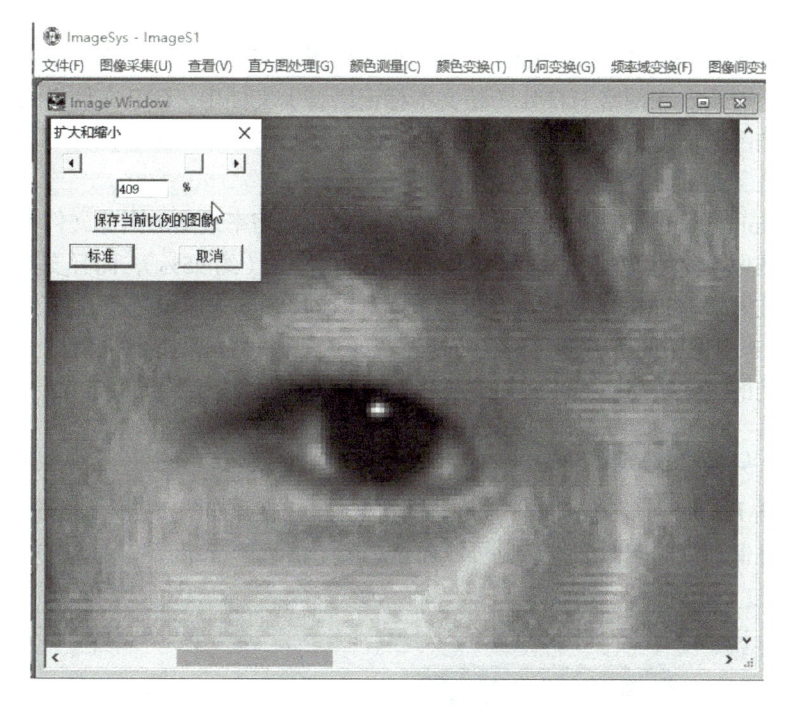

图 2.8　像素放大显示

2.4　图像文件

2.4.1　理论介绍

图像文件包含文件头和文件体两部分。文件头的主要内容包括图像文件的信息以及图像本身的参数。文件体主要包括图像数据以及颜色变换查找表或调色板数据,是文件的主体,对文件容量的大小起决定作用。如果是真彩色图像,则无颜色变换查找表或调色板数据。

图像文件格式有很多,列举如下:BMP、ICO、JPG、JPEG、JNG、KOALA、LBM、MNG、PBM、PBMRAW、PCD、PCX、PGM、PGMRAW、PNG、PPM、PPMRAW、RAS、TARGA、TIFF、WBMP、PSD、CUT、XBM、XPM、DDS、GIF、HDR、IF 等。主要格式有:BMP、TIFF、GIF、JPEG 等,以下对主要格式分别进行说明。

1. BMP 格式

BMP(Bitmap)是 DOS 和 Windows 兼容计算机系统的标准 Windows 图像格式。BMP 格式支持 RGB、索引颜色、灰度和位图颜色模式。BMP 格式支持 1、4、24、32 位的 RGB 位图。有非压缩格式和压缩格式,多数是非压缩格式。文件扩展名为:bmp。

2. TIFF 格式

TIFF(Tag Image File Format)用于在应用程序之间和计算机平台之间交换文件。TIFF 是一种灵活的图像格式,被所有绘画、图像编辑和页面排版应用程序支持。几乎所有的桌面扫描仪都可以生成 TIFF 图像，属于一种数据不失真的压缩文件格式。文件扩展名为：tiff、tif。

3. GIF 格式

GIF（Graphic Interchange Format）是一种压缩图像文件格式，用来最小化文件大小和减少电子传递时间。在网络 HTML（超文本标记语言）文档中，GIF 文件格式普遍用于现实索引颜色和图像，也支持灰度模式。文件扩展名为：gif。

4. JPEG 格式

JPEG（Joint Photographic Experts Group）是目前压缩率最高的图像文件格式。大多数彩色和灰度图像都使用 JPEG 格式压缩图像，压缩比很大（约 95%），而且支持多种压缩级别的格式。在网络 HTML 文档中，JPEG 用于显示图片和其他连续色调的图像文档。JPEG 格式保留 RGB 图像中的所有颜色信息，通过选择性地去掉数据来压缩文件。JPEG 是数码设备广泛采用的图像压缩格式。文件扩展名为：jpeg、jpg。

2.4.2 图像文件功能实践

依次单击 ImageSys 菜单："文件" → "图像文件"，打开如图 2.9 所示的图像文件窗口。可以载入、存储和清除图像文件，也可以通过单击"信息"按钮查看要读入文件的属性。

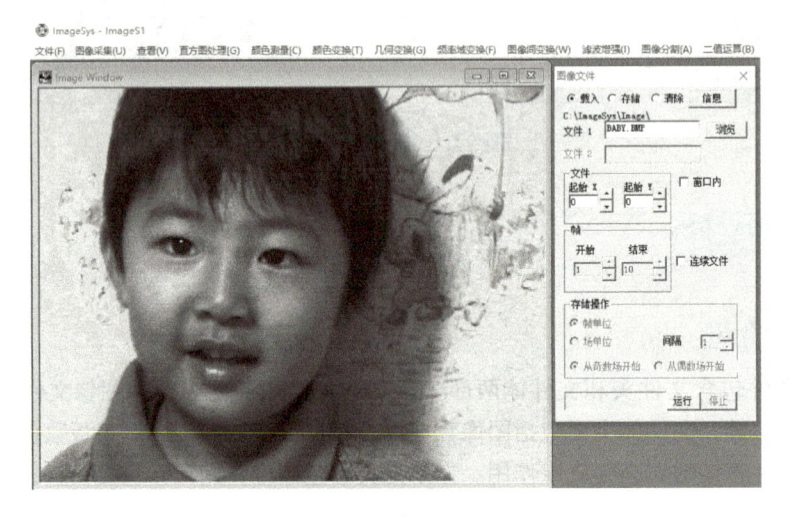

图 2.9 图像文件窗口

可以载入一般图像文件，也可以读入和保存本系统特设的 txt 图像文件。可以读入单个文件，也可以读入连续图像文件，即具有相同名称加 4 位连续序号的图像文件组。当选择连续文件时，文件 1 表示连续文件的开始文件，文件 2 表示连续文件的结束文件。单击"浏览"按钮，打开文件浏览窗口，选择要读入的图像文件。当打开的图像大小与显示窗口不一样时，系统会按打开的图像大小重启系统。

1）窗口内：非选择，操作处理整帧图像；选择，操作处理窗口内的图像。处理窗口的设定请查看"状态窗"的说明。

2）文件的"起始 X"和"起始 Y"：用于设定读入图像文件的起始位置。

3）帧的"开始"与"结束"：选择设定"连续文件"时有效，用于设定连续图像的开始帧和结束帧。

4）存储操作：在选择连续保存时（选中"存储"和"连续文件"）有效。

5）帧单位：以整帧图像为单位保存。

6）场单位：以扫描场为单位保存。选择后，可进一步选择"从奇数场开始"或"从偶数场开始"。一幅图像由奇数扫描场和偶数扫描场构成。以场单位连续保存后，图像数量将增加一倍。

7）间隔：从开始帧到结束帧间隔的图像数。

8）运行：开始执行选定的图像文件处理。

9）停止：停止正在进行的运行命令。

2.5 视频文件

2.5.1 理论介绍

视频文件也称为多媒体文件，一般包含三部分：文件头、数据块和索引块。其中数据块包含实际数据流，即图像和声音序列数据，这是文件的主体，也是决定文件容量的主要部分。视频文件的大小等于该文件的数据率乘以该视频播放的时间长度。索引块包括数据块列表和它们在文件中的位置，以提供文件内数据随机存取能力。文件头包括文件的通用信息、定义数据格式、所用的压缩算法等参数。不同文件格式的具体内容也不一样。常用的视频文件格式有 AVI、WMV、MPEG 等，以下分别进行说明。

1. AVI 格式

AVI（Audio Video Interleaved）是由微软公司制定的视频格式，历史比较悠久。AVI格式调用方便、图像质量好，压缩标准可任意选择，是应用最广泛的格式。文件扩展名为：avi。

2. WMV 格式

WMV（Windows Media Video）是微软公司开发的一组数位视频编解码格式的通称，是 ASF（Advanced Systems Format）格式的升级。文件扩展名为：wmv、asf、wmvhd。

3. MPEG 格式

MPEG（Moving Picture Experts Group）是国际标准化组织（ISO）认可的媒体封装形式，包括了 MPEG1、MPEG2 和 MPEG4 在内的多种视频格式，支持大部分机器。

MPEG1 和 MPEG2 采用以仙农信息论为基础的预测编码、变换编码、熵编码及运动补偿等第一代数据压缩编码技术。MPEG1 的分辨率为 352×240 像素，帧速率为每秒 25 帧（PAL），广泛应用在 VCD 的制作、游戏和网络视频上。使用 MPEG1 的压缩算法，可以把一部 120 分钟长的电影压缩到 1.2GB 左右大小。MPEG2 主要应用于 DVD 的制作，同时在一些 HDTV（高清晰电视广播）和高要求视频的编辑、处理上面也有相当多的应用。使用 MPEG2 的压缩算法，可以将一部 120 分钟长的电影压缩到 5~8GB 的大小，MPEG2 的图像质量很高，是 MPEG1 无法比拟的。

MPEG4（ISO/IEC 14496）是基于第二代压缩编码技术制定的国际标准，以视听媒体对象为基本单元，采用基于内容的压缩编码，以实现数字视音频、图形合成应用及交互式多媒体的集成。

MPEG 系列标准对 VCD、DVD 等视听消费电子及数字电视和高清晰度电视

（DTV&HDTV）、多媒体通信等信息产业的发展产生了巨大而深远的影响。MPEG 的控制功能丰富，可以有多个视频（即角度）、音轨、字幕（位图字幕）等。MPEG 的一个简化版本 3GP 还被广泛用于 3G 手机上。文件扩展名为：dat（用于 DVD）、vob、mpg/mpeg、3gp/3g2/ mp4（用于手机）等。

2.5.2 多媒体文件功能实践

基于 ImageSys 的多媒体文件功能实践：依次单击菜单"文件"→"多媒体文件"，弹出如图 2.10 所示的多媒体文件读入界面。

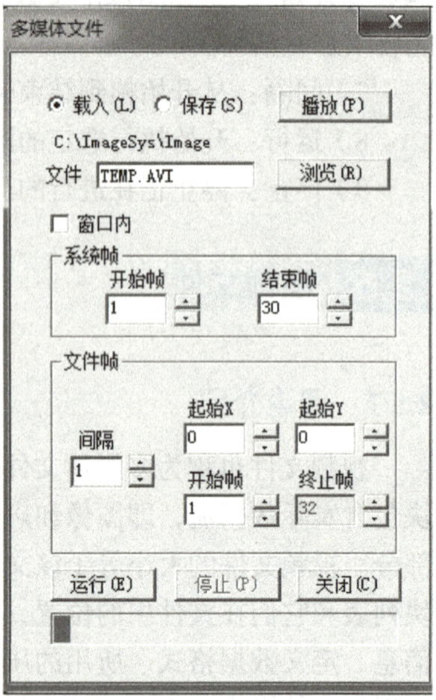

1. 读入功能介绍

可以读入 AVI、MP4、WMV、MKV、FLV、RM、DAT、MOV、VOB、MPG、MPEG 等多种视频文件格式。

1）载入：选择视频图像文件的读入。

2）文件：显示读入的文件名称。

3）浏览：载入文件选择窗口，选择要读入的多媒体文件。当选择的图像大小与系统设定大小不同时，会弹出填入读入图像大小的系统设定窗口。执行确定后，自动关闭系统，按设定图像大小和系统帧数重新启动系统。执行取消时，保持原系统设定。

图 2.10 多媒体文件读入界面

4）播放：预览要读入的多媒体文件。

5）窗口内：非选择，读入整帧画面；选择，读入所选定的处理窗口内画面。处理窗口的设定请查看"状态窗"的说明。

6）系统帧：开始帧，设定读入 ImageSys 系统的开始帧；结束帧，设定读入 ImageSys 系统的结束帧。

7）文件帧：间隔，设定视频图像文件的读入间隔；起始 X，设定要读入的视频文件的图面上起点 x 坐标；起始 Y，设定要读入的视频文件的图面上起点 y 坐标；开始帧，设定要读入的视频图像文件的开始帧；终止帧，自动显示所载入视频文件的最后一帧。

8）运行：开始读入图像。

9）停止：停止正在执行的读入操作。

10）关闭：关闭窗口。

2. 多媒体文件的读入方法

1）选择"载入（L）"。

2）选择或浏览读入文件。

3）选择文件后，预览文件可以执行"播放"。播放控制面板如图 2.11 所示。

4）如需读入到指定的处理窗口内时，选择"窗口内"。

5）设定读入系统帧的开始帧和结束帧。

6）设定文件的读入方法（视频帧），内容有：图像"间隔"、图面上的起点（起始 X，起始 Y）和图像开始帧。

7）运行。

8）需停止正在进行的读入时执行"停止"。

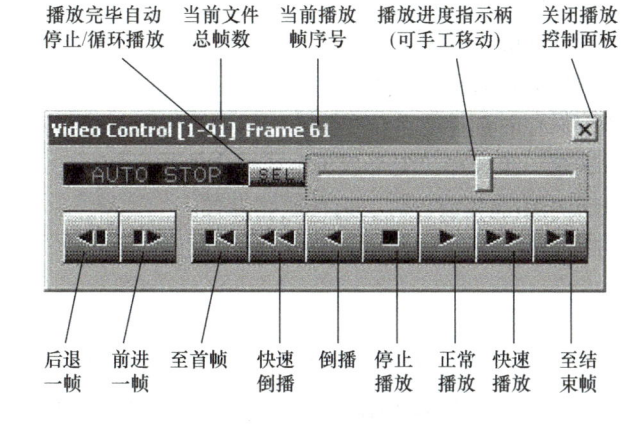

图 2.11 视频播放控制面板

3. 保存功能介绍

图 2.12 是多媒体文件的保存界面，可以保存成 AVI 和 MOV 视频文件格式，可以选择多种压缩模式。

1）保存：选择多媒体文件的保存。

2）文件：可输入或浏览多媒体文件名。

3）浏览：选择保存位置和设定保存文件名。

4）窗口内：非选择，保存整帧图像；选择，保存处理窗口内的图像。处理窗口的设定请查看"状态窗"的说明。

5）帧存储：开始帧，设定要保存的系统的起始帧；终止帧，设定要保存的系统的终止帧。

6）存储操作：帧比率，设定视频文件的播放速度，一般播放速度为每秒 30 或 15 帧图像；间隔，从系统的开始帧到终止帧的间隔数；各帧，以整帧图像为单位保存；各场，以扫描场为单位保存，选择后，可进一步选择"先奇数场"或"先偶数场"。先奇数场，从奇数场开始保存图像；先偶数场，从偶数场开始保存图像。

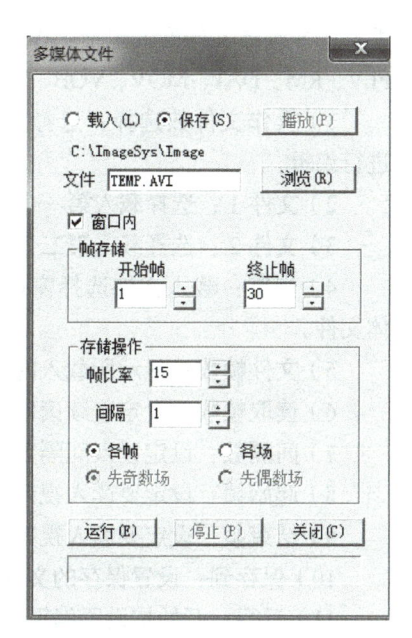

图 2.12 多媒体文件保存界面

7）运行：开始保存多媒体文件。保存彩色图像时，会出现压缩方式的选择窗口，可以选择多种压缩格式，默认为非压缩模式。

8）停止：停止正在执行的保存操作。

9）关闭：关闭窗口。

4. 多媒体文件的保存方法

1）选择"保存"。

2）输入或浏览要保存的多媒体文件名。

3）只保存处理窗口内的图像时，选择"窗口内"。

4）选择要保存图像的开始帧和终止帧。

5）设定保存方式（存储操作）：

① 设定文件的播放速度（帧比率）。
② 设定要保存图像的间隔（间隔）。
③ 以整帧图像为单位保存时选择帧单位（各帧）。
④ 以扫描场为单位保存时选择场单位（各场）。
⑤ 选择场单位后，进一步选择"先奇数场"或"先偶数场"。
6）运行保存。出现压缩选择窗口时，选择压缩方式。
7）需停止正在进行的保存时，执行"停止"。

2.5.3 多媒体文件编辑

依次单击菜单"文件"→"多媒体文件编辑"，弹出图 2.13 所示的多媒体文件编辑界面。可以进行 1 个或 2 个视频（图像）文件的编辑，载入两个视频文件时可对两个视频文件进行穿插编辑，可以把单个图像文件插入视频中或者可以从视频中截取单个图像文件。多媒体文件编辑的优点在于内存的大小对其没有限制，可以对所要获取的视频帧数任意进行编辑。能够编辑的多媒体文件格式包括：AVI、MP4、WMV、MKV、FLV、RM、DAT、MOV、VOB、MPG、MPEG 等多种。

1）操作文件数选择：选择对 1 个文件或 2 个文件进行编辑。

2）文件 1：选择载入第一个多媒体文件。

3）文件 2：选择载入第二个多媒体文件。

4）浏览：载入文件选择窗口，选择要读入的多媒体文件。

5）文件帧数：显示所载入的多媒体文件的帧数。

6）读取帧数：设定连续读取帧数。

7）间隔数：设定读入间隔数。

8）起始帧：设定要读入视频文件的起始帧。

9）结束帧：设定要读入视频文件的结束帧。

10）保存到：设置保存的文件路径和文件名称。

11）运行：开始按设置编辑图像。

12）停止：停止正在执行的编辑操作。

13）关闭：关闭窗口。

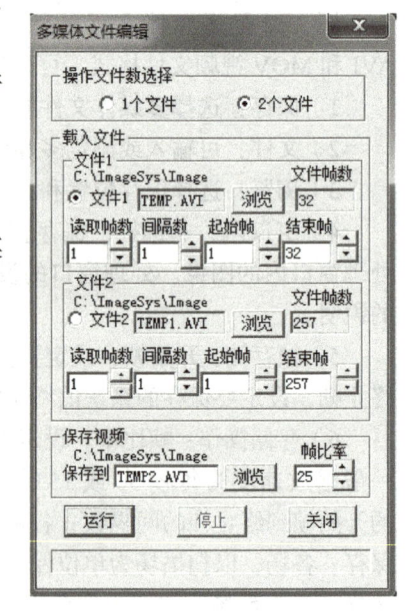

图 2.13 多媒体文件编辑界面

ImageSys 文件菜单里还有"添加水印""屏幕捕捉"和"图像/视频旋转"功能，这里不作介绍。

2.6 图像视频采集

2.6.1 基础知识

1. 基本概念

（1）图像采集卡　图像采集卡是图像采集部分和处理部分的接口。图像经过采样、量化以后转换为数字图像并输入、存储到帧存储器的过程，叫作采集，或者称为数字化。

（2）A/D 转换　图像量化处理是指将照相机所输出的模拟图像信号（analog image signal）转换为计算机所能识别的数字信号（digital signal）的过程，即 A/D 转换。图像信号的量化处理是图像采集处理的重要组成部分。

（3）传输通道数　采集卡同时对多个照相机进行 A/D 转换的能力，如 2 通道、4 通道。

（4）分辨率　采集卡能支持的最大点阵反映了其分辨率的性能，即其所能支持的照相机最大分辨率。

（5）采样频率　采样频率反映了采集卡处理图像的速度和能力。在进行高速图像采集时，需要注意采集卡的采样频率是否满足要求。

（6）传输速率　传输速率是指图像由采集卡到达内存的速度。普通 PCI（Peripheral Component Interconnect，外围设备互连）接口理论传输速率为 132MB/s，PCI-E、PCI-X 是更高速的总线接口。

（7）图像格式（像素格式）

1）黑白图像：通常情况下，图像灰度等级可分为 256 级，即以 8 位表示。在对图像灰度有更精确要求时，可用 10 位、12 位等来表示。

2）彩色图像：彩色图像可由 RGB 或 YUV（Y 表示明亮度，U 和 V 表示色度）3 种色彩组合而成，根据其亮度级别的不同有 8—8—8、10—10—10 等格式。

（8）颜色空间　对一种颜色进行编码的方法统称为"颜色空间"或"色域"。一般有：RGB（16 位 /24 位 /32 位）、YUV（YCbCr）、HSI（Hue, Saturation, Intensity）、Alpha 通道等。颜色空间知识可以参考第 3 章。

（9）帧和场　标准的模拟图像信号是隔行信号，一帧分成两场，偶数场包含所有的偶数行（0,2,…），奇数场包含所有的奇数行（1,3,…）。采集和传输的过程中使用的是场，而不是帧，一帧图像的两场之间有时间差。

2. 基本原理

图像视频采集就是将视频源的模拟信号经过接口送到采集卡，在采集卡上的模/数转换器（Analog-to-Digital Converter，ADC）上进行采样和量化处理转换成数码信息，并将这些数码信息存储在计算机上。通常在采集过程中，对数码信息还需进行一定形式的实时压缩处理。ADC 实际上也是一个视频解码器，采用不同的颜色空间可选择不同的视频输入解码器芯片。

当图像采集卡的信号输入速率较高时，需要考虑图像采集卡与图像处理系统之间的带宽问题。在使用计算机时，图像采集卡采用 PCI 接口的理论带宽峰值为 132MB/s。

3. 可采集图像视频信号分类

1）模拟视频和数字视频信号。

2）标准视频和非标准视频信号。

3）隔行和逐行扫描视频信号。

4）灰度（黑白）和彩色视频信号。

5）复合和各种分量式彩色视频信号。

4. 图像采集卡分类

1）按照信号源分为：数字采集卡（使用数字接口）和模拟采集卡。

2）按照安装链接方式分为：外置采集卡（盒）和内置式板卡。

3）按照视频压缩方式分为：软压卡（消耗 CPU 资源）和硬压卡。

4）按照视频信号输入/输出接口分为：1394 采集卡、USB 采集卡、HDMI（High Definition Multimedia Interface）采集卡、DVI/VGA（Digital Visual Interface，Video Graphics Array）视频采集卡、PCI 视频卡。

5）按照其性能作用分为：电视卡、图像采集卡、DV 采集卡、计算机视频卡、监控采集卡、多屏卡、流媒体采集卡、分量采集卡、高清采集卡、笔记本采集卡、DVR（Digital Video Recorder）卡、VCD 卡、非线性编辑卡（简称非编卡）。

6）按照其用途分为：广播级图像采集卡、专业级图像采集卡、民用级图像采集卡，档次的高低主要取决于采集图像的质量和采集图像的指标。由于 VGA 图像采集卡一般都是内置式板卡，在安装使用时，需要插在 PCI 扩展槽中。

台式计算机主板上通常配置有固定的扩展插槽，其直接与计算机的系统总线连接。用户可以根据自身使用情况增加声卡、显卡、视频采集卡等设备。视频采集卡是连接视频源和计算机的桥梁，在采集卡的板卡中都有两个连接接口，一个是连接视频源的视频接口，如 VGA 接口、DVI 接口、USB 接口、1394 接口等，另一个则连接计算机主板，一般采用插槽系列或 USB 接口，其中板卡扩展插槽主要有 PCI 插槽、PCI-E 插槽、ISA 插槽、AGP 插槽等。

5. 输出接口类型

根据不同的应用方向，为配合所接摄像头，图像采集卡有多种输出接口，其主要接口有 BNC（Bayonet Nut Connector）、VGA、CameraLink、LVDS（Low-Voltage Differential Signaling）、DVI、USB、FireWire 等。

2.6.2　CCD 与 CMOS 传感器

图像传感器是数字成像系统的主要构建模块之一，对整个系统性能有很大影响。两种主要类型的图像传感器分别是电荷耦合器件 CCD 和 CMOS 成像器。

1. CCD 传感器

CCD（Charged Coupled Device）传感器于 1969 年在贝尔试验室研制成功，之后由日商等公司开始量产。

其基本原理是采用一种高感光度的半导体材料，将光线照射导致的电信号变化转换成数字信号，使其高效存储、编辑、传输成为可能。经过多年的发展，CCD 传感器已经从初期的 10 多万像素发展至目前主流应用的两千多万像素。

CCD 可分为线阵（linear）与面阵（area）两种，其中线阵主要应用于影像扫描器及传真机上，而面阵则主要应用于工业相机、数码相机（DSC）、摄录影机、监视摄影机等多种影像输入产品上。

2. CMOS 传感器

CMOS 是 Complementary Metal Oxide Semiconductor（互补金属氧化物半导体）的缩写，是一种大规模应用于集成电路芯片制造的原料。CMOS 在下述三个应用领域呈现出迥然不同的外观特征。

1）用于计算机信息保存，CMOS 作为可擦写芯片使用，在这个应用领域，用户通常不会关心 CMOS 的硬件问题，而只关心写在 CMOS 上的信息，也就是 BIOS 的设置问题，其中被提及最多的就是系统故障时拿掉主板上的电池，进行 CMOS 放电操作，以此还原 BIOS 设置。

2）在数字影像应用领域，CMOS 作为一种低成本的感光元件技术被发展出来，市面上常见的数码产品，其感光元件主要就是 CCD 或者 CMOS，尤其是低端摄像头产品，而高端摄像头通常都是 CCD 感光元件。

3）在更加专业的集成电路设计与制造领域的应用。

3. CCD 与 CMOS 图像传感器的区别

（1）成像过程　CCD 与 CMOS 图像传感器光电转换的原理相同，它们最主要的差别在于信号的读出过程不同；由于 CCD 仅有一个（或少数几个）输出节点统一读出，其信号输出的一致性非常好，而 CMOS 芯片中，每个像素都有各自的信号放大器，各自进行电荷 – 电压的转换，其信号输出的一致性相对较差；CCD 为了读出整幅图像信号，往往要求输出放大器有较宽的信号带宽，而 CMOS 芯片中，每个像元中放大器的信号带宽要求较低，大大降低了芯片的功耗，这是 CMOS 芯片比 CCD 功耗低的主要原因。尽管降低了功耗，但是数以百万放大器的不一致性却带来了更高的固定噪声，这又是 CMOS 相对 CCD 的固有劣势。

（2）集成性　从制造工艺的角度来看，CCD 中电路和元器件是集成在半导体单晶硅材料上的，工艺较复杂，世界上只有少数几家厂商能够生产 CCD 晶元，如 DALSA、SONY、松下等。CCD 仅能输出模拟电信号，需要后续的地址译码器、模拟转换器、图像信号处理器处理，并且还需要提供三组不同电压的电源同步时钟控制电路，集成度非常低。而 CMOS 则是集成在互补金属氧化物半导体材料上，这种工艺与生产数以万计的计算机芯片和存储设备等半导体集成电路的工艺相同，因此生产 CMOS 的成本相对 CCD 低很多。同时 CMOS 芯片能将图像信号放大器、信号读取电路、A/D 转换电路、图像信号处理器及控制器等集成到一块芯片上，只需一块芯片就可以实现相机的所有基本功能，集成度很高，芯片级相机的概念就是由此产生的。随着 CMOS 成像技术的不断发展，有越来越多的公司可以提供高品质的 CMOS 成像芯片，包括 Micron、CMOSIS、Cypress 等。

（3）速度　CCD 采用逐个光敏输出，只能按照规定的程序输出，速度较慢。CMOS 由多个电荷 – 电压转换器和行列开关控制，读出速度快很多，目前大部分 500fps 以上的高速相机都是 CMOS 相机。此外，CMOS 的地址选通开关可以随机采样，实现子窗口输出，在仅输出子窗口图像时可以获得更高的速度。

（4）噪声　CCD 技术发展较早，比较成熟，采用 PN 结或二氧化硅（SiO_2）隔离层隔离噪声，成像质量相对 CMOS 光电传感器有一定优势。由于 CMOS 图像传感器集成度高，各元器件、电路之间距离很近，干扰比较严重，噪声对图像质量影响很大。近年来，随着 CMOS 电路消噪技术的不断发展，为生产高密度优质的 CMOS 图像传感器提供了良好的条件。

随着 CMOS 图像传感技术的日趋进步，同时兼具成像速度快、功耗低、成本低的优势，所以现在市面上的工业相机大部分使用的都是 CMOS 图像传感器。

2.6.3　DirectX 图像采集系统

ImageSys 配套有多种图像采集方式，这里只介绍基于 DirectShow 的直接图像采集。

DirectShow 是微软公司提供的一套在 Windows 平台上进行流媒体处理的开发包，9.0 版本之前与 DirectX 开发包一起发布，之后包含在 Windows SDK 中。

运用 DirectShow 可以很方便地从支持 WDM（Dense Wavelength Division Multiplexing）驱动模型的采集卡上捕获数据，并且进行相应的后期处理乃至存储到文件中。广泛地支持各种媒体格式，包括 ASF、MPEG、AVI、DV、MP3、WAVE 等，使得多媒体数据的回放变得轻而易举。另外，DirectShow 还集成了 DirectX 其他部分（如 DirectDraw、DirectSound）的技术，直接支持 DVD 的播放、视频的非线性编辑，以及与数字摄像机的数据交换。

ImageSys 中基于 DirectShow 的直接图像采集可支持一般民用 CCD 数码摄像机（IEEE1394 接口）、PC 相机（USB 接口）和部分工业相机。

使用 CCD 数码摄像机 IEEE1394 接口时，采集到硬盘时的捕捉速度与摄像机的制式有关，通常 PAL（Phase Alteration Line）制式 25 帧 /s，NTSC（National Television System Committee）制式 30 帧 /s；采集到系统帧（内存）时的捕捉速度与计算机的处理速度有关。使用 USB 接口捕时，采集到硬盘、内存的捕捉速度都与计算机处理速度有关。通过对捕捉方式的设定，可将图像捕捉到系统帧上，或将图像采集到硬盘上。

单击 ImageSys 的"图像采集"菜单，可以打开如图 2.14 所示的图像采集界面，图中默认采集显示的是计算机自带摄像头的图像，外接其他摄像装置时，可以选择相应摄像装置。

图 2.14　图像采集界面

1. 界面功能

1）装置一览：列出与计算机连接的有效摄像装置以供选择。

2）关闭：关闭窗口。

3）操作一览：列出摄像装置的功能设置一览表，打开各项可设置摄像装置的功能。项目内容与摄像装置有关。

4）采集速率：默认为相机的额定帧率。可以小于默认帧率。

5）采集文件：显示被采集到硬盘中的图像的位置及文件，选择"捕捉方式"选项组中的"硬盘"后，可单击"重设定"按钮进行设定。

6）重设定：重新设定被采集到硬盘中的视频图像的位置及文件名，设定后显示在"采集文件"的下面。

7）回放：播放被采集到硬盘中的视频文件。

8）另存为：将采集后的视频文件另存为其他文件名称。

9）可用硬盘空间：硬盘的空容量或硬盘可利用的容量。

10）硬盘到存储器：选择该复选框后"变换"按钮有效。

11）变换：将采集到硬盘（视频文件）的图像转换到系统帧上。

12）限定时间：设定采集到硬盘的时间，默认为 1s。

13）限定帧数：设定采集到硬盘的帧数。

14）最大：将采集帧数设为硬盘最大容量（帧数）。

15）内存：选择后将图像捕捉到系统帧上。

16）硬盘：选择后将图像采集到硬盘上（视频文件）。

17）开始：设定捕捉到系统帧上的开始帧号。

18）终止：设定捕捉到系统帧上的终止帧号。

19）捕捉：开始捕捉图像。

20）停止：停止捕捉图像。

21）预览（停止预览）：当动态显示图像时，执行后停止动态显示；当非动态显示时，执行后进行动态显示。

22）捕捉信息：显示已采集帧数及采集时间。

2. 使用方法

（1）连接摄像装置　用 IEEE1394 或 USB 接口将摄像装置连接到计算机上，摄像装置有电源时打开电源，设定到摄像状态或者播放状态。

（2）打开图像采集窗口　打开图像采集窗口后将自动预览（非摄像状态时须执行播放）。

（3）多台摄像机　连接有两台以上摄像装置时，可以分别选择各装置（装置一览）以确认是否正常。

（4）执行　可执行"预览"或"停止预览"。

（5）采集到系统帧　捕捉图像到系统帧上时：

1）选择帧捕捉方式（"捕捉方式"→"内存"）。

2）设定系统帧的开始帧号和终止帧号（"系统帧"→"开始""终止"）。如果终止帧不够，可以在"状态窗"上增设终止帧。

3）在"状态窗"上确认采集图像的模式：灰度或彩色。

4）执行"捕捉"命令。

5）捕捉途中想停止时，执行"停止"。

6）在"状态窗"上逐次选择"显示帧"或者执行"连续显示"，以确认采集的图像。

7）重新预览图像（预览）。

（6）采集到硬盘　采集图像到硬盘上时：

1）选择硬盘捕捉方式（"捕捉方式"→"硬盘"）。

2）如需改变文件名，执行"重设定"。

3）为了有效地采集图像，可以按需"预设文件空间"，默认值为 10MB。

4）可按需输入设置图像"采集速率"。默认帧率为相机的最大帧率，采集比较稳定。

5）可按需输入设置采集的"限定时间"。

6）可按需输入设置采集的"限定帧数"，或单击"最大"按钮，将帧数设置为硬盘可存储的最大帧数。时间限定优先。

7）选择采集到硬盘时，以相机的固有模式（彩色相机或灰度相机）进行采集。

8）单击"捕捉"按钮开始捕捉。

9）捕捉中途如需停止，执行"停止"，否则完成设定帧数后自动停止采集。

10）捕捉后执行"回放"以确认捕捉的图像。

11）如需将采集后的图像转换到帧号上，可以选择"硬盘到存储器"后执行"变换"。

12）重新"预览"图像。

（7）关闭采集　执行"关闭"按钮。

2.7 应用案例

2.7.1 排种器试验台视频采集与保存

在田间检测排种器的性能参数时，会受到很多客观因素的影响，其结果往往不能准确反映排种器的性能。因此，在实验室内进行试验成为检测排种器性能的主要方法。

本应用案例的目标是基于机器视觉技术，实现排种器性能检测中的种子粒数、行距、穴距等基本参数的自动测量。

为了实现该目标，需要将摄像机安装在传送带上排种器的后面，在排种器工作期间，录制传送带上籽粒的视频图像，在试验台停止工作后，通过图像处理与分析自动获得传送带上籽粒的分布情况。本节介绍排种器试验台的硬件构成、图像采集与保存。

1. 机械装置及工作原理

机械装置包括台架、排种装置、输送装置、喷油装置、图像采集装置等。机械装置的安装结构如图 2.15 所示。

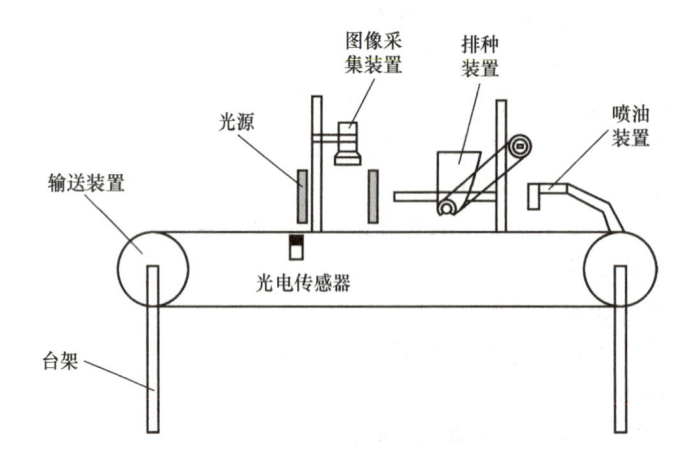

图 2.15　排种器试验台机械装置安装结构示意图

台架是试验台的机械主体，用于支撑试验台及安装其他机械装置。排种装置主要包括排种器、排种电动机、气泵、风机、测速传感器、升降机械装置和升降电动机等。输送装置相对排种器匀速运动，运输所排种子，用以模拟田间排种器播种，由传送带和驱动电动机组成。喷油装置包括喷油嘴、喷油管和油泵等。

排种器安装在涂有黄油的黑色传送带上方，涂抹黄油的目的是防止种粒向下降落后弹起。传送带在调速电动机带动下相对排种器做水平运动，以此来模拟播种机的播种过程。排种器播出的籽粒掉落到传送带上并被粘着随传送带一起运动。在传送带上的触发孔为摄像机提供图像采集触发信号，实现图像的无缝连续采集，并将采集到的图像以视频文件方式保存于计算机硬盘。

2. 摄像头型号及主要参数

选用德国 Basler A601f 高速工业数字摄像机，其主要性能参数见表 2.1。

表 2.1　Basler A601f 摄像机性能参数

名称	参数
摄像头传感器类型	CMOS
摄像头传感器像素数	130 万
摄像头最高分辨率	651×496 像素
最大帧率	60 帧/s
对焦方式	手动
曝光控制	1394 可编程
外形尺寸	65.7mm×44mm×29mm
输出接口形式	IEEE1394

3. 视频图像采集与保存

在传送带一侧边缘上，每隔 20cm 均匀分布一个直径为 5mm 的触发孔。在台架上安装一个光电传感器，该传感器发射部分位于传送带下方，接收部分位于传送带上方，为图像采集系统提供触发信号。传送带运行速度为 0.5～3.5m/s，具体速度可根据需要设定。

系统启动时，创建一个 AVI 视频文件；在传送带运行过程中，光电信号触发一次，拍摄一帧图像，存入 AVI 视频文件；系统停止时，关闭创建的 AVI 视频文件，用于后期的图像检测。采集的图像数据格式为灰度，大小为 640×480 像素。

2.7.2　车流量检测视频采集

交通流量检测是智能交通系统（Intelligent Transportation System，ITS）中的一个重要课题。传统的交通流量信息采集方法有：地埋感应线圈法、超声波探测器法和红外线检测法等，这些方法的设备成本高，设立和维护也比较困难。随着计算机视觉技术的飞速发展，交通流量的视觉检测技术正以其安装简单、操作容易、维护方便等特点，逐渐取代传统的方法。本应用案例的目的是开发一种不受天气状况、阴影等影响的道路车流量图像检测算法。

本应用案例所使用的硬件设备为：笔记本计算机，CPU 2.4GHz，256MB 内存，Windows XP 系统；SONY DCR-TRV18K 数码摄像机，34 万像素，设定图像大小为 640×480 像素，NTSC 制式，图像采集帧率为 30 帧/s。摄像机与计算机通过 IEEE1394 接口进行连接。实现程序是在北京富博科技有限公司的二维图像分析平台 MIAS 上，利用 Microsoft Visual C++ 开发实现的。

摄像机安装在距地面高约 6.6m 的过街天桥上，俯角约 60°。图 2.16 是拍摄的实际场景图像。

图 2.16　实际场景图像

2.7.3　车辆尺寸、颜色参数检测视频采集与演示

本应用案例的目标是基于机器视觉开发出一套能够在汽车检测站或公路等自然环境下实时检测车辆外形尺寸、颜色和重量参数的系统。

1. 系统构成

系统采用 5 个高清高速千兆网络摄像机，分别安装在测量工位的上方和侧面，如图 2.17a 所示。其中，上方前后两个摄像机，用于判断车辆的驶入、驶出并测量车的长度；上方左右两个摄像机，用于测量车辆的宽度；侧面摄像机，用于测量车辆高度和颜色。

图 2.17b 为现场地面的白色标志线结构图。上面 4 个摄像机的图像中心分别与地面上的 4 个十字中心对齐。地面白色标志线的前方放置一台地磅（图上没有标出），用于称重。

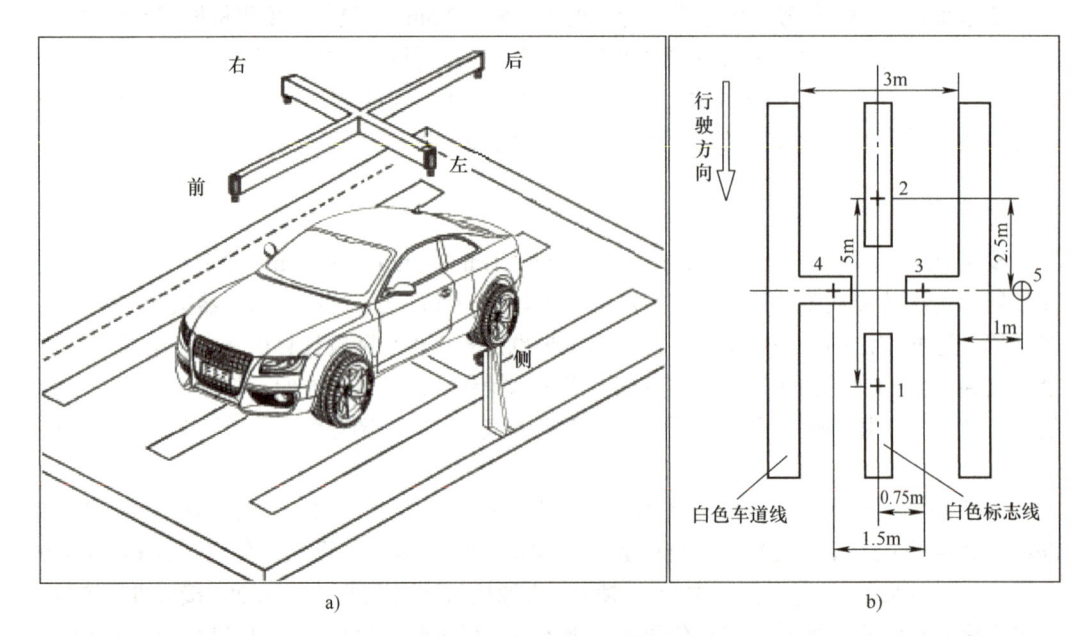

图 2.17　系统构成示意图
a）摄像机安装图　b）地面结构图

2. 视频图像采集流程

为了在车辆通过检测工位时获得尽量多的图像信息，本系统在车辆通过检测工位时只进行图像采集、车辆进出判断和视频图像保存，判断车辆通过后，再利用保存的视频图像进行车辆长、宽、高和颜色参数的检测。

车辆长度、宽度的测量均需要摄像机在同一时刻采集两帧图像才能够求出。因此，测量系统所采用的图像采集模式是单线程串行图像采集模式，即 5 部相机按照后—前—左—右—侧的顺序依次采集一帧图像。

采用千兆网（GigE）数码摄像机，传感器类型为 CMOS，采集图像分辨率为 640×480 像素，采集帧率为 30 帧/s。同时采集 5 路视频。

链 2-1　车辆通过检测工位

3. 视频演示

下面给出车辆通过检测工位的视频演示，读者可以扫描二维码观看视频。

思考题

1. 为什么灰度图像中黑色像素点的像素值为 0、白色像素点的像素值为 255？
2. 请问 1200 万像素的彩色图像最多包含多少种颜色？

第 3 章 像素分布与图像分割

3.1 像素分布

3.1.1 直方图

1. 功能介绍

这里的直方图是指图像的像素值累计分布图。灰度图像像素的最大值是 255（白色），最小值是 0（黑色），从 0 到 255，共有 256 级，直方图就是先计算出一幅图像上每一级的像素数，然后用分布图表示出来。

如图 3.1 所示，直方图的横坐标表示 0～255 的像素级，纵坐标表示像素的个数或者占总像素的比例。计算出直方图，是灰度图像目标提取的重要步骤之一。

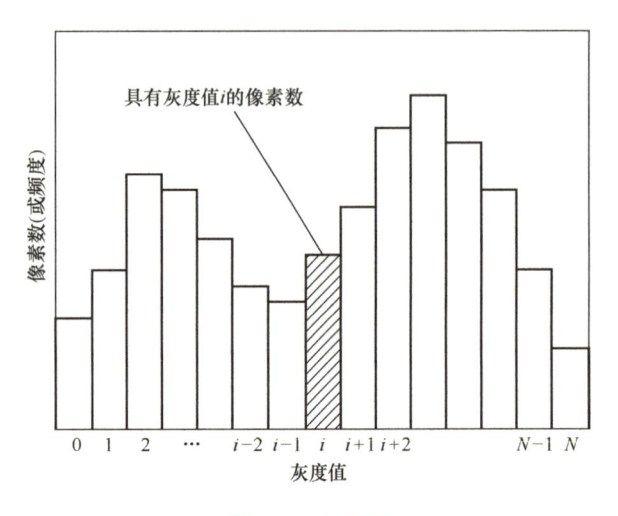

图 3.1 直方图

2. 基于 ImageSys 的功能实践

打开 ImageSys，读入一帧灰度图像或彩色图像，然后依次单击菜单"像素分布处理"→"直方图"，可以打开如图 3.2 所示的直方图功能界面。

图 3.2a 为读入灰度图像时的直方图界面。图 3.2b 为读入彩色图像时的直方图界面，可以选择直方图的类型：灰度、彩色 RGB、R 分量、G 分量、B 分量、彩色 HSI（参考第 4 章）、H 分量、S 分量、I 分量。

可以依次显示所选类型的像素区域分布直方图的最小值、最大值、平均值、标准差、总像素等，也可以显示所选类型的像素区域分布直方图，以及剪切和打印直方图。

可以查看直方图上数据的分布情况。可以读出以前保存的数据，也可以保存当前数据、打印当前数据。保存的数据可以用 Microsoft Excel 打开，重新做分布图。

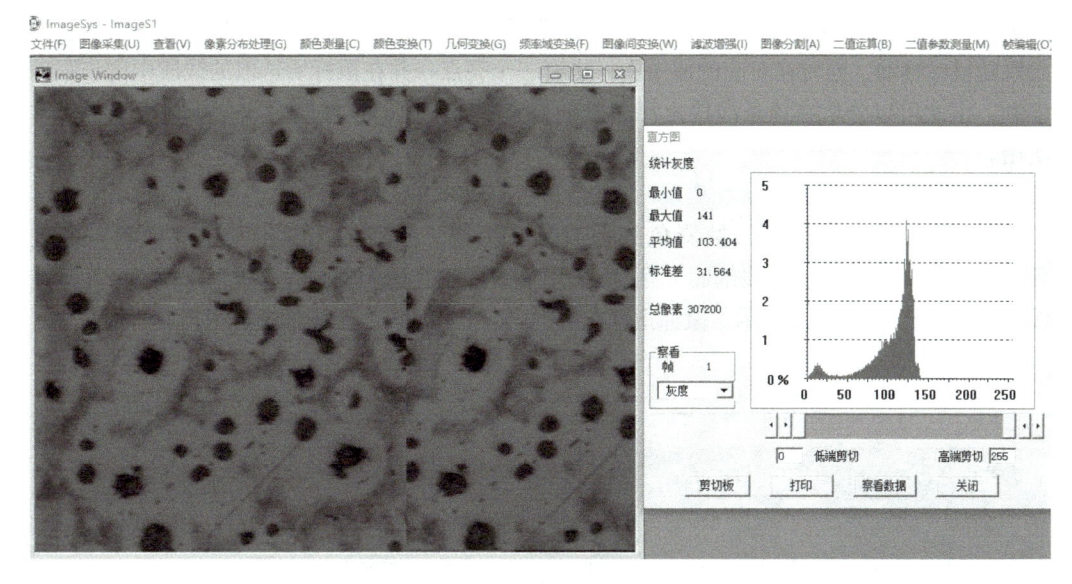

图 3.2 直方图功能界面
a）灰度图像模式　b）彩色图像模式

3.1.2 线剖面图

1. 功能介绍

线剖面图用于查看一条线上的灰度值或彩色值分布曲线。在图像中任意画一条线段，即可知道该线段上的像素分布情况，非常灵活方便。如图 3.3 所示，为了分析苗列上和苗列间在颜色上的差异，可以用鼠标横向选取一条贯穿线段，在右侧的"线剖面"图中可以观察到，该线段对应苗列所在位置的 G 曲线明显高于 B 曲线，在对应苗间的水面部分，B 曲线远高于 G 曲线和 R 曲线。在右侧"线剖面"窗口中左右移动鼠标时，对应有一条垂直线条跟随鼠标移动，同时在对应的原图中，也有一个亮点一并在鼠标所选取的线段中同步跟随移动，由此可以分析在该条线段上每一处的像素分布情况，该功能对于分析目标特征非常实用。

2. 基于 ImageSys 的功能实践

打开 ImageSys，读入一帧彩色图像或灰度图像，然后依次单击菜单"像素分布处理"→"线剖面"，打开"线剖面"界面。按住鼠标左键在图像上画线，线上的像素便显示在线剖面界面上，如图 3.3 所示。鼠标指针在线剖面图上移动时，在图像上显示指针所处位置。

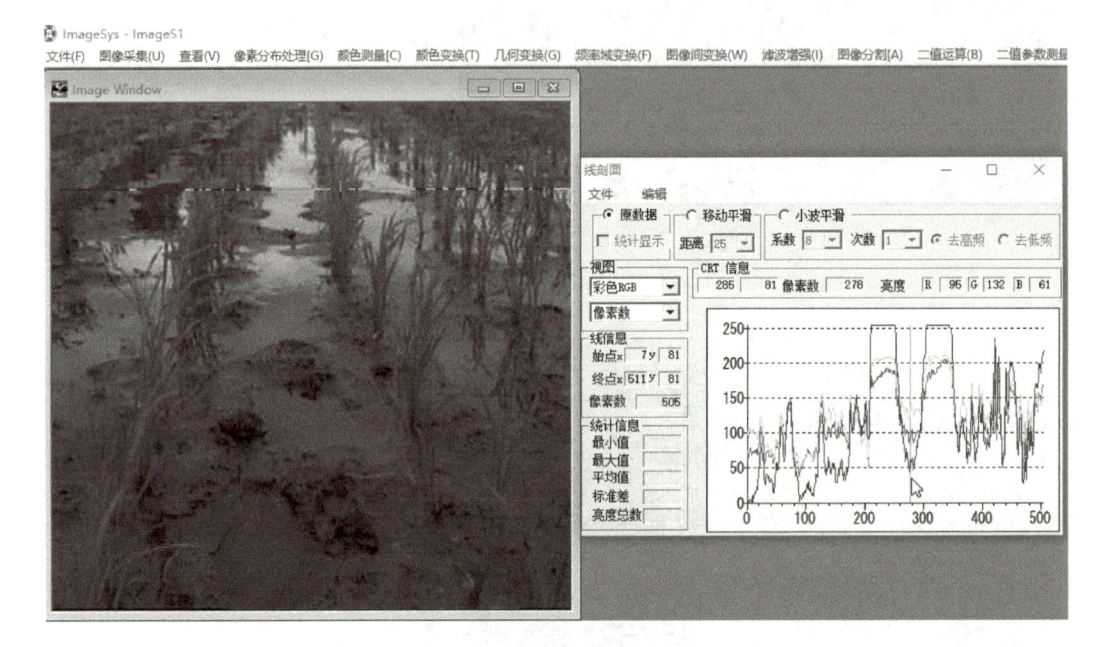

图 3.3 线剖面功能界面

可选择线剖面的分布图类型包括：灰度、彩色 RGB、R 分量、G 分量、B 分量、彩色 HSI、H 分量、S 分量、I 分量等。

选择单个分量时，在窗口左侧会显示该分量线剖面信息的平均值和标准偏差。可以对线剖面进行移动平滑和小波平滑（参考第 7 章）处理。移动平滑可以设定平滑距离。小波平滑可以设定平滑系数、平滑次数、去高频和去低频。去高频是将高频信号置零，留下低频信号，即平滑信号。去低频是将低频信号置零，留下高频信号，是为了观察高频信号。线剖面是非常有用的图像解析工具。

3.1.3 累计分布图

1. 功能介绍

累计分布图是指垂直方向或者水平方向的像素值累加曲线。由于该功能是实现一个特定方向（垂直或者水平）上的像素值累加，对于具有明显垂直或者水平规律的图像使用该功能，能够更清晰地找出图像在对应方向上的变化规律。如图 3.4 所示，为了获得苗列间的总体位置，可以通过分析像素在垂直方向的累计分布图来获得，图 3.4 右侧曲线图中指针所指的 B 曲线最大位置，即为苗列间的总体位置。

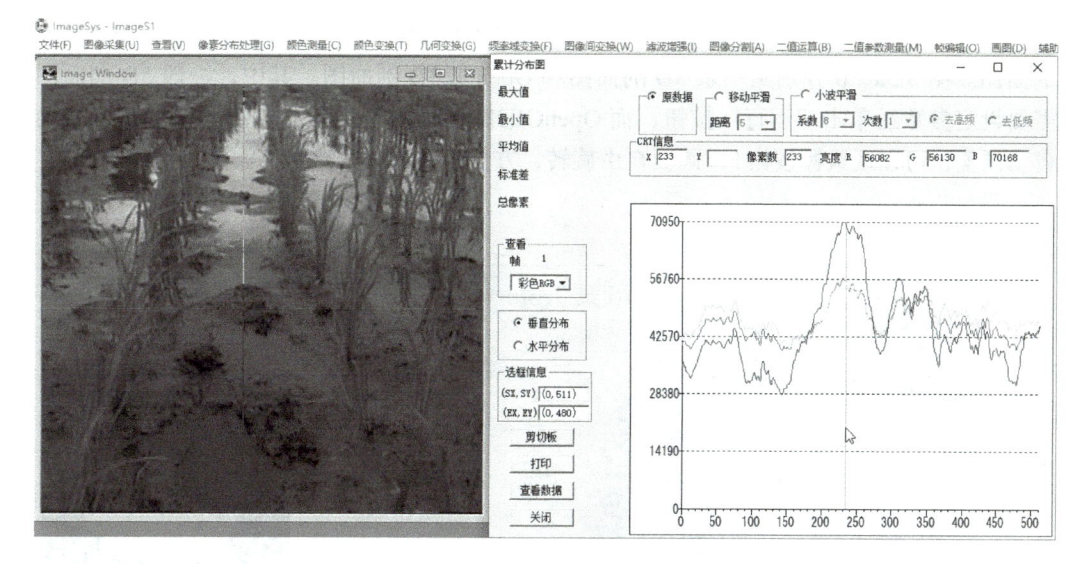

图 3.4　垂直方向累计分布图

2. 基于 ImageSys 的功能实践

打开 ImageSys，读入一帧彩色图像或灰度图像，然后依次单击菜单"像素分布处理"→"累计分布图"，打开对应功能窗口即显示处理窗口内像素的累计分布情况，若未选择处理窗口，则显示整幅图内像素的累计分布情况。

可选择的累计分布图类型有：灰度、彩色 RGB、R 分量、G 分量、B 分量、彩色 HSI、H 分量、S 分量、I 分量等。选择单个分量时，显示所选类型累计分布图的最小值、最大值、平均值、标准差、总像素等。

图 3.4 显示了全图区域彩色 RGB 的垂直方向累计分布图，横坐标表示图像横坐标，纵坐标表示像素的累加值。鼠标指针在累计分布图上移动时，在图像上显示指针所处位置，并画线表示。

同上述线剖面图一样，可对累计分布图进行移动平滑和小波平滑处理，也可以选择水平分布图。

可以剪切和打印累计分布图。可以查看数据，打开数据窗口"文件"菜单，可以读出以前保存的数据，也可以保存当前数据、打印当前数据。保存的数据可使用 Microsoft Excel 打开，重新做分布图。

3.1.4　3D 剖面

1. 功能介绍

3D 剖面是将图像中各部分的 RGB 值使用对应颜色海拔高低（即高程）来表示的图。X 轴表示图像的 x 坐标，Y 轴表示图像的 y 坐标，Z 轴表示像素的灰度值。在该功能中，可以看到全局图像中不同区域 RGB 像素分布的情况，在图 3.5 左侧图像中，人物两侧背景很亮并且整体发白，在所对应的 3D 剖面图中可以看到 x 轴靠近两侧的颜色海拔比较高。

2. 基于 ImageSys 的功能实践

打开 ImageSys 软件，读入一帧彩色图像或灰度图像，然后依次单击菜单"像素分布处理"→"3D 剖面"→"3D 剖面"或"OpenGL3D 剖面",打开图 3.5a 或图 3.5b 的 3D 剖面图。图 3.5a、b 分别是一般 3D 剖面图和 OpenGL3D 剖面图。其中,一般 3D 剖面图需要设定参数后单击"运行"按钮;而 OpenGL3D 剖面图在设定采样空间后,3D 画面会自动调整,可以用鼠标按住 3D 画面自由旋转,方便查看像素分布情况。

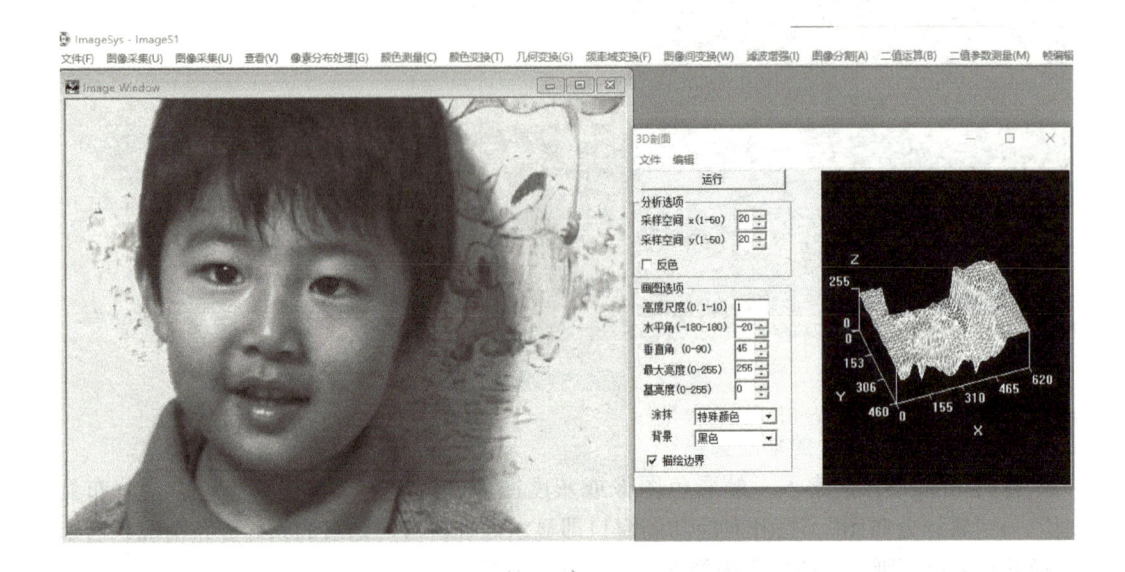

a)

b)

图 3.5 3D 剖面图

a)一般 3D 剖面图 b)OpenGL3D 剖面图

为了更加灵活地分析图像,也可以设定图像的采样空间,或者进行反色处理。不仅如此,还可以根据图像分析的需要,设定分布图的 Z 轴高度尺度、最大亮度、基亮度、涂抹颜色、背景颜色等。

3.1.5 应用案例——水田管理导航路线检测及视频演示

1. 水田管理机器人导航路线检测及视频演示

插秧之后,在水稻从幼苗到成熟期间,需要使用水稻管理机器人进行施肥、喷药、除草和生长调查等水田管理工作,在工作过程中水田管理机器人需要沿着苗列间行走,如图 3.6 所示。本案例的目标是研究一种导航路线的图像检测算法,可以应用于水稻从幼苗到成熟的整个生长时期。

图 3.6 水田管理机械作业场景

(1) 图像采集 用索尼 DCR-PC10 数码摄像机采集样本图像,该摄像机为 NTSC 制式,帧率为 30 帧 /s。采用 Microsoft Visual C++ 6.0 进行软件开发。

从插秧后的第 2 天开始,每周采样一次,共采样 10 次。采样期间,水稻苗大约高出水面(当稻田中无水时高出地面)10～90cm。将摄像机放置于稻株上方 20cm 处,水平向下,此时,无论是天空背景还是稻田的周边环境都不在摄像机的视野范围内。并将相机设置为自动对焦和自动白平衡。每一次采样均从不同地点和方向来获取视频图像样本。采集的图像为 512×480 像素。图 3.3 和图 3.4 的原图是本案例的例图之一。

(2) 目标苗列间的确定 利用垂直方向的像素值累计分布图来确认机器人行走的目标苗列间。如图 3.4 所示,从右侧的垂直方向像素值累计分布可以看出,在目标苗列间,B 分量的累计数据最大,因此将 B 分量垂直方向累计分布的最大位置作为目标苗列间的中心位置。

(3) 扫描线方向候补点的检测 为了检测目标苗列间的中心线(导航线),在每个横向扫描线上检测一个目标苗列间的中心点(方向候补点),图像高度是 480 像素,也就是有 480 条横向扫描线,可以检测出 480 个方向候补点(方向候补点群)。以方向候补点群中心为已知点,用 9.4.1 节的过已知点 Hough 变换检测出导航线。

从图 3.3 所示的线剖面曲线可以看出,在苗列上 G 分量远大于 B 分量,利用此特点,在各个横向扫描线上,从确定的目标苗列间中心位置分别向左、向右检测到第一个苗列位置,然后取两者的中间点作为该扫描线的方向候补点。图 3.7 是检测出的方向候补点群及导航线的实例,有田端时也可以检测出来。对 10 周拍摄的所有图像都正确检测出了导航线,视频里演示了 10 周的检测案例。

图 3.7　方向候补点群及导航线检测实例

a）插秧后第 2 周　b）插秧后第 4 周

（4）视频演示　下面给出水田管理导航路线检测的视频演示，读者可以扫描二维码观看视频。

2. 微型除草机器人行驶路线检测及视频演示

为了减少除草剂的使用，日本多个大学对水田微型除草机器人进行了研究。对于微型除草机器人来说，水田环境非常复杂，由于其体型小，当秧苗长高时，在秧苗间通行就像穿行在隧洞中，姿态稍有变化，其视野中的图像就会完全不一样。因此，当微型除草机器人完成除草作业，在继续行驶之前，必须确认行驶方向。本案例旨在研究一种图像处理方法，引导微型机器人在水田中行驶。由于水稻从秧苗到收获的整个生长阶段，微型除草机器人均需在水田中作业，因此研究的算法必须能够适应水稻全部生长过程的水田环境。

链 3-1　水田管理导航路线检测

（1）图像采集　研究中使用了尽可能廉价的硬件设备来搭建系统。选用了一个型号为 TR-89C 的微型无线监控摄像机和一个型号为 TR-801C 的接收器，在日本总共花费 3 万日元左右（2001 年），使用这些设备来采集水田的视频图像。使用电视机来显示由接收器传送过来的信号，并存入录像带中。摄像机的长、宽、高分别为 68mm、32mm 和 27mm，镜头焦距为 3.7mm，光圈设置为 f2.0，发送图像的频率为 2.4GHz。将录制的录像带转换为数字图像进行图像处理，处理软件使用 Microsoft Visual C++ 6.0 进行开发。

从插秧后的第 2 天开始，每周采集一次样本图像。分别将摄像机放置于水面上方大约 10cm、20cm 和 30cm 处，且在每一个高度处将摄像机依次水平、水平向下 10° 和 20° 进行设置。对摄像机进行 360° 旋转，获得每个高度、每个角度的录像带样本，如图 3.8 所示。在采样期间，稻株的高度大约高出水面 10~65cm。

图 3.8　水田和微型摄像机

试验中共采集了 69 个样本视频,每个样本视频包含 24 帧大小为 512×480 像素的图像,这些图像以均匀间隔从录像带中采集,并保存为视频文件格式。

(2)目标图像的确定及导航线检测　目标图像为摄像机旋转一周所获取的 24 帧图像中,水稻行之间的区域离图像中心最近的图像,也就是 B 分量垂直累计分布图的中心离图像中心最近的图像。因此对每帧图像进行 B 分量垂直累计分布图数据分析处理,确定最终的目标图像。确定目标图像后,对目标图像,利用前述水田管理机器人导航路线检测方法,检测出导航线。

由于每组有 24 帧图像,而且环境复杂多变,因此在处理过程中设定了许多判断条件,对每帧图像处理时只要有一个条件不满足就进入下一帧处理,这样从 24 帧中找到目标图像且处理出导航线,0.1s 以内即可完成。具体处理方法这里不做详细说明。

图 3.9 是水田环境的例图像,由于存在水面反光、叶面遮挡等,图像非常复杂。

图 3.9　水田环境例图像

图 3.10 是目标图像及导航线检测结果的例图像,共 69 个样本视频,都正确检测出了目标图像和导航线。可以通过视频演示观看检测过程。

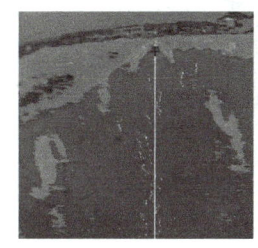

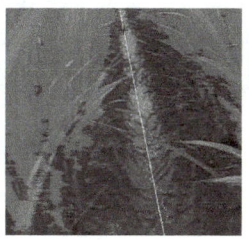

图 3.10　目标图像及导航线检测结果例图像

(3)视频演示　下面给出微型除草机器人路线检测的视频演示,读者可以扫描二维码观看视频。

链 3-2　微型除草机器人路线检测

3.2 灰度分割与实践

首先，做如下准备工作：

1）打开 ImageSys 系统，单击菜单"文件"→"图像文件"，读入一幅灰度图像。

2）在"状态窗"上设定"原帧保留"，以便重复使用原图像。

3）单击菜单"图像分割"，打开"图像分割"窗口。

图 3.11 是"图像分割"窗口的默认设置，图像上的水色区域表示阈值分割后的目标区域，非水色区域是分割后的背景区域。该图并没有展示水色的原图像和直方图，相关信息可以参考图 3.2a。

"图像分割"窗口中间显示的是图像的直方图，其他功能在后面的处理中将予以介绍。

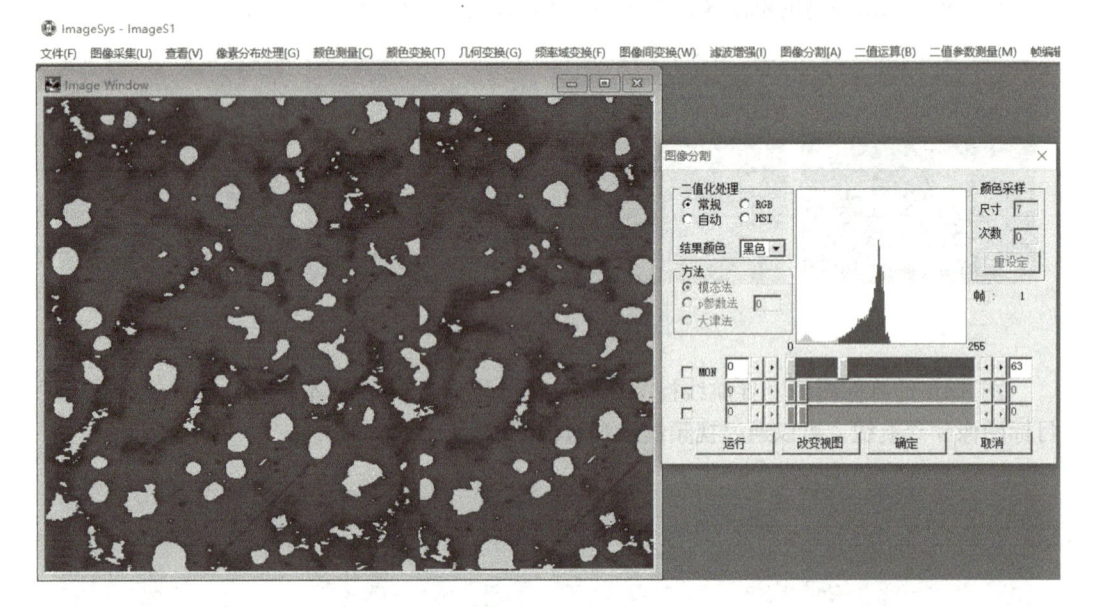

图 3.11 原图像与图像分割功能

3.2.1 常规阈值分割

二值化处理（binarization）是将目标物从图像中提取出来的一种方法。二值化处理的方法有很多，最简单的一种叫作阈值处理（thresholding），即针对输入图像的各像素，当其灰度值在某设定值（称为阈值，threshold）以上或以下时，赋予对应的输出图像的像素为白色（255）或黑色（0）。可用式（3.1）或式（3.2）表示。

$$g(x,y) = \begin{cases} 255 & f(x,y) \geq t \\ 0 & f(x,y) < t \end{cases} \tag{3.1}$$

$$g(x,y) = \begin{cases} 255 & f(x,y) \leq t \\ 0 & f(x,y) > t \end{cases} \tag{3.2}$$

式中，$f(x,y)$、$g(x,y)$ 分别是处理前和处理后的图像在 (x,y) 处像素的灰度值；t 为阈值。

在图 3.11 上滑动水色滑柄或者在后面输入框内直接输入数字，可以设定阈值。通过单击"改变视图"按钮,可以查看分割效果,单击"运行"按钮,图像窗口显示分割结果,单击"确定"按钮,关闭窗口。

图 3.12 是设定阈值为"30"、结果颜色为"黑色"的"运行"结果图像。

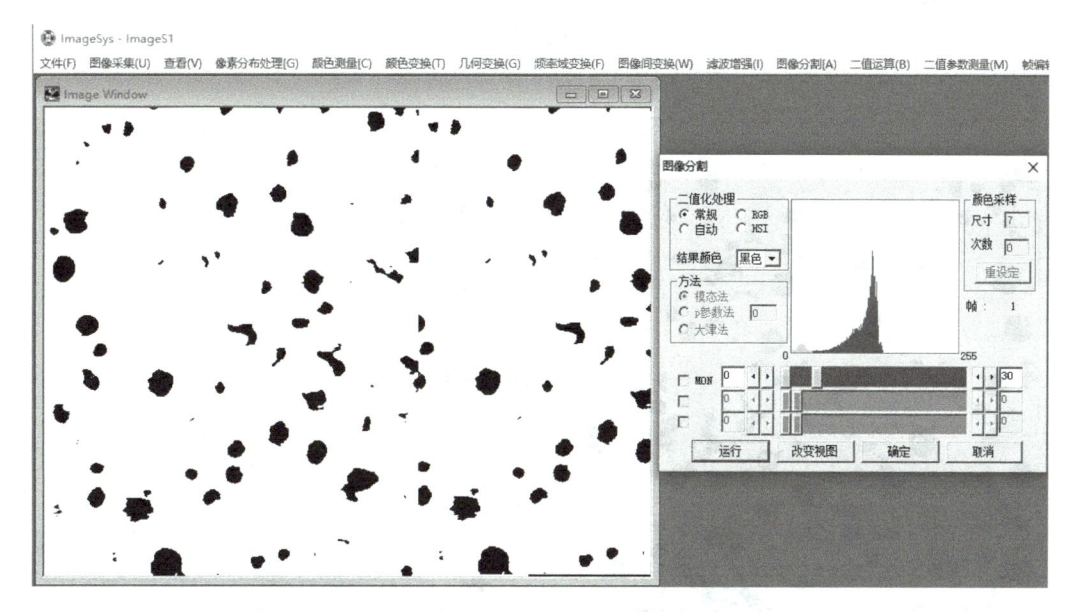

图 3.12　阈值为"30"、结果颜色为"黑色"的"运行"结果图像

在"状态窗"上选择显示原图像,在"图像分割"窗口上设定阈值为"60",结果颜色为"白色",然后单击"运行"按钮,结果如图 3.13 所示。

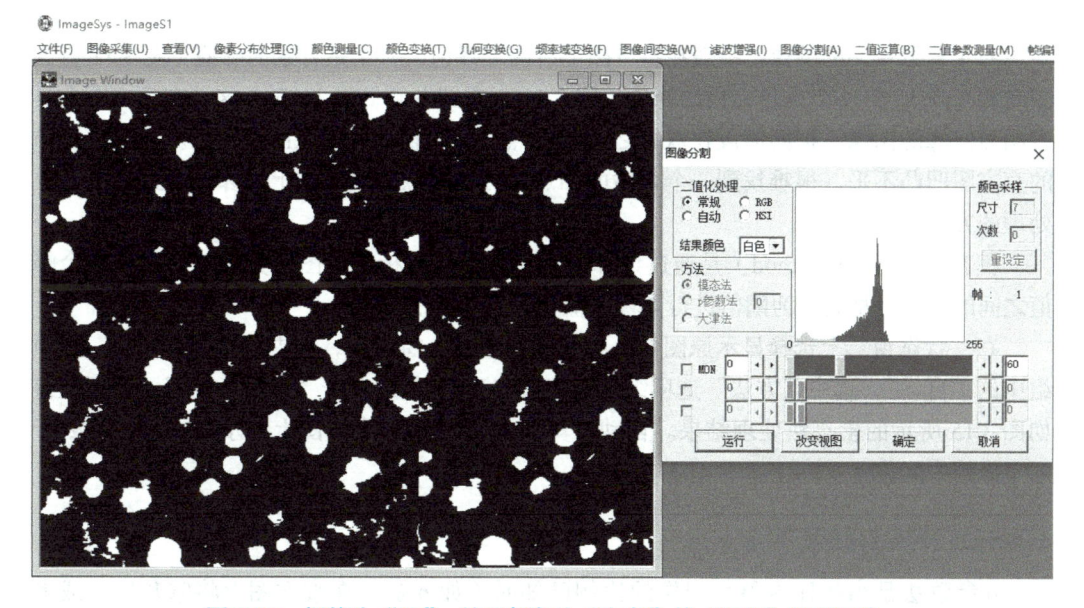

图 3.13　阈值为"60"、结果颜色为"白色"的"运行"结果图像

结合图像情况,实际有时需要提取两个阈值之间的部分,见式(3.3)。这种方法称为双阈值二值化处理。

$$g(x,y) = \begin{cases} 255 & t_1 \leqslant f(x,y) \leqslant t_2 \\ 0 & \text{other} \end{cases} \quad (3.3)$$

在"状态窗"上选择显示原图像,在"图像分割"窗口上设定阈值为"80~150",结果颜色为"白色",然后单击"运行"按钮,结果如图 3.14 所示。

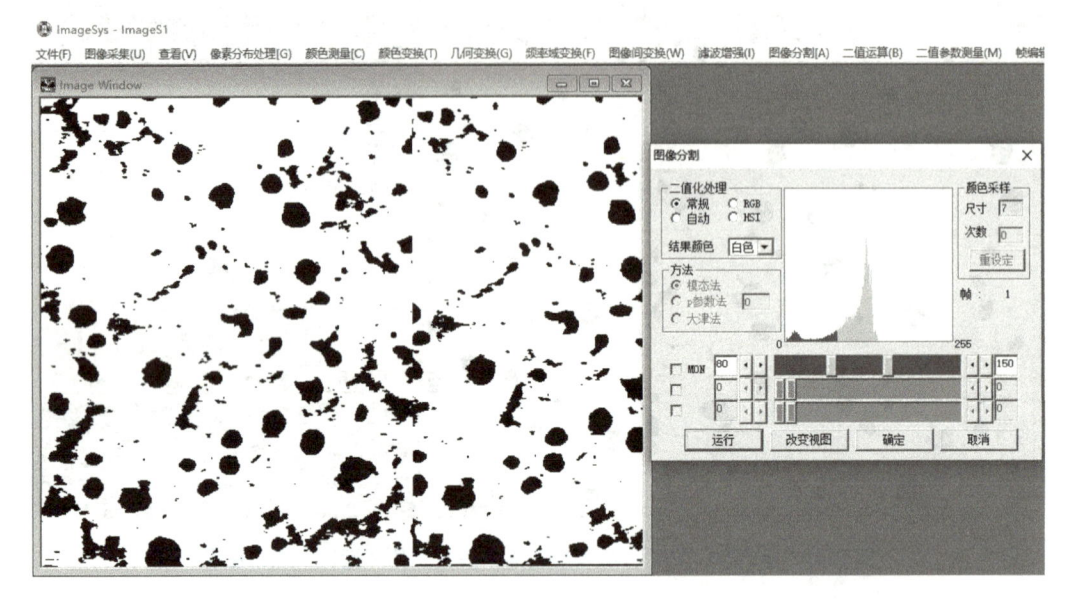

图 3.14 阈值为"80~150"、结果颜色为"白色"的"运行"结果图像

3.2.2 模态法自动分割

对于背景单一的图像,一般在直方图上有两个峰值,一个是背景的峰值(图 3.11 直方图右侧高峰),另一个是目标物的峰值(图 3.11 直方图左侧低峰)。对于这种在直方图上具有明显双峰的图像,把阈值设在双峰之间的凹点,即可较好地提取出目标物。如果原图像的直方图凹凸不平,很难找到一个合适的凹点,可以采取在直方图上对邻域点进行平均化处理的方法。

模态法(mode method)是通过计算机程序,自动分析直方图的分布,查找到两个峰值之间的凹点,将其作为阈值进行图像二值化处理的方法。

在"状态窗"上选择显示原图像。在"图像分割"窗口中,选中"二值化处理"选项组中的"自动",选中"方法"选项组中的"模态法",然后单击"运行"按钮,即可获得如图 3.15 所示的模态法处理结果。自动计算的阈值是 45,直方图上的水印右端正好处于两个峰的中间位置。

3.2.3 p 参数法自动分割

p 参数法是当物体占整个图像的比例已知时(如 p%),在直方图上将暗灰度(或者亮灰度)一侧起的累计像素数达到总像素数 p% 的位置处作为阈值的方法。对于微分图像(参考第 8 章)的二值化处理,一般设定阈值在亮度从高到低的 5% 处,都能获得较好的分割效果。

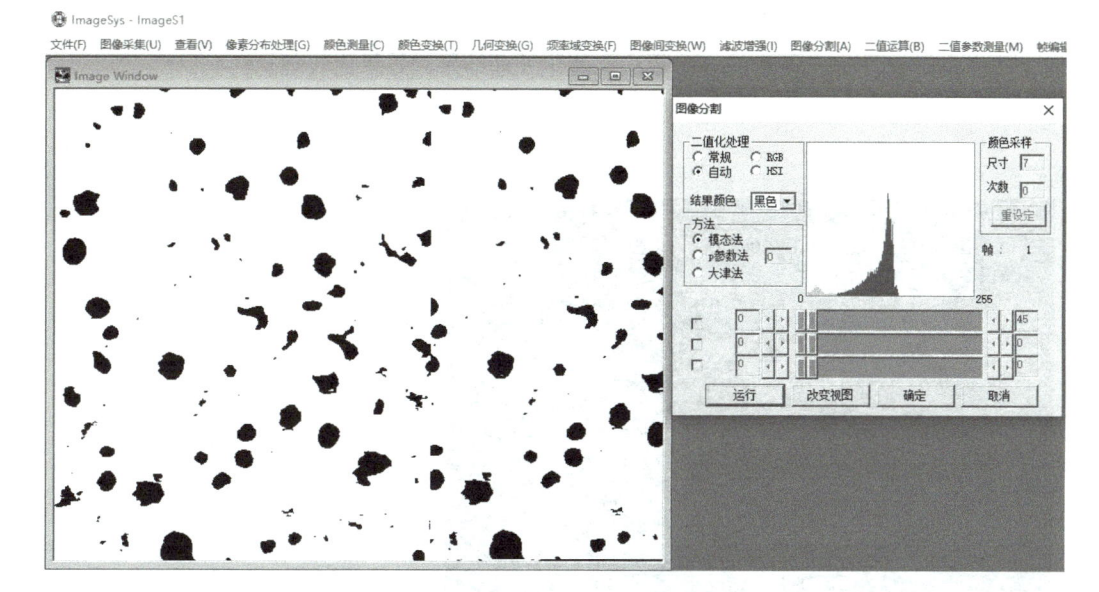

图 3.15 模态法自动分割

在"状态窗"上选择显示原图像。单击菜单"滤波增强"→"多模版",打开"多模版"窗口,然后单击"执行"按钮,获得如图 3.16 所示的 Prewitt 算子微分图像(参考第 8 章)。

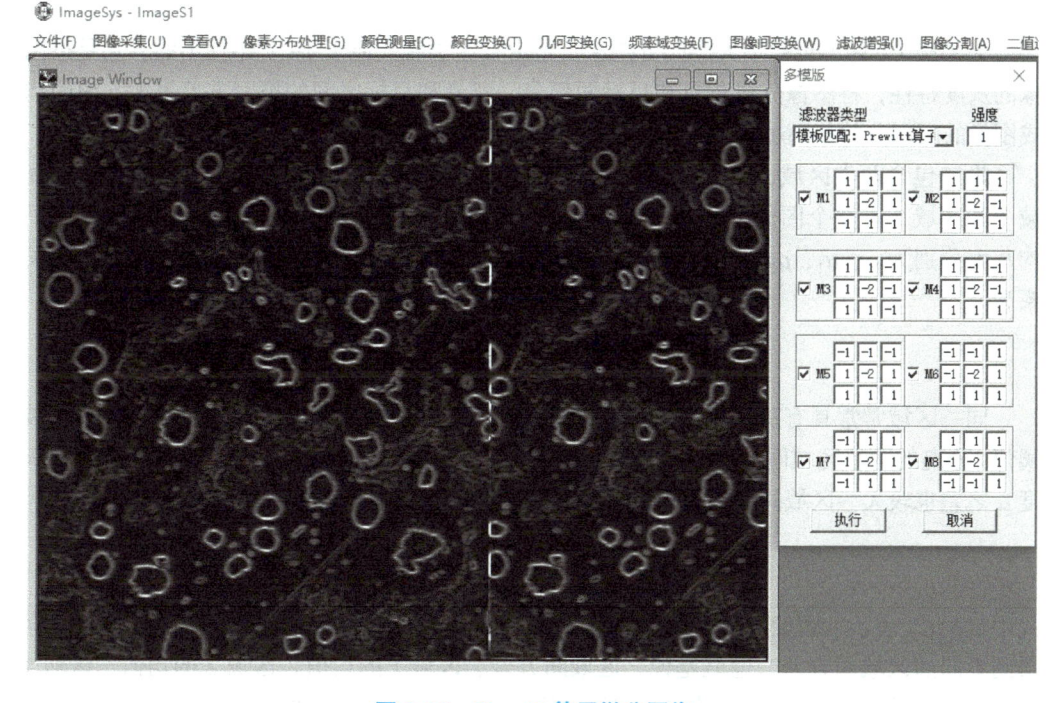

图 3.16 Prewitt 算子微分图像

下面对 Prewitt 算子微分图像进行 p 参数法二值化处理。

在"图像分割"窗口中,选中"二值化处理"选项组中的"自动","结果颜色"选

"白色"，选中"方法"选项组中的"p 参数法"，并设定 p 参数为 5。然后单击"运行"按钮，即可获得如图 3.17 所示的 p 参数法二值化处理结果，效果比较理想。

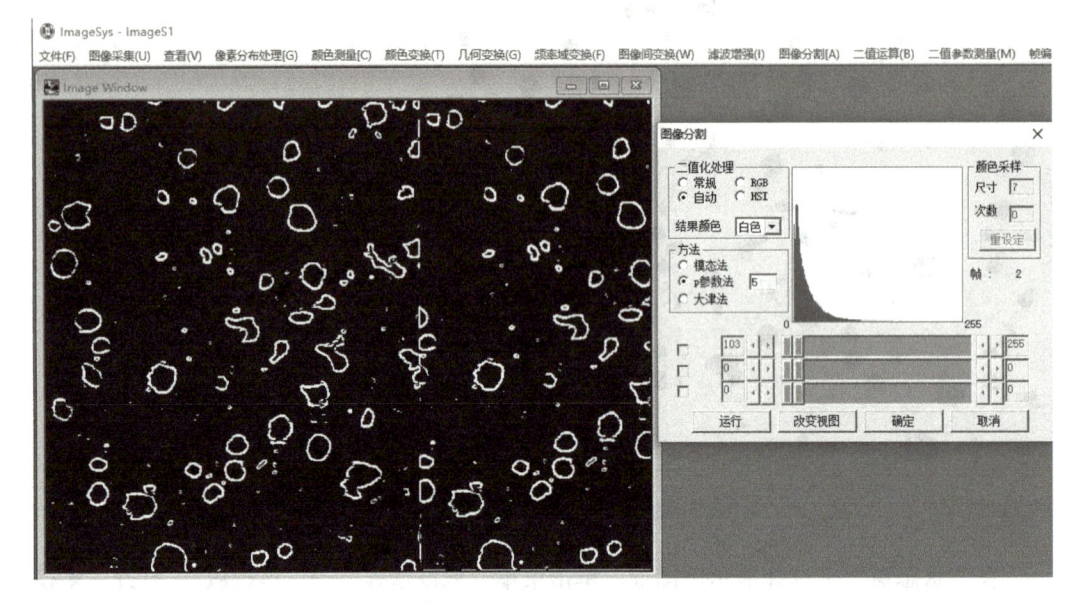

图 3.17　微分图像的 p 参数法二值化处理结果

3.2.4　大津法自动分割

大津法（otsu）也叫最大类间方差法，是由日本学者大津于 1979 年提出的。它是按图像的灰度特性，将图像分成背景和目标两部分。背景和目标之间的类间方差越大，说明构成图像的两部分的差别越大。因此，使类间方差最大的分割意味着错分概率最小。

设定包含两类区域，t 为分割两区域的阈值。由直方图经统计可得：被 t 分离后的区域 1 和区域 2 占整个图像的面积比分别为 θ_1 和 θ_2，以及整幅图像、区域 1、区域 2 的平均灰度分别为 μ、μ_1、μ_2。整幅图像的平均灰度与区域 1 和区域 2 的平均灰度值之间的关系为

$$\mu = \mu_1\theta_1 + \mu_2\theta_2 \tag{3.4}$$

同一区域常常具有灰度相似的特性，而不同区域之间则表现为明显的灰度差异，当被阈值 t 分离的两个区域间灰度差较大时，两个区域的平均灰度 μ_1、μ_2 与整幅图像的平均灰度 μ 之差也较大，区域间的方差就是描述这种差异的有效参数，其表达式为

$$\sigma_B^2(t) = \theta_1(\mu_1 - \mu)^2 + \theta_2(\mu_2 - \mu)^2 \tag{3.5}$$

式中，$\sigma_B^2(t)$ 表示了图像被阈值 t 分割后两个区域间的方差。显然，选用不同的 t 值，就会得到不同的区域间方差，也就是说，区域间方差、区域 1 的均值、区域 2 的均值、区域 1 面积比、区域 2 面积比都是阈值 t 的函数，因此式（3.5）可以写成：

$$\sigma_B^2(t) = \theta_1(t)[\mu_1(t) - \mu]^2 + \theta_2(t)[\mu_2(t) - \mu]^2 \tag{3.6}$$

经数学推导，区域间方差可表示为

$$\sigma_B^2(t) = \theta_1(t)\theta_2(t)[\mu_1(t)-\mu_2(t)]^2 \qquad (3.7)$$

被分割的两区域间方差达到最大时,被认为是两区域的最佳分离状态,由此确定最终分割阈值 T。

$$T = \max[\sigma_B^2(t)] \qquad (3.8)$$

大津法在各种图像处理中得到了广泛的应用。

模态法和大津法都是寻找直方图两个峰之间的凹点,只是使用的方法不同。模态法是通过对直方图数据进行分析寻找凹点,大津法是通过对数据计算的方法来寻找凹点。

以最大方差决定阈值是一种自动选择阈值的方法,不需要人为地设定其他参数。但是实现比较复杂,通过循环计算得到,运算量较大。

在"状态窗"上选择显示原图像,在"图像分割"窗口中,选中"二值化处理"选项组中的"自动","结果颜色"选"白色",选中"方法"选项组中的"大津法"。然后单击"运行"按钮,即可获得如图 3.18 所示的大津法二值化处理结果,计算的阈值是 78,与模态法获得的结果相差不多。

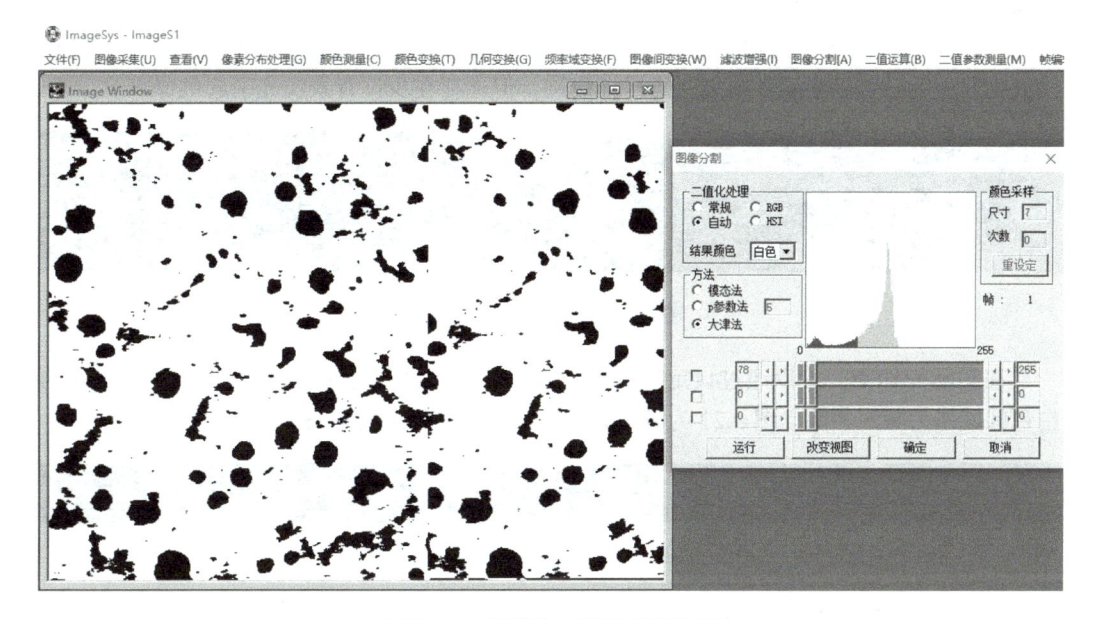

图 3.18 大津法二值化处理结果

在阈值确定方法中,除了上述方法以外,还有判别分析法(discriminant analysis method)、可变阈值法(variable thresholding)等。判别分析法是当直方图分成物体和背景两部分时,通过分析两部分的统计量来确定阈值的方法。可变阈值法在背景灰度多变的情况下使用,对图像的不同部位设置不同的阈值。

3.2.5 应用案例——排种器试验台图像拼接与分割

1. 图像拼接

为了便于测量分析,在图像处理前,先将保存的视频连续帧拼接成一幅完整的测量图像。视频文件的采集方法,参考"2.7.1 排种器试验台视频采集与保存"。以穴播为例,

图 3.19 是从玉米穴播实验合成图像中截取的片段灰度图像（共 10 帧），为方便浏览，将其逆时针旋转 90°，最右侧为起始帧，最左侧为第 10 帧。

图 3.19　合成图像中截取的片段灰度图像

2. 籽粒的二值化分割

首先采用大津法自动获取阈值 K，对于背景噪声比较少的排种图像，其效果比较好。但是，如果传送带上存在较多的杂质籽粒或油污（统称噪声），而图像中籽粒又比较少（如穴播或精播）时，则效果较差。由于籽粒和噪声在图像上只占很小的比例，在直方图上看不出双峰特性，所以传统的自动阈值确定方法均不适用。通过研究分析，将灰度平均值的 2 倍作为分割阈值，无论对哪种图像都获得了很好的分割效果。这种阈值设置方法，可以认为是一种判别分析法。

图 3.20 是采用该方法对图 3.19 进行阈值分割的结果图像。从图 3.20 可以看出，经过二值化处理后，可以去除各帧之间的拼接痕迹，但还存在少许背景反光引起的噪声。

图 3.20　合成图像二值化

在实际操作中，可以通过设定处理窗口，仅保留中间排种区域，并将低于 50 像素的白色区域作为噪声去除。图 3.21 为设定处理区域和去除噪声的处理结果。

图 3.21　合成图像处理结果

图 3.22a、b 分别为小麦的条播和两行精播片段的处理结果。

a)　　　　　　　　　　　　　　　　　b)

图 3.22　小麦排种的提取结果

a）条播　b）精播

本节只介绍与本章内容相关的图像分割部分，后续处理将在后面相关章节介绍。

3.3 彩色分割与实践

在 ImageSys 的"状态窗"上选择"彩色",单击菜单"文件"→"图像文件",读入一幅彩色图像。如图 3.23 所示,"图像分割"窗口自动变为 RGB 模式。

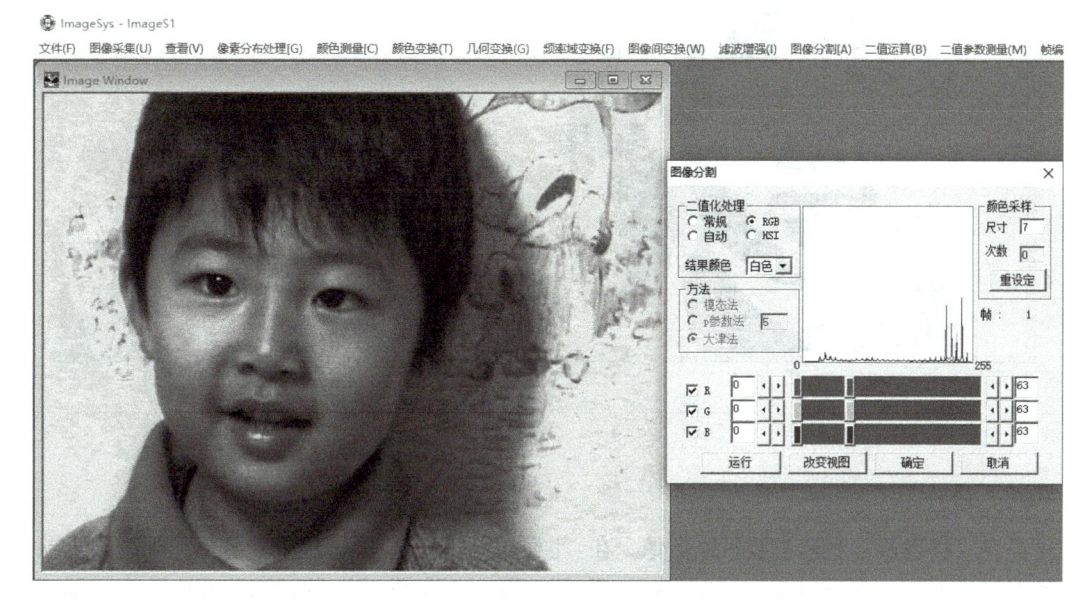

图 3.23 图像分割彩色功能

3.3.1 RGB 彩色分割

如图 3.23 所示,在"图像分割"窗口中,选中"二值化处理"选项组中的"RGB",中央显示了 R、G、B 的 3 个直方图,下方默认勾选了 R、G、B,也可以取消某个分量的勾选。R、G、B 的分割阈值可以用对应的滑动手柄设定,也可以直接输入数字。

通过双击鼠标方式,可以自动设定各个分量的阈值。具体方法如下:

1)设定"颜色采样"的"尺寸",默认为 7。其含义是在图像上双击鼠标时,以双击点为中心,获得 7×7 区域的像素最小值和最大值,分别设定为最小阈值和最大阈值。在不同位置双击多次时,获取多次双击区域范围内的像素最小值和最大值,将其设定为分割的最小阈值和最大阈值。双击次数自动显示在"次数"框中。可以单击"重设定"按钮,重新双击取样。

2)将鼠标指针移动到要提取颜色的位置,然后双击鼠标左键,可以在不同位置多单击几次提高分割效果。

双击鼠标确定阈值后,选择"结果颜色",通过单击"改变视图"按钮,查看分割效果,单击"运行"按钮,图像窗口显示分割结果,单击"确定"按钮,关闭窗口。

图 3.24 是对图 3.23 通过 RGB 自动设置阈值的分割结果。其中,"结果颜色"选"黑色","颜色采样"选项组中的"尺寸"默认为 7,表示在图像上的红色区域不同位置双击鼠标 8 次。

图 3.24　RGB 红色分割效果

3.3.2　HSI 彩色分割

在"状态窗"上选择显示原图像。在"图像分割"窗口中,选中"二值化处理"选项组中的"HSI",在下方勾选"S"和"H"复选框,并取消"I"的勾选,在中央会显示 H 和 S 的直方图。

与 RGB 分割相同,"结果颜色"选"黑色","颜色采样"选项组中的"尺寸"默认为 7,在图像上的红色区域不同位置双击鼠标 8 次,分割结果如图 3.25 所示。可以看出,只用 H、S 分量的红色区域分割效果优于 RGB 分割。

图 3.25　HS 红色分割效果

3.4 图像间运算及实践

3.4.1 运算内容

图像间运算实际就是图像对应像素之间的运算,包括算术运算和逻辑运算。算术运算即平常所说的十进制的算术加减乘除,只是运算对象为原图像像素的值,目标像素的值由两个输入图像对应位置像素的加减乘除求得。

算数算子:+(加)、-(减)、×(乘)、/(除)。

逻辑运算是一种只存在于二进制中的运算,将两张输入图像(灰度图像或彩色图像均可)的每个像素值进行二进制的"与""或""非""异或""异或非"操作,主要实现图像裁剪、反色等。

逻辑算子:AND(与)、OR(或)、XOR(异或)、XNOR(异或非)。

3.4.2 运算实践

打开 ImageSys 软件,单击菜单"文件"→"多媒体文件",打开多媒体文件窗口,读入 Badminton(羽毛球)视频。单击菜单"图像间变换"→"图像间运算",打开"图像间运算"窗口,如图 3.26 所示。

图 3.26 图像间运算功能

1. 窗口功能介绍

(1)输入帧

1)表示开始运算的图像帧序号,或图像帧的范围。

2)表示与输入帧(1)运算的图像帧序号,或图像帧的范围。

(2)算子

1)算术算子:+、-、×、/。

2）逻辑算子：AND、OR、XOR、XNOR。

（3）系数　算术运算时，对各个像素的运算所乘的系数，可以任意指定。

（4）输出帧　表示运算结果输出的帧序号或帧范围。

（5）连续处理　同时处理多帧图像时选择。

（6）帧固定　连续处理时，输入帧（1）或（2）固定不变时选择。

2. 算术运算实践

读入 Badminton（羽毛球）视频，选择第 1 帧与第 2 帧之间的算术运算，运算结果输出到第 3 帧。图 3.27～图 3.30 分别显示了算术 +、-、×、/ 的运算结果，窗口上显示有不同运算的系数设定值。

图 3.27　+ 运算结果

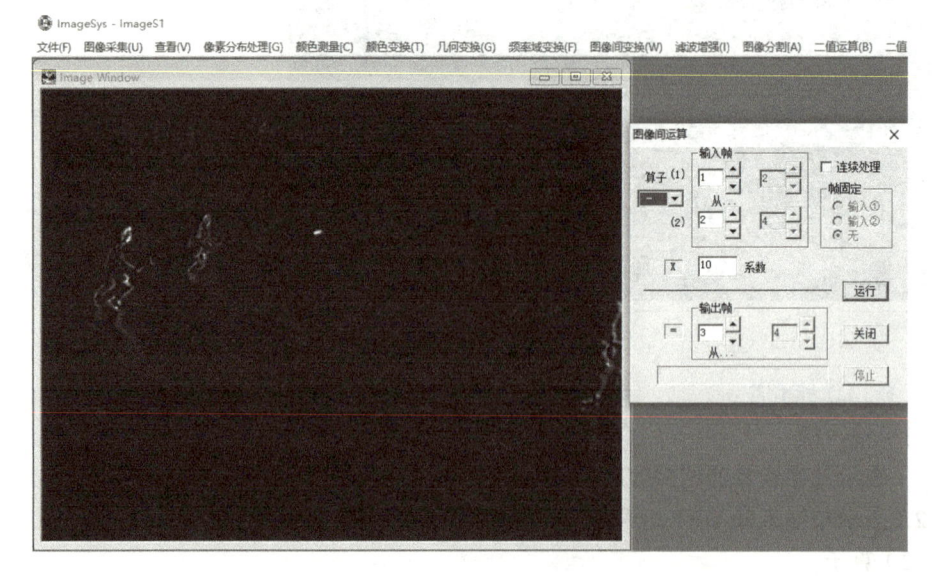

图 3.28　- 运算结果

图 3.29 × 运算结果

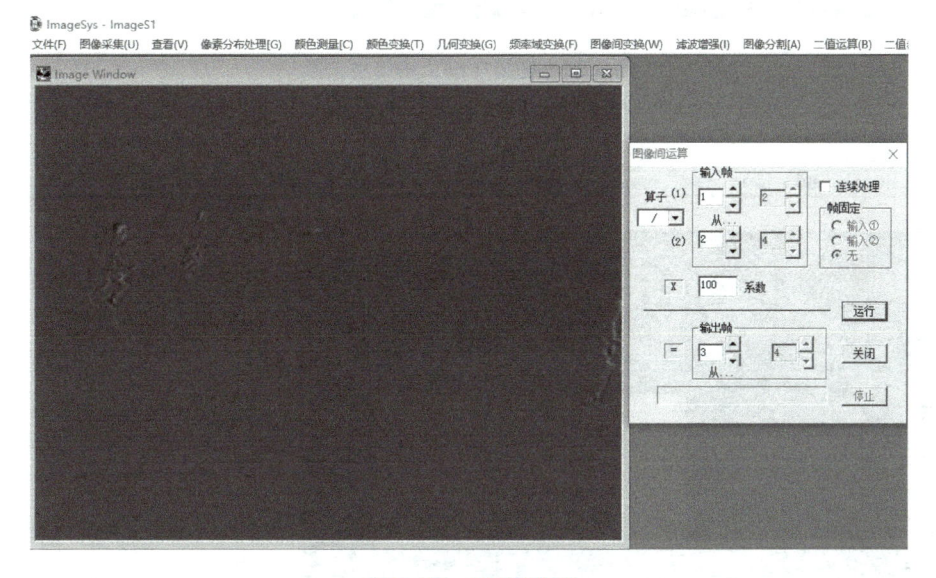

图 3.30 / 运算结果

3. 逻辑运算演示

鉴于一般图像的逻辑运算结果并不明显,在此制作两个黑白图像进行逻辑运算。制作步骤如下:

1)清除读入的图像。单击菜单"帧编辑",打开"帧复制和清除"对话框,如图 3.31 所示,选择"清除""连续方式",输出帧设定从第 2 帧到最后一帧,然后单击"运行"按钮,即可清除全部图像。

2)在第 1 帧和第 2 帧上分别制作 2 个白色图像。单击菜单"画图",打开"画图"窗口,分别在第 1 帧和第 2 帧上画白色圆圈和矩

图 3.31 清除图像

形，如图 3.32 和图 3.33 所示。

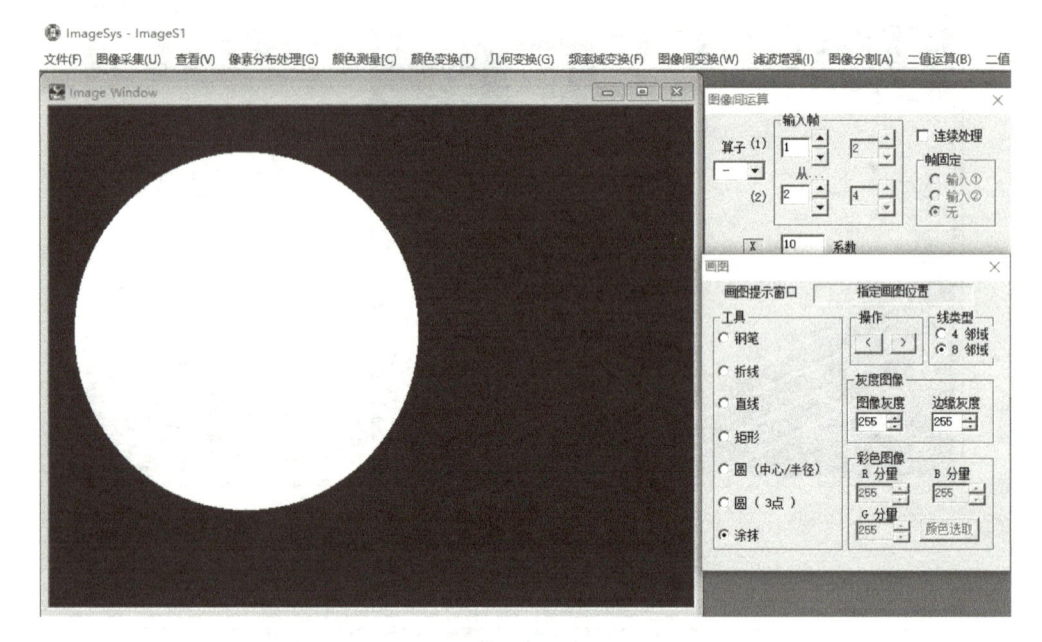

图 3.32　在第 1 帧上画白色圆圈

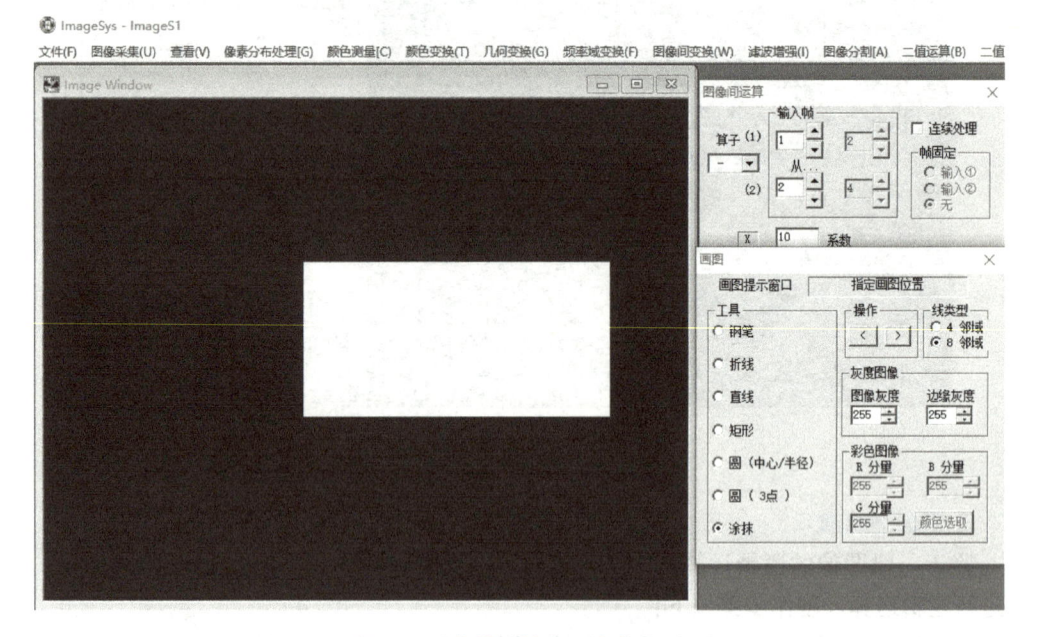

图 3.33　在第 2 帧上画白色矩形

下面对第 1 帧和第 2 帧进行逻辑运算，运算结果输出到第 3 帧。图 3.34a～d 分别显示了逻辑 AND、OR、XOR、XNOR 的运算结果。

图像间运算是目标提取的重要手段之一，一般可以分为帧间差分和背景差分两种方式，以下利用应用案例来说明这两种差分目标提取方式。

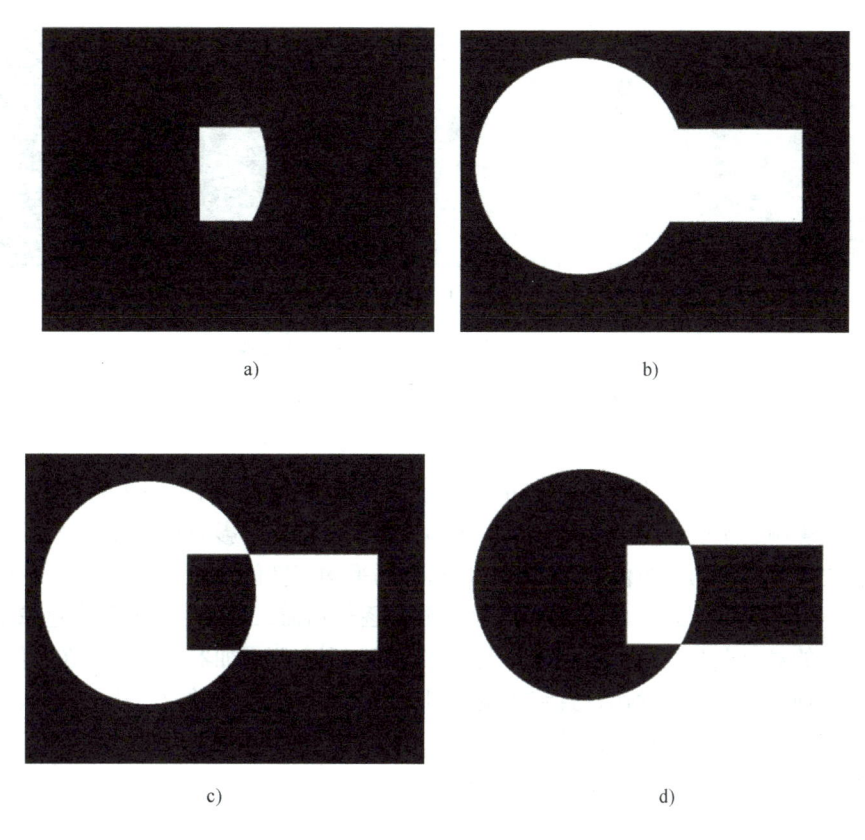

图 3.34　逻辑运算结果

a) AND　b) OR　c) XOR　d) XNOR

3.5　应用案例

3.5.1　车流量检测及视频演示

研究背景和实验用视频采集，参考"2.7.2 车流量检测视频采集"。采集的彩色图像，以其红色分量 R 为处理对象。

1. 背景图像计算与更新

将采集的前 150 帧（5s 视频）图像作为初始背景计算帧，利用中值滤波方法提取初始背景图像。具体而言，就是将每个像素的 150 帧像素值进行排序，取中间像素值作为背景像素值。由于车道上不能停车，正常情况下 5s 时间的视频图像中值是没有车辆的背景像素。

为了适应天气的变化，可以设定间隔几分钟（如 5min）计算一次背景图像，并进行背景值更新。

2. 基于背景差分的车辆区域提取

将实时采集的图像与背景图像进行差分处理，并进行二值化处理，即可获得车辆的二值图像。图 3.35 是一组背景差分的图像示例。其中，图 3.35a 是公路背景图像，图 3.35b 是某一瞬间的现场图像，图 3.35c 是图 3.35a 与图 3.35b 差分图像进行阈值分割和去除噪声处理的结果。阈值设定为背景图像像素值的标准偏差。

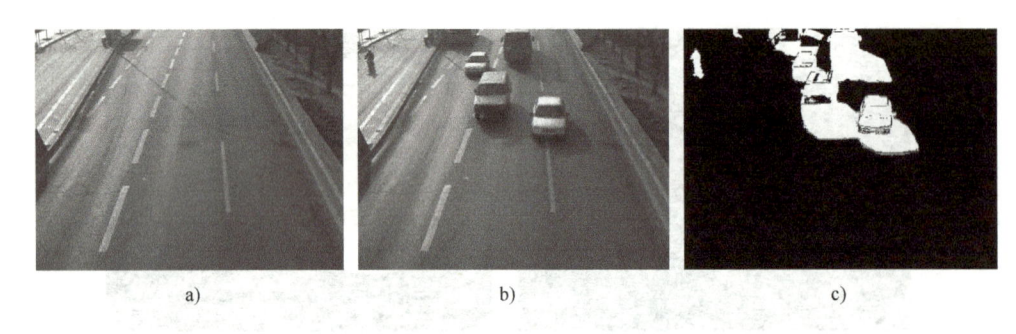

图 3.35 基于背景差分的车辆区域提取

a）公路背景图像　b）实时图像　c）车辆提取结果

3. 车影去除

在提取车身的同时，与车身相连的车影也被提取出来，这对下一步的车辆区分处理会造成很大影响，所以必须去除车影。本案例提出一种基于阴影的灰度特征来去除阴影的算法。首先确定阴影的分布位置。车辆区域边缘的平均灰度值，在向阳的一侧要高于有阴影的背阳一侧（见图 3.36）。从上到下、从左到右逐行扫描二值图像，遇到白色像素以后，将原图像上的对应点及其右侧连续两个点的像素值加到左侧累加器中，然后在二值图像上进行换行扫描。反复上述操作，直到将整幅图像扫描完毕。与此类似，从上到下、从右到左逐行扫描二值图像，以获得记录右侧边缘像素累加值的右侧累加器的数据。左右累加器中，数值较小的一侧即对应阴影分布的一侧。

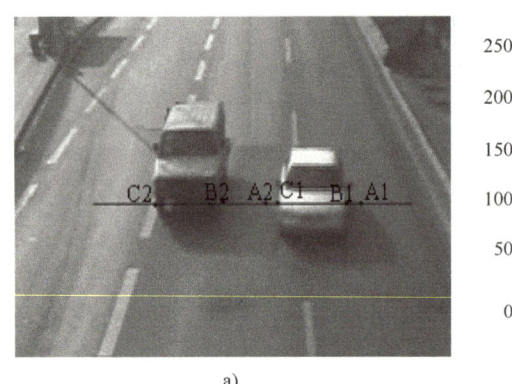

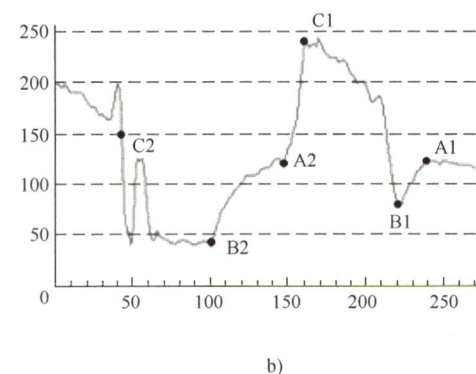

图 3.36 车影灰度

a）原图像　b）图 a 中水平线上灰度分布

在原图像中，同一水平线上阴影的灰度值从外侧向着车身逐渐减小，到车体边缘处达到极小（见图 3.36b 中的 B2 点）。因此在确定了车影的位置后，从阴影分布的一侧向车内侧逐行扫描原图像，在每 10 个像素点组成的像素段内，若有 2/3 以上的像素点的值大于它内侧邻点的值，则说明这段像素点对应阴影，在二值图像上将该段像素值都置 0。

4. 车辆区分和计数

要实现车辆计数，不仅要判断出一帧图像中出现的不同车辆，而且由于检测区域和车辆具有一定长度，车辆通过时必然在连续数帧中都留下记录，要准确计数，就必须判断出连续帧上出现的车辆是否为相同的车辆，避免重复计数。

在差分后的二值图像中,一个车辆对应的像素应该聚集成一个较为紧密的团块。因为车辆一般垂直通过检测区域,因此在检测区域中,左右相邻的两辆车之间应该存在间隙,而连续通过的车辆在水平方向上也存在间隙,因此通过判断二值图像中的各个团块之间水平和垂直的间隙,可判断出各个不同的车辆区域,如图 3.37 所示。

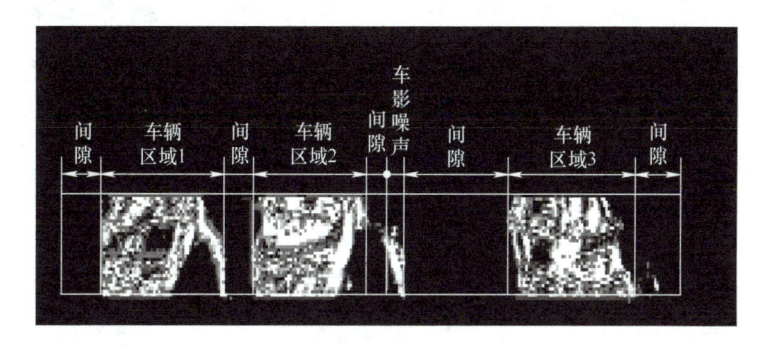

图 3.37　去影后二值图像

在现场实时计数调试的基础上,选取了有代表性的 10min 视频图像进行了具体分析。该段视频图像包括了少车、多车并行、前后连接紧密、有自行车和行人干扰、不同车型、不同车辆颜色等多种情况。在该段视频图像中,实际通过车辆为 220 辆,测量输出数目为 213 辆,正确率达到 97%,平均处理速率为 15 帧/s,符合实时计数要求。产生计数误差的原因是,大型车辆经过时,引起了相机振动,造成图像混乱。因此,在实际应用时,应该增强摄像头的抗振能力,同时需要进一步提高算法的鲁棒性。

5. 视频演示

下面给出车流量检测的视频演示,读者可以扫描二维码观看视频。

链 3-3　车流量检测

3.5.2　车辆尺寸、颜色实时检测及视频演示

本应用案例的目标是基于机器视觉开发出一套能够在汽车检测站或公路等自然环境下实时检测车辆外形尺寸、颜色和重量参数的系统。

系统构成和视频采集,参考"2.7.3 车辆尺寸、颜色参数检测视频采集与演示"。本节介绍车辆参数的检测方法。

1. 车辆进出判断

由后摄像机来判断是否有车辆驶入,如果判断有车辆驶入检测工位区,则启动视觉采集系统,5 个摄像机开始同步采集图像。与此同时,前摄像机开始判断检测工位内的车辆是否驶出,当判断车辆驶出后,即刻停止视觉采集系统,系统将自动对采集到的图像进行处理,计算车辆的轮廓尺寸和颜色,并存入数据库中。因此,在整个测量系统中,车辆的驶入、驶出判断尤为重要,决定了后续图像处理过程的正常运行。

在车辆驶入的过程中,后摄像机显示的图像可以描述为从无车到有车的过程,如图 3.38a 所示。可以看出,在车辆驶入检测工位的过程中,图像首先发生变化的区域为图像的上半部分即蓝色处理区域内。因此,在判断车辆是否驶入时,选择蓝色处理区域作为图像处理区域即可有效判断车辆的驶入。

在车辆驶出的过程中,前摄像机显示的图像为从有车到无车的过程,如图 3.38b 所示。可以看出,在车辆驶出的过程中,图像发生变化的区域为图像上半部分,即蓝色处理区域

内。与车辆驶入不同,车辆驶出时,图像变化最明显的部分是蓝色区域左右两侧,即车辆的左右边界处。因此车辆驶出的处理区域设定的长度较长。

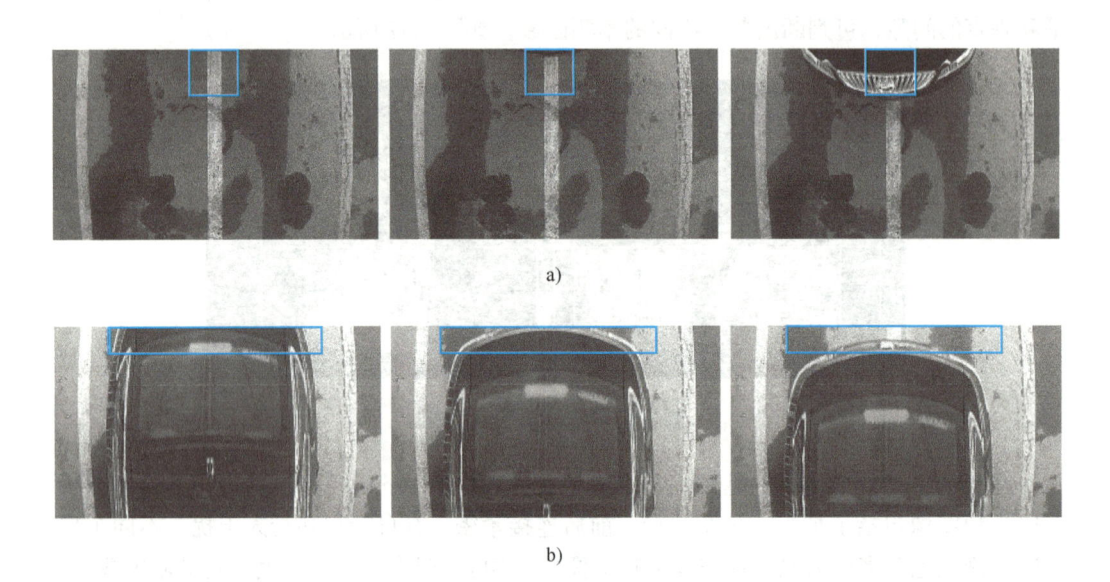

图 3.38 车辆进出判断图像处理区域的确定

a)车辆驶入判断处理区域　b)车辆驶出判断处理区域

在处理区域内,对图像的 R(红色)分量进行前后帧的差分处理,差分后将灰度值小于 50 的像素点设为黑色,其他像素点保持原差分结果不变。通过差分后图像像素值分布的变化判断车辆的进出。

(1)车辆驶入　为了将车辆驶入检测工位的判断定量化,对后摄像机的前后两帧图像的差分结果进行灰度值水平累计。图 3.39 是后摄像机车辆驶入过程中的差分结果图像,图 3.39a、b 分别是无车驶入和有车驶入的差分图。图 3.40a、b 分别是图 3.39a、b 的灰度值水平累计图,X 轴是处理区域的横坐标,Y 轴为像素累计值。通过检测像素水平累计值的突变,判断车辆驶入。

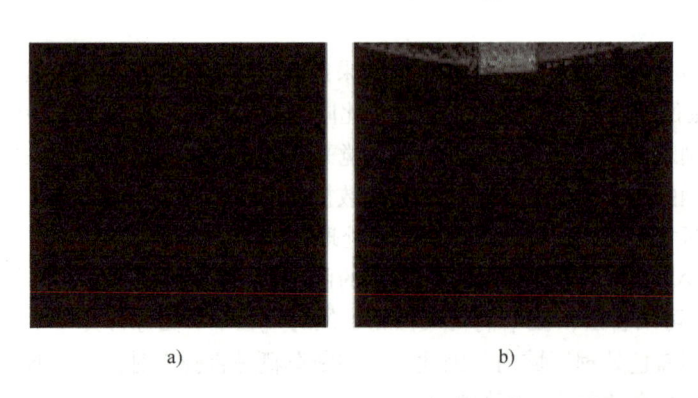

图 3.39 车辆驶入过程中的差分结果图像

a)无车驶入的差分图　b)有车驶入的差分图

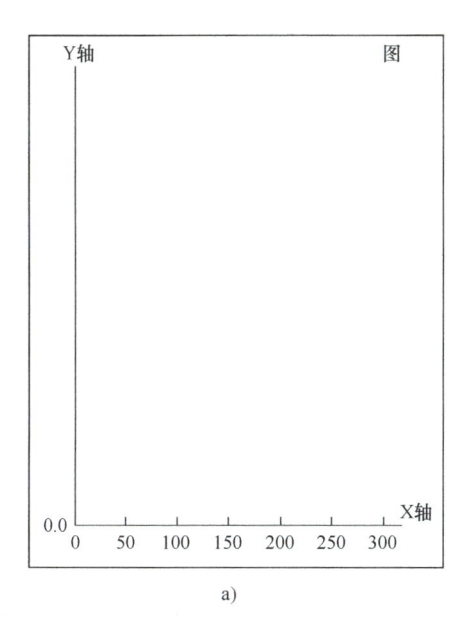

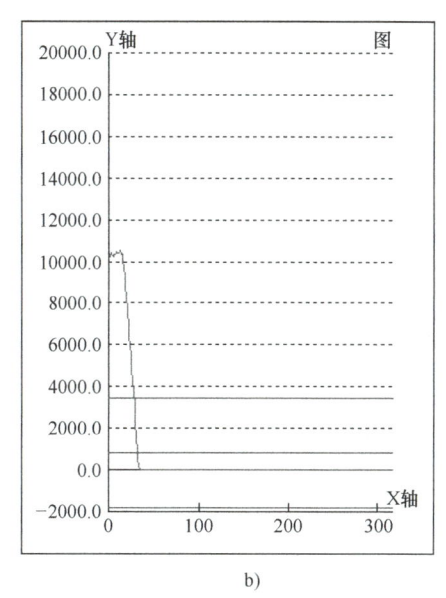

图 3.40 图 3.39 的灰度值水平累计图

a）无车驶入　b）有车驶入

（2）车辆驶出　图 3.41a 是车身中部驶过前摄像机图像处理区域时的差分结果图像，在车辆驶出的过程中，因车身宽度的变化，差分结果主要出现在处理区域的两侧。图 3.41b 为车辆后沿开始驶出后摄像机图像处理区域时的差分结果图像。图 3.41c 为车辆驶出后摄像机图像处理区域时的差分效果图。

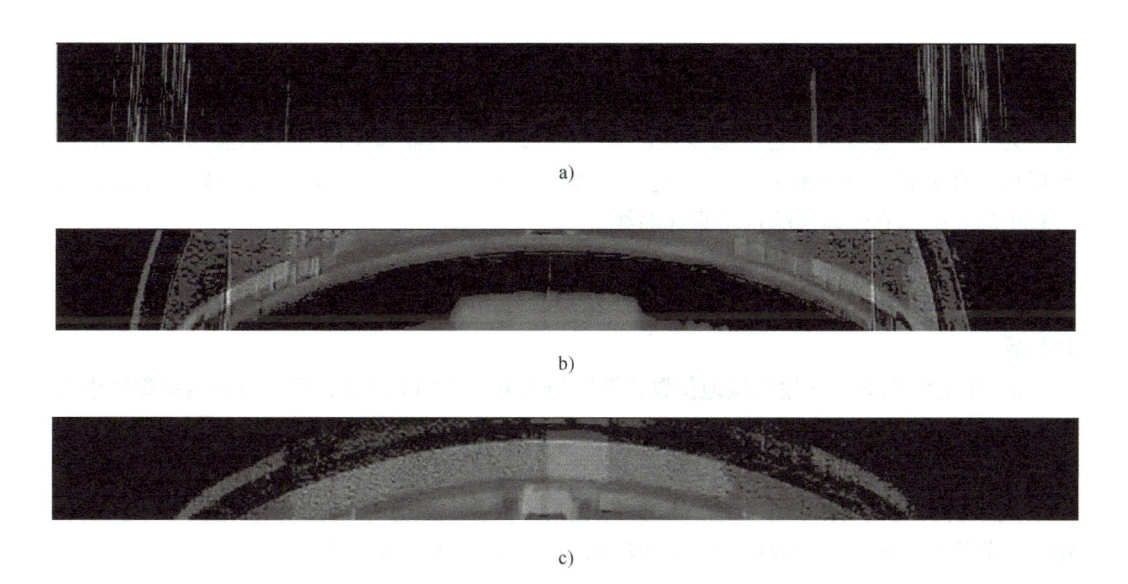

图 3.41 车辆驶出过程中的差分结果图像

a）车身中部图像差分结果　b）车尾部图像差分结果　c）车辆驶出后图像差分结果

为了将车辆驶出检测工位的判断定量化，对图 3.41a、b、c 三幅图像的差分结果进行灰度值垂直累计，分布图如图 3.42 所示。

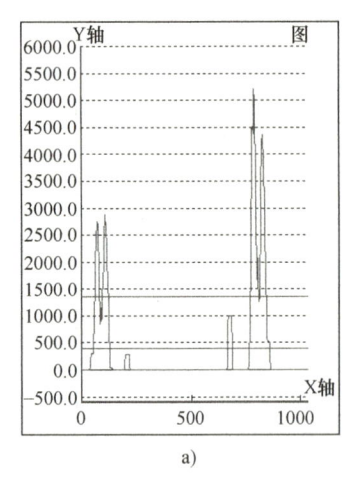

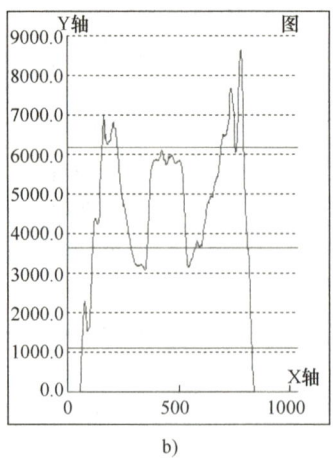

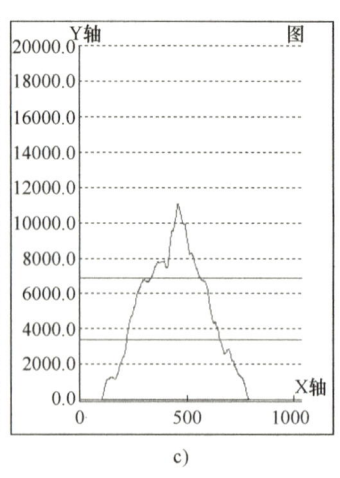

图 3.42　图 3.41 的灰度值垂直累计分布图
a）车身中部　b）车尾部　c）车辆驶出

在图 3.41a 中，仅有车身的左右边沿产生差分效果，因此垂直累计分布图 3.42a 仅在 X 轴的左右两端具有曲线波动，在左右波动之间为纵坐标近似为 0 的一条水平线段。图 3.42b 为车辆开始驶出时的垂直累计分布图，可以看到图像上不仅 X 轴的左右两端存在波峰，X 轴中间部位也开始出现波峰。图 3.42c 的垂直累计分布图显示了车辆驶出时的情况，可以看出仅有一个波峰出现。3 个垂直累计分布图的平均值、标准偏差也有较大差别。综上所述，根据车辆驶出过程中垂直累计分布图上的波峰个数、平均值和标准偏差大小，即可判定车辆是否驶出检测工位。

2. 车辆尺寸检测

（1）高度检测

1）轮胎接地位置检测。图像处理区域为以中间横向白色标志线（见图 2.17b 序号 3 处）为中心线，宽度为白色标志线宽度 2~3 倍，高度为能够检测到车辆前后车轮胎的矩形区域。在处理区域内对 R 帧图像进行灰度值水平累计。如图 3.43 所示是轮胎下沿检测过程中的几个具有代表性的水平累计曲线。

根据对处理区域内水平累计分布图的观察可知，在轮胎和地面的接触点处，图像的水平累计值会出现很明显的波谷。利用算法检测出分布图曲线的凹点位置就可找出轮胎的接地位置。

2）车上沿检测。在轮胎接地位置检测区域上方，以相同宽度，垂直方向为摄像机中心位置到图像上端，设置处理区域。在处理区域内，对图像进行相邻帧差分，再对图像的灰度值进行水平累计。图 3.44 为几个具有代表性的车辆上沿差分结果图像及其水平累计分布图。

从图 3.44 可以看出，车辆的上沿为灰度值水平累计曲线从上方向下扫描过程中遇到的第一个曲线突变点。车辆通过时视频连续帧的最高点即为车辆上沿。

检测出车辆上沿位置后，结合轮胎接地位置，计算出车的高度。

（2）长度检测　对于前后摄像机，检测出车辆的最前端和最后端，即车辆在中轴线上最长的两点，即可计算出车的长度。当车辆水平驶入检测工位时，车辆的中轴线默认与图像的中心线重合，即与图像上中间车道线重合。因此，前后沿检测的图像处理区域为以图像中心线（见图 2.17b 序号 1、2 连线处）为轴，宽度为 2~3 倍的车道线宽度的矩形区域。

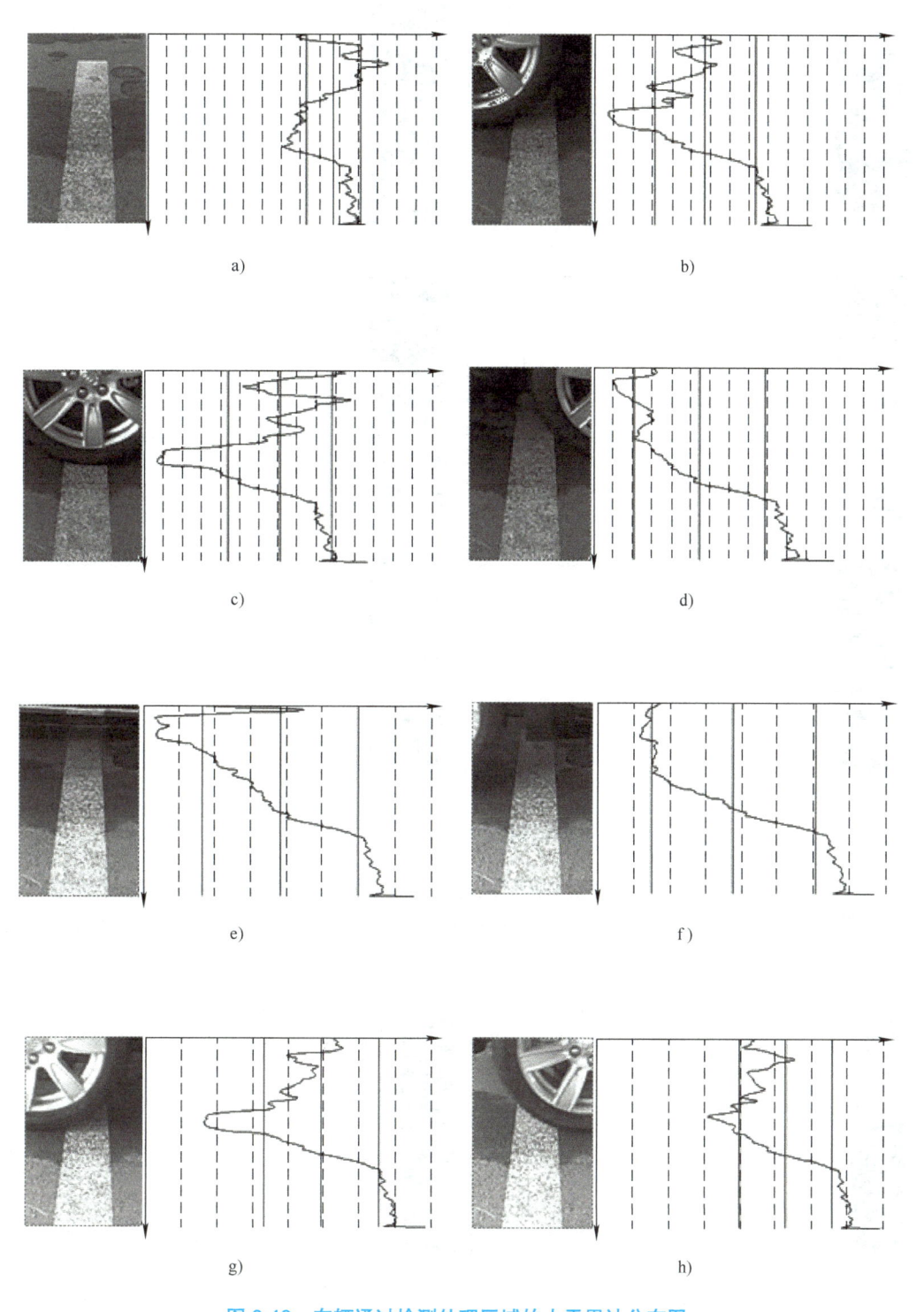

图 3.43 车辆通过检测处理区域的水平累计分布图

a）无轮胎　b）前轮胎将要压线　c）前轮胎压线　d）前轮胎刚过线
e）车中间部位在线上方　f）后轮胎将要压线　g）后轮胎压线　h）后轮胎过线

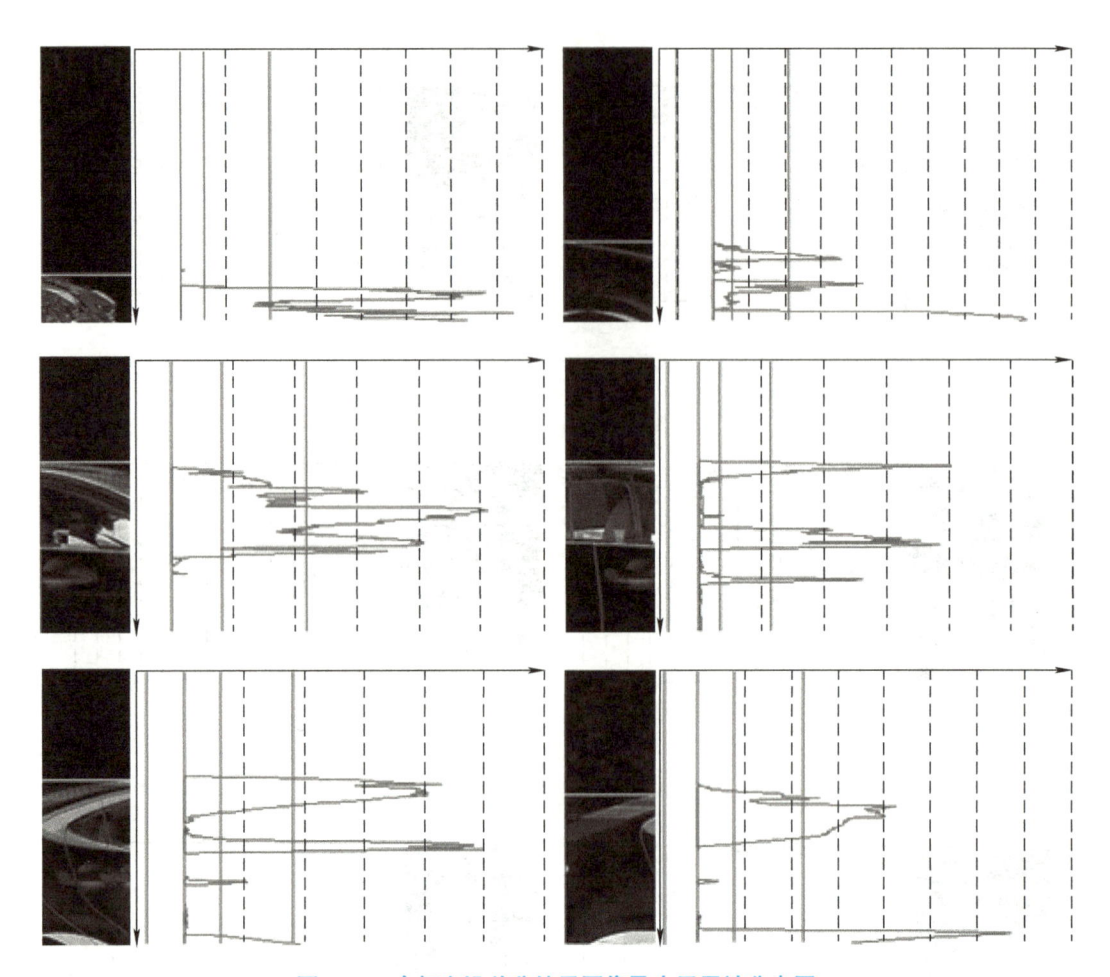

图 3.44 车辆上沿差分结果图像及水平累计分布图

确定前、后沿位置的方法与判断车辆进出的方式相似,即首先对图像进行相邻帧差分,再对图像的灰度值进行水平累计。图 3.45 为车辆前后沿的差分结果图像及其像素值水平累计分布图。

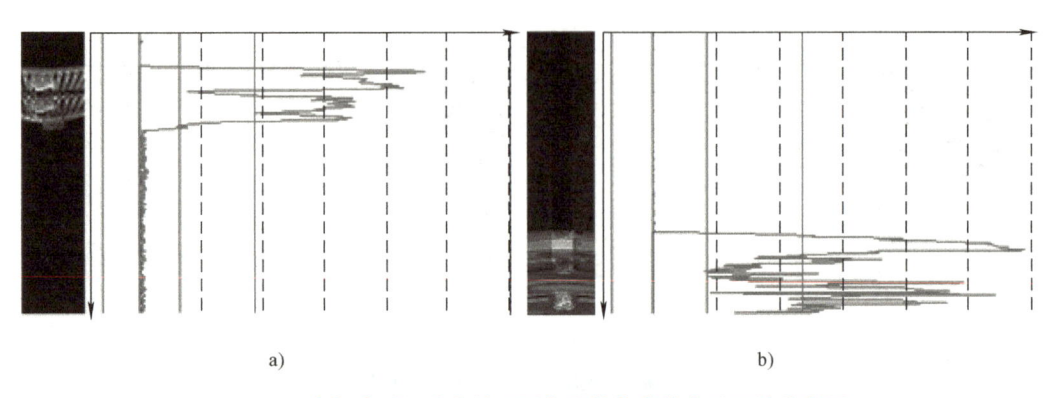

图 3.45 车辆前后沿差分结果图像及其像素值水平累计分布图

a)前沿　b)后沿

从图 3.45 可以看出，车辆前后沿的差分效果十分明显，车辆的前沿为水平累计分布曲线从下向上扫描过程中遇到的第一个斜率突变点；车辆的后沿为水平累计分布曲线从上向下扫描过程中遇到的第一个斜率突变点。依据这一特点，即可检测到车辆的前后沿。

利用前后摄像机对应帧的前沿和后沿，分别计算车辆长度，然后计算平均值，作为车辆的长度。

（3）宽度检测　对左右两路摄像机图像，以横向白色标志线（见图 2.17b 序号 3、4 连线处）为中心线，高度为白色标志线宽度 2～3 倍，宽度从标志线端头到图像约 2/3 宽度位置，设置处理区域，如图 3.46 上的蓝色线框所示。

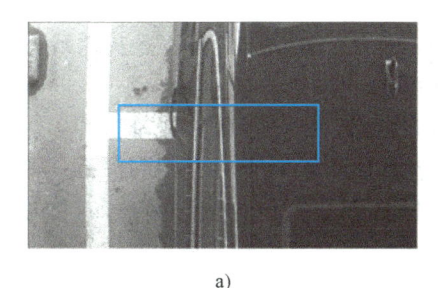

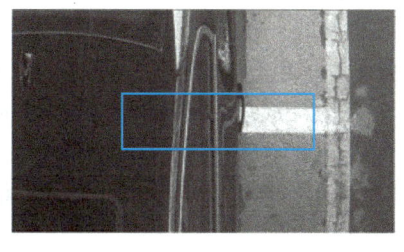

图 3.46　左右沿检测处理区域

a）右沿处理区域　b）左沿处理区域

在处理区域内，首先对图像进行相邻帧差分，再对图像的灰度值进行垂直累计。图 3.47 给出了差分结果图和垂直累计分布图。可以看出，车辆的左右沿分别为垂直累计分布曲线从车外向车内扫描到的第一个曲线突变点，依据这个特点，即可检测到车辆左右沿。

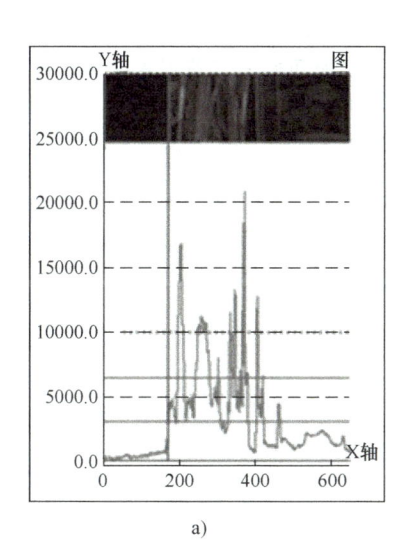

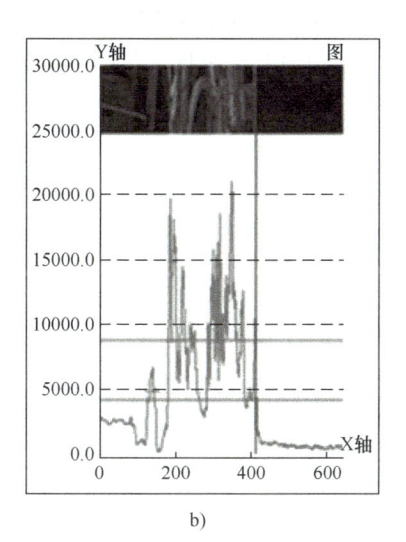

图 3.47　不同颜色车辆左右沿差分结果图像及垂直累计分布图

a）右沿　b）左沿

利用左右摄像机对应帧的左右沿，分别计算车辆宽度，然后计算平均值，作为车辆的宽度。

3. 车辆颜色检测

车辆颜色主要可划分为以下 11 种：银色、棕色、黑色、灰色、白色、红色、黄色、绿色、青色、蓝色、粉色。侧面摄像机负责车辆颜色的检测，检测区域为前后轮之间以侧面摄像机中心为初始设定中心的 50×50 像素的矩形区域。检测步骤如下：

（1）确定颜色检测的处理区域　在颜色判断之前，首先需要排除检测区域内出现干扰物体的情况。求取检测区域内 R 分量、G 分量、B 分量中标准偏差的最大值，如果标准偏差的最大值过大，则证明处理区域内颜色不均匀，这时将处理区域中心按照下、右、上、左的逆时针方向依次移动 10 个像素，直到找到满足 RGB 的最大标准偏差小于设定阈值（30）的检测区域为止。

（2）颜色判断　在测量颜色时，首先利用 R、G、B 值判断是不是灰色系的车，如黑色车、灰色车、棕色车等；然后，利用 HSI 检测彩色颜色的车，如红色车、绿色车等。判断方法是根据检测区域内 R 分量、G 分量和 B 分量的最大平均值和最小平均值的差进行判断，若差值小于阈值 30，则利用 RGB 模型判断；否则，利用 HSI 判断，根据 H 和 S 的大小判断车辆的颜色。

4. 视频演示

下面给出车辆尺寸颜色检测的视频演示，读者可以扫描二维码观看视频。

链 3-4　车辆尺寸颜色检测

思考题

1. 请问模态法与大津法自动分割图像的本质区别是什么？

2. 对公路上的车道线进行二值化提取，请问选用 RGB 中的哪个颜色分量较为合适，以便能同时有效完成白色和黄色车道线的检测？为什么？

3. 基于图像处理检测禁区人员闯入情况，请问帧间差分或背景差分采用哪个比较好？为什么？

第 4 章　颜色空间及测量与变换

4.1 颜色空间

1. RGB 颜色

RGB（Red，Green，Blue）是数字图像处理中最常用的颜色模型，它通过红（R）、绿（G）、蓝（B）三原色的组合来产生其他颜色。在视觉上，任何颜色都可以通过将红、绿、蓝三原色按照一定比例混合得到。该颜色空间基于颜色的加法混色原理而构建，我们看到的任何颜色，都是由这三原色通过不同比例混合而成，在 RGB 颜色空间中，每一个像素都需要三个分量的叠加（即需要三个通道的信号）。当三原色分量都为 0（最小）时混合为黑色，基于黑色不断叠加 R、G、B 颜色分量，当三原色都为最大值时混合为白色。RGB 颜色空间和其他颜色空间可以相互转换。

2. YUV 颜色

YUV 是用于模拟电视传输的标准颜色空间，也被称为 YCrCb 颜色空间，是被欧洲电视系统所采用的一种颜色编码方法。其中 Y 表示明亮度（luminance 或 luma），也就是灰阶值；而 U 和 V 则表示的是色度（chrominance 或 chroma），作用是描述影像色彩及饱和度，用于指定像素的颜色。YUV 颜色空间是彩色电视机兴起后，对黑白电视机兼容的产物。因为在 RGB 颜色空间中，即便是表示黑白像素，也需要三个通道，而在 YUV 颜色空间中，Y 直接就能表示灰度信息（黑白图像）。数码摄像机可以直接采集 YUV 信号数据，然后转换为 RGB 图像保存。

3. HSI 颜色

HSI 反映人的视觉系统感知彩色的方式，是一种使用色调（Hue，H）、饱和度（Saturation，S）、亮度（Intensity，I）来描述物体颜色所使用的颜色空间。H 也称为色相，表示颜色的种类，即平常所说的颜色名称，如红色、黄色等；S 表示颜色的深浅程度，数字由高到低，表示色彩由浓重到灰淡；I 表示颜色的明亮程度，相当于 YUV 中的 Y。

4. L*a*b* 颜色

L*a*b* 颜色空间是由 CIE（国际照明委员会）制定的一种色彩模式，以明度 L* 和色度坐标 a*、b* 来表示颜色在色空间中的位置。L* 表示颜色的明度；a* 正值表示偏红，负值表示偏绿；b* 正值表示偏黄，负值表示偏蓝。由于该颜色空间是基于人眼生理特征构建的颜色系统，采用数字化的方法来描述人的视觉感应，与设备无关，所以自然界中任何一种颜色都可以在 L*a*b* 空间中表达出来。

5. XYZ 颜色

XYZ 颜色空间的提出是为了更精确地定义色彩，鉴于不同设备显示的 RGB 都不太一样，并且不同人眼看同一个颜色的感知也不同，所以 XYZ 色彩空间是 CIE 设计的一个"标准观察者"。XYZ 颜色空间是一种数学模型，由三种刺激值 X（红色）、Y（绿色）和 Z（蓝色）构成。在该模型中，所有颜色都可以被一个"标准观察者"看到。

4.2 颜色测量

打开 ImageSys 软件，读入需要测量颜色的图像，单击菜单"颜色测量"，弹出如图 4.1 所示的"颜色测量"界面。颜色测量是基于 R、G、B 亮度值以及 CIE 倡导的"XYZ 颜色系统""HSI 颜色系统"进行坐标变换、色差测量等。

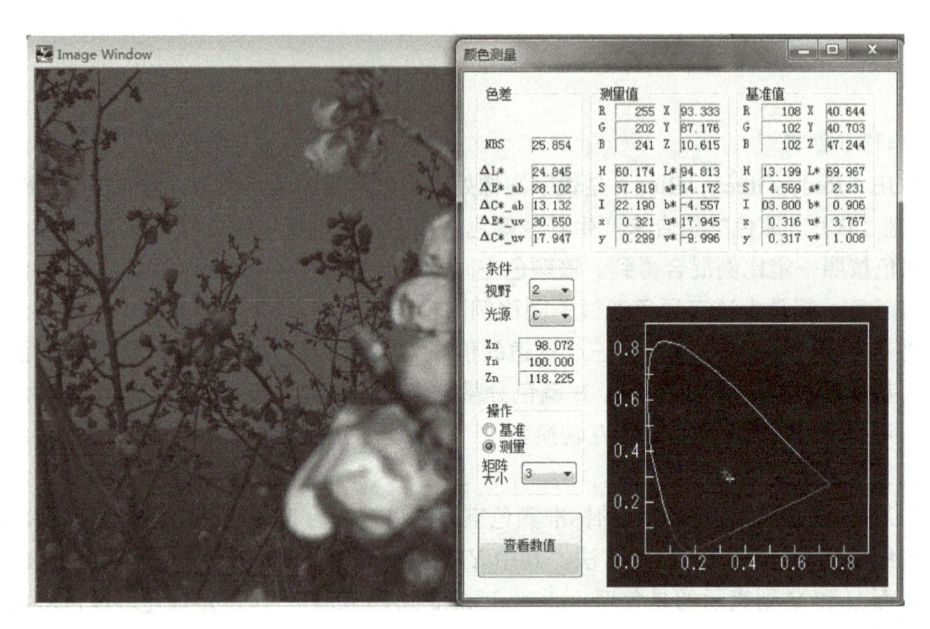

图 4.1 颜色测量

界面右下方的区域是 CIE-xy 色度图。所有的色彩，均为 R、G、B 三种颜色调和而成。为了能够将这些色彩统计并展示出来，1931 年 CIE 让科学家们制作了 CIE-xy 色度图，也就是色彩空间。

1. 界面功能

（1）色差　表示基准色与测定色的色差。

1）NBS：色差的一种表示方法。

$$NBS = \Delta E^*\_ab \times 0.92$$

2）ΔL^*：亮度色差，L0、L1 分别表示基准亮度和测量亮度。

$$\Delta L^* = |L0 - L1|$$

3）ΔE^*_ab：CIE L*a*b* 颜色空间的色差，Δa^*、Δb^* 分别表示 a* 和 b* 的差值。

$$\Delta E^*\_ab = (\Delta L^{*2} + \Delta a^{*2} + \Delta b^{*2})^{1/2}$$

4）ΔC^*_ab：CIE L*a*b* 颜色空间色度的色差。

$$\Delta C^*\_ab = (\Delta a^{*2} + \Delta b^{*2})^{1/2}$$

5）ΔE^*_uv：CIE UCS 颜色空间的色差，Δu^*、Δv^* 分别表示 u* 和 v* 的差值。

$$\Delta E^*\_uv = (\Delta L^{*2} + \Delta u^{*2} + \Delta v^{*2})^{1/2}$$

6）ΔC^*_uv：CIE UCS 颜色空间色度的色差。

$$\Delta C^*\_uv = (\Delta u^{*2} + \Delta v^{*2})^{1/2}$$

（2）基准值　表示基准点的颜色测量结果。选择"基准"后，将鼠标指针移至基准点，双击鼠标左键即可完成基准值的测量。

1）R、G、B：表示测定点的 R、G、B 亮度值。

2）H、S、I：表示将测定点的 R、G、B 亮度值变换到 HSI 颜色系统下的取值。

3）X、Y、Z：表示将测定点的 RGB 颜色系统变换到 CIE XYZ 颜色系统时的三刺激值。

4）x、y：表示三刺激值在"XYZ 颜色系统的色度图"上的色度坐标。计算方法如下：

$x = X/(X+Y+Z)$。

$y = Y/(X+Y+Z)$。

5）L*、a*、b*：在 CIE 的 L*a*b* 颜色空间，L* 表示亮度值，a*、b* 表示色度值。各值的计算方法如下：

$L^* = 116(Y/Y_n)^{1/3} - 16$，当 $Y/Y_n > 0.008856$ 时；

$L^* = 903.29(Y/Y_n)$，当 $Y/Y_n \leq 0.008856$ 时；

$a^* = 500(XX - YY)$；

$b^* = 200(YY - ZZ)$；

$XX = (X/X_n)^{1/3}$，当 $X/X_n > 0.008856$ 时；

$XX = 7.787(X/X_n) + 16/116$，当 $X/X_n \leq 0.008856$ 时；

$YY = (Y/Y_n)^{1/3}$，当 $Y/Y_n > 0.008856$ 时；

$YY = 7.787(Y/Y_n) + 16/116$，当 $Y/Y_n \leq 0.008856$ 时；

$ZZ = (Z/Z_n)^{1/3}$，当 $Z/Z_n > 0.008856$ 时；

$ZZ = 7.787(Z/Z_n) + 16/116$，当 $Z/Z_n \leq 0.008856$ 时。

注：X_n、Y_n、Z_n 值见表 4.1。

6）u*、v*：表示变换成 CIE UCS 颜色空间时的坐标。各值的计算方法如下：

$u^* = 13L^*(u' - u_n')$；

$v^* = 13L^*(v' - v_n')$；

$u' = 4X/(X + 15Y + 3Z)$；

$v' = 9Y/(X + 15Y + 3Z)$；

$u_n' = 4X_n/(X_n + 15Y_n + 3Z_n)$；

$v_n' = 9Y_n/(X_n + 15Y_n + 3Z_n)$。

注：X_n、Y_n、Z_n 值见表 4.1。

（3）测量值　表示测量点的颜色测量结果。各个测量值的计算方法与基准值中的各项相同。完成基准点测量后，选择"测量"，将鼠标指针移至测量点，双击鼠标左键即可完成测量。

（4）视野　选择摄影时的视野。

（5）光源　选择摄影时的光源。光源与视野的关系见表 4.1。

表 4.1　光源与视野的关系

光源	2 度视野			10 度视野		
	Xn	Yn	Zn	Xn10	Yn10	Zn10
A	109.851	100.000	35.582	111.146	100.000	35.200
B	99.095	100.000	85.313	99.194	100.000	84.356
C	98.072	100.000	118.225	97.283	100.000	116.143
D65	95.045	100.000	108.892	94.811	100.000	107.333

1）A 光源：相关色温度为 2856K 左右的钨丝灯。
2）B 光源：可视波长域的直射太阳光。
3）C 光源：可视波长域的平均光。
4）D65 光源：包含紫外域的平均自然光。
（6）基准　选择基准值的测量。
（7）测量　选择测量值的测量。
（8）矩阵大小　选择以设定位置为中心的测量对象领域的大小。
（9）查看数值　查看测量结果。在查看数值窗口内可以保存、读入、打印结果。
（10）CIE 的 XYZ 颜色系统　横坐标为 x 坐标，纵坐标为 y 坐标。

2. 使用方法

1）拍摄或读入彩色图像。
2）设定拍摄时的视野（界面功能（4））和光源（界面功能（5））。
3）选择测量领域范围（界面功能（8））。
4）选择基准值（界面功能（6））。

移动鼠标指针至图像窗口上设定的基准位置，双击鼠标左键，基准值测量结果将自动显示在颜色测量对话框中，并同步显示在 CIE-xy 色度图的对应位置处。

5）选择测量值（界面功能（7））。

移动鼠标指针至图像窗口上的测量位置（即需与基准点进行颜色比较的位置），双击鼠标左键，测量位置处的测量值及其与基准点之间的色差将自动显示在颜色测量对话框中，且测量位置处的测量值同步显示在 CIE-xy 色度图的对应位置处。

6）单击"查看数值"按钮（界面功能（9）），将弹出测量结果窗口显示测定结果。打开测量结果窗口的"文件"菜单，可以保存、读入、打印测定结果。

7）关闭窗口（单击窗口右上角的"×"）。

4.3 颜色亮度变换

打开 ImageSys 软件，读入一幅彩色图像或灰度图像，单击菜单"颜色变换"→"颜色亮度变换"，打开如图 4.2 所示的"亮度变换窗口"。下面将通过该窗口介绍相关变换功能及其操作方法。

4.3.1 基础变换

1）线性恢复：将亮度变换窗口中的变换图形恢复至原始的斜对角直线状态，图像随之恢复至原图状态。

2）像素提取：提取所设定的灰度范围内的像素，把灰度范围外的像素变为背景色。如图 4.3 所示，通过操作界面右下方的左右滑动手柄，来调整灰度范围实现该功能。

3）范围移动：整个图像中像素的灰度值加上或减去某一常数，使图像变亮或变暗。如图 4.4 所示，通过修改设置界面左下方的"位移量 Y"和"位移量 X"，来实现该功能。

4）N 值化：将设定的亮度范围 N 等分，使图像变为 N 级亮度图像。如图 4.5 所示，当设定界面左下角的 N 值为 2 时，获得二值图像。

图 4.2 亮度变换窗口

图 4.3 像素提取功能

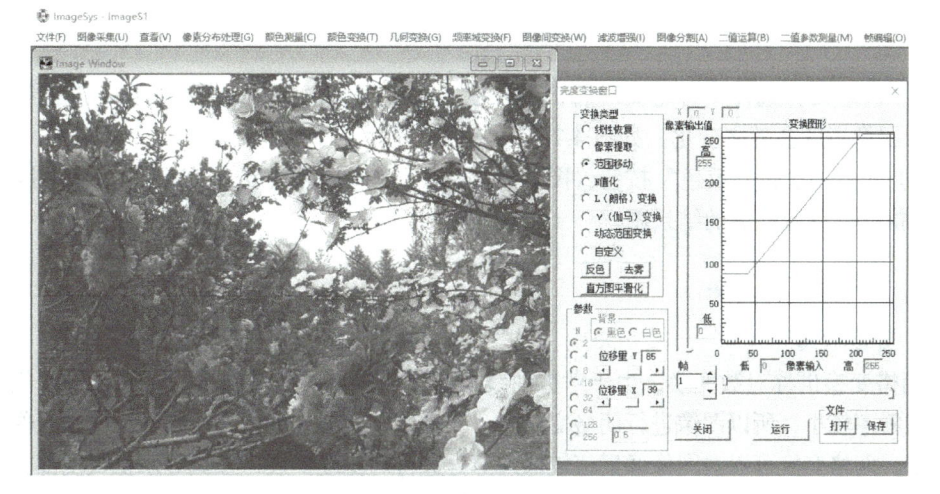

图 4.4 灰度范围移动功能

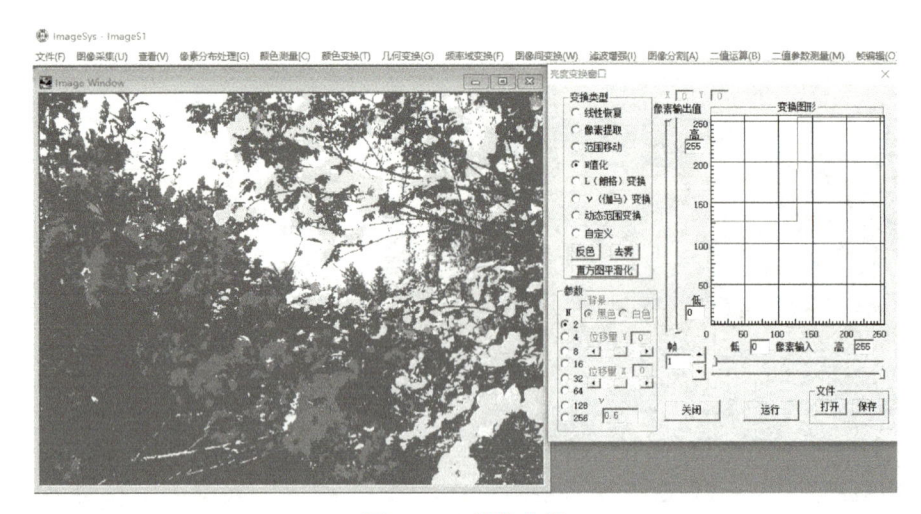

图4.5 N值化功能

图4.6是图4.5执行"运行""关闭"后，打开像素值查看和线剖图查看对话框，根据所显示的像素值可以看出，R、G、B均成了仅含127和255像素值的二值图像。

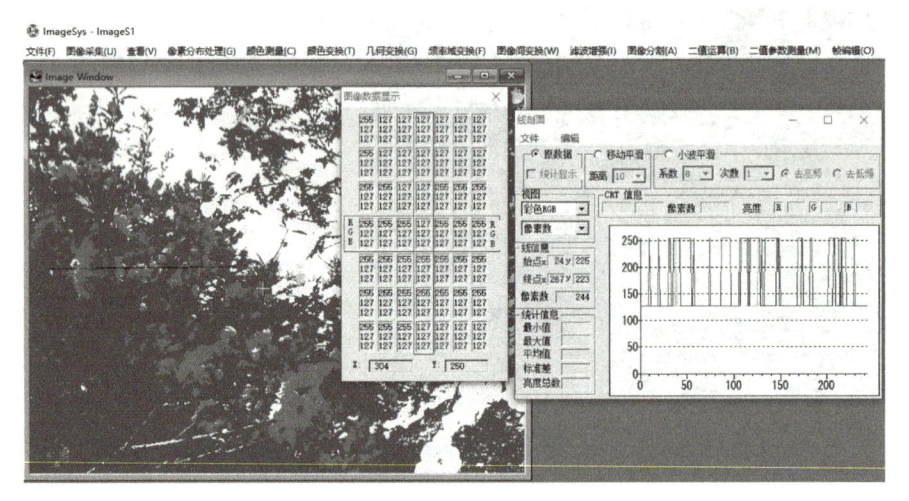

图4.6 RGB二值图像

5）自定义：选择"自定义"后，可以在"变换图形"选项组中单击鼠标左键拉动图形线，图像亮度会随之变化，如图4.7所示。右击鼠标，停止本功能。

6）反色：执行"反色"按钮，图像的R、G、B值都会变成255减当前值。图4.8为图4.7执行反色处理后的结果图。

4.3.2 L（朗格）变换

1. 变换原理

朗格变换也称对数变换，由于对数曲线在像素值较低的区域斜率大，而在像素值较高的区域斜率较小，所以图像进行朗格变换后，较暗区域的对比度将有所提升，增强图像的暗部细节。朗格变换可以对图像像素值较低的部分进行对比度扩展，强调显示低灰度部分更多的细节，同时压缩高灰度值部分，减少其细节层次，从而达到强调图像低灰度部分的目的。

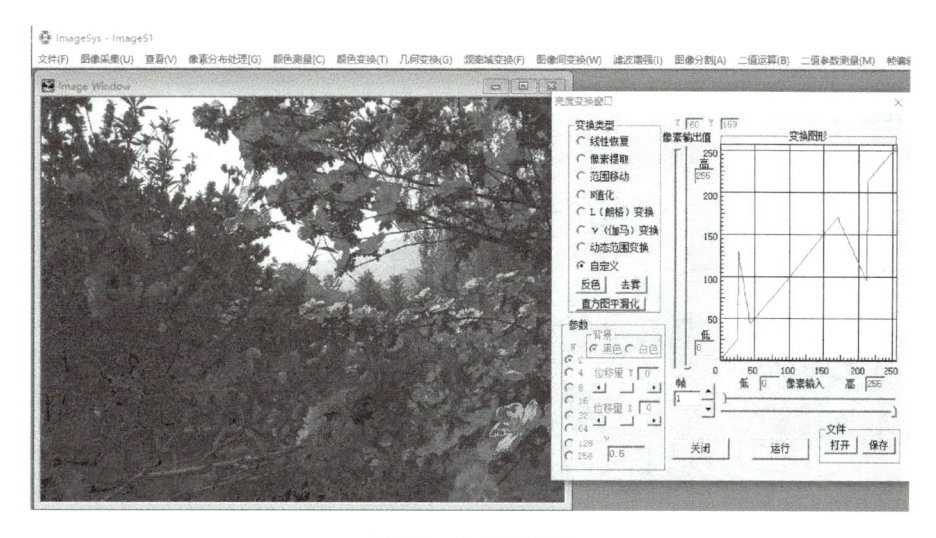

图 4.7　自定义功能

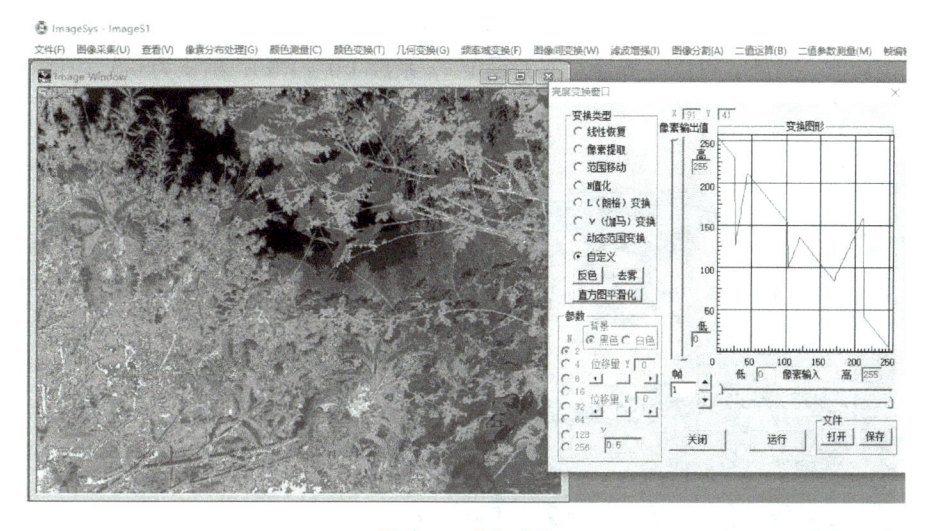

图 4.8　反色功能

2. 变换实践

如图 4.9 所示，选择"L（朗格）变换"后，通过操作界面右下方的左右滑动手柄，来实现该功能。

4.3.3　γ（伽马）变换

1. 变换原理

伽马变换是对图像进行非线性色调编辑的方法，通过检出图像信号中的深色部分和浅色部分，并使两者比例增大，从而提高图像对比度效果。

伽马变换可以对图像进行对比度调节，常用于处理曝光不足（过暗）或者过曝的图像，即通过非线性变换，让图像中较暗区域的灰度值得到增强，图像中过亮区域的灰度值得到降低。经过伽马变换，图像整体的细节表现会得到增强。

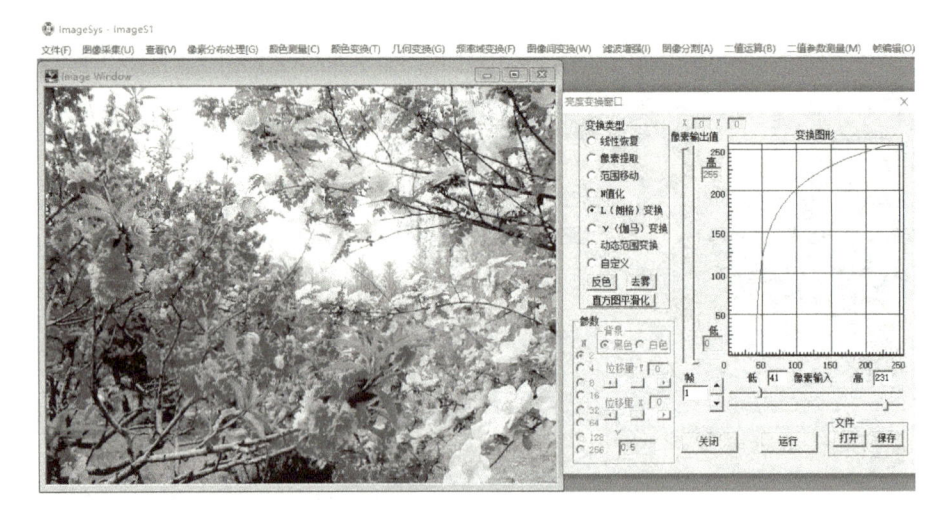

图 4.9　L（朗格）变换功能

2. 变换实践

如图 4.10 所示，选择"γ（伽马）变换"后，通过操作界面右下方的左右滑动手柄，来实现该功能。另外，可以在界面左下方设定 γ 系数（0~1.0），默认为 0.5。

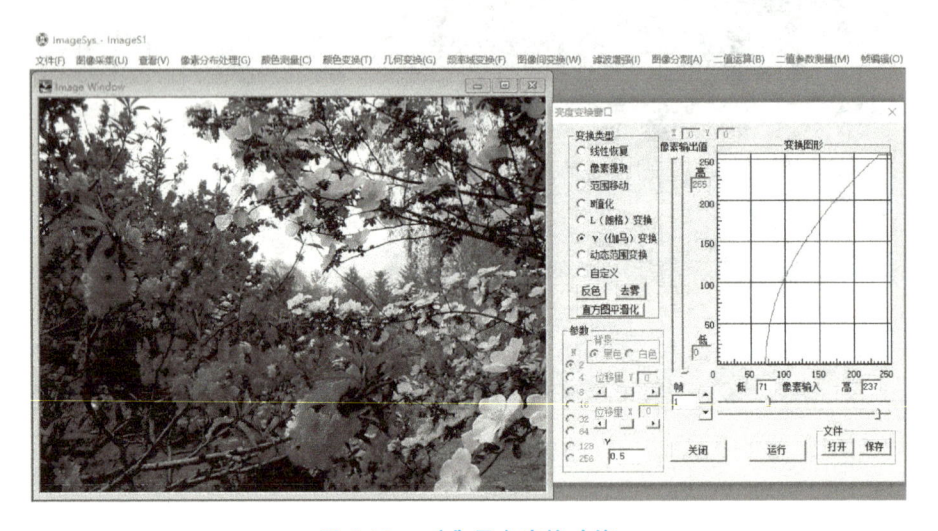

图 4.10　γ（伽马）变换功能

4.3.4　去雾处理

1. 图像去雾原理

雾霾天气会对数字图像的画质产生影响，主要是因为光线在悬浮粒子作用下出现散射现象，使得目标对象反射的光线发生衰减。针对不同应用环境的去雾技术有很多，从基本原理的角度来进行分类，可以划分为图像增强式去雾和反演式去雾。图像增强式去雾是针对现有被雾化图像，进行画质增强处理。高斯模糊方法和直方图均衡化方法等目前非常成熟的图像增强算法，现已广泛用于雾化图像的清晰化处理。反演式去雾是根据雾化图像退化的物理原理建立数学模型，用数学推导的方式还原出未雾化的图像，下述的暗通道先验

(Dark Channel Prior，DCP）去雾算法便属于这种类型。

（1）雾化图像的退化模型　如果用 I 表示雾霾天气下视觉系统获得的图像，J 表示期望的图像（即没有雾霾的清晰图像），那么两者之间的差值便是退化图像。退化图像与大气光以及空气（或者直接可以理解为雾霾）的透射率有关。记大气光系数为 A、空气的透射率系数为 t，则可以得到如下的数学模型：

$$I = Jt + A(1-t) \tag{4.1}$$

该模型中，Jt（即期望图像乘以透射率系数）用于描述图像的直接衰减；$A(1-t)$ 则用于描述图像中的大气光成分。去雾的目标是基于 I 复原 J。

（2）图像暗通道先验去雾方法　暗通道先验是一种基于户外大量无雾霾图像的统计结果，即除去天空区域外，绝大多数局部的图像区域，都能找到至少一个具有很小像素值（即暗像素）的颜色通道，拥有该暗像素的通道叫暗通道，大多数的无雾图像，其暗通道的强度值都非常小，甚至趋近于零。该统计规律称之为暗通道先验。

像素值代表传感器感光的强度，若定义像素在 R、G、B 三个通道中的最小值为 $J(x)$，则 $J(x)$ 可以表述为

$$J(x) = (\min_{y \in \Omega(x)})((\min_{c \in \Omega(r,g,b)}) J^c(y)) \to 0 \tag{4.2}$$

式中，$\Omega(x)$ 表示以 x 为中心的小块窗口区域；c 表示 R、G、B 三个通道；$J^c(y)$ 表示遍历 $\Omega(x)$ 三个通道的所有像素值。

去雾的目标是从 I 中复原 J，根据式（4.1）变换得到下式：

$$J = (I - A(1-t))/t = (I - A + At)/t = (I - A)/t + A \tag{4.3}$$

如上所述，该方程中 I 表示待去雾的原图像，J 表示要恢复的无雾图像。该方程有 t 和 A 两个未知量，如果缺乏进一步的信息输入，此方程将无法解出。但是，如果将暗通道先验知识加入进来就可将其演变为可解的方程。先假定 A 为已知，在式（4.1）的基础上分别除以 A，得

$$I/A = J/At + 1 - t \tag{4.4}$$

把颜色通道一起表示并代入式（4.4）中，得

$$(I^c(x))/A^c = (J^c(x))/A^c \, t(x) + 1 - t(x) \tag{4.5}$$

式中，c 表示 R、G、B 三个通道；$t(x)$ 为每一个窗口内的透射率系数。

对式（4.5）两边求两次最小值运算，得

$$(\min_{y \in \Omega(x)})((\min_c I^c(x))/A^c) = t(x)(\min_{y \in \Omega(x)})((\min_c J^c(x))/A^c) + 1 - t(x) \tag{4.6}$$

式（4.6）为式（4.4）加上通道和窗口后的特例，其中 $\Omega(x)$ 表示以 x 为中心的小块窗口区域，这里窗口大小设置为 15×15 像素。结合式（4.2），得

$$(\min_{y \in \Omega(x)})((\min_c (J^c(x))/A^c) = 0 \tag{4.7}$$

将式（4.7）代入式（4.6）中，得

$$t(x) = 1 - (\min_{y \in \Omega(x)})((\min_c (I^c(x))/A^c)) \tag{4.8}$$

以上推导假设大气光系数 A 值已知，实际运算时，A 的取得方法是从暗通道图中找到像素值最高、占总像素数 0.1% 的像素点位置，根据这些像素点在原始有雾图像 I 中的像素值，确定数量最多的对应像素值，将其作为 A 值。将 A 值代入式（4.8）得到 t 值，最后再根据式（4.3）获得期望图像 J。

2. 去雾实践

关闭"亮度变换窗口"，读入要变换的有雾图像，然后重新打开"亮度变换窗口"，如图 4.11 所示。

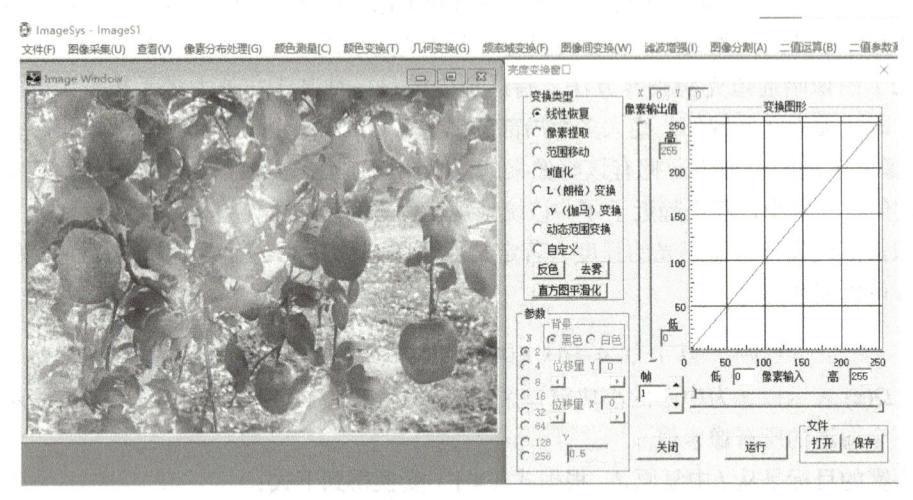

图 4.11　去雾功能

执行"去雾"变换后的结果如图 4.12 所示。

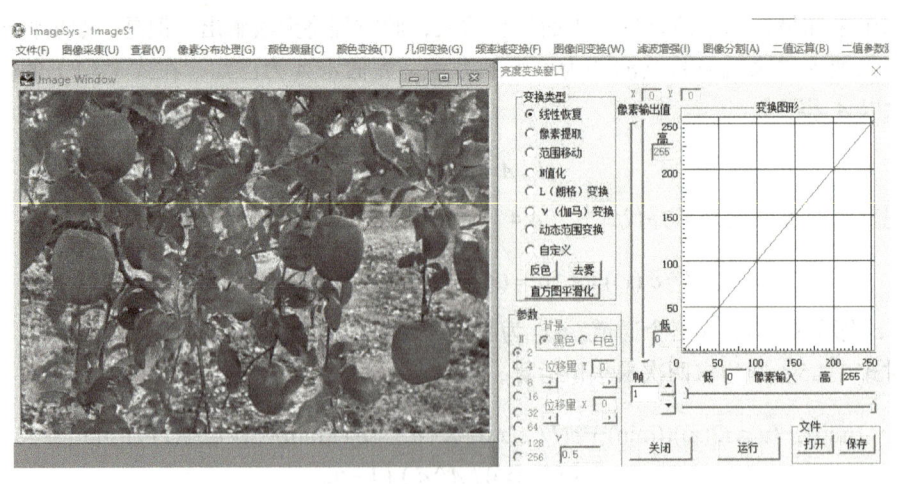

图 4.12　去雾结果图像

4.3.5　直方图平滑化

1. 变换原理

直方图平滑化，也称直方图均衡化（histogram equalization），是采取压缩原始图像中像素数较少部分、拉伸像素数较多部分的处理方法。如果图像在某一灰度范围内像素比较集中，可采取直方图平滑化方法，增强整个图像的对比度，使图像变得清晰。

下面列举一个简单的例子来说明直方图均衡化算法。灰度为 0~7 的各个灰度级（gray level）所对应的像素数如图 4.13 所示。均衡化后，每个灰度级所分配的像素数等于总像素数除以总灰度级，即 40÷8=5。从原始图像中灰度值大的像素开始，每次取 5 个像素，按灰度级由大到小重新予以分配。如图 4.13 所示，将原始图像中灰度级 7、6 的全部像素和灰度级 5 的 9 个像素中的 1 个像素分配给灰度级 7。其中，从灰度级 5 中选取 1 个像素的算法，有如下两种：

1）算法 1：随机选取。

2）算法 2：从其周围像素平均灰度较大的像素中顺次选取。

算法 2 比算法 1 稍微复杂一些，但是算法 2 所得结果的噪声比算法 1 少。

在此选用算法 2。接下来，按照该选取方法，从原始图像中灰度级 5 剩余的 8 个像素中，选取 5 个像素分配给灰度级 6。依此类推，对所有灰度级进行像素的重新分配。

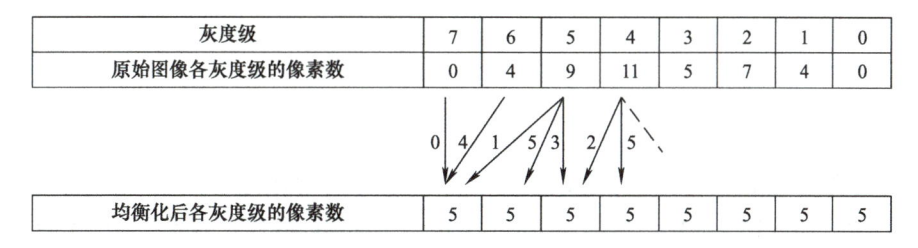

灰度级	7	6	5	4	3	2	1	0
原始图像各灰度级的像素数	0	4	9	11	5	7	4	0
均衡化后各灰度级的像素数	5	5	5	5	5	5	5	5

图 4.13　灰度直方图均衡化

2. 变换实践

针对图 4.11 所示的雾霾苹果图像，执行"直方图平滑化"，处理结果如图 4.14 所示。

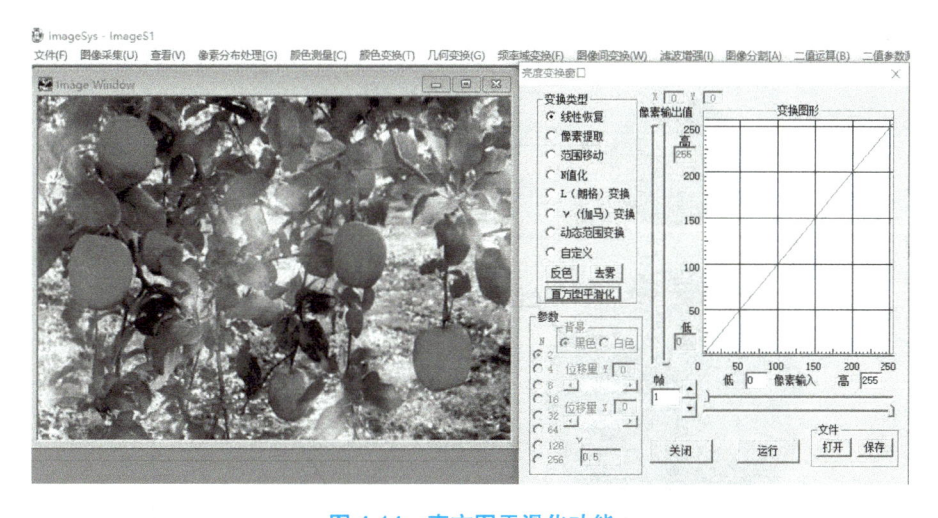

图 4.14　直方图平滑化功能

在图 4.14 所示的"亮度变换窗口"中，执行"运行"→"关闭"，然后单击主界面中的"像素分布处理"，选择并打开直方图界面，如图 4.15 所示，可以观察到 R、G、B 像素直方图均被较好地平滑处理了。

图 4.15　直方图平滑化效果

4.4　HSI 变换

1. 变换原理

1）色调 H（Hue）：与光波的波长有关，用以表示人的感官对不同颜色的感受，亦即颜色的种类，如红色、绿色、蓝色等，也可表示一定范围的颜色，如暖色、冷色等。

2）饱和度 S（Saturation）：表示颜色的纯度，纯光谱色是完全饱和的，加入白光会稀释饱和度。饱和度越大，颜色看起来越鲜艳，反之亦然。

3）亮度 I（Intensity）：对应成像亮度和图像灰度，表示颜色的明亮程度。

上述三个基本属性定义了一个三维颜色空间，三者之间的关系如图 4.16 所示，与三通道二维矩阵表示的 RGB 颜色空间大不相同，HSI 更贴近人眼判断颜色模式，RGB 更便于计算机存储和读取。

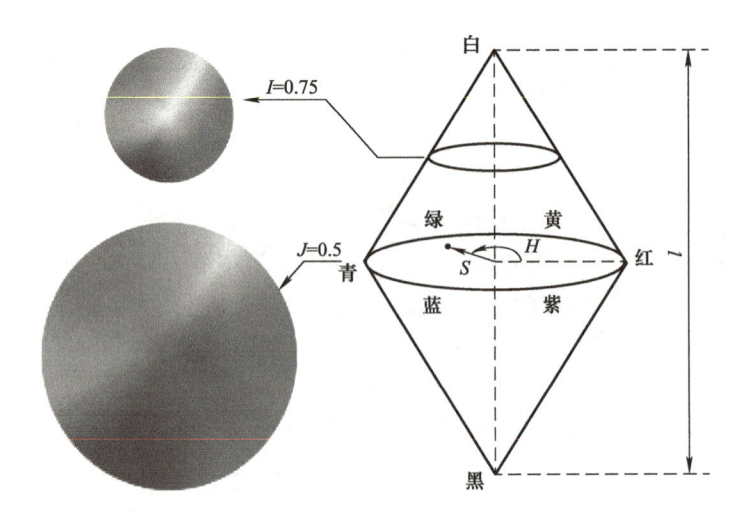

图 4.16　HSI 颜色模型关系图

实际在制作彩色电视机信号时，通常将 R、G、B 信号变换至亮度信号 Y 和颜色信号

Cr（表示红色的浓度偏移量）、Cb（表示蓝色的浓度偏移量）进行发射，接收时再还原成 RGB 三原色信号。其转换关系式如下：

$$Y = 0.3R + 0.59G + 0.11B$$
$$Cr = R - Y = 0.7R - 0.59G - 0.11B \quad （4.9）$$
$$Cb = B - Y = -0.3R - 0.59G + 0.89B$$

色调 H 表示离开色差信号 B–Y（即 Cr）基准轴的旋转角度，饱和度表示离开原点的距离，如图 4.17 所示。用公式表示其与色差的关系，表示如下：

$$H = \arctan(Cr/Cb) \quad （4.10）$$

$$S = \sqrt{Cr^2 + Cb^2} \quad （4.11）$$

2. 变换实践

打开 ImageSys 软件，读入一幅彩色图像，依次单击菜单"颜色变换"→"HSI 表示变换"，打开如图 4.18 所示的界面。

（1）界面功能

1）基准色选择：选择色相图像的基准颜色。

2）分量图像：H、S、I，将图像由 RGB 颜色系统转换至 HSI 颜色系统后各个分量的图像表示。H 表示色调；S 表示饱和度；I 表示亮度。

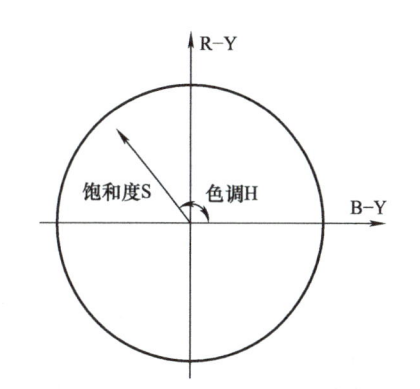

图 4.17 色调、饱和度与色差信号之间的关系

3）色差图像：色差数据 R – I(Cr) 和 B – I(Cb) 的图像表示。

图 4.18 HSI 变换功能界面

4）变换图像（加变化量）：在原图的 HSI 各个分量上分别增加一定量值后获得的变换图像。H 的变化量范围为 –180°～180°，S 与 I 的变化量范围均为 –100%～100%。

5）输出：将变换后的图像放置至系统某帧。系统默认设置为放至原图的下一帧。

6）原图：显示原图像。

7）确认：将对话框中所示的结果图像显示至主界面窗口上，同时"状态窗"上的显示帧更新为当前窗口图像所在的系统帧号。

8）关闭：关闭窗口。注意：关闭窗口前，不能执行该窗口以外的命令。

（2）使用方法

1）读入要变换的图像。

2）打开 HSI 表示变换窗口（单击菜单"图像变换"→"HSI 表示变换"）。

3）选择变换项目。

4）选择"输出帧"。

5）"确认"变换。

6）"关闭"窗口。

4.5　RGB 色差变换

1. 变换原理

对于目标和背景颜色差别较大的图像，为了分割提取目标，通过分析目标和背景的 R、G、B 值差异性，针对图像 R、G、B 值进行加权求和或作差等运算，以此增加目标和背景之间的亮度差，达到强调目标的目的。运算后的图像为灰度图。

2. 变换实践

打开 ImageSys 软件，读入一幅彩色图像，依次单击菜单"颜色变换"→"RGB 色差变换"，打开如图 4.19 所示的界面。

图 4.19　RGB 色差变换功能

（1）界面功能

1）RGB 值计算公式：采用数学公式形式形象地表示图像 R、G、B 分量值间的运算。

将所需加权值填写在相应空格中，选择运算符号并执行后，可方便地得到变换后的图像并显示在预览窗口中。默认灰度值计算公式为：$0.299 \times R + 0.578 \times G + 0.114 \times B$。

2）执行（=）：确认并执行运算变换，在预览窗口中显示计算结果图像。图 4.19 所示为 $2 \times R$–G–B 运算结果，由图可知，桃子的红色分量得到了强化。

3）RGB 范围设定：设置 R、G、B 的最小值和最大值，默认值为 0 和 255，在设置范围内的像素执行公式计算，范围外的像素值置为 0。

4）帧模式：该项与"状态窗"同步显示，用于改变当前所显示的帧号，以及设置是否保留原帧。默认"原帧不保留"，显示第一帧。

5）确认：将预览窗口中的图像显示至主界面图像显示窗口中。

6）关闭：关闭当前变换窗口。

（2）使用方法

1）"状态窗"中选中彩色后，从文件菜单读入要变换的彩色图像。

2）打开"颜色变换"下的"RGB 色差变换"。

3）填入变换参数，设定像素值范围，单击"执行"按钮，预览变换结果图像。

4）"确认"变换。

5）"关闭"窗口。

4.6 自由变换

打开 ImageSys 软件，读入一幅图像，依次单击菜单"颜色变换"→"自由变换"，打开"自由变换"界面。图 4.20 为滚动平移效果图，下面详细介绍具体功能。

图 4.20　自由变换功能

1）平移：滚动或平移图像。可选择滚动或移位，可以设定 X、Y 方向的移动量。

2）90 度旋转：执行后，图像旋转 90°。

3）亮度轮廓线：画出各个亮度范围的轮廓线。最小值、最大值，用于设定亮度范围；除数，即等份数，设定将亮度范围分割成数等份；轮廓线亮度，用于设定轮廓线的亮度值，设定为 –1 时，以各组分割的亮度值作为轮廓线的亮度值；背景亮度，用于设定轮廓线以外的背景的亮度。

4）马赛克：计算设定范围内像素的亮度平均值，画出马赛克图像。水平像素点，用于设定水平方向像素范围；垂直像素，用于设定垂直方向像素范围；文件存储，选择后，运行时弹出保存窗口，设定文件名后自动保存数据，也可在单击"查看"后所显示的窗口内进行数据保存；查看，用于查看计算的数据，打开查看窗口的"文件"菜单，可以保存、读入或打印数据等。

5）窗口涂抹：以任意的亮度涂抹处理窗口内或处理窗口外。窗口内，表示涂抹处理窗口的内部区域；窗口外，表示涂抹处理窗口的外部区域。

6）涂抹亮度：窗口中涂抹的亮度（像素）值。帧平均，表示涂抹亮度为处理窗口周围像素的平均亮度；区域平均，表示涂抹亮度为处理窗口内像素的平均亮度；指定，表示涂抹亮度为指定亮度。

7）积分平均：设定多帧图像，计算出平均图像，用于除去随机杂质，改善图像。开始帧，设定多帧图像中的开始帧；结束帧，设定多帧图像中的结束帧；输出帧，设定多帧图像平均后的输出帧。

4.7 应用实例

4.7.1 小麦苗列检测

对于自然界的目标提取，可以根据目标的颜色特征，使用 R、G、B 分量及其之间的差分组合，有效避免自然光照变化的影响，快速提取目标。下述案例采取基于颜色分量差分的方法提取绿色麦苗目标。

小麦从出苗到灌浆，需要进行许多田间管理作业，其中包括松土、施肥、除草、喷药、灌溉、生长检测等。不同的管理作业环节又具有不同的作业对象。例如，在喷药、喷灌、生长检测等作业环节中，作业对象为小麦列（苗列）；在松土、除草等作业环节中，作业对象为小麦列之间的区域（列间）。无论何种作业，首先都需要把小麦苗提取出来。虽然在不同季节小麦苗的颜色有所不同，但总体都呈绿色。如图 4.21 所示，其中图 4.21a 为 11 月（秋季）小麦生长初期阴天的图像，土壤比较湿润；图 4.21b 为 2 月（冬季）晴天的图像，土壤干旱，发生干裂；图 4.21c 为 3 月（春季）小麦返青时节阴天的图像，土壤比较松软；图 4.21d ~ f 分别为小麦后续不同生长阶段不同天气状况下的图像。

由于麦苗的绿色成分大于其他两个颜色成分，为了提取绿色的麦苗，可以通过强调绿色成分、抑制其他成分的方法把麦田彩色图像变换为灰度图像。具体方法见式（4.12）。

$$\text{pixel}(x, y) = \begin{cases} 0 & 2G - R - B \leq 0 \\ 2G - R - B & \text{Other} \end{cases} \quad (4.12)$$

其中，G、R、B 表示点（x,y）在彩色图像中的绿、红、蓝颜色值，pixel(x,y) 表示像素点（x,y）经处理后的灰度值。图 4.22 为经过上述处理获得的麦苗区域加强后的灰度图像。图 4.23 是对图 4.22 进行大津法自动二值化处理后，所获得的麦苗区域二值化图像。

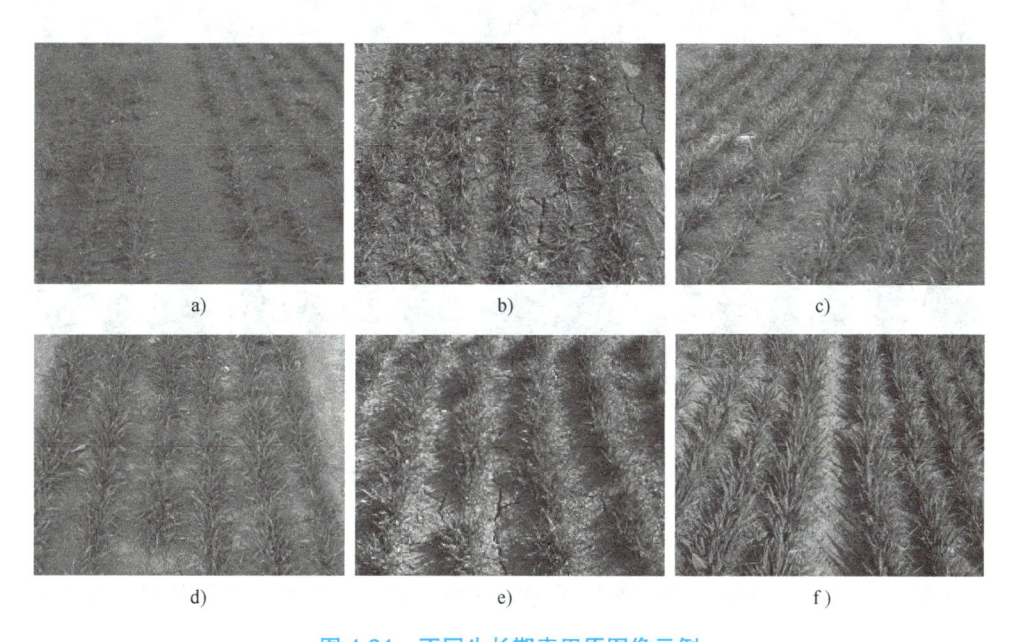

图 4.21 不同生长期麦田原图像示例

a) 秋季阴天　b) 冬季晴天　c) 3 月阴天　d) 春季阴天　e) 春季晴天　f) 夏季晴天

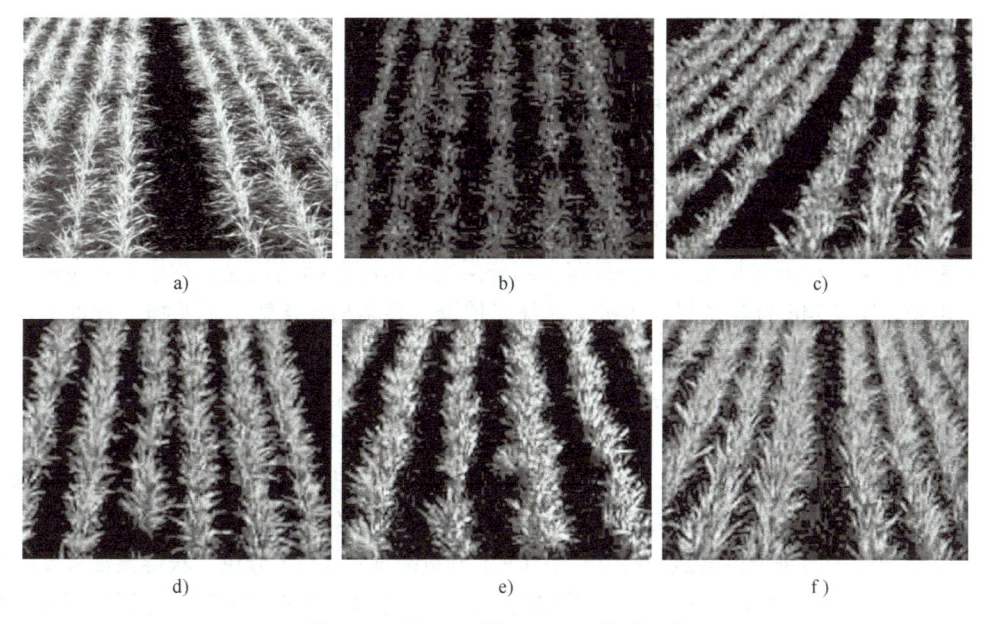

图 4.22 图 4.21 的 2G-R-B 灰度图像

a)   b)   c)

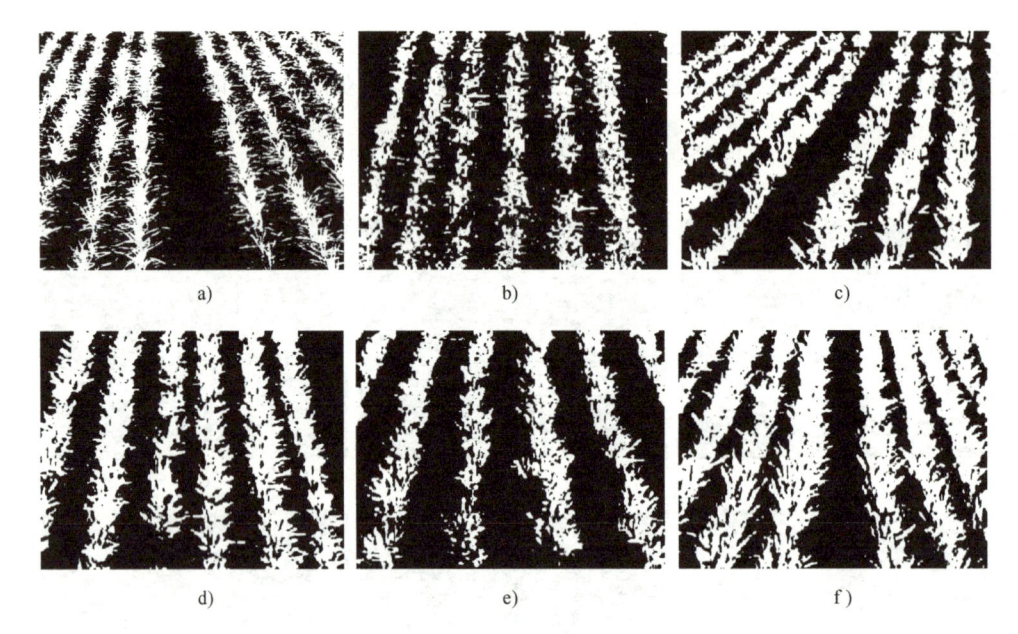

d)   e)   f)

图 4.23　图 4.22 的大津法自动二值化处理结果

4.7.2　果树上红色桃子检测

本案例针对自然环境下的成熟桃子进行图像识别，可为机器人采摘桃子奠定信息基础。

1. 试验设备与图像样本

在北京市通州区西集镇桃园，通过数码相机实地采集获得试验用桃子图像样本。数码相机型号为 Digimax S500，拍摄图像的分辨率为 640×480 像素。图像处理的 PC 配置为：Intel Pentium 4 处理器，主频为 2.4GHz，内存为 256MB。利用 Microsoft Visual C++ 进行了算法的研究开发。

图 4.24 为现场采集的果树桃子彩色原图像，分别示意了单个果实、多个果实成簇、果实相互分离或相互接触等生长状态以及不同光照条件和不同背景下的图像样本。图 4.24a 为顺光拍摄，光照强，果实单个生长，有树叶遮挡，背景主要为树叶。图 4.24b 为强光照拍摄，果实相互接触，有树叶遮挡，背景主要为树叶。图 4.24c 为逆光拍摄，图像中既有单个果实，又存在果实相互接触，且存在部分果实被树叶遮挡的情况，背景主要为树叶和直射阳光。图 4.24d 为弱光照、相机自动补光拍摄，果实相互接触，无遮挡，背景主要为树叶。图 4.24e 为顺光拍摄，既有单个果实，又存在果实相互接触及枝干干扰。图 4.24f 为强光照拍摄，既有单果实，又存在果实间相互遮挡，并含有枝干干扰及树叶遮挡。

2. 桃子红色区域提取

由于成熟桃子一般带红色，因此对原彩色图像，首先利用红、绿色差信息提取图像中桃子的红色区域，然后再采用与原图进行匹配膨胀的方法来获得桃子的完整区域。

针对图像中的每个像素点，将其红色（R）分量减绿色（G）分量，获得整幅灰度图像（RG 图像），其中当 R−G<0 时，设灰度图像上该点的像素值为 0（黑色）。之后计算灰度图像的像素平均值 $\bar{I}$。逐像素扫描 RG 图像，若像素值大于 $\bar{I}$ 则将该点像素值设为 255（白色），否则设为 0（黑色），由此获得二值图像，并对其进行补洞和面积小于 200 像素的去噪处理。

图 4.24 彩色原图像

a）单果实树叶遮挡　b）多果实树叶遮挡　c）直射光多果实接触
d）弱光多果实接触　e）顺光多果实接触枝干干扰　f）强光多果实接触枝干干扰

图 4.25 为图 4.24 采用上述方法提取的桃子红色区域二值图像。从图 4.25 的提取结果可以看出，该方法对图 4.24 中的各种光照条件和不同背景情况，都能较好地提取出桃子的红色区域。

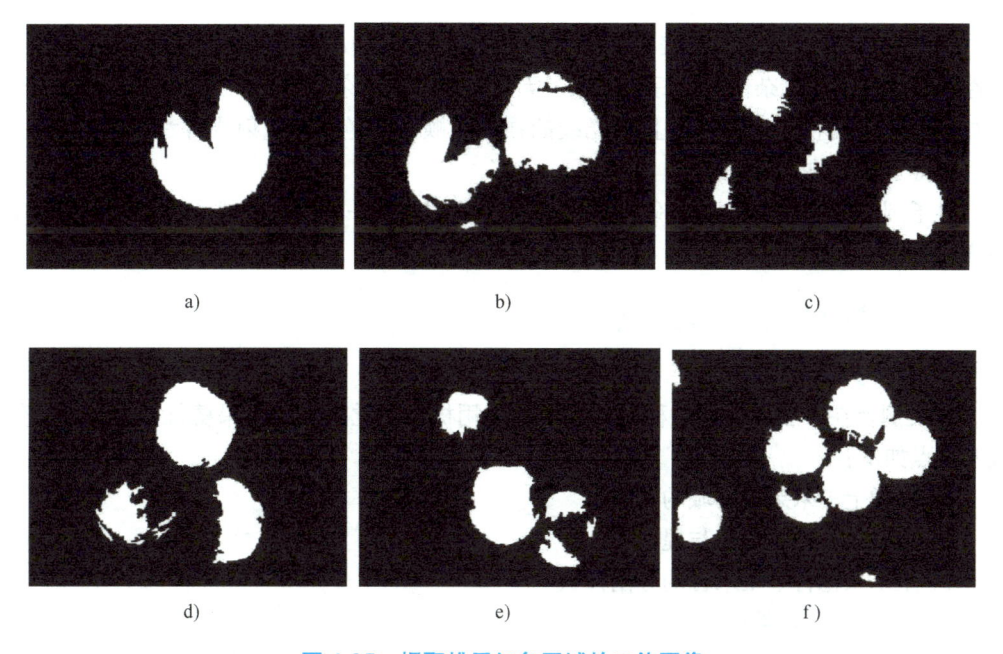

图 4.25 提取桃子红色区域的二值图像

3. 匹配膨胀处理

图 4.25 与彩色原图像图 4.24 进行匹配膨胀后的二值图像如图 4.26 所示。鉴于同一个桃子上相邻像素的 R 分量值通常不会发生剧烈变化，而桃子边缘相邻像素的 R 分量值则会出现较大变化，据此将目标像素 24 邻域内桃子像素点的 R 分量值的最大、最小值作为不发生剧烈变化的阈值范围。该方法可以自动确定阈值，快速、准确地将本属于桃子的像素重新找回。从图 4.26 的结果可以看出，无论属于图 4.24 中的哪种情况，图像中没有被树叶遮挡的桃子部分，都被很好地匹配膨胀成了白色目标像素。

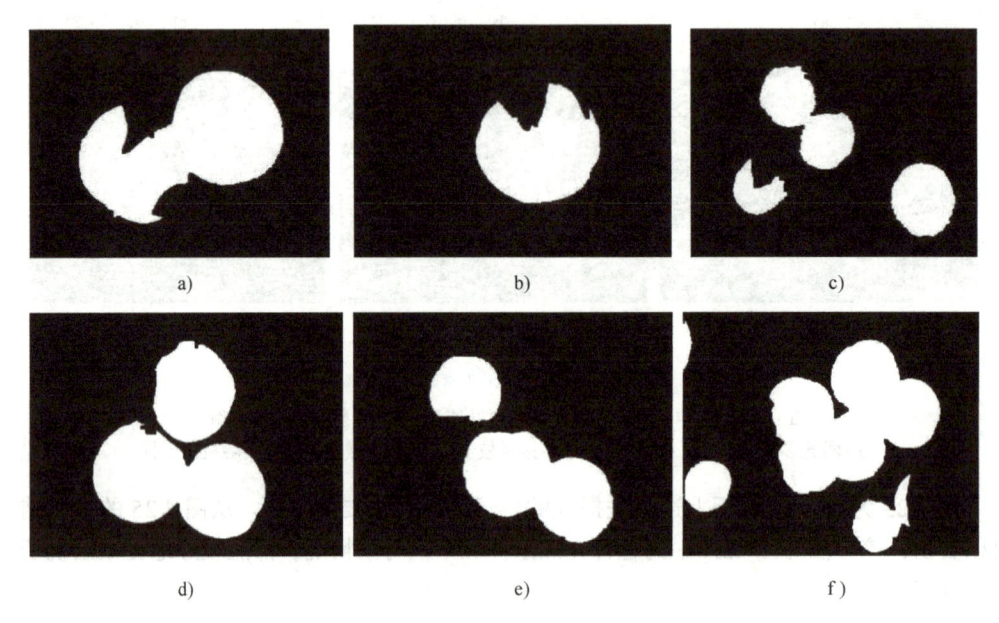

图 4.26　图 4.25 与图 4.24 匹配膨胀后的二值图像结果

图 4.25 和图 4.26 的结果表明，本案例提出的分割提取算法能够适应桃子颜色的非均一性和图像光照的复杂性，很好地去除了天空、树叶等复杂背景，而且几乎完好地保存了未被树叶遮挡的桃子区域，并且对光线的强弱、顺光、逆光、直射光等都有很好的适应性，取得了较好的分割效果。

桃子圆心定位和半径拟合检测，将在"9.7 应用案例——果树上桃子检测及视频演示"中介绍。

4.7.3　玉米粒在穗计数及视频演示

1. 目标与技术要点

本案例旨在不破坏玉米果穗的前提下，使用机器视觉提取玉米果穗行并统计籽粒数。技术要点如下：

1）图像上玉米果穗区域的提取。
2）玉米果穗行的分割与提取。
3）玉米果穗行上玉米粒的分割计数。

2. 主要设备及软件环境

如图 4.27 所示，主要实验设备包括：计算机、数据采集与控制模块、玉米果穗旋转装置和图像采集装置。

计算机配置为：CPU U5400，主频 1.2GHz，内存 2GB。图像采集摄像头使用 Intel 公司生产的 CS630，分辨率设定为 640×480 像素。

软件开发利用 Microsoft 的 Visual C++ 6.0，在 ImageSys 的开发平台上完成。

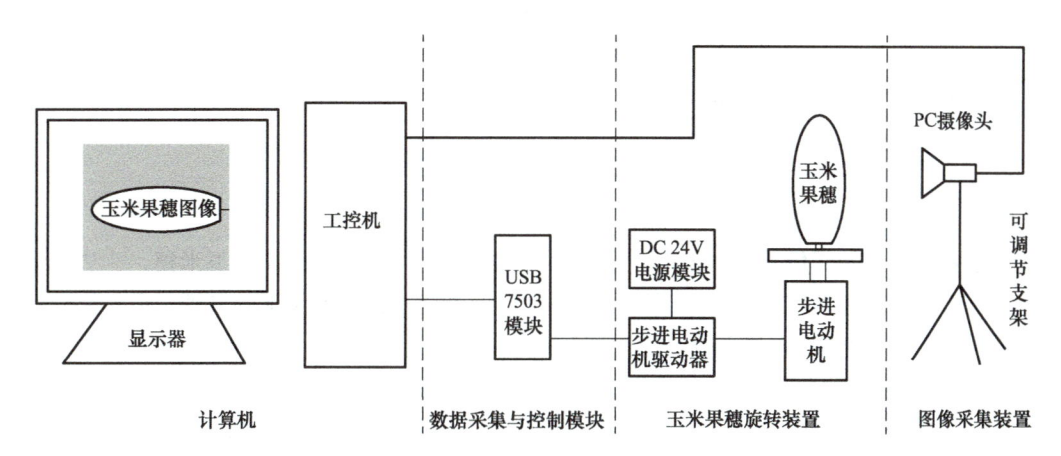

图 4.27　实验装置示意图

3. 玉米果穗区域的确定

对 G 分量图像采用大津法进行二值化处理，之后对二值图像进行去噪和补洞处理，得到用于后续处理的二值图像。采用 ImageSys 开发平台提供的 Measure_outline 函数对二值图像进行轮廓跟踪处理（参考 9.1.3 节），获得最长轮廓线的外接矩形坐标，作为玉米果穗图像处理区域。图 4.28 是玉米果穗外接矩形提取过程示例图。

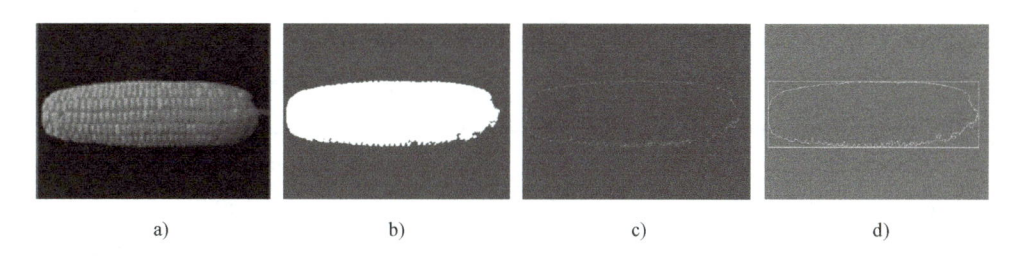

图 4.28　玉米果穗外接矩形提取过程
a）原图像　b）二值化、去噪及补洞　c）轮廓线　d）处理区域

4. 提取玉米果穗行

根据玉米果穗行间灰度值较小、籽粒灰度值较大的特点，利用玉米果穗图像的横向累计分布图进行果穗行边缘追踪，从而完成果穗行的提取。由于该部分并非本章节重点，此处不做详述。

5. 测量果穗行粒数

由于玉米果穗行上相邻籽粒间缝隙的灰度值相对籽粒的灰度值较小，使用纵向灰度值累计分布图，获得玉米粒之间的缝隙，进而测量出果穗行上的玉米粒数量。图 4.29 是玉米果穗行的 Y 方向累计分布示意图。

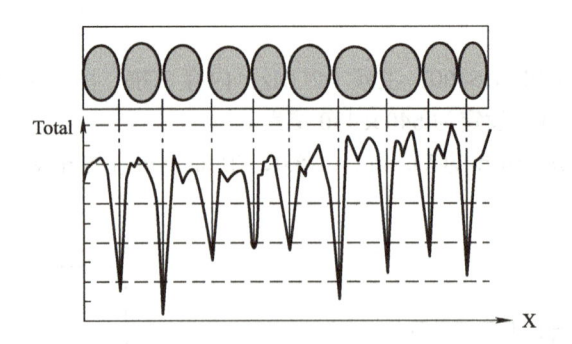

图 4.29　玉米果穗行的 Y 方向累计分布示意图

6. 果穗行的连续提取

在采集第一帧图像并提取出第一个中心果穗行后，一边逆时针旋转玉米穗，一边采集玉米穗图像，同时判断当前是否到达下一果穗行。当判断已旋转至下一果穗行后，果穗行计数值加 1，同时提取该果穗行并统计其籽粒数。

7. 果穗行提取结束的判断及整穗粒数统计

在果穗行的连续提取过程中，需要判断是否所有果穗行已提取完毕。以连续提取的果穗行上边缘与首次提取的果穗行上边缘的拟合程度，来判断当前果穗行与首次提取的果穗行是否相同，从而判断是否完成果穗行提取。如果断定所有果穗行已提取完毕，则通过果穗行计数值可获得该玉米果穗的果穗行总数，同时根据所统计的每个果穗行的籽粒数量，可获得该玉米果穗的总籽粒数。图 4.30 为整个玉米果穗的全部果穗行提取和所有籽粒分割结果案例。

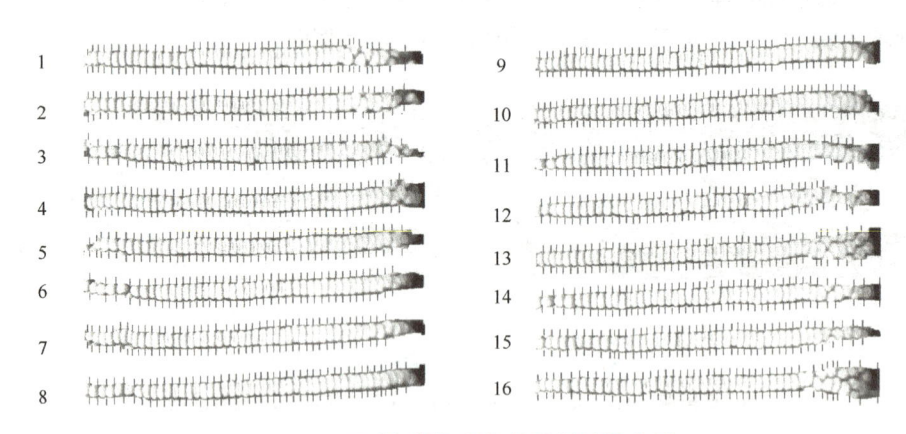

图 4.30　果穗行提取和籽粒分割结果案例

8. 视频演示

下面给出玉米穗籽粒计数的视频演示，读者可以扫描二维码观看视频。

链 4-1　玉米穗籽粒计数

4.7.4　玉米种粒图像精选与定向定位及视频演示

本案例旨在根据定向播种对玉米种粒的要求，检测并剔除霉变、破损、虫蚀等发芽率低的种粒以及小型、圆形等不符合定向播种要求的畸形种粒。针对正常种粒，判断胚芽正反面和尖端朝向，并实施分开放置。

1. 玉米种粒图像精选装置及工作原理

（1）精选装置主体结构　本装置按功能主要分为喂料装置、输送装置、图像采集处理装置以及吹除装置，结构如图 4.31 所示。

图 4.31　玉米种粒图像精选及定向定位装置结构简图

1—储种箱　2—输种管　3—排种器　4—台架　5—导向定位管　6—置位气缸　7—输送带
8—竖直导轨柱　9—横向导轨梁　10—精选图像采集单元 1　11—气吹嘴　12—线性导轨滑块
13—挡向曲滑槽　14—定向定位图像采集单元 2　15—回收箱　16—凹型定位槽
17—调向分面摆放机构（虚线圆形框所围部分）

（2）工作原理　装置启动后，储种箱内的玉米种粒经过排种器排入输送带上。输送带间歇运行，依次将种粒送入后续工作区。输送至精选区时，计算机控制相机 1 采集图像并判断种粒是否合格。输送至吹除工位时，不合格种粒被吹除，合格种粒继续前行。输送至定向定位工位时，相机 2 采集图像，判断种粒胚芽方向（胚芽正反面和尖端朝向）。随后，吸取种粒，旋转调整尖端朝向，完成定向，并将胚芽面不同的种粒分放于输送带左右两侧的摆放工位上。

（3）图像采集处理部件　本系统所使用计算机配置为 Intel(R)Core(TM)i3-3240 CPU，主频 3.40GHz，内存 8GB。相机选用 Basler A602fc 型高速彩色工业数字摄像机，图像大小设定为 640×480 像素。利用 Microsoft Visual Studio 2010 软件开发工具，基于 ImageSys 开发平台完成图像检测算法的开发。

2. 基于 RGB 特征的种粒区域分割与变色种粒检测

（1）背景及种粒颜色分布　种粒样本图像如图 4.32 所示，主要包括常见型、尖端附着深色红衣的合格种粒以及尖端露黑色胚部、小型、圆形、尖端轻度虫蚀、破损或严重虫蚀、轻度暗黄色霉变、中度红色霉变和深度灰黑色霉变的不合格种粒。

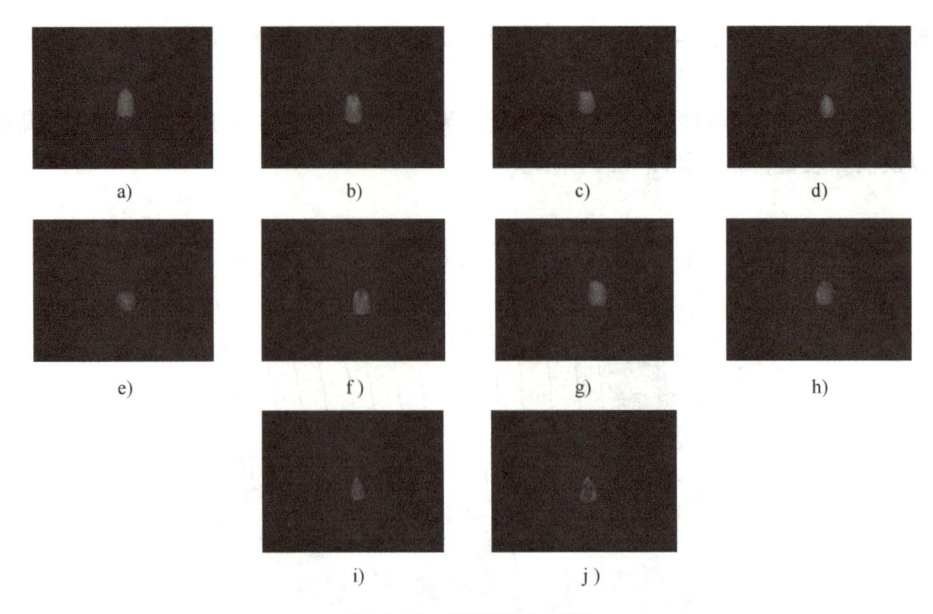

图 4.32 种粒样本图像

a) 常见型 b) 尖端附着深色红衣 c) 尖端露黑色胚部 d) 小型 e) 圆形 f) 尖端轻度虫蚀
g) 破损 h) 轻度暗黄色霉变 i) 中度红色霉变 j) 深度灰黑色霉变

基于 ImageSys 系统分析上述种粒图像的颜色特征。考虑到常见型、小型、圆形和破损型以上四类种粒虽在形态上存在差异,但其颜色特征表现一致,并且常见型种粒颜色特征可覆盖其他三类,故下文以其中的常见型为代表展开颜色特征分析。如图 4.33 所示,左侧为种粒彩色图像,各图像上均标有一段通过不同颜色特征区域的剖线轨迹,右侧为原图像在剖线位置的 RGB 像素值分布情况,纵坐标表示像素值,横坐标表示剖线上的坐标位置,其中剖线上部端点为坐标起点。

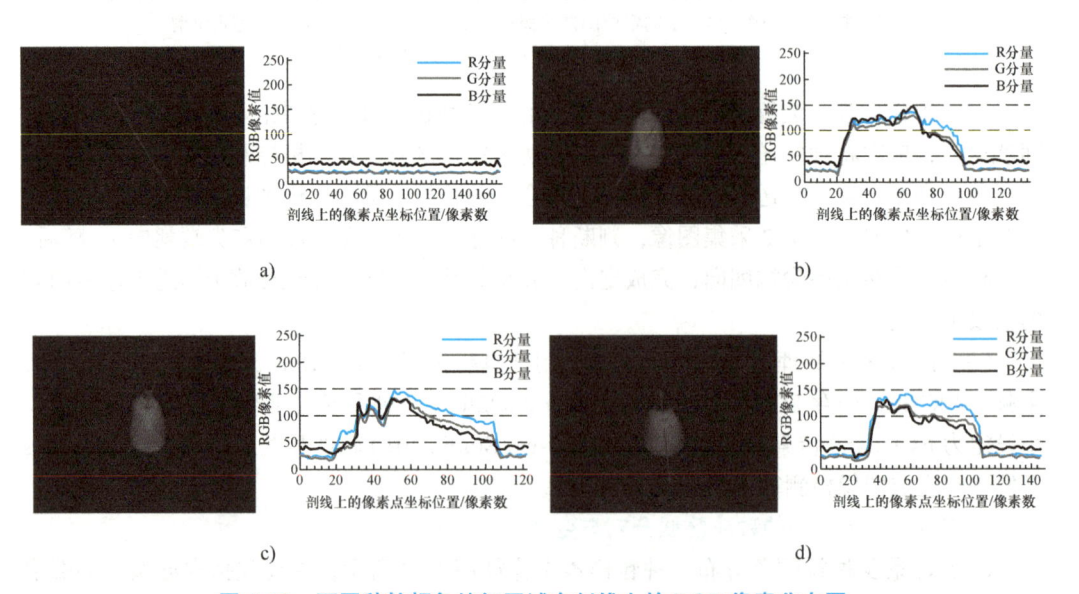

图 4.33 不同种粒颜色特征区域在剖线上的 RGB 像素分布图

a) 背景图像 b) 常见型种粒图像 c) 尖端附着深色红衣种粒图像 d) 尖端露黑色胚部种粒图像

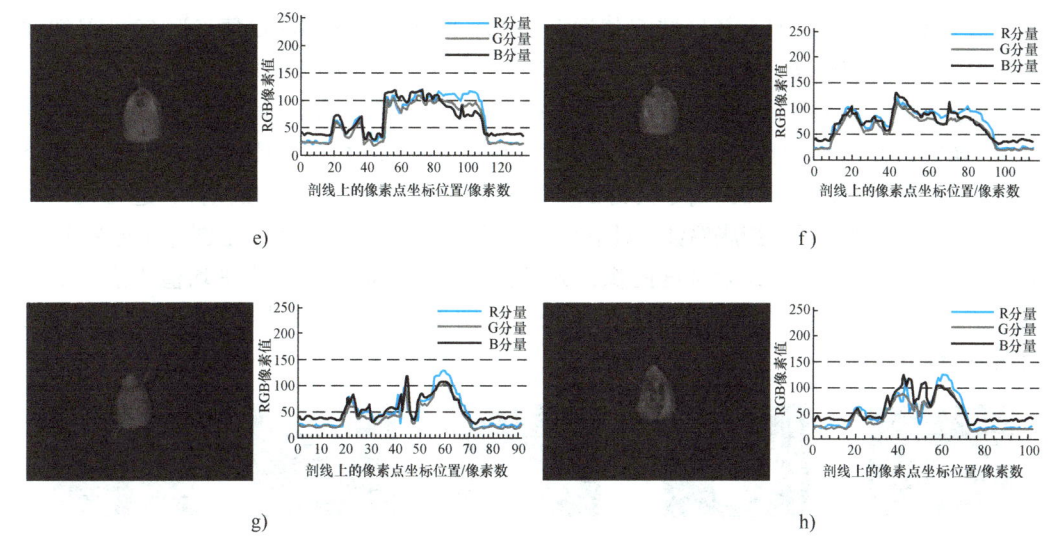

图 4.33 不同种粒颜色特征区域在剖线上的 RGB 像素分布图（续）

e）尖端轻度虫蚀种粒图像　f）轻度暗黄色霉变种粒图像　g）中度红色霉变种粒图像
h）深度灰黑色霉变种粒图像

（2）种粒区域提取　观察图 4.33a、c、e～h 可知，背景区域的 R、G、B 分量分布较平坦，取值均较小，种粒区域相对背景区域，R 值变化最明显，故选取 R 帧灰度图像获取种粒区域，另外，相对种粒其他区域，深色红衣区域、霉变区域 R 值偏小，但略大于背景区域，而轻度虫蚀破孔区域的 R 值虽也偏小，但由于位于种粒内部，并不影响种粒区域的边缘提取。

因此，设背景区域的 R 帧像素最大值为 R_{am}，则以阈值 R_{am} 分割种粒 R 帧灰度图像，补洞填充虫蚀破孔区域后，再进行腐蚀膨胀、200 像素去噪等处理，可获得种粒区域二值图像（记为 M_a）。对于 R_{am} 的取值，采集若干帧背景样本图像，针对 R 帧灰度图像，利用 ImageSys 平台分析并计算背景区域的 R 帧像素最大值，测得 $R_{am}=30$。利用上述方法，针对图 4.32 中样本图像进行种粒区域分割提取，结果如图 4.34 所示，籽粒区域被完好地提取出来了。

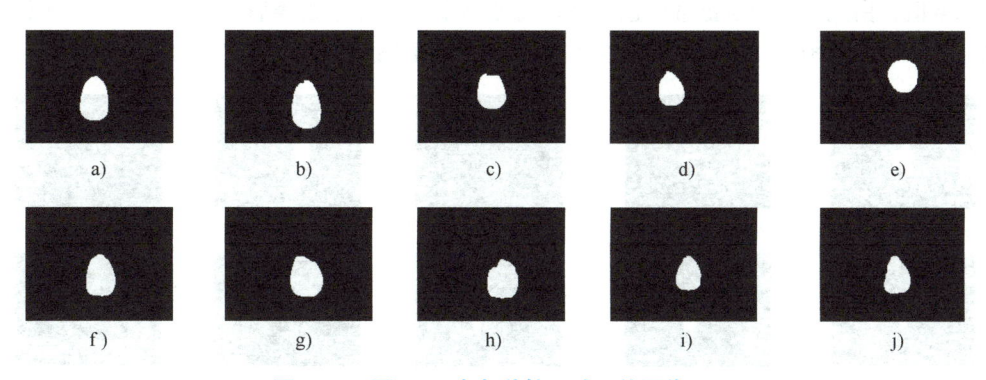

图 4.34　图 4.32 中各种粒区域二值图像 M_a

（3）种粒黄色区域提取　观察图 4.33b～h 可知，种粒黄色区域和尖端深色红衣区域

的 R 值大于 B、G 值，且黄色区域 G 值远大于 50，而深色红衣区域 G 值趋近 50；又知种粒其他区域的 R 值、B 值较接近，略大于 G 值，而背景区域的 R 值、G 值较接近，均小于 B 值。由此，针对原彩色图像的每个像素点进行如下计算：若 $R>B$ 且 $G>50$，则计算 $2R-G-B$ 值，若 $R>B$ 且 $G\leqslant 50$ 或 $R\leqslant B$，则计算 $R+G-2B$ 值。若计算值大于 255，则令其为 255，若计算值小于 0，则令其为 0，得到黄色区域加强后的灰度图像，进行大津法二值化、100 像素去噪、膨胀腐蚀、补洞等处理后，获得黄色区域的二值图像（记为 M_y）。此外，分别针对 R、G、B 帧灰度图像，分析并计算黄色区域的像素平均值（依次记为 R_{ym}、G_{ym}、B_{ym}）和标准差（记为 R_{yd}、G_{yd}、B_{yd}）。图 4.35 是图 4.32 中各种粒黄色区域的二值图像 M_y。

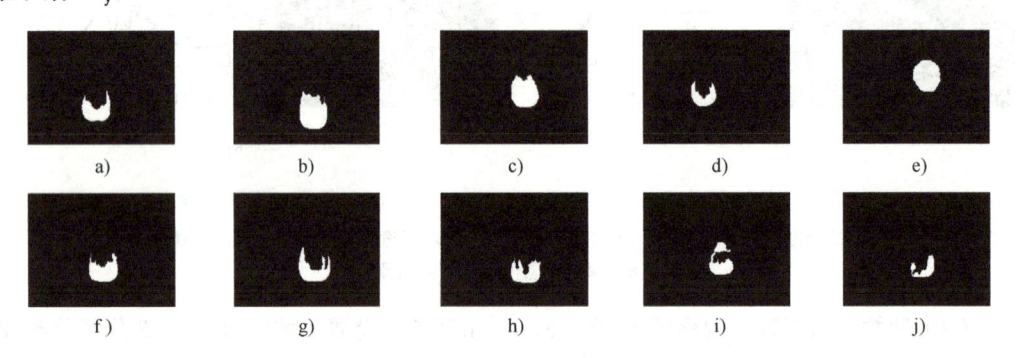

a)　　　b)　　　c)　　　d)　　　e)

f)　　　g)　　　h)　　　i)　　　j)

图 4.35　图 4.32 中各种粒黄色区域的二值图像 M_y

（4）种粒正常白色区域分割　观察图 4.33b、e～h 可知，种粒白色区域相对黄色区域，B 值和 G 值偏大，B 值尤为明显，R 值变化不明显，相对变色区域，R、G、B 值均偏大，且白色区域的 R、G、B 均值大于或接近 100，而变色区域小于 100。此外，将尖端深色红衣区域列入白色区域。观察图 4.33c、e～h 可知，深色红衣区域 $R>B$，$G\leqslant 50$ 且 $2R-G-B$ 差值较明显，而其他变色区域 $2R-G-B$ 值较小，接近 0。将图像 M_a 补洞后，与 M_y 差分，100 像素去噪、补洞等处理后，获得种粒非黄色区域（称为准白色区域）的二值图像（记为 M_q）。设 $T_m=(R+G+B)/3$，$T_d=2R_{ym}-G_{ym}-B_{ym}$，基于上述分析，若原彩色图像上准白色区域中像素点满足 $R\geqslant R_{ym}$，$G>G_{ym}+G_{yd}$ 且 $B>B_{ym}+B_{yd}$，或者 $T_m\geqslant 100$，或者满足 $R>B$，$G\leqslant 50$ 且 $2R-G-B>T_d/2$，则保持图像 M_q 中对应像素点处的值不变，否则将其值置为背景像素值，由此找到种粒正常白色区域，腐蚀膨胀、50 像素去噪后获得其二值图像（记为 M_w）。图 4.36 是图 4.32 中各种粒正常白色区域的二值图像 M_w。

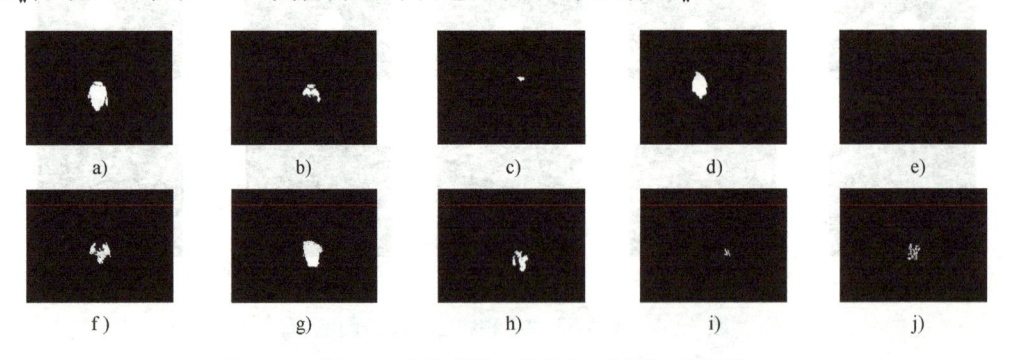

a)　　　b)　　　c)　　　d)　　　e)

f)　　　g)　　　h)　　　i)　　　j)

图 4.36　图 4.32 中各种粒正常白色区域的二值图像 M_w

（5）种粒变色区域分割　　将图像 M_q 与 M_w 差分，便可获得种粒变色区域的二值图像。图像间运算已在前述第 3.4 节中介绍，此处不再赘述。

3. 视频演示

下面给出玉米种粒检测与定向定位的视频演示，读者可以扫描二维码观看视频。

链 4-2　玉米种粒检测与定向定位

思考题

1. 请问色彩中的三原色是指哪三种颜色？
2. 请问 HSI 颜色空间中的 I 分量与 YUV 颜色空间中的 Y 分量有什么不同？
3. 在农田视觉导航中，为什么不适合采用 L（朗格）变换、γ（伽马）变换、直方图平滑化等方法来强调导航目标？

第 5 章　几何变换及单目视觉检测

5.1　基础知识

几何变换在许多场合都有应用。例如，卫星遥感图像，在获取和传输的过程中会受到一些几何形变的影响（如视差效应、地表地形、地球自转、卫星姿态、飞行姿态以及镜头畸变等因素引起的几何形变），需要进行几何变换校正，我们在天气预报中看到的云层图像，通常是经过几何变换后获得的校正图像。

几何变换的基本思路是改变像素的位置而不改变其像素值。基于此，几何变换的图像坐标原点和像素取值方法有特定要求。适当的几何变换可以最大程度地消除由于成像角度、透视关系乃至镜头自身原因所造成的几何失真而带来的负面影响。

1. 坐标原点重设

图像处理的坐标系一般以左上角为原点，向右及向下分别为 x 轴和 y 轴的正方向，如图 5.1a 所示，但是基于该坐标系放大图像，图像往右向下放大移出，视觉效果不够直观。而更改为如图 5.1b 所示的以图像中心为坐标原点的坐标系，图像放大时向四周对称扩展，显得更为直观明了。为此，本章节的几何变换处理，将坐标原点设定在图像中心位置处。

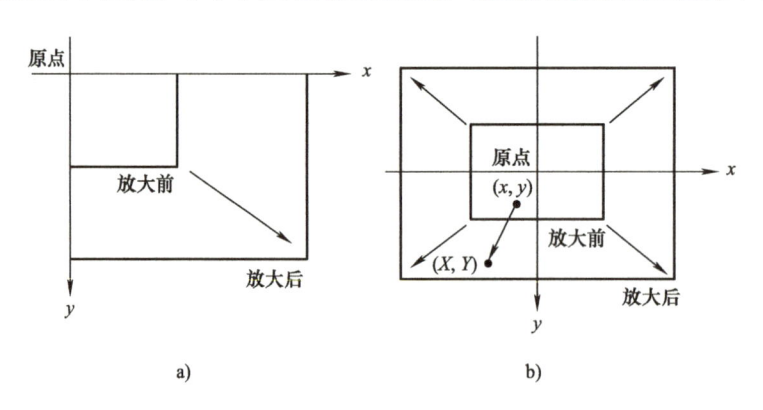

图 5.1　坐标系
a) 以图像的左上角为原点　b) 以图像的中心为原点

2. 几何变换像素赋值方法

几何变换后的图像，由于像素位置发生了变化，所以每个像素都需要重新赋值。针对变换后图像中的每个像素位置，确定其所对应的原图像中的像素位置，然后根据原位置处的像素值，确定变换后所在位置处的像素值。确定原像素位置坐标 (x,y) 后，一般采用双线性内插（bilinear interpolation approach）法，计算变换后所在位置处的像素值。

如图 5.2 所示，[x] 和 [y] 分别是不超过 x 和 y 的整数值，(x,y) 是计算出的原像素位置，采用双线性内插公式（5.1）计算获得原图像中 (x,y) 位置处的像素值 $d(x,y)$，将该值赋给变换后对应位置处的像素。

([x], [y])　　　　　　([x]+1, [y])

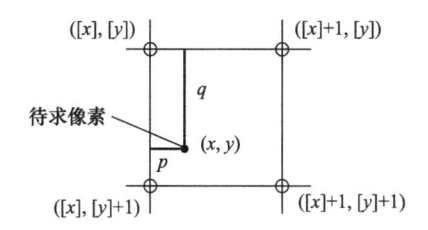

待求像素　　q

(x, y)

p

([x], [y]+1)　　　　　([x]+1, [y]+1)

其中[x]、[y]分别是不超过x、y的整数

图 5.2　双线性内插法

$$d(x,y) = (1-q)\{(1-p) \cdot d([x],[y]) + p \cdot d([x]+1,[y])\} + \\ q\{(1-p) \cdot d([x],[y]+1) + p \cdot d([x]+1,[y]+1)\} \quad (5.1)$$

这种双线性内插法不仅可采用上述的 4 邻点，也可采用 8 邻点、16 邻点、24 邻点等进行高次内插。

5.2　单步变换

5.2.1　实践准备

打开 ImageSys 软件，读入一幅图像，然后依次单击菜单"几何变换及单目测量"→"单步变换"，打开"单步变换"窗口，如图 5.3 所示。

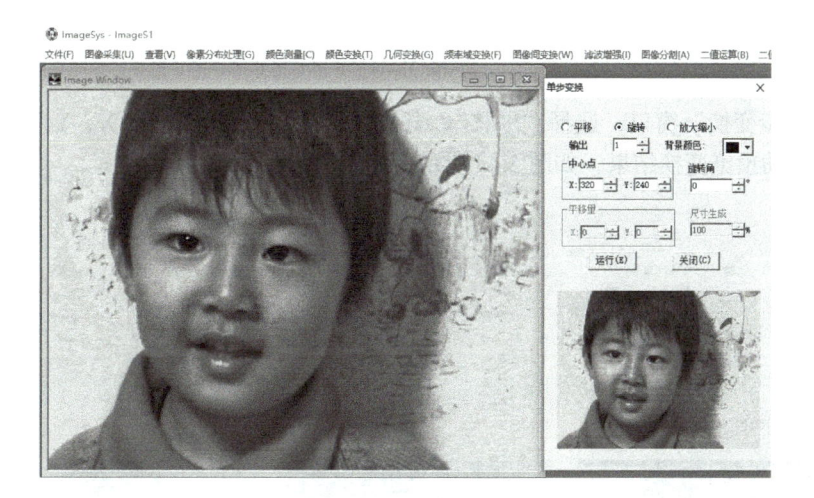

图 5.3　单步变换功能

（1）变换项目　平移，旋转，放大缩小。
（2）输出　设定执行结果的输出帧。
（3）背景颜色　选择背景颜色。可选：红、绿、蓝、白、黑，默认为：黑。
（4）中心点　选择"旋转"或"放大缩小"时有效。
1）X：x 方向的中心坐标。默认值为图像中心的 x 坐标。
2）Y：y 方向的中心坐标。默认值为图像中心的 y 坐标。

(5) 旋转角　选择"旋转"时有效,设定旋转角后,变换窗口上自动显示旋转后的图像。

(6) 平移量　选择"平移"时有效,设定平移量后,变换窗口上自动显示平移后的图像。

1) X: x 方向平移量。

2) Y: y 方向平移量。

(7) 尺寸生成　选择"放大缩小"时有效,按照所设定的比例,变换窗口上自动显示尺寸生成后的图像。

(8) 运行　执行"运行"后,变换结果显示至主界面图像显示窗口。执行"运行"前,变换结果仅在变换窗口中预览显示。

(9) 关闭　关闭窗口。注:窗口关闭前,不能执行窗口以外的命令。

下面具体介绍几何变换计算方法及其实践步骤。

5.2.2　平移

为使图像沿 x、y 方向分别平移 x_0 和 y_0,设定变换前后的像素坐标分别为 (x,y) 和 (X,Y),可采用式(5.2)进行平移(translation)变换:

$$X = x + x_0 \\ Y = y + y_0 \tag{5.2}$$

逆变换公式为

$$x = X - x_0 \\ y = Y - y_0 \tag{5.3}$$

在"单步变换"窗口,选择"平移",背景默认为黑色,"平移量 X、Y"都设为 20,窗口下方自动预览变换结果,如图 5.4a 所示。

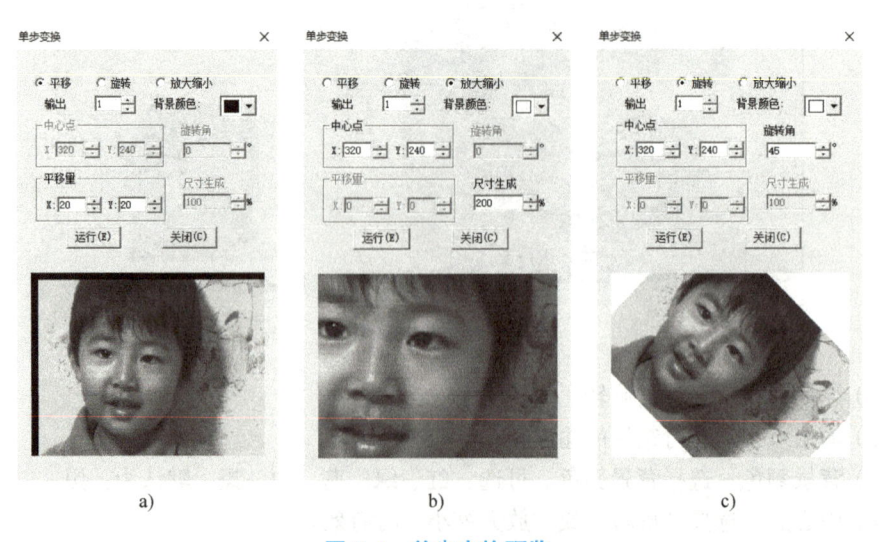

图 5.4　单步变换预览

a) 平移　b) 放大缩小　c) 旋转

5.2.3 放大缩小

为使图像沿 x、y 方向分别放大或缩小 a 倍和 b 倍（其中，a、b 取值大于 1 表示放大，小于 1 表示缩小），可采用如下变换公式：

$$X = ax \\ Y = by \tag{5.4}$$

逆变换公式为

$$x = X / a \\ y = Y / b \tag{5.5}$$

在"单步变换"窗口，选择"放大缩小"，"中心点"默认为图像中心，"尺寸生成"输入 200，窗口下方自动预览变换结果，如图 5.4b 所示。

5.2.4 旋转

1. 一般图像旋转

$$X = x\cos\theta + y\sin\theta \\ Y = -x\sin\theta + y\cos\theta \tag{5.6}$$

逆变换公式为

$$x = X\cos\theta - Y\sin\theta \\ y = X\sin\theta + Y\cos\theta \tag{5.7}$$

在"单步变换"窗口，选择"旋转"，设定旋转角度为 45°，"中心点"默认为图像中心，"背景颜色"选择为白色，窗口下方自动预览变换结果，如图 5.4c 所示。

2. 图像/视频文件旋转

该功能可以直接、独立地对图像或视频文件进行旋转处理和保存，不必将图像读入 ImageSys 系统帧，不受系统帧大小和数量设定的影响，方便对大容量图像或视频进行快速旋转和保存。另外，除了可以设置任意的旋转角度对图像实施旋转处理之外，还可以选择"最长线水平"或"最长线竖直"旋转方式，通过检测图像中的线条特征，获取最长线条特征所在位置（见图 5.5b 中白色车道线）及其倾斜角度，然后利用图像旋转操作，使该条最长线处于水平方位（当选择"最长线水平"时）或竖直方位（当选择"最长线竖直"时）。

打开 ImageSys 软件，依次单击菜单"文件"→"图像/视频旋转"。单击"浏览"按钮，读入视频文件，如图 5.5a 所示，设定好"旋转角度"，或选择"最长线水平""最长线竖直"旋转方式，此处设置旋转角度为 45°，然后单击"执行预览"按钮，可以预览到原视频和旋转视频；单击"执行保存"按钮，将旋转视频保存至原视频路径，命名为原视频名称+数字序号。例如，图示的原视频文件名称为"VisualNavigation.avi"，保存结果视频文件名称为"VisualNavigation1.avi"。

在上述窗口中单击"浏览"按钮，读入图像文件，如图 5.5b 所示，设定好"旋转角度"，或选择"最长线水平""最长线竖直"旋转方式，此处选择"最长线水平"，然后单击"执行预览"按钮，可以预览到原图像和旋转图像；单击"执行保存"按钮，完成旋转图像的保存（保存路径及命名方式同上）。

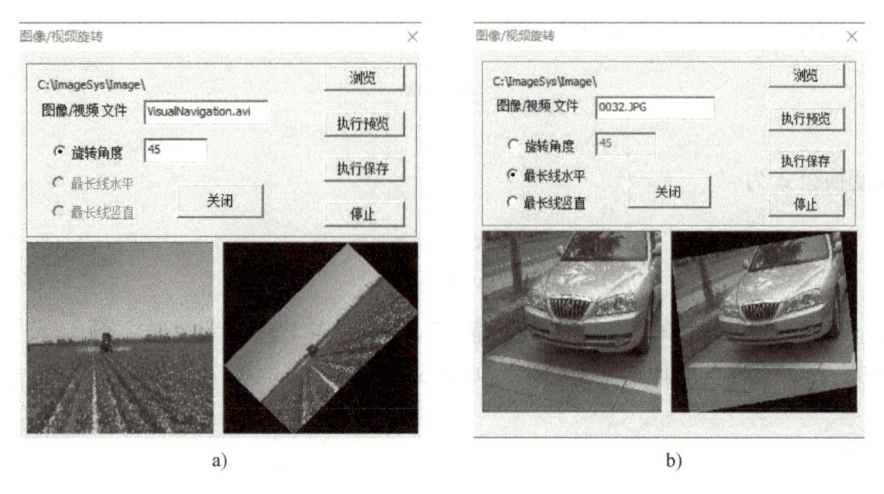

图 5.5　图像/视频文件旋转功能

a）视频文件　b）图像文件

5.3　复杂变换

5.3.1　仿射变换

1. 原理

组合上述的平移、放大缩小、旋转，可以实现各种各样的变形。例如，以 (x_0,y_0) 为中心将图像逆时针旋转 θ 角，如图 5.6 所示，首先将图像平移 $(-x_0,-y_0)$，使图像上 (x_0,y_0) 点与原点重合，然后逆时针旋转 θ 角，最后再将图像逆向平移 $(+x_0,+y_0)$ 即可。

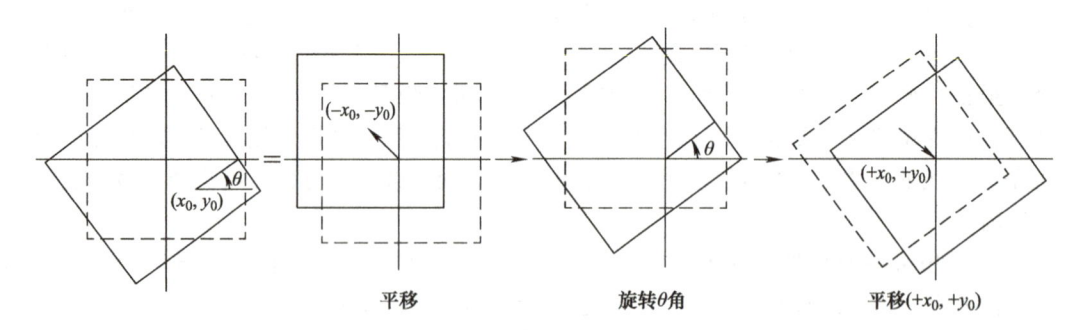

图 5.6　以 (x_0,y_0) 为中心旋转

上述方法需要不断地计算地址、存取并计算像素灰度值，需要耗费较多时间。为了节省时间，可以采用式（5.8）来集中计算地址：

$$X = (x-x_0)\cos\theta + (y-y_0)\sin\theta + x_0$$
$$Y = -(x-x_0)\sin\theta + (y-y_0)\cos\theta + y_0$$
（5.8）

逆变换公式为

$$x = (X - x_0)\cos\theta - (Y - y_0)\sin\theta + x_0$$
$$y = (X - x_0)\sin\theta + (Y - y_0)\cos\theta + y_0$$
（5.9）

集中计算完地址后，每读取一次像素，即可快速计算获得变换结果的灰度值。这种几何变换被称为二维仿射变换（two dimensional affine transformation）。二维仿射变换计算公式一般表示如下：

$$X = ax + by + c$$
$$Y = dx + ey + f$$
（5.10）

逆变换公式如下：

$$x = AX + BY + C$$
$$y = DX + EY + F$$
（5.11）

二维仿射变换与逆变换虽然参数不同，但其表示形式相同。前述介绍的平移、放大缩小和旋转公式都涵盖在其中。

2. 功能实践

打开 ImageSys 软件，读入一幅图像，依次单击菜单"几何变换及单目测量"→"复杂变换"，打开"复杂变换"窗口。

选择"仿射变换"功能，设定"扩大率""移动量""Z 轴"回转角度，执行"变换"，便可在窗口下方预览变换结果。图 5.7a 为默认参数下的仿射变换示例，执行"确定"后，变换结果输出至"输出帧"号 2 上，并显示在主界面图像窗口中。

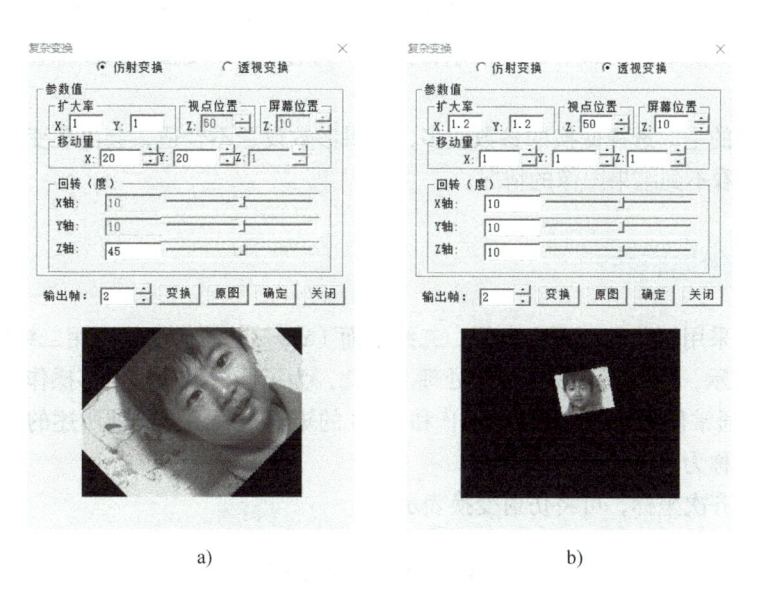

图 5.7 复杂变换功能

a）仿射变换　b）透视变换

5.3.2 透视变换

1. 原理

如图 5.8 所示，从某一视点观看一个物体时，物体在成像平面上的投影图像便可称之为透视变换（perspective transform）图像。这种透视变换可采用式（5.12）来表达：

$$X = (ax+by+c)/(px+qy+r)$$
$$Y = (dx+ey+f)/(px+qy+r) \quad (5.12)$$

逆变换公式为

$$x = (AX+BY+C)/(PX+QY+R)$$
$$y = (DX+EY+F)/(PX+QY+R) \quad (5.13)$$

正逆变换的表达形式相同。其中，a、b、c 与 A、B、C 等变换系数的取值，取决于视点的位置、成像平面的位置以及物体的大小等。这些系数可采用齐次坐标（homogeneous coordinate）的矩阵形式运算简单地求出。

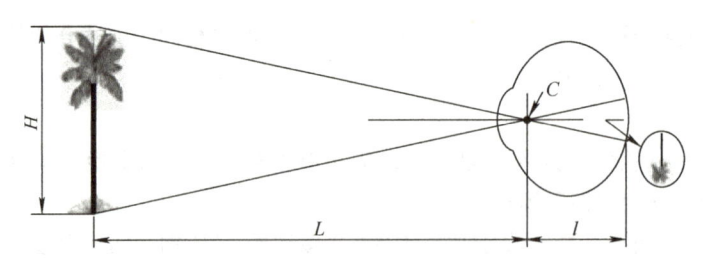

图 5.8 透视变换

2. 功能实践

在"复杂变换"窗口上，选择"透视变换"功能。设定参数后，执行"变换"，可在窗口下方预览变换结果，如图 5.7b 所示，执行"确定"后，变换结果图像显示在主界面图像窗口中。

需要注意的是，透视变换的参数较多，如果参数设置不合适，会出现变换结果图像超出画面以外、看不到结果图像的情况。

5.4 齐次坐标表示

几何变换采用矩阵处理更为方便。二维平面（x,y）的几何变换可用二维向量 $[x,y]$ 和 2×2 矩阵来表示，但其无法表现平移处理。因此，为了同样地处理平移操作，增加一个虚拟的维度 1，通常使用三维向量 $[x,y,1]^T$ 和 3×3 的矩阵来表示。此处所述的三维空间的坐标（$x,y,1$）被称为（x,y）的齐次坐标。

基于上述齐次坐标，可将仿射变换表示为

$$\begin{bmatrix} X \\ Y \\ 1 \end{bmatrix} = \begin{bmatrix} a & b & c \\ d & e & f \\ 0 & 0 & 1 \end{bmatrix} \begin{bmatrix} x \\ y \\ 1 \end{bmatrix} \quad (5.14)$$

式（5.14）与式（5.10）表述内容完全一致。

平移的齐次坐标变换矩阵可表示为

$$\begin{bmatrix} X \\ Y \\ 1 \end{bmatrix} = \begin{bmatrix} 1 & 0 & x_0 \\ 0 & 1 & y_0 \\ 0 & 0 & 1 \end{bmatrix} = \begin{bmatrix} x \\ y \\ 1 \end{bmatrix} \qquad (5.15)$$

放大缩小的齐次坐标变换矩阵可表示为

$$\begin{bmatrix} X \\ Y \\ 1 \end{bmatrix} = \begin{bmatrix} a & 0 & 0 \\ 0 & b & 0 \\ 0 & 0 & 1 \end{bmatrix} = \begin{bmatrix} x \\ y \\ 1 \end{bmatrix} \qquad (5.16)$$

旋转的齐次坐标变换矩阵可表示为

$$\begin{bmatrix} X \\ Y \\ 1 \end{bmatrix} = \begin{bmatrix} \cos\theta & \sin\theta & 0 \\ -\sin\theta & \cos\theta & 0 \\ 0 & 0 & 1 \end{bmatrix} \begin{bmatrix} x \\ y \\ 1 \end{bmatrix} \qquad (5.17)$$

式（5.15）、式（5.16）、式（5.17）分别与前述的式（5.2）、式（5.4）、式（5.6）表述内容完全一致。组合上述矩阵可表示各种各样的仿射变换。例如，以 (x_0, y_0) 为中心将图像逆时针旋转 θ 角，可以表示为如下所示的平移矩阵和旋转矩阵相乘的形式：

$$\begin{bmatrix} X \\ Y \\ 1 \end{bmatrix} = \begin{bmatrix} 1 & 0 & x_0 \\ 0 & 1 & y_0 \\ 0 & 0 & 1 \end{bmatrix} \begin{bmatrix} \cos\theta & \sin\theta & 0 \\ -\sin\theta & \cos\theta & 0 \\ 0 & 0 & 1 \end{bmatrix} \begin{bmatrix} 1 & 0 & -x_0 \\ 0 & 1 & -y_0 \\ 0 & 0 & 1 \end{bmatrix} \begin{bmatrix} x \\ y \\ 1 \end{bmatrix} \qquad (5.18)$$

式（5.18）展开后与式（5.8）完全一致。

透视变换是三维空间的变换，采用四维向量和 4×4 的矩阵来表示。如空间中一点在两个坐标系的坐标分别为 (X,Y,Z) 和 (x,y,z)，则可采用旋转矩阵 $\boldsymbol{R}$ 和平移矩阵 $\boldsymbol{t}$ 将其坐标变换过程描述为

$$\begin{bmatrix} X \\ Y \\ Z \\ 1 \end{bmatrix} = \begin{bmatrix} \boldsymbol{R} & \boldsymbol{t} \\ \boldsymbol{0}^{\mathrm{T}} & 1 \end{bmatrix} \begin{bmatrix} x \\ y \\ z \\ 1 \end{bmatrix} \qquad (5.19)$$

式中，$\boldsymbol{R}$ 为 3×3 的旋转矩阵（rotation matrix）；$\boldsymbol{t}$ 为三维平移向量（translation vector）；$\boldsymbol{0} = (0,0,0)^{\mathrm{T}}$。上述透视变换经常应用在相机测量、计算机图形学（computer graphics）等领域。

5.5 单目视觉检测

在机器视觉中，摄像机成像是典型的透视变换模型。世界坐标系下三维空间中的物体在成像平面上的投影可以用一种几何模型来表示，这种几何模型将图像的 2D 坐标与现实空间中的 3D 坐标联系在一起，这就是我们通常所说的摄像机模型。

5.5.1 参考坐标系

在摄像机模型中，一般要涉及四种坐标系：世界坐标系、摄像机坐标系、图像物理坐标系、图像像素坐标系。了解这四种坐标系的意义及其关系对图像恢复和信息重构具有重要作用。

1. 图像像素坐标系

数字图像在计算机中以离散化的像素点的形式表示，图像中每个像素点的亮度值或灰度值以数组的形式存储在计算机中。以图像左上角的像素点为坐标原点，建立以像素为单位的平面直角坐标系，为图像像素坐标系，每个像素点在该坐标系下的坐标值表示了该点在图像平面中与图像左上角像素点的相对位置。

2. 图像物理坐标系

在图像中建立的以相机光轴与图像平面的交点（一般位于图像中心处）为原点、以物理单位（如毫米）表示的平面直角坐标系，如图 5.9 中的坐标系 XO_1Y。像素点在该坐标系下的坐标值可以体现该点在图像中的物理位置。

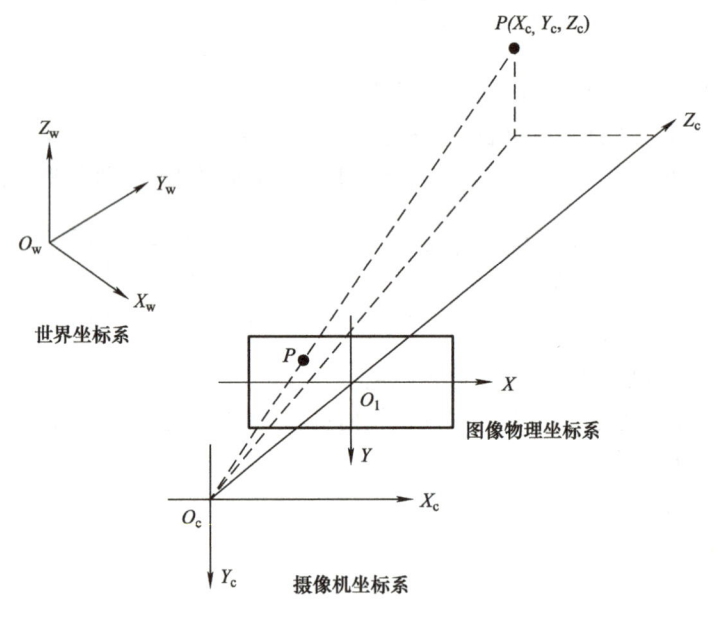

图 5.9 参考坐标系

3. 摄像机坐标系

图 5.9 中，坐标原点 O_c 与 X_c 轴、Y_c 轴、Z_c 轴构成的三维坐标系为摄像机坐标系。其中，O_c 为相机的光心，X_c 轴、Y_c 轴与图像坐标系的 X 轴、Y 轴平行，Z_c 轴为相机光轴，与图像平面垂直。

4. 世界坐标系

根据现实环境选择的三维坐标系，相机和场景的真实位置坐标都是相对于该坐标系的，世界坐标系一般使用 O_w 点和 X_w 轴、Y_w 轴、Z_w 轴来描述，可根据实际情况任意选取。

摄像机模型所涉及的上述四种坐标系中，最受关注的是世界坐标系和图像像素坐标系。

5.5.2 摄像机模型分析

摄像机成像模型一般分为线性摄像机模型（以下简称线性模型）和非线性摄像机模型（以下简称非线性模型）两种。线性模型也被称为针孔模型，是透视投影中最常用的成像模型，该模型是一种理想状态下的成像模型，并没有考虑相机镜头畸变对成像带来的影响。因此，在镜头畸变较大的场合，非线性模型能更准确地描述相机成像过程。但随着相机镜头制作工艺的提高，现代许多相机的镜头畸变几乎可以忽略不计，在这种情况下，线性模型与非线性模型的差别并不大，并且线性模型求解简单、使用方便，因此在视觉测量中有着更广泛的应用。本节基于线性摄像机模型，介绍空间点到其像点之间的映射关系。

在线性模型中，物点、相机光心、像点三点共线，如图 5.10 所示。空间点、光心的连线与成像平面的交点就是其对应的像点，一个物点在像平面上有唯一的像点与之对应。场景中任意点 P 的图像像素坐标与世界坐标之间的关系可用齐次坐标和矩阵的形式表示为

$$Z_c \begin{bmatrix} u \\ v \\ 1 \end{bmatrix} = \begin{bmatrix} \dfrac{1}{dx} & 0 & u_0 \\ 0 & \dfrac{1}{dy} & v_0 \\ 0 & 0 & 1 \end{bmatrix} \begin{bmatrix} f & 0 & 0 & 0 \\ 0 & f & 0 & 0 \\ 0 & 0 & 1 & 0 \end{bmatrix} \begin{bmatrix} \boldsymbol{R} & \boldsymbol{T} \\ \boldsymbol{0}^T & 1 \end{bmatrix} \begin{bmatrix} X_w \\ Y_w \\ Z_w \\ 1 \end{bmatrix}$$

$$= \begin{bmatrix} f_x & 0 & u_0 & 0 \\ 0 & f_y & v_0 & 0 \\ 0 & 0 & 1 & 0 \end{bmatrix} \begin{bmatrix} \boldsymbol{R} & \boldsymbol{T} \\ \boldsymbol{0}^T & 1 \end{bmatrix} \begin{bmatrix} X_w \\ Y_w \\ Z_w \\ 1 \end{bmatrix} = \boldsymbol{M}_1 \boldsymbol{M}_2 \boldsymbol{X}_w = \boldsymbol{M} \boldsymbol{X}_w$$

（5.20）

式中，(u,v) 为点 P 在图像平面上投影点的图像像素坐标；$\boldsymbol{X}_w = [X_w, Y_w, Z_w, 1]^T$，描述其世界坐标；$f_x = f/dx$，为相机在 x 方向上的焦距；$f_y = f/dy$，为相机在 y 方向上的焦距；$\boldsymbol{M}_1$ 中的参数 f_x、f_y、u_0、v_0 都与相机自身的内部结构相关，故称之为内部参数，$\boldsymbol{M}_1$ 为内参矩阵；$\boldsymbol{M}_2$ 中的旋转矩阵 $\boldsymbol{R}$ 与平移向量 $\boldsymbol{T}$ 表示的是相机相对于世界坐标系的位置，故称之为外部参数，$\boldsymbol{M}_2$ 为外参矩阵；$\boldsymbol{M}$ 为 $\boldsymbol{M}_1$ 与 $\boldsymbol{M}_2$ 的乘积，是一个 3×4 的矩阵，称为投影矩阵，该矩阵可体现任意空间点的图像像素坐标与世界坐标之间的关系。

通过式（5.20）可知，若已知投影矩阵 $\boldsymbol{M}$ 和空间点世界坐标 $\boldsymbol{X}_w$，则可求得空间点的图像坐标 (u,v)，因此，在线性模型中，一个物点在成像平面上对应唯一的像点。但反过来，若已知像点坐标 (u,v) 和投影矩阵 $\boldsymbol{M}$，代入式（5.20），只能得到关于 $\boldsymbol{X}_w$ 的两个线性方程，这两个线性方程表示的是像点和光心的连线，该连线上的所有点都对应着该像点，即一个像点所对应的物点并不具有唯一性。

要获取待测目标的距离参数，关键环节之一是从二维图像中还原待测目标在三维场景中的坐标信息，基于以上讨论可知，在线性模型中一个像点对应的物点并不具有唯一性，因此只通过一幅图像对图像场景进行三维重建并不现实。但是，在许多场景下，待测目标都可近似看成位于同一平面，这时，只需建立待测目标所在平面（以下简称"世界平面"）与图像平面之间的对应关系即可实现对待测目标的三维重建，线性摄像机模型也可简化成平面摄像机模型，如图 5.10 所示。

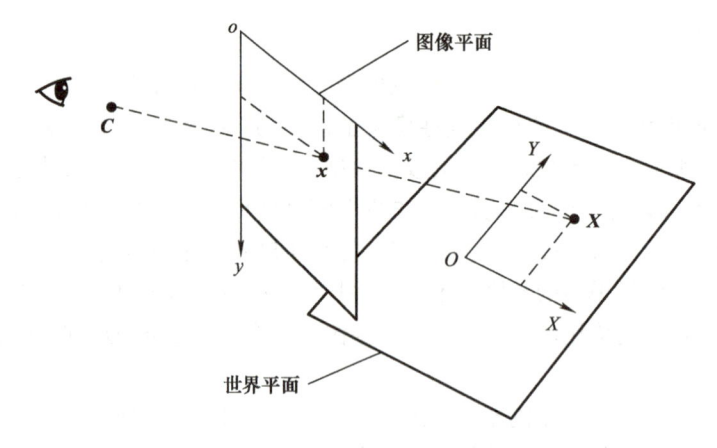

图 5.10　平面摄像机模型

在图 5.10 中，C 为相机光心，即针孔成像中的针孔，空间点 X 在像平面上的对应点为像点 x，令 $X=[X,Y,Z,1]$、$x=[x,y,1]$ 分别表示空间点在世界坐标系和像素坐标系下的齐次坐标，则根据式（5.20）变换可得到以下关系式：

$$\lambda x = PX \tag{5.21}$$

在式（5.21）中，P 为 3×4 的矩阵，$\lambda \in R$ 是与齐次世界坐标 X 有关的比例缩放因子，将世界坐标系的原点、X 轴、Y 轴设置在待测平面上，则 Z 轴与待测平面垂直，X 的齐次坐标可简化为 $[X,Y,0,1]$，代入式（5.21）得

$$\begin{aligned}\lambda \begin{bmatrix} x \\ y \\ 1 \end{bmatrix} &= [P_1,P_2,P_3,P_4] \begin{bmatrix} X \\ Y \\ 0 \\ 1 \end{bmatrix} = [P_1,P_2,P_3] \begin{bmatrix} X \\ Y \\ 1 \end{bmatrix} \\ &= \begin{bmatrix} H_{11} & H_{12} & H_{13} \\ H_{21} & H_{22} & H_{23} \\ H_{31} & H_{32} & H_{33} \end{bmatrix} \begin{bmatrix} X \\ Y \\ 1 \end{bmatrix}\end{aligned} \tag{5.22}$$

由式（5.22）可知，三维空间平面上的点与图像平面上的点两者之间的关系可通过一个 3×3 的齐次矩阵 $H=[P_1,P_2,P_3]$ 来描述，H 即为单应矩阵，世界坐标可通过式（5.22）转换成图像像素坐标，相反地，图像像素坐标亦可通过式（5.23）转换成世界坐标。

$$sX = H^{-1}x \tag{5.23}$$

5.5.3　摄像机标定

摄像机标定的目的在于为世界坐标系的三维物点和图像坐标系中的二维像点之间建立一种映射关系，而空间物体表面某点的三维几何位置与其在图像中对应点之间的相互关系是由摄像机成像的几何模型决定的。在线性模型中，三维物点与对应像点之间的投影关系与摄像机的内外参数相关，采用 3×4 的投影矩阵 M 来描述，摄像机标定的过程就是求解摄像机内外参数的过程，即求取投影矩阵 M 的过程。

在线性摄像机模型——平面摄像机模型中，世界坐标系与图像像素坐标系之间的投影关系使用单应矩阵 H 进行描述，当待测目标位于同一平面上时，待测平面与图像平面之间的关系可以用单应矩阵 $H(H^{-1})$ 来表示，只要能求得 H^{-1}，便可将待测目标的像素坐标转换成待测平面上的世界坐标，再进一步计算距离等参数。对单应矩阵 H^{-1} 的求取就是摄像机标定过程。

求取单应矩阵的算法主要有：点对应算法、直线对应算法以及利用两幅图像之间的单应关系进行约束的算法等。以下介绍点对应算法。

假定在平面相机模型中，存在 N 对对应点，其世界坐标和图像坐标都已知，设其中某一点的世界坐标和图像坐标分别为 $[X_i,Y_i,1]^T$ 和 $[x_i,y_i,1]^T$，则根据式（5.23）可得到如式（5.24）所示的两个线性方程。其中，$h=(h_0,h_1,h_2,h_3,h_4,h_5,h_6,h_7,h_8)^T$，是矩阵 H^{-1} 的矢量形式。

$$\begin{matrix}(x_i & y_i & 1 & 0 & 0 & 0 & -x_iX_i & -y_iX_i & -X_i)h=0\\(0 & 0 & 0 & x_i & y_i & 1 & -x_iY_i & -y_iY_i & -Y_i)h=0\end{matrix} \quad (5.24)$$

那么，N 对对应点可以得到 $2N$ 个关于 h 的线性方程，由于 H^{-1} 是一个齐次矩阵，它的 9 个元素只有 8 个独立，换言之，虽然它有 9 个参数，但是实际上只有 8 个未知数，因此，当 $N \geq 4$ 时，即可得到足够的方程，实现单应矩阵 H^{-1} 的估算，完成摄像机标定。

5.5.4 功能实践

打开 ImageSys 软件，读入一幅图像，依次单击菜单"几何变换及单目测量"→"单目测量"，打开如图 5.11 所示的"单目测量"窗口。

在测量前需要进行标定，可以进行比例标定、多点标定和棋盘标定。以下介绍标定功能，并演示多点标定的测量结果。

1. 读入图像

读入标定图像，比例标定和多点标定可以直接在运动图像上进行标定，不需另外读入标定图像，也可以另外读入标定图像。棋盘标定需要读入有棋盘的标定图像。

2. 保存标定

保存当前的标定数据，内容包括：标定种类、单位、单应矩阵数据和棋盘数据。

3. 读入标定

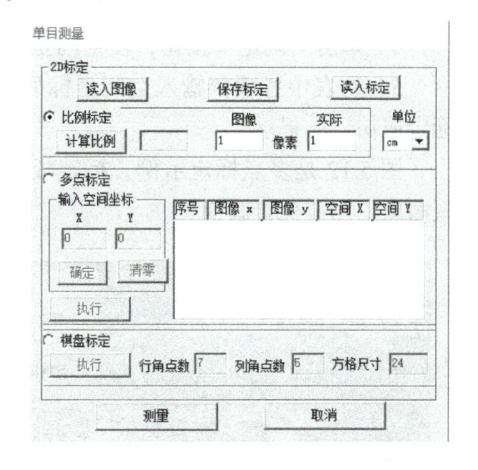

图 5.11 单目测量

读入以前保存的标定数据。读入后，标定种类、单位和棋盘数据显示在窗口上，单应矩阵数据保存在系统里。

4. 单位

选择实际距离的单位，包括：pm、nm、μm（"μm"是软件显示的形式，正确形式应为 μm，表示微米）、mm、cm、m、km。单位对 3 种标定都有效。

5. 比例标定

选择比例标定，比例标定一般用于垂直拍摄的情况，包括以下内容。

(1)图像　图像上比例尺的像素距离(像素数)。用鼠标左键单击比例的起点移动到终点,则会自动显示像素距离。

(2)实际　手动输入图像距离所表示的实际距离。

(3)计算比例　根据图像距离和实际距离计算出比例尺。在鼠标移动时,会自动计算比例尺,如果鼠标移动后,手动输入实际距离,需要单击"计算比例"按钮,计算出比例尺。在执行"测量"时,如果选择了"比例标定",也会自动计算比例尺。

比例标定比较简单,这里不做演示,可以参考图1.10。

6. 多点标定

选择多点标定。需要标定4个以上的点计算单应矩阵,一般用于倾斜拍摄的情况。

(1)界面功能

1)输入空间坐标X、Y:手动输入鼠标单击位置的空间坐标。

2)确定:输入的空间坐标显示在右侧列表中对应的位置。

3)清零:清零右侧列表。单击鼠标右键一次,可以删除列表中最下面一项。

4)列表:显示鼠标单击位置的序号,图像坐标x、y,手动输入的空间坐标X、Y。

5)执行:执行多点标定,计算出单应矩阵。

(2)操作方法

1)鼠标单击图像上标定位置,其坐标自动显示在右侧列表中,在图像上单击4个以上位置点。可以单击鼠标右键删除最后一项,也可以单击"清零"按钮全部清除。

2)用鼠标选择列表中的项。

3)手动输入选择项的空间X、Y坐标。"序号"一项一般作为空间坐标0点,这里的空间位置坐标只用于计算单应矩阵,与图像的坐标原点(默认左上角)没有关系。

4)单击"确定"按钮,使空间坐标加入列表对应项中。

5)列表中各项都输入空间坐标后,单击"执行"按钮,计算单应矩阵,显示"多点标定成功!"提示。

图5.12是多点标定示例,标定板的黄色区域是80cm×80cm的矩形。由于图像较大,只截取了标定位置画面。

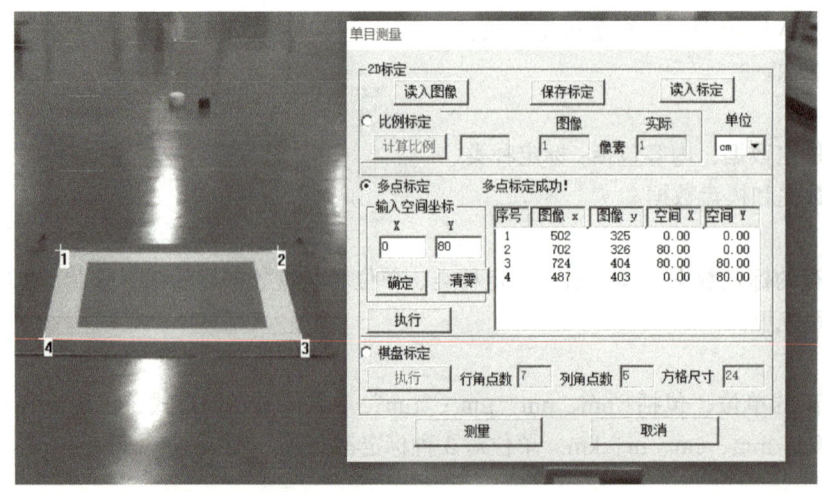

图 5.12　多点标定示例

7. 棋盘标定

选择"棋盘标定",利用棋盘标定计算单应矩阵,一般用于倾斜拍摄的情况。棋盘标定原理可以参考"10.2.2 棋盘标定法"。

图 5.13 是棋盘标定示例。操作方法如下:

1)读入有棋盘的标定图像。

2)输入行角点数、列角点数和一个方格的边长,图 5.13 上分别是 11、8 和 25(单位 mm)。注意:棋盘的角点数(11×8)和方格数(12×9)不同。

3)单击"执行"按钮,计算单应矩阵。显示"棋盘标定成功!"提示。

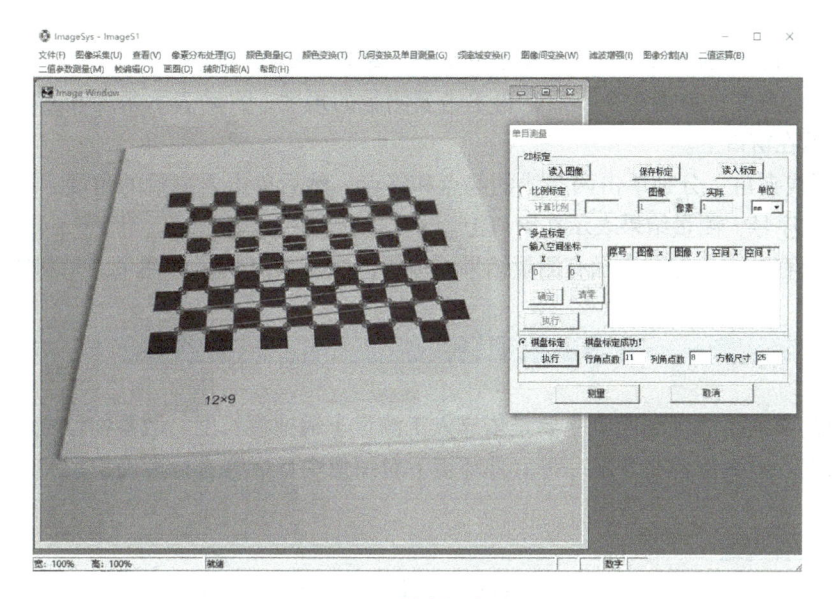

图 5.13 棋盘标定示例

8. 测量

单击"测量"按钮后,打开如图 5.14 右侧所示的"平面测量"窗口,同时关闭"单目测量"窗口。图 5.14 是图 5.12 进行多点标定后,执行测量的结果图。

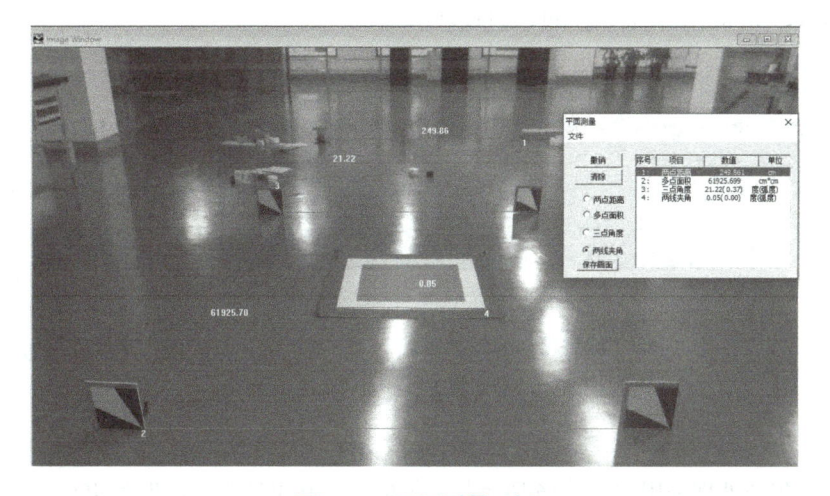

图 5.14 平面测量示例

界面功能如下:
(1)文件 打开、保存、打印测量结果。
(2)撤销 删除最后一项测量结果。
(3)清除 清除所有测量结果。
(4)结果表示窗口 自动表示测量结果,测量角度时,括弧内表示出弧度。
(5)测量项目

1)两点距离:在图像上先后单击两点,在两点间自动画出直线,在后一点处标出测量序号,测量结果表示在窗口上。

2)多点面积:单击3个以上点,同时画出各点间连线,右击结束选点,同时画出最后一点与初始点间的连线,计算出多点间面积,结果表示在窗口上。

3)三点角度:单击3个点后,再单击要测量的角度,自动表示角度和测量序号,测量结果表示在窗口上。

4)两线夹角:分别单击两条线的起点和终点,然后单击要测量的角度,自动表示两条线和测量序号,测量结果表示在窗口上。

(6)保存画面 保存表示有测量结果的图像,如图5.14所示的测量结果图像。

5.6 应用案例——交通事故现场快速图像检测及视频演示

传统的交通事故现场勘测主要是依靠人工测量车辆拖痕长度、散落物位置、车辆损坏情况等数据。本案例旨在开发一种室外环境下对图像中目标物进行准确识别和定位的图像检测算法。

1. 软硬件构成

为了方便自动检测标定尺和标识点,设计了蓝、黄色组合的标定尺(见图5.15a)和作为检测目标的标识物(见图5.15b)。标定尺边界轮廓为长、宽各80cm的正方形,需检测出该正方形的4个角点位置坐标作为标定数据。

标识物为边长为20cm的正方形,标识物蓝、黄区域汇集的交点(又称标识点),作为检测的目标点。在测量时,将其斜向下的黄色角点放置于待测目标的位置处,通过在图像中检测该黄色角点的位置,完成待测目标的定位。

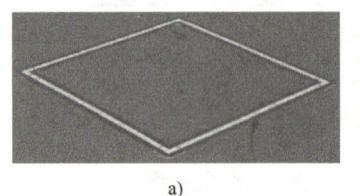

图5.15 标定尺与标识物图像
a)标定尺图像 b)标识物图像

链5-2
图5.15 彩图

图像采集和处理采用如图5.16所示的平板电脑,其摄像头解像度为4096×3072像素,配置 Pentium(R) Dual-Core 处理器、主频 2.6GHz、内存 2.00GB。利用 Microsoft Visual C++ 进行算法的研究开发。

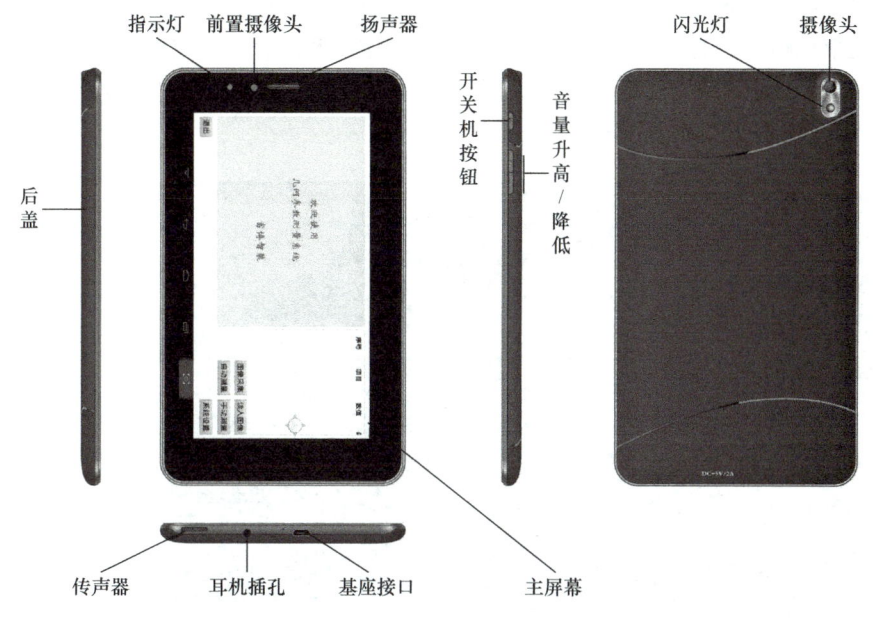

图 5.16　单目摄像测量系统

2. 标定尺与标识点检测

（1）标定尺检测　由前述理论计算分析可知，若实际空间和图像空间有 4 个以上对应点的坐标已知，便可计算出单应矩阵 $\boldsymbol{H}^{-1}$。因此，可通过检测出图 5.15a 标定尺上的 4 个角点坐标来计算获得单应矩阵的各个参数。

标定尺上角点的图像检测，简单来说主要分为以下 3 个步骤：

1）将标定尺放置在实际测量区域垂直方向中心附近，拍摄图像。

2）在图像上，读取垂直中心线一列像素，通过对红色（R）、绿色（G）和蓝色（B）分量的颜色分析，找到蓝色和黄色的交点。

3）以该交点为起始点，对蓝色和黄色分界线进行跟踪处理，记录跟踪轨迹每一点的位置坐标，通过查找跟踪轨迹的拐点获得标定尺 4 个角点坐标。

（2）标识点检测　利用设计的标识点（见图 5.15b），将不确定的待测目标转换成了确定的标识点，有利于实施自动检测。检测出标识点后，便可计算出标识点间的距离和面积。

标识点检测步骤如下：

1）通过对整幅图像进行扫描，检测标识点中底部斜边上的像素点。由于标识点的面积较小，并且在拍摄场景中是任意摆放的，可能出现在图像中的任何位置，因此追踪起始点的定位采用固定步长 $x_{\text{size}} / 200$（x_{size} 为图像宽度），从左至右对整幅图像进行从下到上的线扫描，并分析其像素值。

2）扫描遇到黄、蓝像素交点，以该交点为起点，对黄、蓝分界线进行跟踪处理，记录轨迹点的像素位置。

3）通过分析轨迹线的变化角度，确定尖角位置，作为标识点（即测量点）。

（3）检测结果　图 5.17a～d 为一些典型环境下拍摄的彩色图像及处理后的结果，其中处理结果直接绘制到了原彩色图像上，图中红线为轮廓追踪的结果，青色十字线表示标识点顶点及标定尺各边等分点的位置（为了显示清晰，一些细节采用了局部放大处理）。图 5.17a 图像无阳光直射，整体偏暗；图 5.17b 标定尺及部分标识点被阳光直射，其中黄色区域已发生变色；图 5.17c 标定尺被摆放于树荫之下，具有很强的阴影干扰；图 5.17d 是雨天夜晚，采用辅助白色 LED 光源照明。

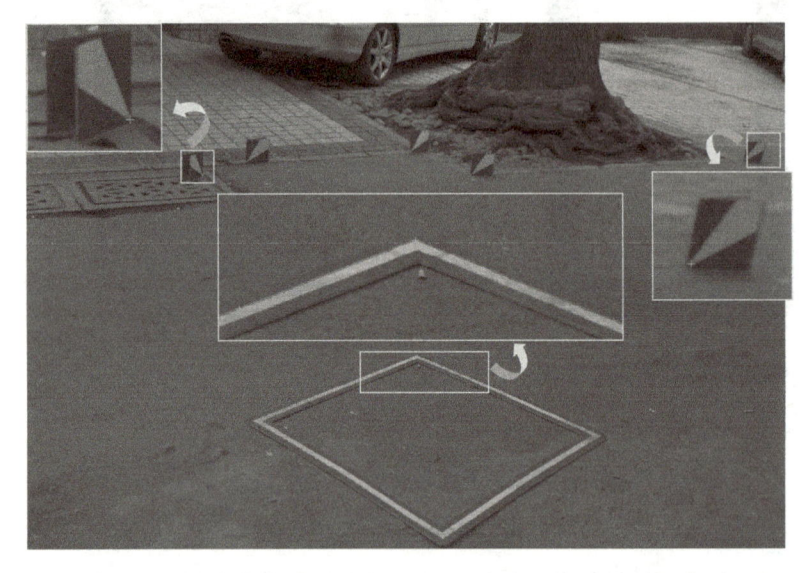

a)

链 5-3
图 5.17a 彩图

b)

链 5-4
图 5.17b 彩图

图 5.17　典型环境下标定尺及标识点的检测结果

a）光照偏暗（拍摄于 17：00）　b）强光照射（拍摄于 15：00）

链 5-5
图 5.17c 彩图

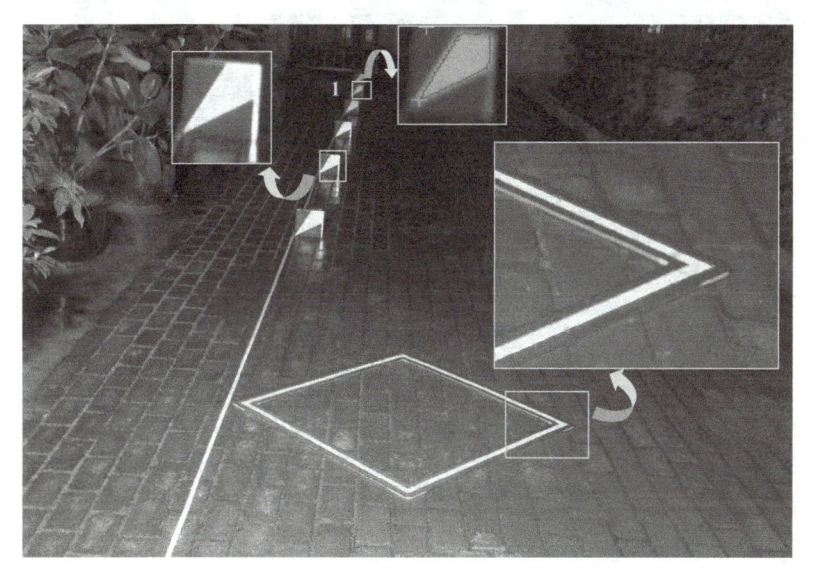

链 5-6
图 5.17d 彩图

c)

d)

图 5.17 典型环境下标定尺及标识点的检测结果（续）

c）阴影干扰（拍摄于 11：00） d）雨天夜晚加辅助光源（拍摄于 21：00）

3. 距离与面积计算

通过上述方法，检测到图像上的目标点 $P_1(x_1,y_1)$ 和 $P_2(x_2,y_2)$ 后，与标定尺检测所求得的单应矩阵 $\boldsymbol{H}^{-1}$ 一起，将图像坐标还原成世界坐标，假设还原结果分别为 $P_1(X_1,Y_1)$ 和 $P_2(X_2,Y_2)$，则两个待测点之间的距离可用其欧几里得距离表示，见式（5.25）。

$$d = \sqrt{(X_1 - X_2)^2 + (Y_1 - Y_2)^2} \qquad (5.25)$$

当检测获得 3 个以上标识点坐标时,可以计算获得多点围成区域的实际面积。

4. 测量精度及实例

当待测目标距离标识点较近时,测量误差较小,对测量图像的采集方式无特定要求;当待测目标距离标识点较远时,为了获取较准确的测量结果,采集测量图像时,应尽量通过增大拍摄角度等方式来减小待测平面的透视畸变。另外,上述试验的摄像机与目标物之间的距离都在 10m 之内,如果摄像机与目标物之间的距离较远,如 50m,由于一个像素所表示的实际距离较大,测量误差也会变大。

图 5.18 为距离的测量实例,图上标示了距离的测量结果(单位为 cm),实际距离为 300cm,测量误差较小。

图 5.18　透视畸变较小的距离测量实例(拍摄角度为 85.84°)

图 5.19 所示为一个四边形面积测量的实例,四个标识点围成了一个四边形,其实际面积为 30000.00cm^2。在该图中,标定尺及四个标识点均被成功检出,面积的测量结果为 30013.89cm^2,相对误差为 0.05%,测量结果较为精确。面积测量误差主要来源于待测目标点的定位误差。

5. 视频演示

下面给出交通事故现场快速图像检测的视频演示,读者可以扫描二维码观看视频。

链 5-7　交通事故现场快速图像检测

图 5.19 面积测量实例

思考题

1. 请列举日常生活中图像几何变换的两类应用场景。
2. 通常图像处理的坐标原点在图像的哪个位置？图像几何变换为什么要将图像原点移动至其中心位置？
3. 请问摄像机标定的目的是什么？

第 6 章　傅里叶变换

6.1　频率的概念

本章的主题与前述章节所介绍的图像处理视角和方法完全不同。前述介绍的图像处理方法，借助于图像直观的视觉效果，清晰明了、易于理解。本章将全新引入图像频率概念，介绍采用频率变换来实施滤波、去噪等有关图像处理的原理与算法。

谈起频率，我们很容易联想到普通的声音世界，声音的频率处理在日常生活中较为常见。为方便理解，这里我们将借助声音的频率处理来类推图像的频率处理。声音的频率处理，例如，通过立体声音响设备所附带的音调控制器，把 TREBLE（高音）调低，音响将发出很沉闷的声音，相反把 BASS（低音）调低，音响将发出尖厉的声音。同理，图像也可以进行类似的频率处理。通过图 6.1 可清楚地看出图像的低频（low frequency）代表平坦缓和部分，即总体灰度的平滑区域，图像的高频（high frequency）代表细微部分，即边缘和噪声。图 6.2 为图像的频率处理实例，由图可知，如果去掉高频成分，细微部分就会消失，从而使图像变得模糊不清，相反，如果去掉低频成分，大致部分就不见了，仅留下边缘。

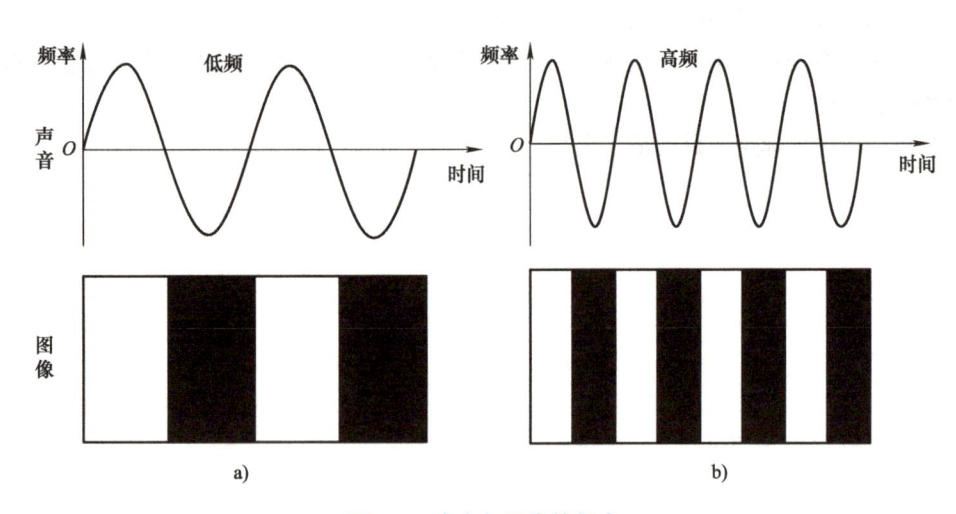

图 6.1　声音与图像的频率
a）大致部分　b）细微部分

采用频率来处理图像，首先需要把图像变换到频率域（frequency domain）。这种变换需要使用傅里叶变换（Fourier transform）来完成。本书将尽量以浅显易懂的方式对其中复杂的变换内容进行解说。首先介绍如何把一维信号变换到频率域，接着介绍二维信号图像的频率变换。

图 6.2　图像的频率处理

a）原始图像　b）去掉高频　c）去掉低频

6.2　频率变换

　　频率变换的理论基础是任意波形都能够用单纯的正弦波叠加来表示。例如，图 6.3a 所示的波形能够分解成如图 6.3b～e 所示的 4 个具有不同频率的正弦波。

　　在图 6.4 中，虚线所示的正弦波为基本正弦波，其所能达到的正的最大值或负的最大绝对值称为幅值或幅度（magnitude 或 amplitude）A，其单位时间内周期性变化的次数称为频率（frequency）f，其波形在一个周期内的偏移量称为相位（phase）ϕ，基本正弦波的幅值 A 为 1，相位 ϕ 为 0，图 6.4 中所示实线正弦波其相位 ϕ 不为 0。

　　根据图 6.3b～e 所示的 4 个波形，设置水平轴为频率 f、垂直轴为幅度 A，可以画出组成图 6.3a 波形的以上一系列正弦波形的幅频特性，如图 6.5a 所示；设置水平轴为频率 f、垂直轴为相位 ϕ，可以画出相应波形的相频特性，如图 6.5b 所示。以上这种反映频率与幅度、相位之间关系的图形称为傅里叶频谱（Fourier spectrum）。由此，将图 6.3a 这个周期性变化的任意波形变换到图 6.5 的频率域中了。理论上图 6.3a 所示的周期性波形由无穷个不同频率和幅值的正弦波形叠加而成，但是鉴于幅值越小、频率越高的正弦波形，对叠加后的波形修饰作用越小，故此处

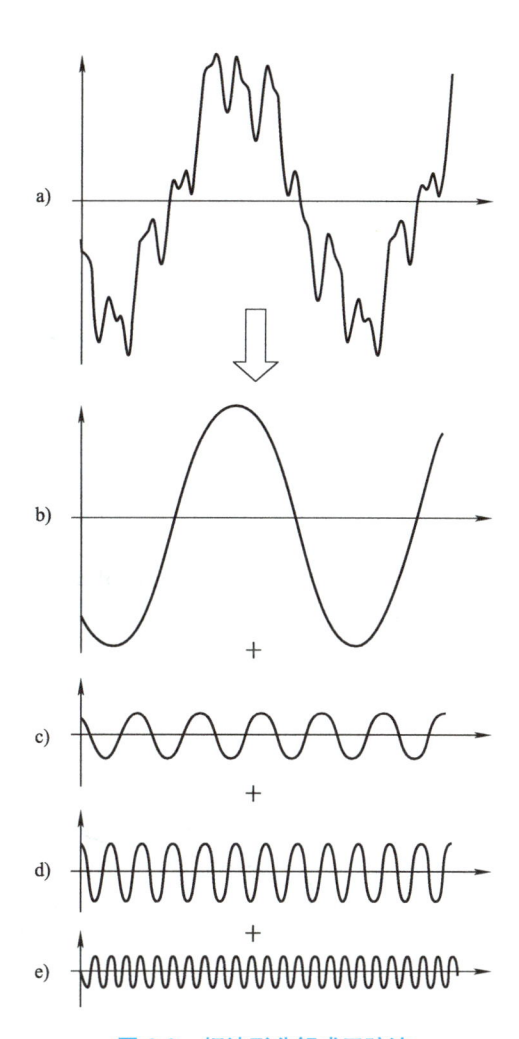

图 6.3　把波形分解成正弦波

只展现了 4 个波形的叠加，其他频率更高、幅值更低的谐波未在本处展现。

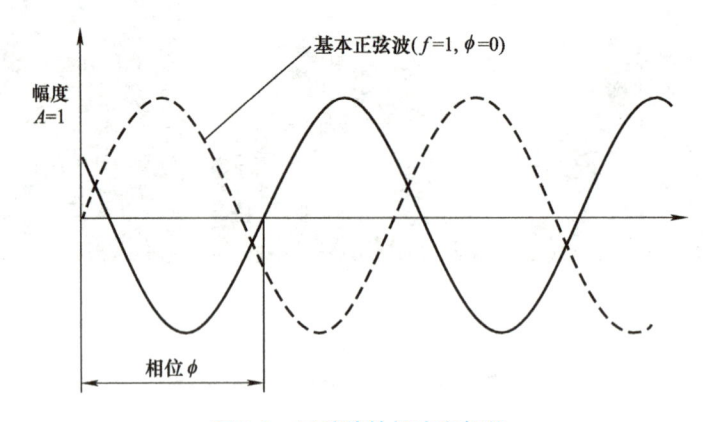

图 6.4　正弦波的幅度和相位

在图 6.5a 所示的幅频特性中，图 6.3b～e 4 个波形所对应的幅值呈现依次减小的变化趋势，而频率呈现依次增大的变化趋势；在图 6.5b 所示的相频特性中，图 6.3b～e 4 个波形所对应的幅值、频率均呈现依次增大的变化趋势。

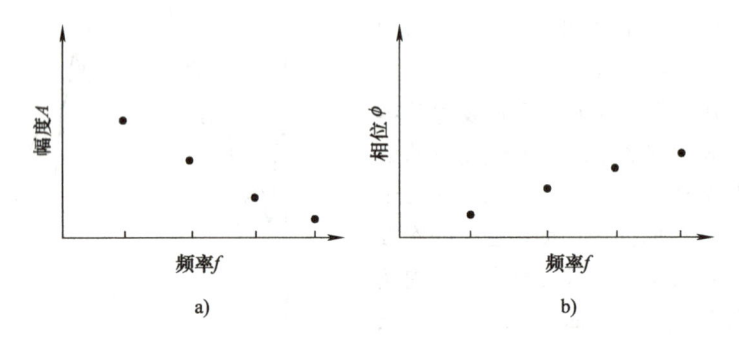

图 6.5　图 6.3a 中所示波形的频谱图
a) 幅频特性　b) 相频特性

由此可以看出，空间域（spatial domain）中无论多么复杂的波形都可以变换到频率域（frequency domain）中。一般在频率域中也呈现连续的形式，如图 6.6 所示。

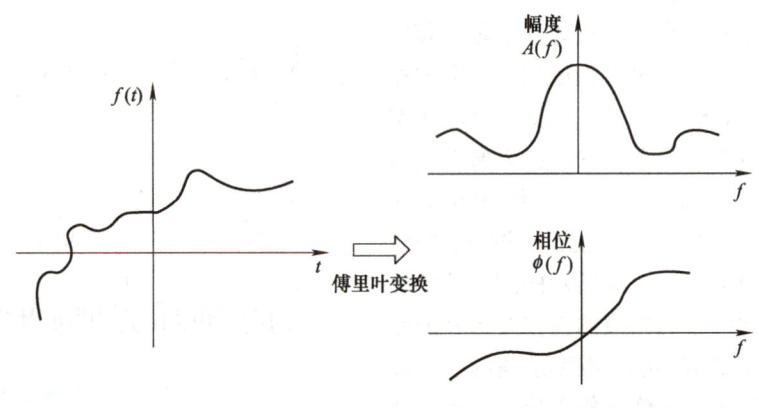

图 6.6　傅里叶变换

用公式可表示为

$$f(t) \underset{\text{逆傅里叶变换}}{\overset{\text{傅里叶变换}}{\longleftrightarrow}} A(f), \phi(f) \tag{6.1}$$

这种变换被称为傅里叶变换（Fourier transform），它属于一种特殊的正交变换（orthogonal transformation）。

为了在傅里叶变换中同时表示幅度 A 和相位 ϕ，一般可采用复数（complex number）形式。复数由实数部 a 和虚数部 b 两部分组成，即可用如下公式表示：

$$a + jb \quad \text{其中}(j = \sqrt{-1}) \tag{6.2}$$

采用上述复数结构，幅度和相位可以使用一个复数来表示。为此，式（6.1）中的傅里叶变换可以使用复函数 $F(f)$ 或者 $F(\omega)$ 表示为

$$f(t) \underset{\text{逆傅里叶变换}}{\overset{\text{傅里叶变换}}{\longleftrightarrow}} F(f) \text{或者} F(\omega) \tag{6.3}$$

从 $f(t)$ 导出 $F(f)$ 或 $F(\omega)$ 的过程比较复杂，在此不做详细介绍，其结果如下式所示：

$$\text{或者} \begin{cases} F(f) = \int_{-\infty}^{\infty} f(t) e^{-j2\pi ft} dt & \text{傅里叶变换} \\ f(t) = \int_{-\infty}^{\infty} F(f) e^{j2\pi fx} dx & \text{逆傅里叶变换} \\ F(\omega) = \int_{-\infty}^{\infty} f(t) e^{-j\omega t} dt & \text{傅里叶变换} \\ f(t) = \int_{-\infty}^{\infty} F(\omega) e^{j\omega t} dt & \text{逆傅里叶变换} \end{cases} \tag{6.4}$$

其中，角频率 $\omega = 2\pi f$。式（6.4）为所有频率处理都需要使用到的非常重要的基础公式。本书旨在使用计算机来处理数字图像，然而计算机领域与数学领域存在诸多不同之处。在此有两点值得一提：一是前述傅里叶变换数学原理分析中所涉及的信号 $f(t)$ 为如图 6.7a 所示的连续信号（模拟信号），而计算机领域所处理的信号为如图 6.7b 所示的经采样后的数字信号，图中 T_s 为信号采集时间；二是数学上存在无穷的概念，但是计算机的运算必须是有限次的。考虑到计算机的上述运算特点，为利用计算机进行傅里叶变换运算，提出离散傅里叶变换（Discrete Fourier Transform，DFT）。

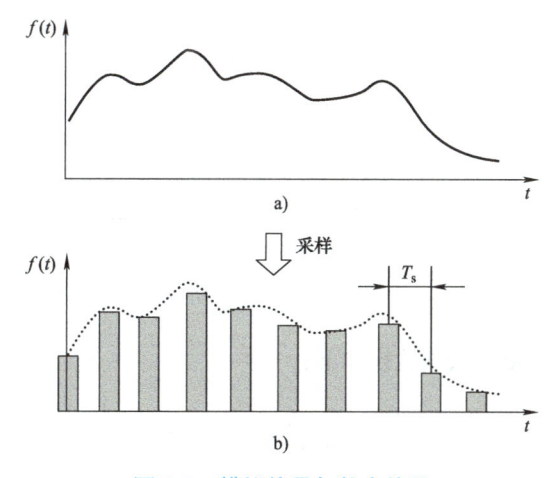

图 6.7 模拟信号与数字信号

a）模拟信号　b）数字信号

6.3 离散傅里叶变换

离散傅里叶变换（DFT）可以通过将式（6.4）中的连续傅里叶变换函数定义在离散点上而获得。假定输入信号为 $x(0), x(1), x(2), \cdots, x(N-1)$ 等共 N 个离散值，那么变换到频率域的结果（复数）也是 N 个离散值 $X(0), X(1), X(2), \cdots, X(N-1)$，如图 6.8 所示。

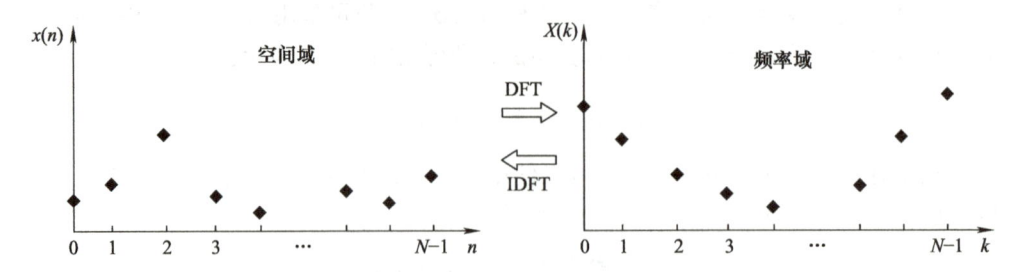

图 6.8 N 个离散信号经过 DFT 变换后成为 N 个频率信号

离散傅里叶变换和逆变换运算公式为

$$X(k) = \frac{1}{\sqrt{N}} \sum_{n=0}^{N-1} x(n) W^{kn} \quad \text{DFT}$$

$$x(n) = \frac{1}{\sqrt{N}} \sum_{k=0}^{N-1} X(k) W^{-kn} \quad \text{IDFT}$$

（6.5）

式中，$k = 0, 1, 2, \cdots, N-1$；$n = 0, 1, 2, \cdots, N-1$；$W = e^{-j\frac{2\pi}{N}}$，被称为旋转算子；IDFT 为离散傅里叶逆变换（Inverse Discrete Fourier Transform）。可以看出，相对于连续傅里叶变换而言，积分运算被求和运算所代替。

在复数领域有欧拉公式，如式（6.6）和图 6.9 所示。

$$e^{jt} = \cos t + j\sin t \tag{6.6}$$

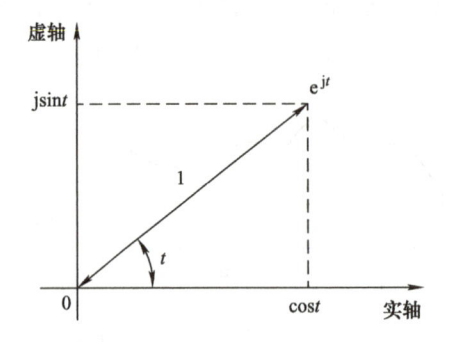

图 6.9 长度为 1、偏角为 t 的复数极坐标

旋转算子 W 可以用欧拉公式置换如下：

$$W^{kn} = e^{-j\frac{2\pi}{N}kn} = \cos\left(\frac{2\pi}{N}kn\right) - j\sin\left(\frac{2\pi}{N}kn\right) \tag{6.7}$$

将式（6.7）代入式（6.5），离散傅里叶变换函数中就只包括三角函数及其求和运算，从而可以使用计算机进行计算，但是其计算量相当大。因此人们提出了快速傅里叶变换（Fast Fourier Transform，FFT）算法，当数据为 2 的正整数次方时，可以节省相当大的计算量。

在进行快速傅里叶变换时，需将实际信号作为实数部输入，输出为复数的实数部（用 a_rl 表示）和虚数部（用 a_im 表示）。如果想要了解幅度特性 A（amplitude characteristic）和相位特性 ϕ（phase characteristic），可进行如下变换：

$$A = \sqrt{a\_rl^2 + a\_im^2}$$
$$\phi = \arctan\left(\frac{a\_im}{a\_rl}\right) \tag{6.8}$$

实际上，上述所得到的频率上的 N 个分量，最左边为直流分量，最右边为采样频率分量，如图 6.10 所示。另外还存在一个突出的特点：以采样频率 1/2 处的点为中心，幅度特性左右对称，相位特性中心点对称。这表明了什么呢？

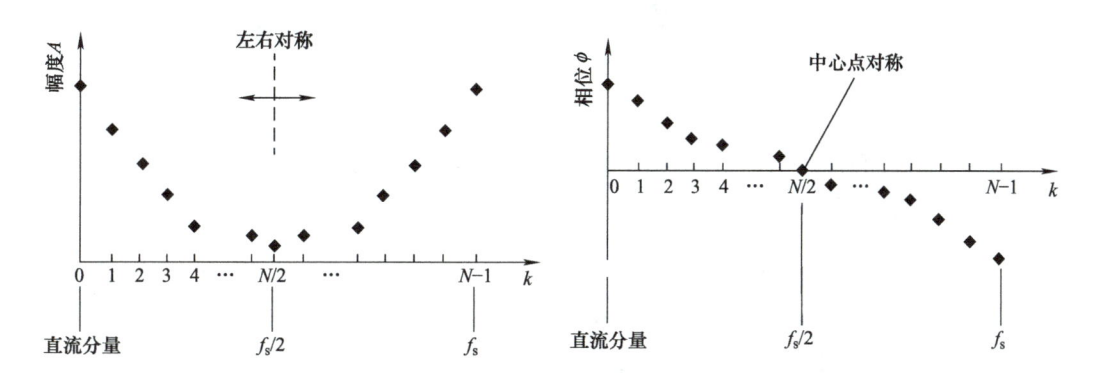

图 6.10　由 DFT 求取幅度 A 和相位 ϕ

首先了解一下采样频率（sampling frequency）和采样定理（sampling theorem）的概念。如图 6.7 所示，间隔 T 秒对模拟信号进行采样后得到数字信号，这时称 $1/T$(Hz) 为采样频率。根据采样定理，数字信号最多只能表示信号频带为采样频率 1/2 的模拟信号。也就是说，最低采样频率必须是模拟信号频率的两倍。例如，光盘采用 44.1kHz 采样频率，理论上只能表示 0～22.05kHz 的声音信号。因此，当采样频率为 f_s 时，将模拟信号所置换为的数字信号实质上只具有 0～$f_s/2$ 之间的值。

6.4　图像的二维傅里叶变换

到目前为止前述所介绍的信号都是一维信号，而由于图像是平面的，所以它是二维信号，具有水平和垂直两个方向上的频率。另外在图像的频谱中常把频率平面的中心作为直流分量。

图 6.11 是水平频率为 u、垂直频率为 v 时与实际图像的对应关系。同样地，二维频谱图存在如下特性：幅度特性以幅度轴为中线两侧对称、相位特性以原点为中心点对称。

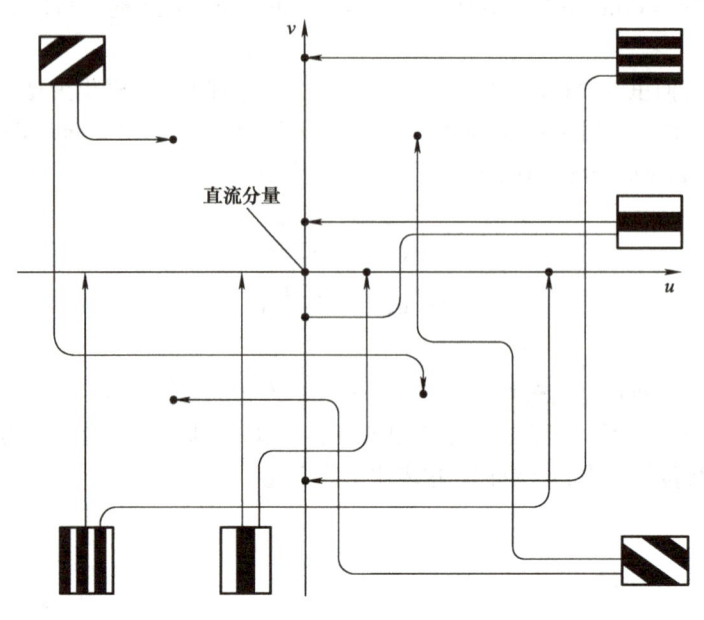

图 6.11　二维频率与图像的关系

那么，二维频率如何进行计算呢？比较简单的方法是先后进行水平方向的一维 FFT 和垂直方向的一维 FFT 即可实现，如图 6.12 所示的处理框图。

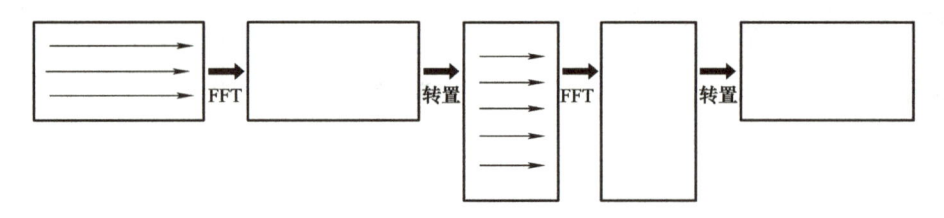

图 6.12　二维 FFT 的处理框图

6.5　滤波处理

滤波器（filter）的作用，是使某些信号成分通过，而使某些信号成分阻断。频率域中的滤波器则是使某些频率成分通过，使某些频率成分阻断。如图 6.13 所示，通过设定参数 a 和 b 的值，使 a 以上、b 以下的频率（图中斜线表示）通过其他的频率阻断来进行滤波处理。图 6.14 将图像经 DFT 处理得到的频率成分中的高频分量设置为 0，再进行 IDFT 处理变换重回图像状态，观察该图可知，图像的高频分量（即细节部分）消失了，整体变得模糊了。而将低频分量设置为 0 时，其处

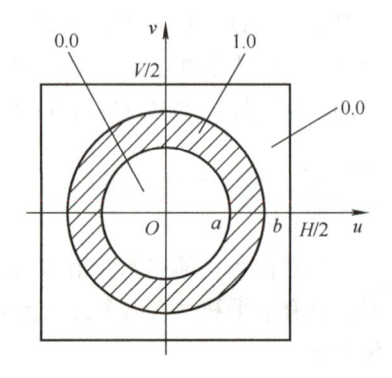

图 6.13　滤波器形状

理结果如图 6.15 所示,观察该图可知,由于许多高频分量包含在边缘中,因此图像轮廓边缘被提取出来了。

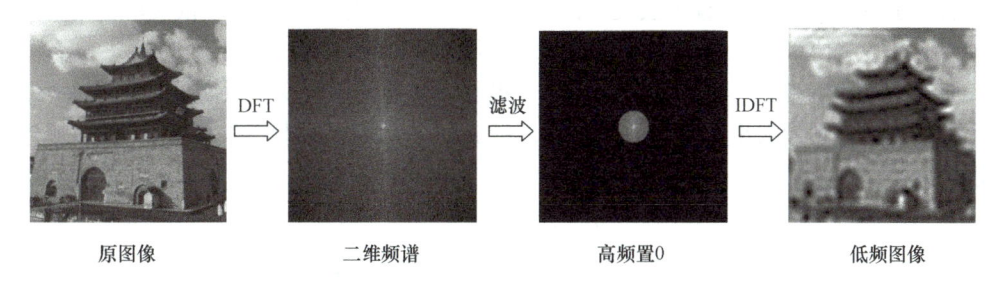

图 6.14　去除图像的高频分量的处理

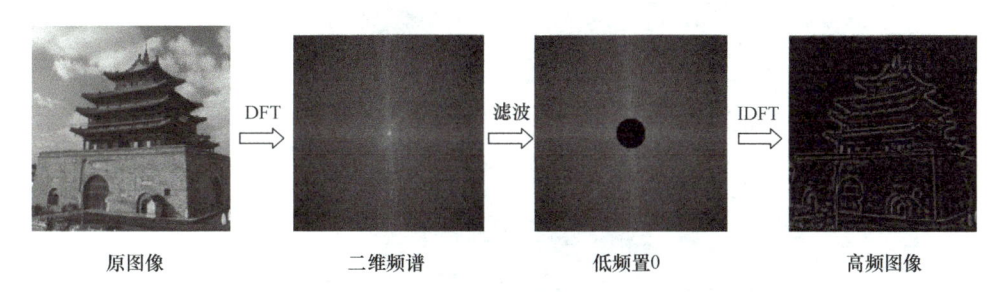

原图像　　二维频谱　　高频置0　　低频图像

图 6.15　去除图像的低频分量的处理

原图像　　二维频谱　　低频置0　　高频图像

频率滤波不仅可以去除图像任意区域的频率,还可以为图像增添频率,其处理效果将在下一节的实践演示中展示。

上述滤波处理,可以认为是滤波器的频率和图像的频率相乘的结果,实际上变更滤波器的频率特性可以得到各种各样的处理结果。假定输入图像为 $f(i,j)$,则图像的频率 $F(u,v)$ 为

$$F(u,v) = D[f(i,j)] \quad \text{其中} D[\ ]\text{表示DFT} \tag{6.9}$$

如果将滤波器的频率特性表示为 $S(u,v)$,则处理图像 $g(i,j)$ 可表示为

$$g(i,j) = D^{-1}[F(u,v) \cdot S(u,v)] \quad \text{其中} D^{-1}[\ ]\text{表示IDFT} \tag{6.10}$$

在此,假定 $S(u,v)$ 经 IDFT 得到 $s(i,j)$,那么式(6.10)将变形为

$$\begin{aligned} g(i,j) &= D^{-1}[F(u,v) \cdot S(u,v)] \\ &= D^{-1}[F(u,v)] \otimes D^{-1}[S(u,v)] \\ &= f(i,j) \otimes s(i,j) \end{aligned} \tag{6.11}$$

式(6.11)中符号"$\otimes$"被称为卷积运算(convolution)。事实上,前述利用微分算子(如拉普拉斯算子)进行的微分运算便是卷积运算。从式(6.11)可以得到下述非常重要的性质:图像上(空间域)的卷积运算等价于频率域的乘积运算。由此可见,拉普拉斯算子实际上是一种让图像高频分量通过的滤波处理,增强了高频成分。同样地,平滑化(移动平均法)是一种让图像低频分量通过的滤波处理。

6.6 图像傅里叶变换实践

打开 ImageSys 软件，读入要变换的图像（灰度图像或彩色图像），依次单击菜单"频率域变换"→"傅里叶变换"，打开如图 6.16 所示的"傅里叶变换"窗口。

打开"傅里叶变换"窗口时，会弹出"提示：快速傅里叶变换只能处理尺寸大小为 2 的次方的图像！图像大小不是 2 的次方数，系统将自动裁剪为最大的 2 的次方数区域进行处理。"

图 6.16 傅里叶变换界面功能

6.6.1 基本功能

1. 功能介绍

（1）恢复图像　把频率域图像恢复到空间域。

（2）傅里叶变换　对当前显示的一帧图像进行傅里叶变换。

（3）原图像幅度谱　显示最近一次傅里叶变换得到的幅度谱图像。单击此按钮后，滤波器类型自动跳到"原图像幅度谱"选项，再单击"恢复图像"按钮则恢复原图像。

（4）频率域滤波器类型　可以选择各种类型的滤波器。

1）原图像幅度谱。显示最近一次傅里叶变换得到的幅度谱图像。

2）用户自定义。用"画图"工具自定义滤波器，把要去掉的频率涂黑。

3）理想低通滤波器。

4）梯形低通滤波器。

5）布特沃斯低通滤波器。

6）指数低通滤波器。

7）理想高通滤波器。

8）梯形高通滤波器。

9）布特沃斯高通滤波器。

10）指数高通滤波器。

（5）指数 n　设定滤波器的指数 n，此指数决定传递函数的衰减率或增长率。

（6）半径 D0　设定滤波器的参数 D0，此参数为传递函数的截止频率。

（7）半径 D1　设定滤波器的参数 D1，可选取大于截止频率的任意值。

（8）滤波　根据选定的滤波器及设定的滤波器参数对图像进行滤波，滤波显示的是频率域图像。若想查看对应的空间域图像，则单击"恢复图像"按钮进行查看。

（9）频数分布图　此栏可以查看频率图像的环特征和楔特征。当为彩色图像时，在左边颜色分量一栏中选中要查看的颜色分量（R、G、B分量），当为灰度图像时，自动设定为灰度；在中间"分割数"一栏中输入环特征或楔特征的分割区域个数；选择环特征或楔特征；单击"执行"按钮查看对应的分布图。

（10）环特征　选中查看频率谱的环特征。频率图像在极坐标系中沿极半径方向划分为若干同心环状区域，分别计算每个同心环状区域上的能量总和，也就是频率总和。

（11）楔特征　选中查看频率谱的楔特征。频率图像在极坐标系中沿极角方向划分为若干楔状区域，分别计算每个楔状区域上的能量总和。

（12）执行　单击查看环特征或楔特征。

2. 功能实践

1）如图 6.16 所示，单击"傅里叶变换"按钮，得到如图 6.17 所示的频率图。

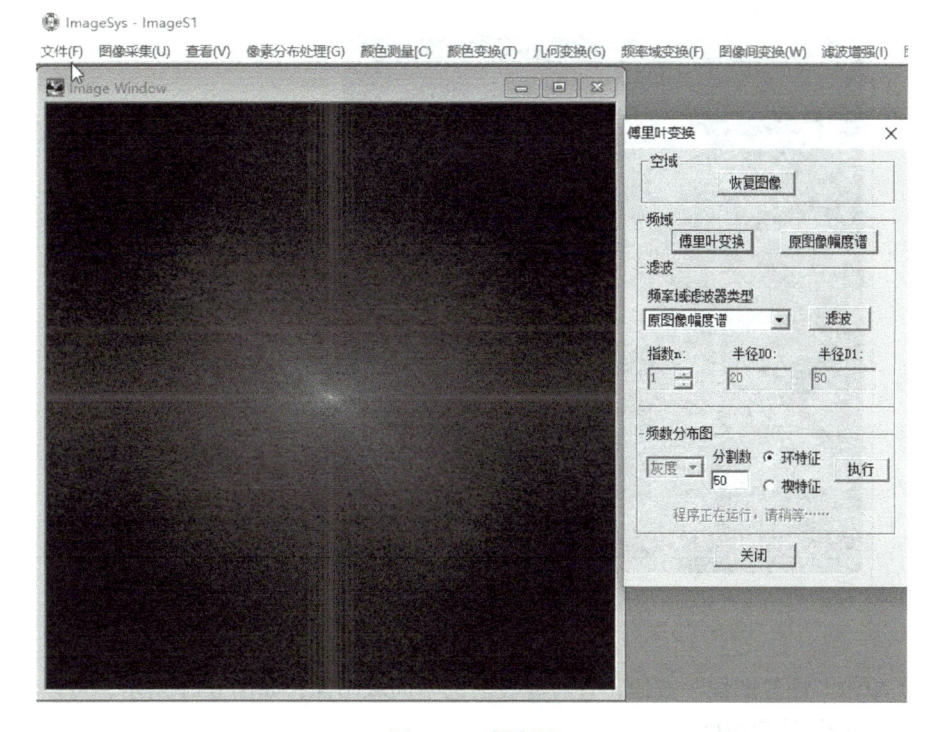

图 6.17　频率图

2）单击"频数分布图"选项组中的"执行"按钮，查看其频率分布图的环特征，如图 6.18 所示。注：可以不查看环特征。

3）选择"楔特征"查看其楔特征，如图 6.19 所示。注：可以不查看楔特征。

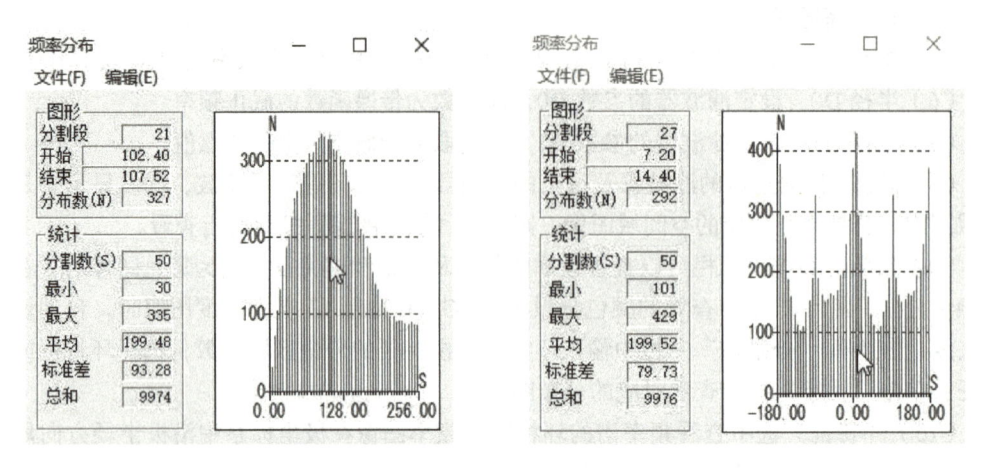

图 6.18　环特征　　　　　　　　　图 6.19　楔特征

4）在"频率域滤波器类型"下拉列表中选择"指数低通滤波器"，设定"指数 n"为 1，截止频率 D0 为 20，然后单击"滤波"按钮，结果如图 6.20 所示。注：可以选择其他滤波操作。

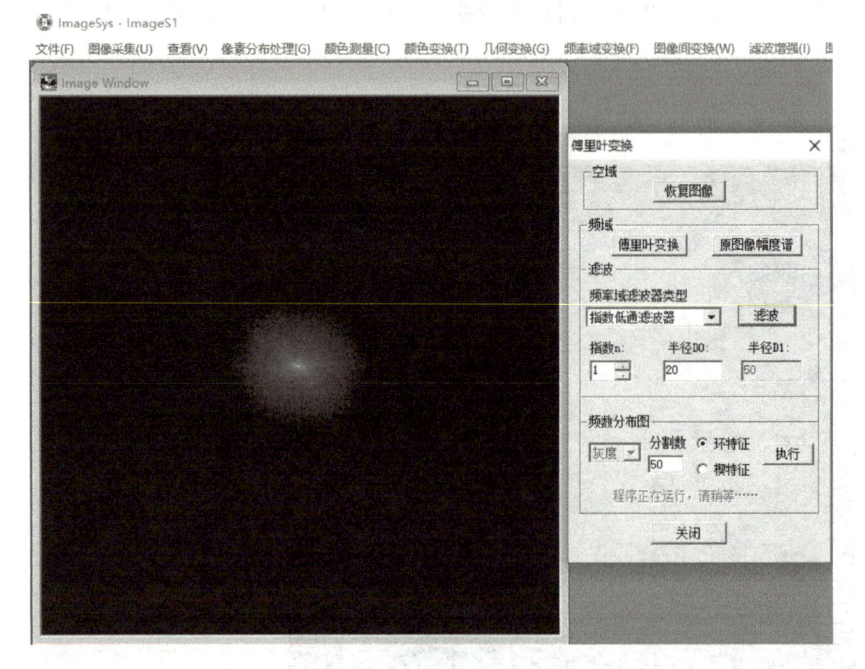

图 6.20　指数低通滤波

5）单击"恢复图像"按钮，查看滤波后的空间域图像，如图 6.21 所示，可以看出经过低通滤波的图像变模糊了。

图 6.21 低通滤波图像

6）同理，可以选择其他类型的滤波器，查看其滤波效果。图 6.22 是经过布特沃斯高通滤波后的空间域图像。

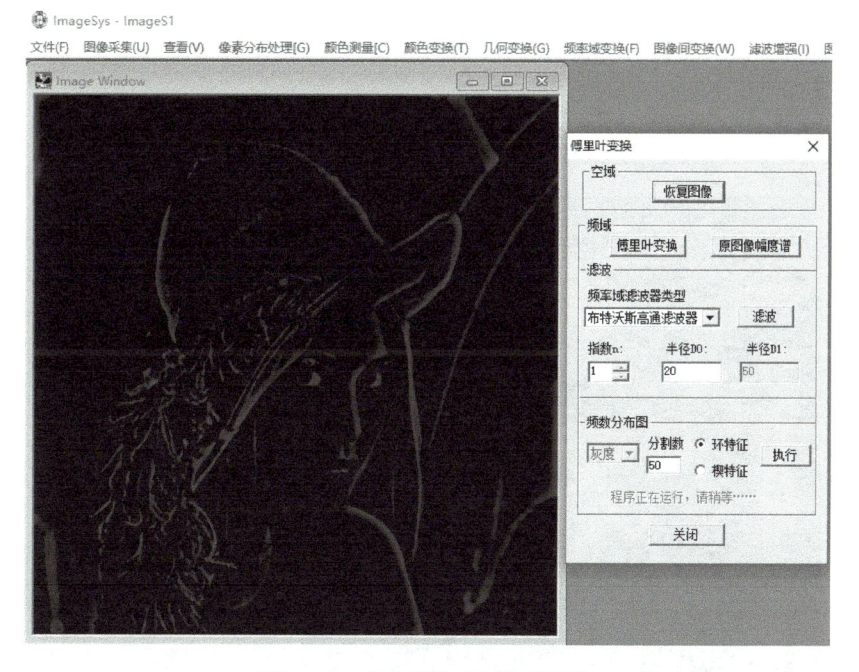

图 6.22 布特沃斯高通滤波图像

7）在"频率域滤波器类型"下拉列表中选择"用户自定义"时，可以单击菜单"画图"，打开"画图"窗口，对频率图像进行删除频率处理。

8）利用画图功能删除频率带，如图 6.23 所示。操作方法：设定"图像灰度"和"边缘灰度"都为 0，选择"圆（中心/半径）"后，画 2 个同心圆，然后选择"涂抹"，用鼠标单击同心圆之间位置，进行涂抹。图 6.24 为用画图功能删除频率带后，在傅里叶变换窗口执行"恢复图像"的结果。

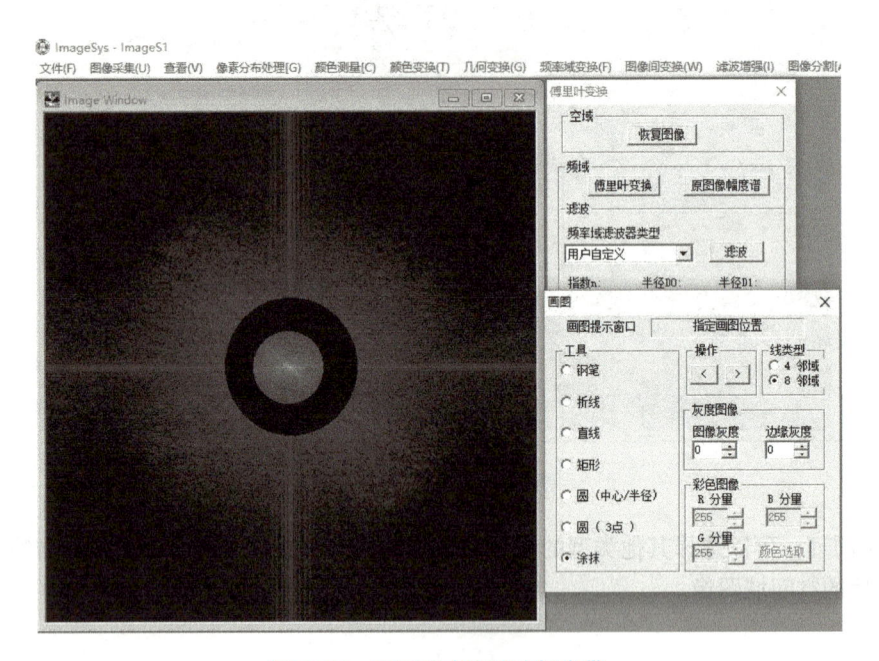

图 6.23　用画图功能删除频率带

图 6.24　图 6.23 所示频率图的逆傅里叶变换图像

9）需要注意的是，快速傅里叶变换（FFT）只能处理图像的长和宽都是 2 的次方数的图像。如果读入的图像大小不是 2 的次方数，系统将自动裁剪为最大的 2 的次方数区域进行 FFT 处理。例如，图 6.25 为 640×480 像素图像，FFT 处理区域为 512×256 像素。

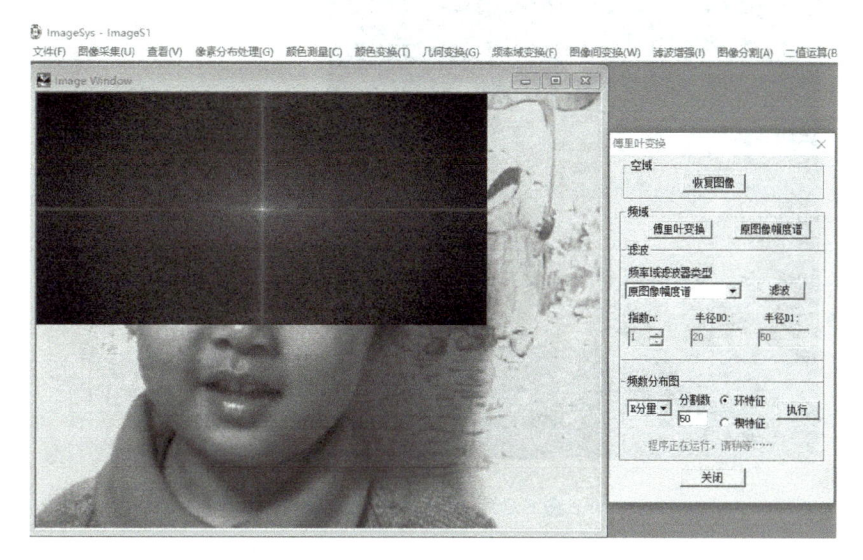

图 6.25　图像大小为非 2 的次方数图像的傅里叶变换

6.6.2　加噪声与去噪声

1. 给频率图添加频率

在图 6.17 所示的频率图上，通过画图功能，添加频率。步骤如下：

1）单击菜单"画图"，打开"画图"窗口。

2）设定"图像灰度"和"边缘灰度"都为 240。数字可以不同，数字越大添加的纹理越明亮。

3）选择"圆（中心 / 半径）"或"圆（3 点）"，然后通过单击鼠标，在如图 6.26 所示的方位画 8 个圆。圆的位置和大小不必太严格，圆心距离图像中心越远，添加纹理的频率越高（越密集）。

4）选择"涂抹"，然后通过鼠标单击所画的圆区域进行涂抹。结果如图 6.26 所示。

2. 图像加噪与去噪

针对频率图 6.26，在"傅里叶变换"窗口，单击"恢复图像"按钮，便可获得如图 6.27a 所示的添加了纹理图案的恢复图像。

可以按如下步骤，对图 6.27a 进行去噪声处理。

1）在"傅里叶变换"窗口，执行"傅里叶变换"，获得如图 6.27b 所示的频率图像。

2）单击菜单"画图"，打开"画图"窗口。

3）设定"图像灰度"和"边缘灰度"都为 0。

4）选择"圆（中心 / 半径）"或"圆（3 点）"，然后用鼠标单击图 6.27b 上的 8 个高频区域画圆。画圆的位置和大小，需覆盖图 6.27b 上的高频圆圈，但是不必太严格。

5）选择"涂抹"，通过鼠标单击所画的圆区域进行涂抹，获得如图 6.27c 所示的去频率图。

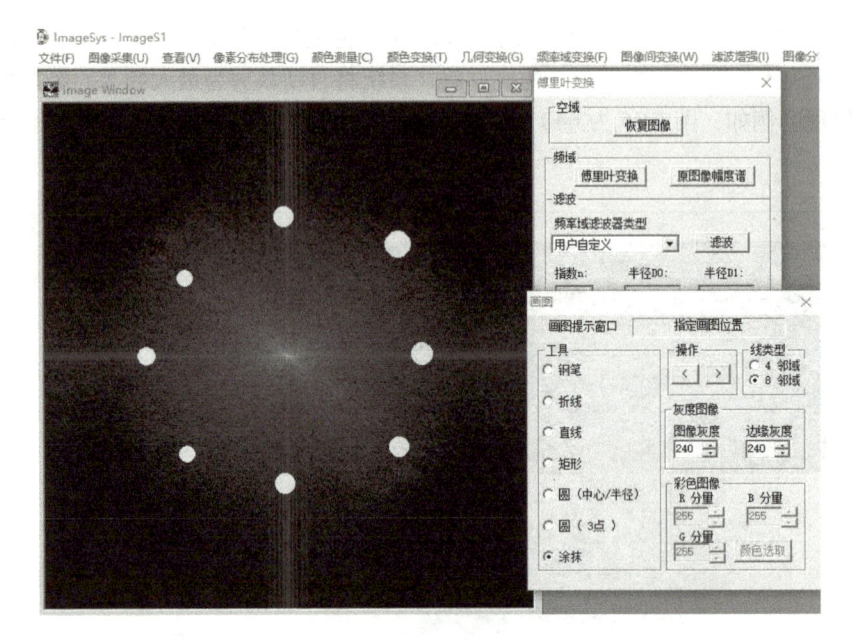

图 6.26　频率图上描画圆

6）在"傅里叶变换"窗口，在"频率域滤波器类型"下拉列表中选择"用户自定义"，然后单击"恢复图像"按钮，可获得如图 6.27d 所示的去掉了纹理图案的恢复图像。图 6.27d 的去噪图像和图 6.16 所示的原图像基本上看不出差别。

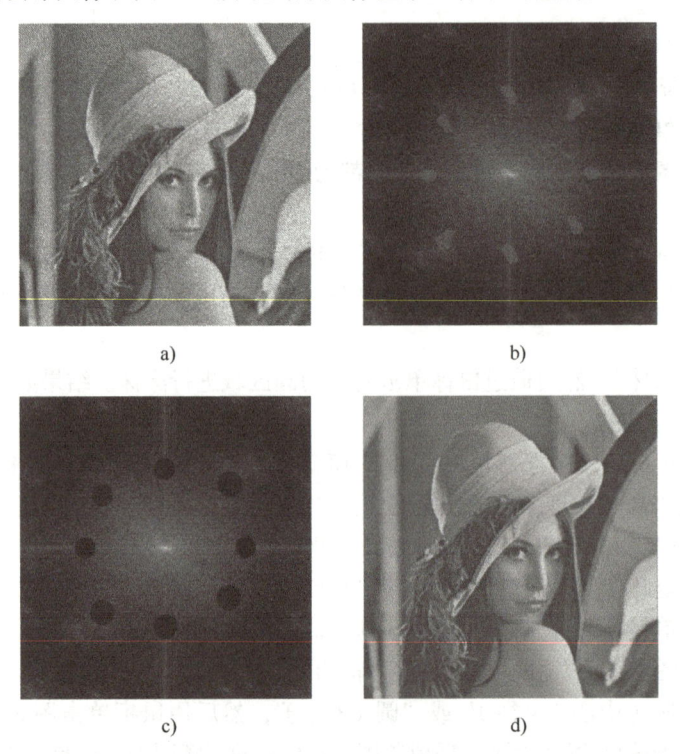

a)　　　　　　　　　　　　　b)

c)　　　　　　　　　　　　　d)

图 6.27　加噪与去噪图像

a）加噪图像　b）频率图　c）去频率图　d）去噪图像

6.6.3 图像加密处理

利用 6.6.2 节的纹理添加方法，可以通过添加人眼不容易看见的低频信号（即在频率图上距离图像中心较近的频率），如图 6.28b 所示，实现对图像的加密处理。添加频率的具体方法步骤与 6.6.2 节类似，此处不再赘述。

图 6.28 为图像频率加密的步骤图。其中，图 6.28a 为没有添加频率的原图像，其频率图参见图 6.25，图 6.28b 为在原图 6.28a 的频率图上添加了低频信号的图（涂抹的像素值为 150），图 6.28c 为图 6.28b 的恢复图像，图 6.28d 为图 6.28c 的频率图。

目测添加频率后的图 6.28c 和原图 6.28a 没有差别，但是对应的频率图 6.28d 和图 6.25 上可以明显看到差别。据此起到给图像加密的作用。

为了观察图像有损压缩对加密的影响，特意将图 6.28c 以 JPEG 格式保存，重新读入后执行"傅里叶变换"，同样获得了如图 6.28d 所示的频率图。由此可见，图像有损压缩保存不影响对图像是否加密的判断。当然，实际使用时，可以通过图像处理算法自动分析是不是进行了加密处理的图像。

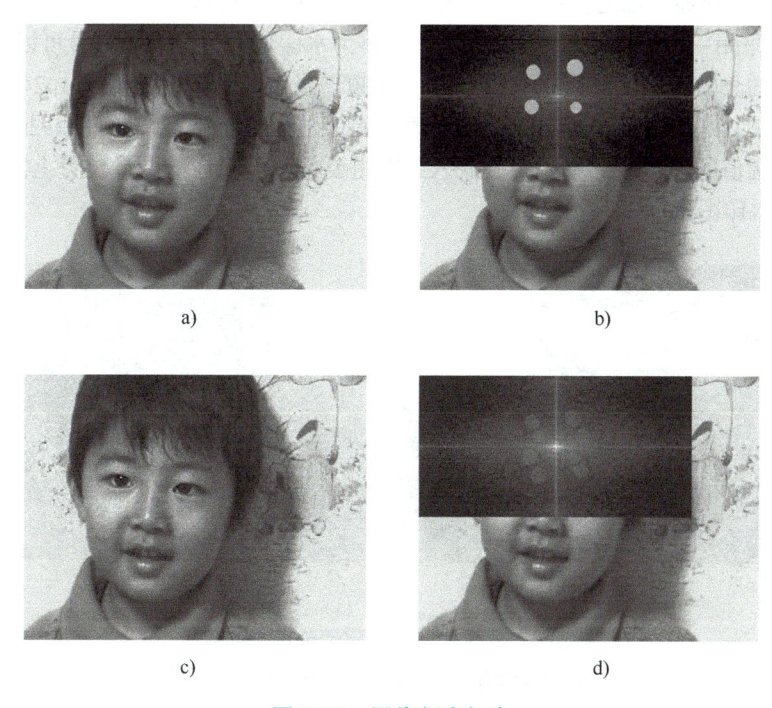

图 6.28 图像频率加密
a）原图像 b）添加低频 c）恢复图像 d）恢复图像频率图

6.7 应用案例——傅里叶变换在数字水印中的应用

数字技术的发展和数字信息的普及带来的一个重要的问题，就是数字产品的版权保护。通过网络传输，个人或组织有可能在没有得到作品所有者许可的情况下复制和传播有版权的内容。数字水印是一种新的信息隐藏技术，其基本思想是在数字图像、音频和视频等产品中嵌入秘密的信息以便保护数字产品的版权。图像数字水印技术大体上可分为空域数字水印和变换域数字水印技术两大类。空域数字水印技术中，原始图像和水印信息不经过任何变换，直接嵌入图像像素数据中。变换域数字水印技术是将图像和水印变换到变换域上实现水印的嵌入。

分数阶傅里叶变换（FRFT）是傅里叶变换的广义形式，等效于信号的旋转，信号的 FRFT 同时包含了信号在时域和频域的特征。当阶数接近于 1 时，FRFT 将主要反映信号的频域特征；当阶数接近于 0 时，则主要反映信号的时域特征。显然，在分数阶傅里叶域嵌入数字水印，将比单纯的频域/时（空）域的水印算法具有更大的灵活性。原图像和水印信息可以进行不同阶次的分数阶傅里叶变换，从而增强水印的安全性，实现图像的版权保护。

图像信号的大部分能量都集中在视觉的重要分量上，水印嵌入到这部分后抗干扰性比较强，压缩或低通滤波后都会保留图像信号的主要成分。但是嵌入到最重要分量上容易导致图像失真。因此可以选择将水印信号嵌入到原图像视觉上的次重要分量上，这样既不使图像产生较大失真，又可获得较好的鲁棒性。当阶数接近于 1 时，FRFT 将主要反映信号的频域特征，因此原图像的变换阶数要选择使其接近频域的值。

图 6.29 采用一幅 32×32 像素的灰度图像作为水印信号，对水印信号可以进行与原图像不同阶次的分数阶傅里叶变换，并将其变换频谱降为一维，即长度为 1024 的序列。将原图像的 FRFT 离散化计算（DFRFT）系数的幅值从大到小排序，跳过原图像 DFRFT 域一部分重要幅值的系数，把水印信号嵌入到次重要幅值所对应的图像位置上。图 6.29c 为经过处理的水印图像。

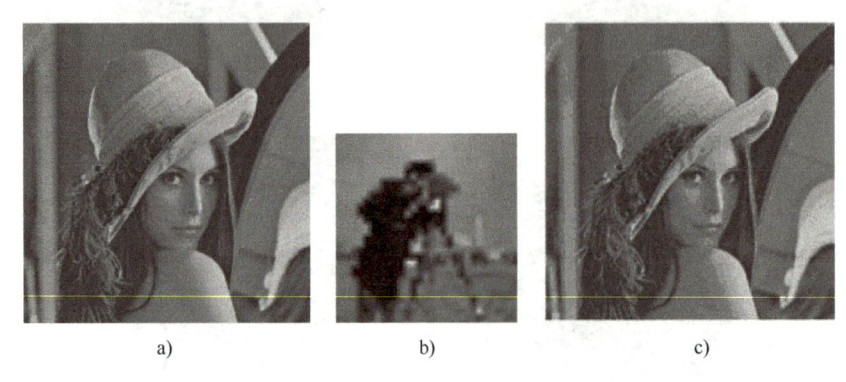

a)   b)   c)

图 6.29 傅里叶变换在水印处理中的应用
a）原始图像   b）水印信号   c）水印图像

思考题

1. 请问图像频率与电信号频率有什么不同？
2. 检测图像边缘时，应该去掉频谱图上哪部分频谱区域后，再进行逆傅里叶变换？

第 7 章　小波变换

7.1　小波变换概述

小波分析（wavelet analysis）是 20 世纪 80 年代后期发展起来的一种新的分析方法，是继傅里叶分析之后纯粹数学和应用数学殊途同归的又一光辉典范。小波变换（wavelet transform）的产生、发展和应用始终受惠于计算机科学、信号处理、图像处理、应用数学、地球科学等众多科学和工程技术应用领域的专家、学者和工程师们的共同努力。在理论上，构成小波变换比较系统的框架的主要是数学家 Y. Meyer、地质物理学家 J. Morlet 和理论物理学家 A. Grossman 的贡献。而 I. Daubechies 和 S. Mallat 在把这一理论引用到工程领域上发挥了极其重要的作用。小波分析现在已成为科学研究和工程技术应用中涉及面极其广泛的一个热门话题。不同的领域对小波分析会有不同的看法：

1）数学家说，小波是函数空间的一种优美的表示。
2）信号处理专家则认为，小波分析是非平稳信号时–频分析（time-frequency analysis）的新理论。
3）图像处理专家又认为，小波分析是数字图像处理的空间–尺度分析（space-scale analysis）和多分辨分析（multiresolution analysis）的有效工具。
4）地球科学和故障诊断的学者却认为，小波分析是奇性识别的位置–尺度分析（position-scale analysis）的一种新技术。
5）微局部分析家又把小波分析看作细微–局部分析的时间–尺度分析（time-scale analysis）的新思路。

总之，小波变换具有多分辨率特性，也称作多尺度特性，可以由粗到精地逐步观察信号，也可看成是用一组带通滤波器对信号进行滤波。通过适当地选择尺度因子和平移因子，可得到一个伸缩窗，只要适当选择基本小波，就可以使小波变换在时域和频域都具有表征信号局部特征的能力，基于多分辨率分析与滤波器组相结合，丰富了小波分析的理论基础，拓宽了其应用范围。这一切都说明了这样一个简单事实，即小波分析已经深深地植根于科学研究和工程技术应用研究的许许多多人们感兴趣的领域，一个研究和使用小波变换理论、小波分析的时代已经到来。

7.2　小波与小波变换

到目前为止，一般信号分析与合成中经常使用第 6 章所介绍的傅里叶变换（Fourier transform）。然而，由于傅里叶基（basis）是采用无限连续且不具有局部性质的三角函数，所以在经过傅里叶变换后的频率域中时间信息完全丢失。与其相对，本章将要介绍的小波变换，由于其能够得到局部性的频率信息，从而使得有效地进行时间频率分析成为可能。

那么，什么是小波与小波变换？乐谱可以看作是一个描述二维的时频空间，如图 7.1

所示。频率（音高）从层次的底部向上增加，而时间（节拍）则向右发展；乐章中每一个音符都对应于一个将出现在这首曲的演出记录中的小波分量（音调猝发）；每一个小波持续宽度都由音符（1/4 音符、半音符等）的类型来编码，而不是由它们的水平延伸来编码。假定，要分析一次音乐演出的记录，并写出相应的乐谱，这个过程就可以说是小波变换；同样，音乐家的一首曲的演出录音就可以看作是一种逆小波变换，因为它是用时频表示来重构信号的。

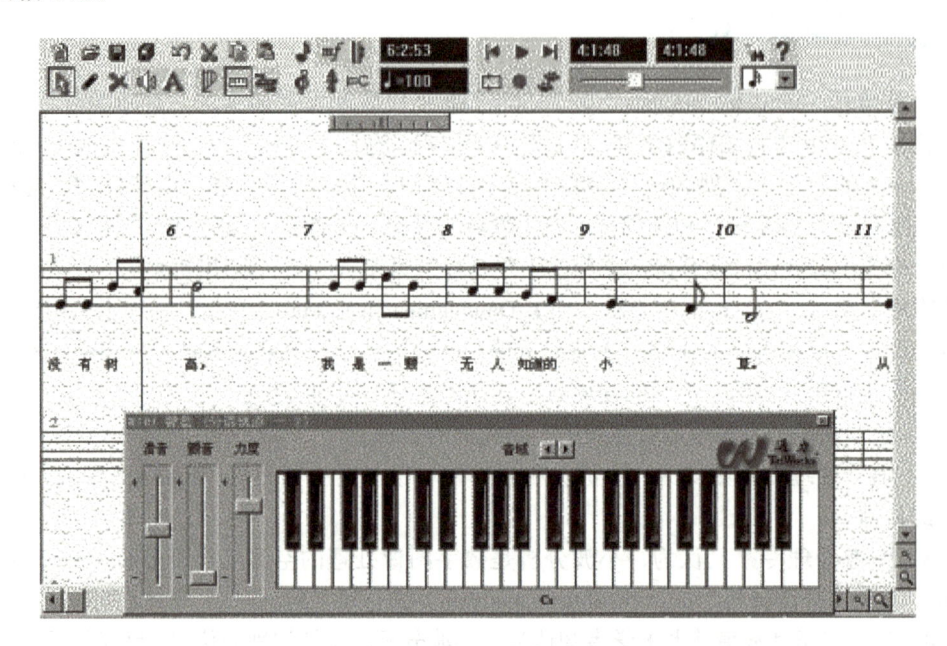

图 7.1　乐谱

小波（wavelet）意思是"小的波"或者"细的波"，是平均值为 0 的有效有限持续区间的波。具体地说，小波就是空间平方可积函数（square integrable function）$L^2(R)$（R 表示实数）中满足下述条件的函数或者信号 $\psi(t)$：

$$\int_R |\psi(t)|^2 \, dt < \infty \tag{7.1}$$

$$\int_{R^*} \frac{|\psi(\omega)|^2}{|\omega|} \, d\omega < \infty \tag{7.2}$$

这时，$\psi(t)$ 也称为基小波（basic wavelet）或者母小波（mother wavelet），式（7.2）称为容许性条件。函数

$$\psi_{a,b}(t) = \frac{1}{\sqrt{a}} \psi\left(\frac{t-b}{a}\right) \tag{7.3}$$

为由基小波生成的依赖于参数（a,b）的连续小波函数（Continuous Wavelet Transform，CWT），简称为小波函数（wavelet function）。图 7.2 是小波 $\psi(t)$ 在水平方向增加到 a 倍、平移 b 的距离得到的。$1/\sqrt{a}$ 是为了规范化（归一化）的系数。a 为尺度参数（scale），b 为平移参数（shift）。由于 a 表示小波的时间幅值，所以 $1/a$ 相当于频率。

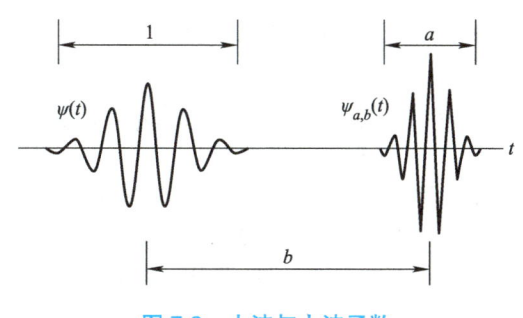

图 7.2　小波与小波函数

对于任意的函数或者信号 $f(t) \in L^2(R)$，其连续小波变换为

$$W(a,b) = \frac{1}{\sqrt{a}} \int_R f(t) \psi^* \left(\frac{t-b}{a} \right) dt \tag{7.4}$$

小波函数一般是复数，其内积中使用复共轭。$W(a,b)$ 相当于傅里叶变换的傅里叶系数，$\psi^*(\cdot)$ 为 $\psi(\cdot)$ 的复共轭，$t=b$ 时表示信号 $f(t)$ 中包含多少 $\psi_{a,b}(t)$ 的成分。由于小波基不同于傅里叶基，因此小波变换也不同于傅里叶变换，特别是小波变换具有尺度因子 a 和平移因子 b 两个参数。a 增大，则时窗伸展，频窗收缩，带宽变窄，中心频率降低，而频率分辨率增高；a 减小，则时窗收缩，频窗伸展，带宽变宽，中心频率升高，而频率分辨率降低。这恰恰符合实际问题中高频信号持续时间短、低频信号持续时间长的自然规律。

如果小波满足式（7.5）所示条件，则其逆变换存在，其表达式见式（7.6）。

$$C_\psi = \int_{-\infty}^{\infty} \frac{|\psi(\omega)|^2}{|\omega|} d\omega < \infty \tag{7.5}$$

$$f(t) = \frac{2}{C_\psi} \int_0^\infty \left[\int_{-\infty}^{\infty} W(a,b) \psi_{a,b}(t) db \right] \frac{da}{a^2} \tag{7.6}$$

可见，通过小波基 $\psi_{a,b}(t)$ 就能够表现信号 $f(t)$。然而，这个表现在信号重构时需要基于 a、b 的无限积分，这是不切实际的。在进行基于数值计算信号的小波变换以及逆变换时，需要使用离散小波变换。

7.3　离散小波变换

根据连续小波变换的定义可知，在连续变化的尺度 a 和平移 b 下，小波基具有很大的相关性，因此信号的连续小波变换系数的信息量是冗余的，有必要将小波基 $\psi_{a,b}(t)$ 的 a、b 限定在一些离散点上取值。一般 a、b 按下式取二进分割（binary partition），即可对连续小波离散化：

$$\begin{aligned} a &= 2^j \\ b &= k2^j \end{aligned} \tag{7.7}$$

如 $j=0, \pm 1, \pm 2, \cdots$ 离散化时，相当于小波函数的宽度减少一半，进一步减少一半，或者增加一倍，进一步增加一倍等。另外，$k=0, \pm 1, \pm 2, \cdots$ 能够覆盖所有的变量领域。

把式（7.7）代入式（7.3）得到的小波函数称为二进小波（dyadic wavelet），即

$$\psi_{j,k}(t) = \frac{1}{\sqrt{2^j}} \psi\left(\frac{t-k2^j}{2^j}\right) = 2^{-\frac{j}{2}} \psi(2^{-j}t - k) \tag{7.8}$$

采用这个公式的小波变换称为离散小波变换（discrete wavelet transform）。这个公式是 Daubechies 表现法，t 前面的 2^{-j} 相当于傅里叶变换的角频率，所以 j 值较小的时候为高频。另外，在 Meyer 表现法中，j 的前面没有负号，所以与 Daubechies 表现法相反，j 值越大则频率越高。这个 j 被称为级（level）或分辨率索引。

适当选取式（7.8）的 ψ 就可以使 $\{\psi_{j,k}\}$ 成为正交系。正交系包括平移正交和放大缩小正交。

7.4 小波族

下面介绍常用的小波族。

1. 哈尔小波（Haar wavelet）

哈尔小波是最早、最简单的小波，哈尔小波满足放大缩小的规范正交条件，任何小波的讨论都是从哈尔小波开始的。哈尔小波用式（7.9）表示，用图表示如图 7.3 所示。

$$\psi(t) = \begin{cases} 1 & (0 \leq t < 1/2) \\ -1 & (1/2 \leq t < 1) \\ 0 & (\text{其他}) \end{cases} \tag{7.9}$$

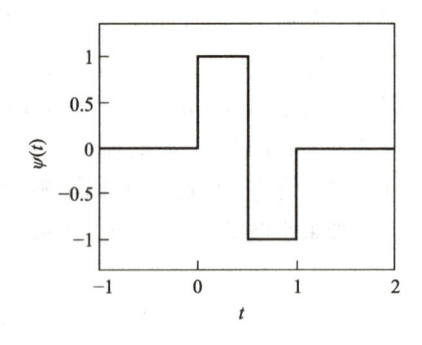

图 7.3　哈尔小波函数

2. Daubechies 小波

Ingrid Daubechies 是小波研究的开拓者之一，其发明了紧支撑正交小波，从而使离散小波分析实用化。Daubechies 族小波可写成 dbN，N 为阶（order），db 为小波名。其中 db1 小波就等同于上述的 Haar 小波。图 7.4 是 Daubechies 族的其他 9 个成员的小波函数。

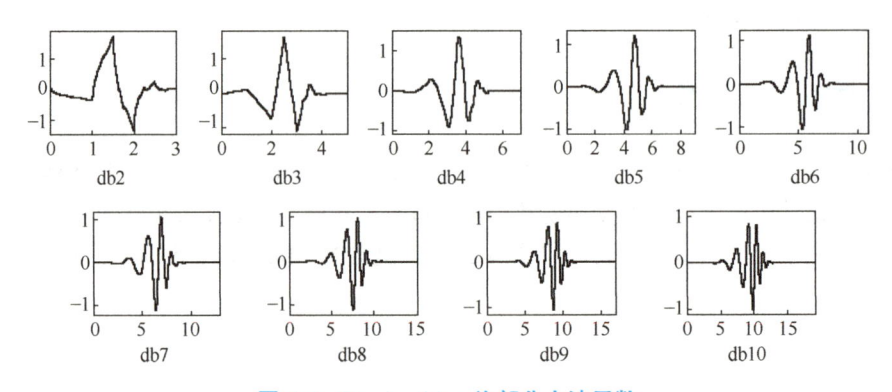

图 7.4　Daubechies 族部分小波函数

另外还有双正交样条（Biorthogonal）小波、Coiflets 小波、Symlets 小波、Morlet 小波、Mexican Hat 小波、Meyer 小波等。

7.5 信号的分解与重构

下面使用小波系数（wavelet coefficient）说明信号的分解与重构（decomposition and reconstruction）方法。

首先，由被称为尺度函数的线性组合来近似表示信号。尺度函数的线性组合称为近似函数（approximated function）。另外，近似的精度被称为级（level）或分辨率索引，第 0 级是精度最高的近似，级数越大表示越粗略的近似。这一节将要显示任意第 j 级的近似函数与精度粗一级的第 $j+1$ 级的近似函数的差分就是小波的线性组合。信号最终可以由第 1 级开始到任意级的小波与尺度函数的线性组合来表示。

用宽度为 1 的矩形脉冲作为尺度函数 $\varphi(t)$，由这个函数的线性组合生成任意信号 $f(t)$ 的近似函数 $f_0(t)$：

$$f_0(t) = \sum_k s_k \varphi(t-k) \tag{7.10}$$

其中：

$$\varphi(t) = \begin{cases} 1 & (0 \leq t < 1) \\ 0 & (其他) \end{cases} \tag{7.11}$$

系数 s_k 是区间 $[k,k+1]$ 内信号 $f(t)$ 的平均值，由下式给出：

$$s_k = \int_{-\infty}^{\infty} f(t)\varphi^*(t-k)\mathrm{d}t = \int_k^{k+1} f(t)\mathrm{d}t \tag{7.12}$$

信号 $f(t)$ 的例子以及其近似函数 $f_0(t)$ 被表示在图 7.5 中。如图 7.6 所示，为生成近似函数所用的宽度为 1 的矩形脉冲 $\varphi(t)$，由于其功能是作为观测信号的尺度，所以被称为尺度函数（scaling function）。在此，被特别称为哈尔尺度函数（Haar's scaling function）。

与小波相同，考虑尺度函数的整数平移及放大缩小，$\varphi_{j,k}(t)$ 如下式定义：

$$\varphi_{j,k}(t) = 2^{-\frac{j}{2}} \varphi(2^{-j}t - k) \tag{7.13}$$

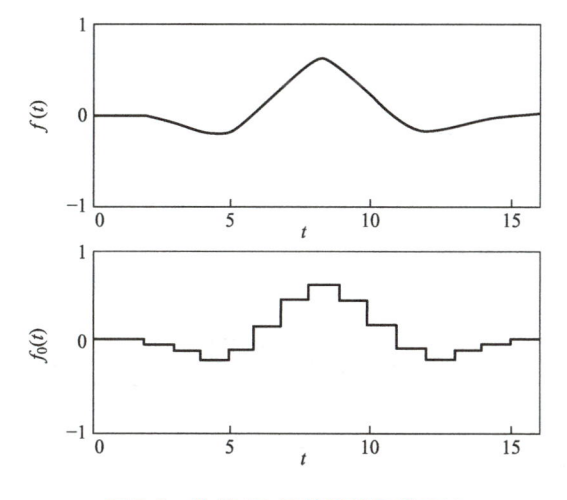

图 7.5　信号 $f(t)$ 及其近似函数 $f_0(t)$

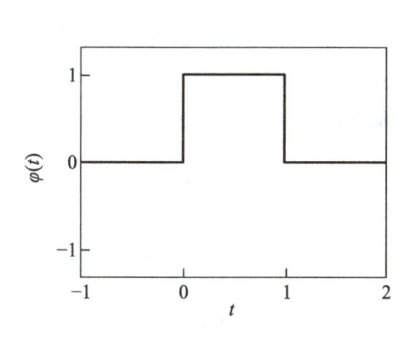

图 7.6　哈尔尺度函数 $\varphi(t)$

下面，使用 $\varphi_{j,k}(t)$ 定义第 j 级的近似函数 $f_j(t)$，如下式所示：

$$f_j(t) = \sum_k s_k^{(j)} \varphi_{j,k}(t) \tag{7.14}$$

其中：

$$s_k^{(j)} = \int_{-\infty}^{\infty} f(t) \varphi_{j,k}^*(t) \mathrm{d}t \tag{7.15}$$

另外，由于 $\varphi_{j,k}(t)$ 对于平移是规范正交的，所以 $s_k^{(j)}$ 是由第 j 级的近似函数 $f_j(t)$ 和尺度函数 $\varphi_{j,k}(t)$ 的内积求得的，用下式表示：

$$s_k^{(j)} = \int_{-\infty}^{\infty} f_j(t) \varphi_{j,k}^*(t) \mathrm{d}t \tag{7.16}$$

这个 $s_k^{(j)}$ 被称为尺度系数（scaling coefficient）。在图 7.7 中表示了信号 $f(t)$ 及其近似函数 $f_0(t)$ 和 $f_1(t)$。

比较 $f_0(t)$ 和 $f_1(t)$，很明显 $f_1(t)$ 的信号更加粗略近似。$f_1(t)$ 在式（7.13）中是 $j=1$ 的情况，t 前面的系数为 2^{-1}，该系数是 $j=0$ 时的一半。这个系数相当于傅里叶变换的角频率，所以尺度函数 $\varphi(t)$ 的宽度成为 $j=0$ 时的 2 倍。因此，$f_1(t)$ 的情况是想用更宽的矩形信号来近似表示信号 $f(t)$，这时由于无法表示细致的信息，造成了信号分辨率下降。

由于用 $f_1(t)$ 近似表示（或逼近）$f_0(t)$ 时有信息脱落，所以只有用被脱落的信息 $g_1(t)$ 来弥补 $f_1(t)$，才能够使 $f_0(t)$ 复原。即

$$f_0(t) = f_1(t) + g_1(t) \tag{7.17}$$

$g_1(t)$ 是图 7.7 中的 $f_0(t)$ 减去 $f_1(t)$ 所得的差值，如图 7.8 所示。

函数 $g_1(t)$ 被称为第 1 级的小波成分（wavelet component）。

由图 7.8 可知，左右宽度为 1 的区间是正负对称而上下振动的，因此 $g_1(t)$ 的构成要素一定是以下所示的函数：

$$\psi\left(\frac{t}{2}\right) = \begin{cases} 1 & (0 \leq t < 1) \\ -1 & (1 \leq t < 2) \\ 0 & (其他) \end{cases} \tag{7.18}$$

可见，这个 $\psi(t)$ 只能是上节中式（7.9）所示的哈尔小波。这个哈尔小波可按照

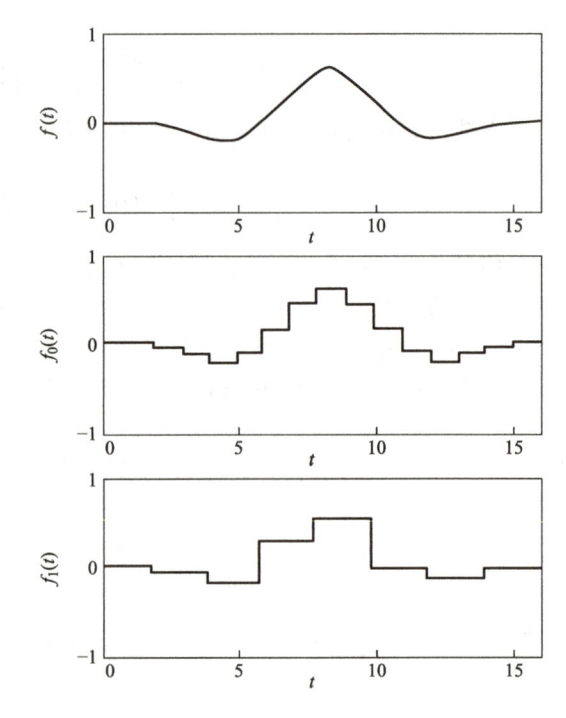

图 7.7　信号 $f(t)$ 及其近似函数 $f_0(t)$ 和 $f_1(t)$

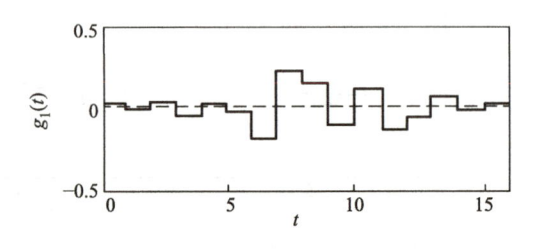

图 7.8　小波成分 $g_1(t)$

上两节所述的那样通过式（7.8）的放大缩小和平移来生成函数族 $\psi_{j,k}(t)$。

在第 1 级（$j=1$）时，由 $\psi_{j,k}(t)$ 的线性组合按下式表示 $g_1(t)$：

$$g_1(t) = \sum_k w_k^{(1)} \psi_{1,k}(t) \tag{7.19}$$

式中，$w_k^{(1)}$ 是第 1 级（$j=1$）的小波系数。

综上所述，第 0 级的近似函数可以分解为第 1 级的尺度函数的线性组合 $f_1(t)$ 与第 1 级小波的线性组合 $g_1(t)$，如下式所示：

$$\begin{aligned} f_0(t) &= f_1(t) + g_1(t) \\ &= \sum_k s_k^{(1)} \varphi_{1,k}(t) + \sum_k w_k^{(1)} \psi_{1,k}(t) \end{aligned} \tag{7.20}$$

把这个关系扩展到第 j 级一般的情况。即从第 j 级的近似函数 $f_j(t)$ 来生成精度高一级的第 $j-1$ 级的近似函数 $f_{j-1}(t)$ 时，只需求第 j 级的近似函数 $f_j(t)$ 与小波成分 $g_j(t)$ 的和即可：

$$f_{j-1}(t) = f_j(t) + g_j(t) \tag{7.21}$$

其中：

$$\begin{aligned} f_j(t) &= \sum_k s_k^{(j)} \varphi_{j,k}(t) \\ g_j(t) &= \sum_k w_k^{(j)} \psi_{j,k}(t) \end{aligned} \tag{7.22}$$

下面考虑把第 0 级的近似函数 $f_0(t)$ 用精度一直降到第 J 级的近似函数来表示。在式（7.21）中代入 $j=1,2,\cdots,J$ 得

$$\begin{aligned} f_0(t) &= f_1(t) + g_1(t) \\ f_1(t) &= f_2(t) + g_2(t) \\ &\vdots \\ f_{J-1}(t) &= f_J(t) + g_J(t) \end{aligned} \tag{7.23}$$

在式（7.23）中把最下的 $f_{J-1}(t)$ 代入邻接的上式中所得到的式子，再代入其邻接的上式中，不断重复迭代上述操作直到 $f_0(t)$ 为止，可见 $f_0(t)$ 可以用 $f_J(t)$ 和 $g_j(t)$ 集合的和表示，如下式所示：

$$\begin{aligned} f_0(t) &= g_1(t) + g_2(t) + \cdots + g_J(t) + f_J(t) \\ &= \sum_{j=1}^{J} g_j(t) + f_J(t) \end{aligned} \tag{7.24}$$

式（7.24）的含义是，在把信号 $f_0(t)$ 用第 J 级的近似函数 $f_J(t)$ 来粗略近似地表示时，如果把粗略近似所失去的成分顺次附加上去的话，就可以恢复 $f_0(t)$。也就是说，信号 $f_0(t)$ 能够表现为任意粗略级的近似函数 $f_J(t)$ 和第 0 级到第 J 级的小波成分的和。因此可以说，信号 $f_0(t)$ 能够用从第 1 级到第 J 级的 J 个分辨率即多分辨率的小波来表示。这种信号分析被称为多分辨率分析（multiresolution analysis）。

图 7.9 表示了 $J=2$ 时的多分辨率分析的例子。在这个例子中 $f_0(t)=g_1(t)+g_2(t)+f_2(t)$ 的关系成立。这样，$f_2(t)$ 是呈矩形的形状，可是如果加大 J 的话，矩形的宽度还将拉伸得比 $f_2(t)$ 更宽。因此，信号中含有直流成分（平均值非 0）时，有必要把这个直流成分用 $f_J(t)$ 来表示，与直流重合的振动部分用小波来表示。因为平均值为 0 的小波的线性组合，平均值还是 0，所以用有限个小波是无法表示直流成分的。

到目前为止，通过哈尔小波的例子表明了只要确定了尺度函数，依式（7.17）就可以导出小波，即 $g_1(t)=f_0(t)-f_1(t)$。那么，让我们把这个关系扩展到哈尔小波以外的小波。问题是，是否无论什么函数都可得到尺度函数，再从这个尺度函数导出小波来呢？根据多分辨率解析的定义，答案是否定的。构成多分辨率分析的必要条件是，第 j 级的尺度函数 $\varphi_{j,k}(t)$ 能够用精度高一级的第 $j-1$ 级的尺度函数 $\varphi_{j-1,k}(t)$ 来展开。如果用数学表示，如下式所示：

$$\varphi_{j,k}(t) = \sum_n p_n \varphi_{j-1,2k+n}(t) \\ = \sum_n p_{n-2k} \varphi_{j-1,n}(t) \quad （7.25）$$

式中，序列 p_n 为展开系数。上面最后的式子，是把前面式子的 n 置换成了 $n-2k$。

由式（7.25）可知，两边的 φ 是 j 的函数，但 p_n 不依赖于 j。也就是说，在展开中利用了与 j 的级数无关的相同序列 p_n。可以说，序列 p_n 是连接第 j 级尺度函数 $\varphi_{j,k}(t)$ 与精度高一级的第 $j-1$ 级尺度函数 $\varphi_{j-1,k}(t)$ 的固有序列。

然而，根据多分辨率分析的定义，与尺度函数相同，第 j 级的小波 $\psi_{j,k}$ 也必须能够用第 $j-1$ 级尺度函数 $\varphi_{j-1,k}$ 展开。从而，与尺度函数的情况相同，下面的数学表达式成立：

$$\psi_{j,k}(t) = \sum_n q_{n-2k} \varphi_{j-1,n}(t) \quad （7.26）$$

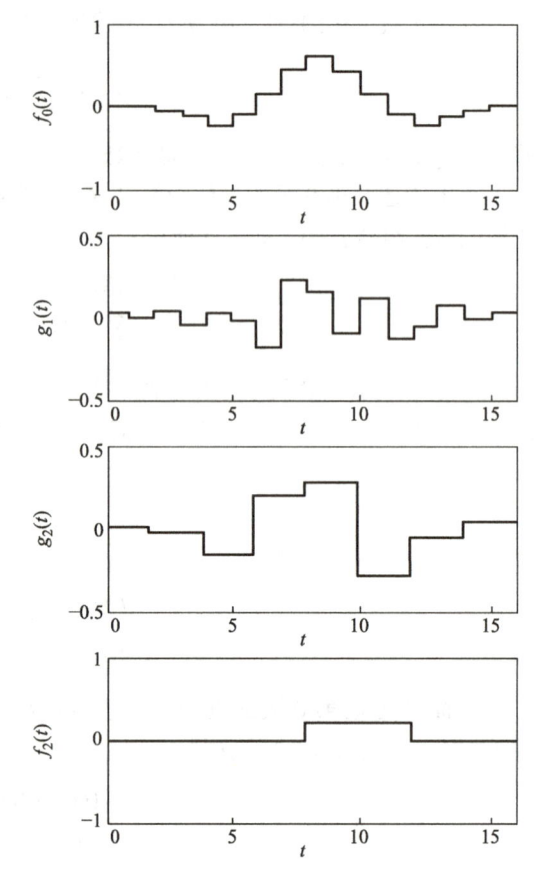

图 7.9 多分辨率分析例子 $f_0(t)=g_1(t)+g_2(t)+f_2(t)$

其中，序列 q_n 是展开系数。这种情况也可以说序列 q_n 是连接第 j 级小波 $\psi_{j,k}(t)$ 与精度高一级的第 $j-1$ 级尺度函数 $\varphi_{j-1,k}(t)$ 的固有序列。由于式（7.25）和式（7.26）表示了 j 和 $j-1$ 两级尺度函数的关系，以及尺度函数和小波的关系，所以被称为双尺度关系（two-scale relation）。

由此可见，尺度函数是多分辨率分析所必需的。在满足了双尺度关系式（7.25）的条件以后，再根据另一个双尺度关系式（7.26），就可以求得对应于这个尺度函数的小波。

对于 Daubechies 这样的正交小波，由于函数本身及其尺度函数的形状复杂，用已知的函数难以表现。为此，Mallat 在 1989 年提出了用离散序列表示正交小波及其尺度函数的方法。在 Daubechies 小波中采用自然数 N 来赋予小波特征。表示 Daubechies 小波的尺度函数的序列 p_k 见表 7.1。表示小波的序列 q_k，是将 p_k 在时间轴方向上反转后，再将其系数符号反转得到的，即

$$q_k = (-1)^k p_{-k} \quad （7.27）$$

表 7.1　Daubechies 序列 p_k

N=2	N=3	N=4
		0.23037781330889
	0.33267055295008	0.71484657055291
0.48296291314453	0.80689150931109	0.63088076792986
0.83651630373780	0.45987750211849	−0.02798376941686
0.22414386804201	−0.13501102001025	−0.18703481171909
−0.12940952255126	−0.08544127388203	0.03084138183556
	0.03522629188571	0.03288301166689
		−0.01059740178507

N=6	N=8	N=10
		0.02667005790055
		0.18817680007763
	0.05441584224311	0.52720118893158
	0.31287159091432	0.68845903945344
0.11154074335011	0.67563073629732	0.28117234366057
0.49462389039845	0.58535468365422	−0.24984642432716
0.75113390802110	−0.01582910525638	−0.19594627437729
0.31525035170920	−0.28401554296158	0.12736934033575
−0.22626469396544	0.00047248457391	0.09305736460355
−0.12976686756727	0.12874742662049	−0.07139414716635
0.09750160558732	−0.01736930100181	−0.02945753682184
0.02752286553031	−0.04408825393080	0.03321267405936
−0.03158203931749	0.01398102791740	0.00360655356699
0.00055384220116	0.00874609404741	−0.01073317548330
0.00477725751095	−0.00487035299345	0.00139535174707
−0.00107730108531	−0.00039174037338	0.00199240529519
	0.00067544940645	−0.00068585669496
	−0.00011747678412	−0.00011646685513
		0.00009358867032
		−0.00001326420289

图 7.10 表示了 $N=3$ 的 Daubechies 小波及其尺度函数。比较图 7.10 和上面的表 7.1 中的 $N=3$ 项会发现，表中的 p_k 仅定义了 6 个数值，而图 7.10 却表示了一个相当复杂的函数形状。虽然本书并不讨论为什么仅 $2N$ 个数值却能够表现如此复杂的函数这个问题，但是通过重复迭代计算，从 $2N$ 个数值开始是可以顺次求取精度高的函数的。在下节中将说明从 $2N$ 个离散序列直接求取展开系数的方法。

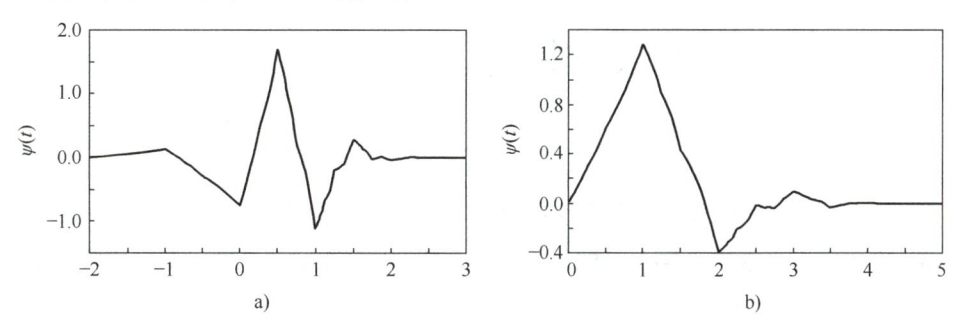

图 7.10　$N=3$ 的 Daubechies 小波及其尺度函数
a）小波　b）尺度函数

7.6 图像处理中的小波变换

由上面的讨论可知，由 Daubechies 小波所代表的正交小波及其尺度函数可以用离散序列表示。在这一节中，介绍 Mallat 发现的利用这个离散序列来求取小波展开系数的方法。

如 7.3 节所述，连续信号 $f(t)$ 的第 0 级的近似函数 $f_0(t)$ 按照下式由第 0 级的尺度函数展开：

$$f(t) \approx f_0(t) = \sum_k s_k^{(0)} \varphi(t-k) \tag{7.28}$$

其中：

$$s_k^{(0)} = \int_{-\infty}^{\infty} f(t) \varphi_{0,k}^*(t) \mathrm{d}t \tag{7.29}$$

然而，在 Daubechies 小波中，虽然 $2N$ 个离散序列被给出，但是由于尺度函数 $\varphi_{0,k}(t)$ 没有被给出，所以存在用式（7.29）不能计算 $s_k^{(0)}$ 的问题。

为了克服这个问题，由 Mallat 提出的方法是，把对信号采样得到的序列 $f(n)$ 看作 $s_k^{(0)}$。Mallat 发现，由于 $\varphi_{0,k}(t)$ 在矩形或三角形的窗口上改变 k、平移时间轴，所以对于某 k 值，$s_k^{(0)}$ 可给出从窗口能够看到的范围的信号中间值。这个信号的中间值相当于 $f(t)$，这意味着 $\varphi_{0,k}(t)$ 是像 $\delta_k(t)$ 那样的德尔塔函数（δ function）。Mallat 认为 $\varphi_{0,k}(t)$ 具有基于德尔塔函数 $\delta_k(t)$ 重构相同的作用。在图像处理的应用方面 $f(n)$ 看作 $s_k^{(0)}$ 被证明实用上是没有问题的。

作为一个例子，由数值计算所求得的信号采样值 $f(n)$ 与 Daubechies 尺度系数 $s_n^{(0)}(N=2)$ 的比较结果如图 7.11 所示，$f(n)$ 和 $s_k^{(0)}$ 几乎没有什么区别。

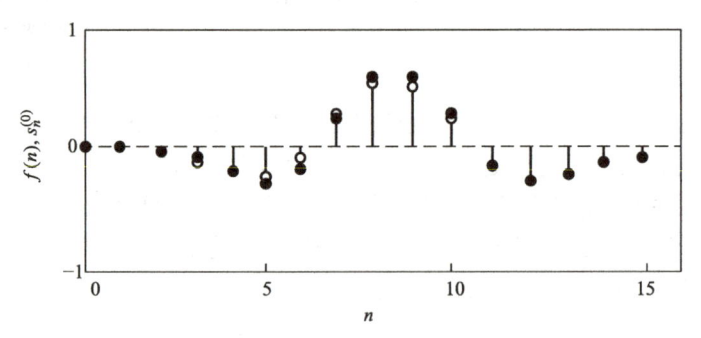

其中，白点表示信号采样值 $f(n)$，黑点表示基于数值计算的Daubechies的第0级的尺度系数($N=2$)

图 7.11 信号采样值 $f(n)$ 与 Daubechies 尺度系数 $s_n^{(0)}(N=2)$ 的比较

得到了 $s_k^{(0)}$ 以后，就可以基于 $s_k^{(0)}$ 求第 0 级以外的尺度系数 $s_k^{(j)}$ 及小波系数 $w_k^{(j)}$。

通过式（7.30）能够从第 0 级的尺度系数 $s_k^{(0)}$，依次求取高级数（低分辨率）的尺度系数。

$$s_k^{(j)} = \sum_n p_{n-2k}^* s_n^{(j-1)} \tag{7.30}$$

通过使用式（7.31），能够从第 0 级的尺度系数 $s_k^{(0)}$，依次求取高级数（低分辨率）的小波系数。

$$w_k^{(j)} = \sum_n q_{n-2k}^* s_n^{(j-1)} \qquad (7.31)$$

下面对使用离散小波的二维图像数据的小波变换进行说明。图像数据作为二维的离散数据给出，用 $f(m,n)$ 表示。与二维离散傅里叶变换的情况相同，首先进行水平方向上的离散小波变换，对其系数再进行垂直方向上的小波变换。把图像数据 $f(m,n)$ 看作第 0 级的尺度系数 $s_{m,n}^{(0)}$。

首先，进行水平方向上的离散小波变换。

$$\begin{aligned} s_{m,n}^{(j+1,x)} &= \sum_k p_{k-2m}^* s_{k,n}^{(j)} \\ w_{m,n}^{(j+1,x)} &= \sum_k q_{k-2m}^* s_{k,n}^{(j)} \end{aligned} \qquad (7.32)$$

其中，$s_{m,n}^{(j+1,x)}$ 及 $w_{m,n}^{(j+1,x)}$ 分别表示水平方向的尺度系数及小波系数。$j=0$ 时如图 7.12 所示。

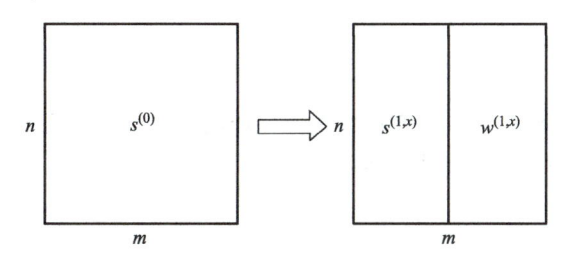

图 7.12　$s_{m,n}^{(0)}$ 的分解

接着，分别对系数进行垂直方向的离散小波变换。

$$\begin{aligned} s_{m,n}^{(j+1)} &= \sum_l p_{l-2n}^* s_{m,l}^{(j+1,x)} \\ w_{m,n}^{(j+1,h)} &= \sum_l q_{l-2n}^* s_{m,l}^{(j+1,x)} \\ w_{m,n}^{(j+1,v)} &= \sum_l p_{l-2n}^* w_{m,l}^{(j+1,x)} \\ w_{m,n}^{(j+1,d)} &= \sum_l q_{l-2n}^* w_{m,l}^{(j+1,x)} \end{aligned} \qquad (7.33)$$

其中，$w_{m,n}^{(j+1,h)}$ 表示在水平方向上使尺度函数起作用、垂直方向上使小波起作用的系数，$w_{m,n}^{(j+1,v)}$ 表示在水平方向上使小波起作用、垂直方向上使尺度函数起作用的系数，另外，$w_{m,n}^{(j+1,d)}$ 表示在水平和垂直方向上全都使小波起作用的系数。$j=0$ 时如图 7.13 所示。

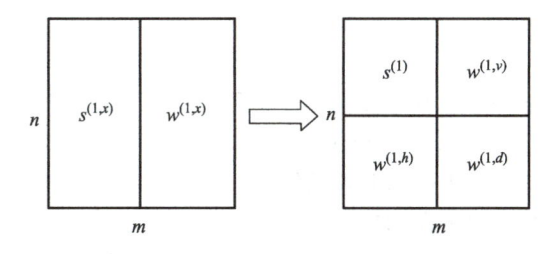

图 7.13　$s_{m,n}^{(1,x)}$ 及 $w_{m,n}^{(1,x)}$ 的分解

综合式（7.32）和式（7.33）得

$$\begin{aligned}
s_{m,n}^{(j+1)} &= \sum_l \sum_k p_{k-2m}^* p_{l-2n}^* s_{k,l}^{(j)} \\
w_{m,n}^{(j+1,h)} &= \sum_l \sum_k p_{k-2m}^* q_{l-2n}^* s_{k,l}^{(j)} \\
w_{m,n}^{(j+1,v)} &= \sum_l \sum_k q_{k-2m}^* p_{l-2n}^* s_{k,l}^{(j)} \\
w_{m,n}^{(j+1,d)} &= \sum_l \sum_k q_{k-2m}^* q_{l-2n}^* s_{k,l}^{(j)}
\end{aligned} \quad (7.34)$$

式（7.34）中仅对 $s_{m,n}^{(j+1)}$ 再进一步分解成 4 个成分，通过不断重复迭代这一过程，进行多分辨率分解。

这个重构与一维的情况相同，按下式进行：

$$s_{m,n}^{(j)} = \sum_k \sum_l [p_{m-2k} p_{n-2l} s_{k,l}^{(j+1)} + p_{m-2k} q_{n-2l} w_{k,l}^{(j+1,h)} + q_{m-2k} p_{n-2l} w_{k,l}^{(j+1,v)} + q_{m-2k} q_{n-2l} w_{k,l}^{(j+1,d)}] \quad (7.35)$$

7.7 图像小波变换实践

打开 ImageSys 软件，读入要变换的图像，依次单击菜单"频率域变换"→"小波变换"，打开如图 7.14 所示的"小波变换"窗口。

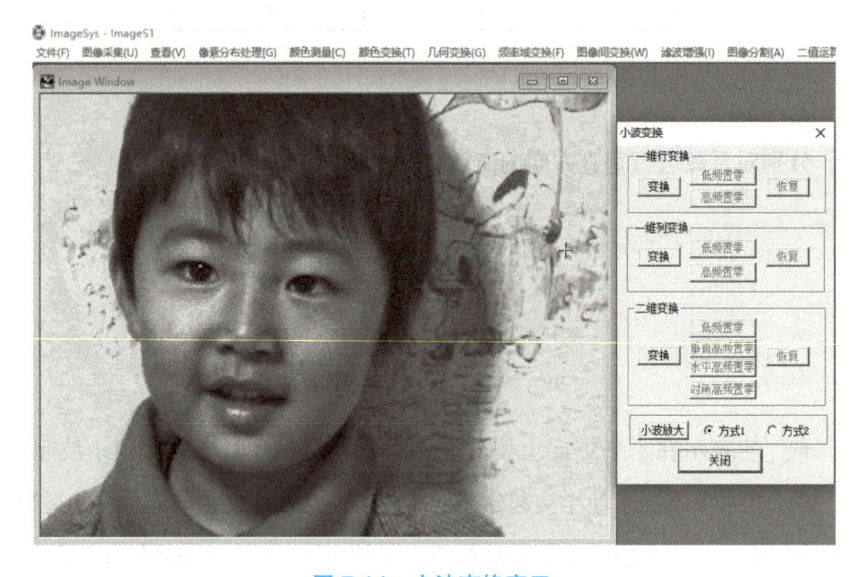

图 7.14 小波变换窗口

1. 一维行变换

1）变换：对设定区域内的图像进行水平方向的小波变换。行"变换"以后，水平方向"低频置零""高频置零""恢复"可用。

2）低频置零：去掉水平方向的低频成分。

3）高频置零：去掉水平方向的高频成分。

4）恢复：对设定区域内的图像进行水平方向的小波逆变换。

图 7.15 是一维行"变换"4 次的小波图像。图 7.16a 是"低频置零"图，图 7.16b 是恢复 4 次的高频图像，去掉了行方向的低频成分。

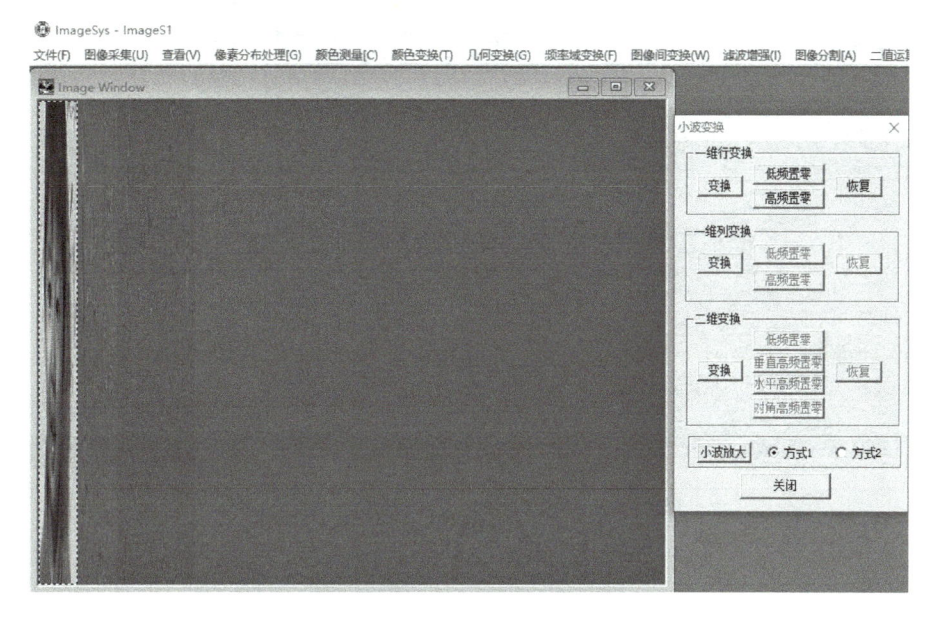

图 7.15　一维行"变换"4 次的小波图像

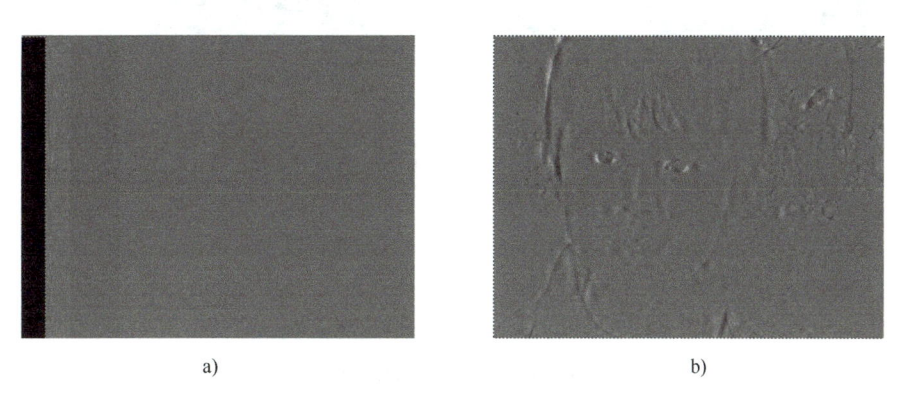

图 7.16　行方向低频置零、高频恢复图像

a）低频置零　b）高频恢复

2. 一维列变换

1）变换：对设定区域内的图像进行垂直方向的小波变换。列"变换"以后，垂直方向"低频置零""高频置零""恢复"可用。

2）低频置零：去掉垂直方向的低频成分。

3）高频置零：去掉垂直方向的高频成分。

4）恢复：对设定区域内的图像进行垂直方向的小波逆变换。

图 7.17 是一维列"变换"4 次的小波图像。图 7.18a 是"高频置零"图，图 7.18b 是恢复 4 次的低频图像，去掉了列方向的高频成分。

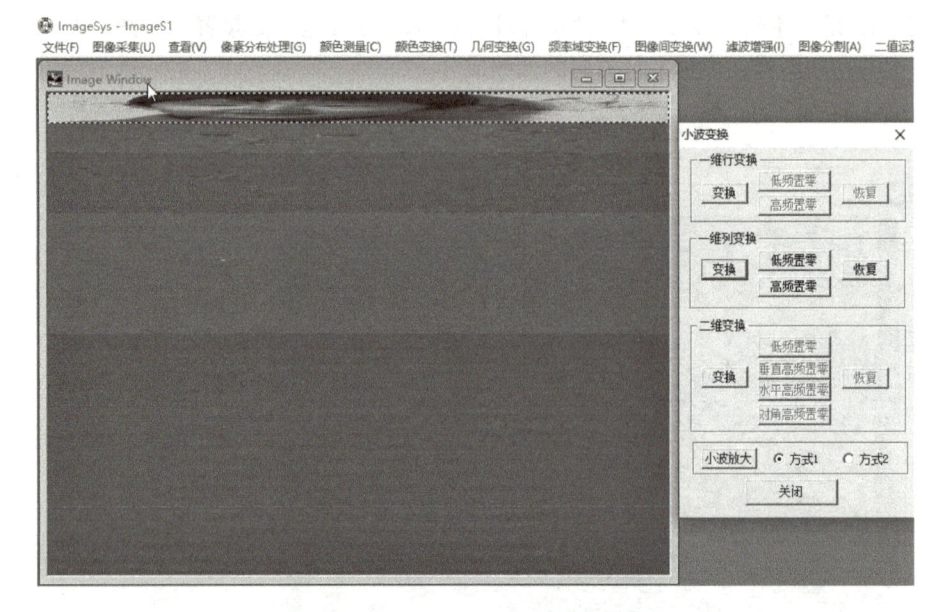

图 7.17 一维列"变换"4 次的小波图像

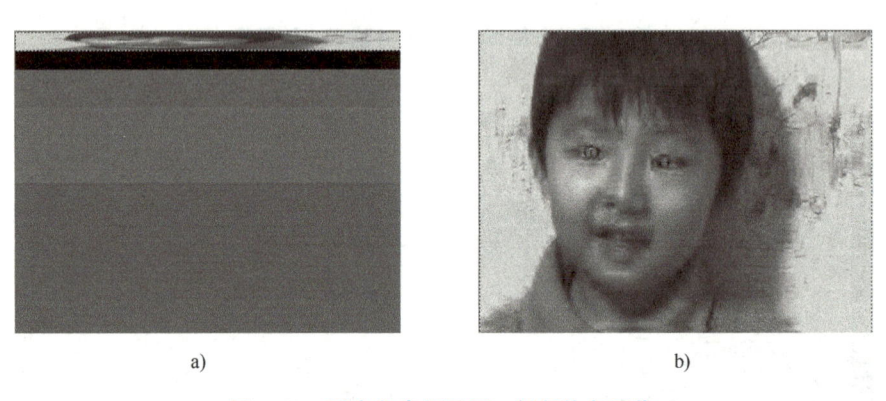

a)   b)

图 7.18 列方向高频置零、低频恢复图像

a）高频置零   b）低频恢复

3. 二维变换

1）变换：对设定区域内的图像进行水平和垂直两个方向的小波变换，小波"变换"以后，"低频置零""垂直高频置零""水平高频置零""对角高频置零""恢复"可用。

2）低频置零：去掉低频成分。

3）垂直高频置零：去掉垂直方向的高频成分。

4）水平高频置零：去掉水平方向的高频成分。

5）对角高频置零：去掉对角方向的高频成分。

6）恢复：对设定区域内的图像进行水平和垂直两个方向的小波逆变换。

图 7.19 是二维"变换"4 次的小波图像。图 7.20a 是对图 7.19 的"低频置零"图，图 7.20b 是恢复 4 次的高频图像，去掉了二维低频成分。

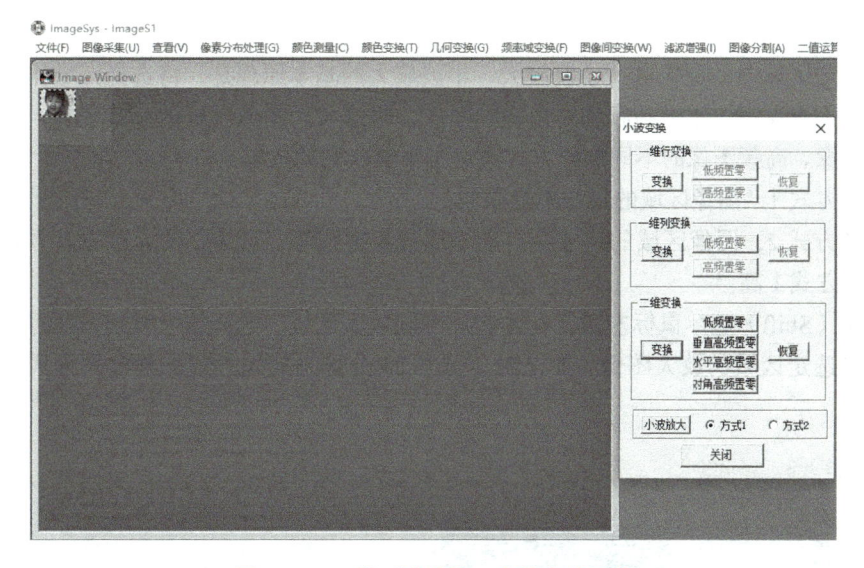

图 7.19 二维"变换"4 次的小波图像

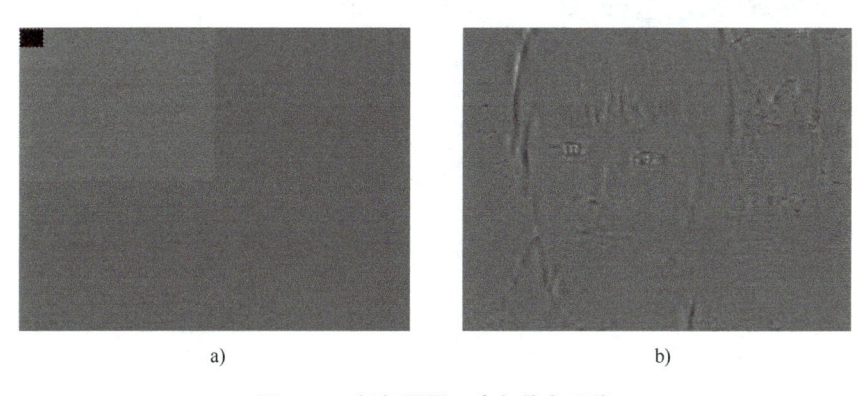

图 7.20 低频置零、高频恢复图像
a）低频置零　b）高频恢复

图 7.21a 是对图 7.19 的"水平高频置零""垂直高频置零""对角高频置零"图，图 7.21b 是恢复 4 次的低频图像，去掉了二维高频成分。

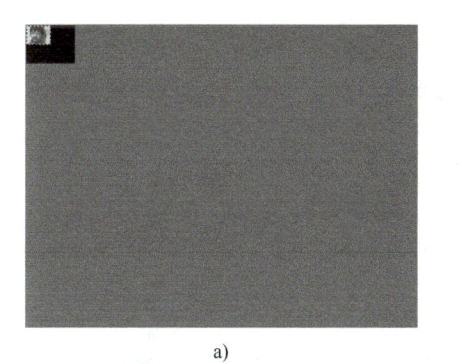

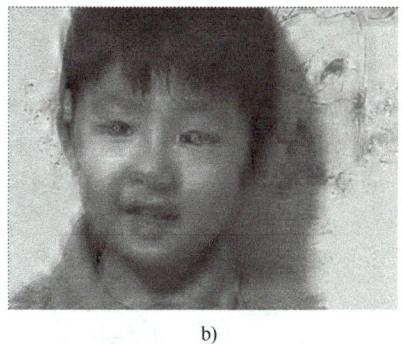

图 7.21 高频置零后的二维恢复图像
a）高频置零　b）低频恢复

4. 小波放大

对设定区域内的图像进行小波放大。小波放大的基本原理是，将选择区域作为低频图像，制作垂直高频、水平高频和对角高频图像，对这 4 个图像进行逆小波变换，生成放大一倍的图像。高频图像的不同制作方式决定了小波放大的效果。

选择方式 1，图像区域的尺寸不受限制。

选择方式 2，图像区域的尺寸会自动缩放为长宽相等，且为 2 的 n 次方。方式 2 的清晰度要比方式 1 高。

按住〈Shift〉键 + 鼠标左键，在左眼周围画放大区域，选择放大方式，执行"小波放大"获得选定区域的放大图像。图 7.22 和图 7.23 分别是放大方式 1 和放大方式 2 的放大图像。

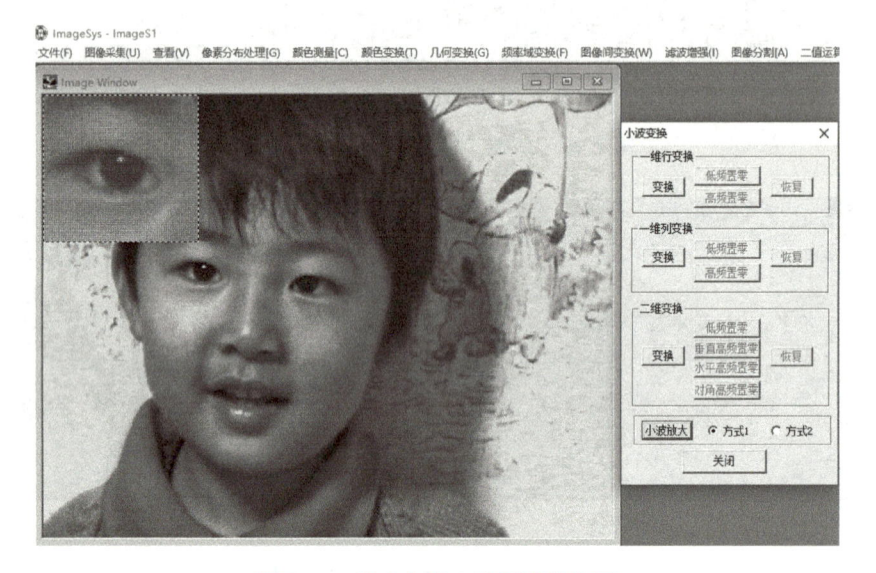

图 7.22 放大方式 1 的区域放大图

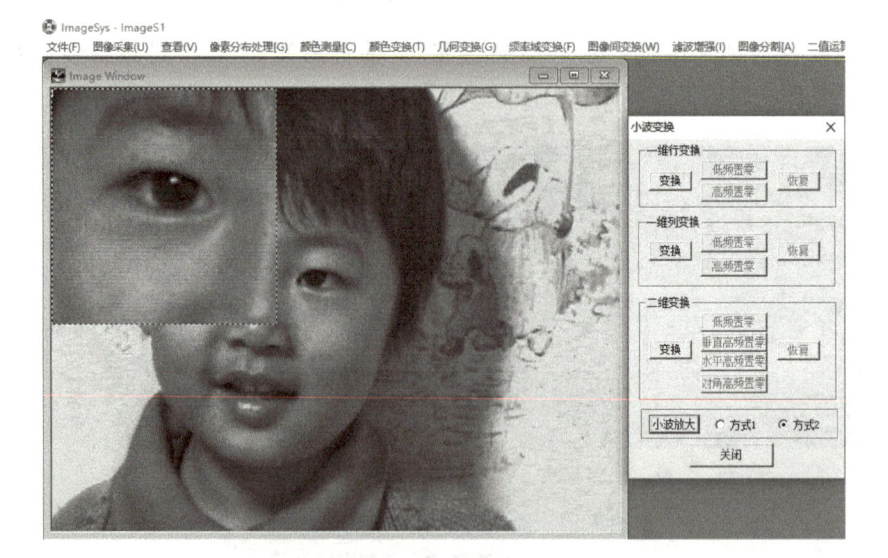

图 7.23 放大方式 2 的区域放大图

7.8 应用案例

7.8.1 小麦病害监测

本案例所设计的系统，可以结合农作物的实际染病情况，对农作物病害的病因做出准确的判别，并且为农业生产者提供相应的防治方法，使农业生产者能够以最经济的成本挽回病害造成的损失。这样，不仅满足了农业生产者的需求，同时又减少了农药、化肥对农产品和环境的污染。

1. 病害图像收集与数据库建立

本案例中的图像处理算法由 PC 完成，编程工具为 Microsoft Visual C++ 6.0。选用 SQL Server 创建小麦病害数据库。通过田间拍摄和印刷图片扫描等手段收集了 6 种小麦病害图像样本，每种病害的样本数是 20 个，共 120 个。其中，田间拍摄采用 Digimax S500 型数码相机（510 万像素、1/2.5in（1in=0.0254m）CCD），选用 1024×768 像素分辨率，在自然光条件下，利用相机的自动设定，采集了小麦病害的局部图像。从 2005 年 5 月到 2008 年 5 月，分别在北京郊区、河北省、河南省、山东省等地进行了小麦病害的图像采集。利用 ImageSys 软件，将收集的图像剪辑成 512×512 像素大小，将图像文件统一变换保存为 JPEG 格式。

在数据库中，对每一种小麦病害，存入一帧病害例图像，以便直观显示小麦病害情况，实际用于病害图像判断的依据是通过多个样本计算出的特征数据（标准颜色特征值）。从计算标准颜色特征值时所利用的各种小麦病害图像中，各随机选取一帧图像作为例子（见图 7.24），对试验结果进行分析说明。

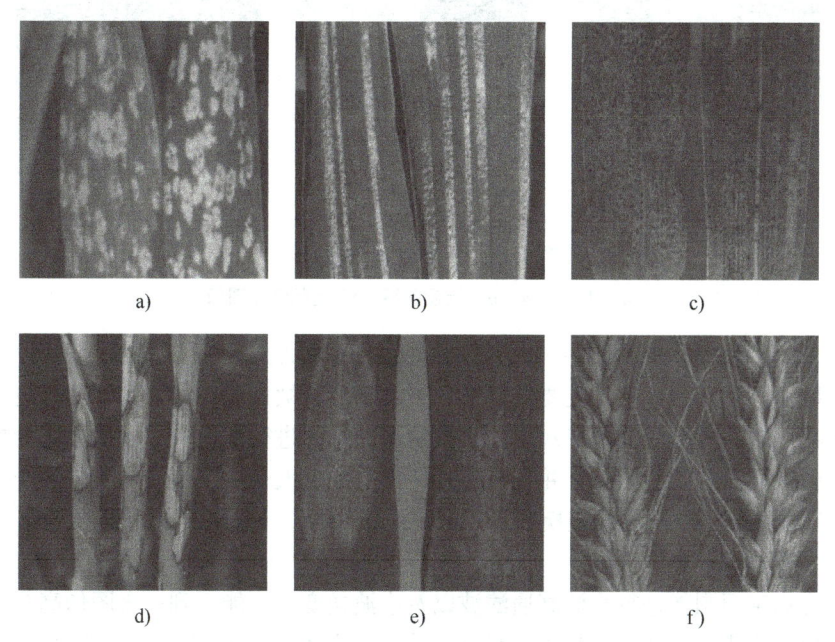

图 7.24 小麦病害原图像

a）患白粉病的小麦叶片，有白粉状斑点　b）患条锈病的小麦叶片，有明显的黄色条带状病害　c）患叶锈病的小麦叶片，有团块状红色病斑　d）患纹枯病的小麦叶鞘，有灰白色椭圆病斑　e）患叶枯病的小麦叶片，有椭圆状深红病斑　f）患赤霉病的小麦病穗，病穗微微泛红

由图 7.24 可以看出，所采用的都是病害高峰期的样本图像。由于本案例是利用病害部位的颜色特征进行病害种类的判断，在病害发生初期，如果病害部位的颜色特征和高峰期相同，病害判断方法在理论上也可以适应。当然，如果病害区域过小，会影响到病害部位的图像提取精度，从而也会影响到病害种类的判断精度。拍摄对象的大小范围以能看清楚病害的纹理特征为基准，研究中采集的实际范围大致为 50mm×50mm。

2. 病害图像纹理特征增强

本案例基于 Daubechies 小波进行图像的小波变换，利用 Daubechies 小波的尺度函数序列 $N=2$ 进行一级小波变换。小波变换后，图像被分割成低频部分 $S^{(1)}$ 和高频部分 $W^{(1,h)}$、$W^{(1,v)}$、$W^{(1,d)}$，去掉低频部分，保留高频部分，然后进行小波逆变换，得到高频部分的恢复图像。因为病害部位具有不连续性、不稳定性、不均匀性等特点，它往往包含在高频成分内，对图像进行小波高通滤波后就可以对病害部位的纹理特征进行增强，有利于后续的病害识别处理。

因为病害部位一般包含在高频成分内，因此采用小波高通滤波的方法能够提取出病害部位。下面以图 7.24b 的原图像为例子，来说明小波变换的过程。图 7.25a 表示对图 7.24b 进行小波变换后的 4 个成分。其中，右上角表现垂直方向上的高频成分，左下角表现水平方向上的高频成分，右下角表现对角线方向上的高频成分，左上角表现原图像的低频成分。将低频成分置零，高频成分保持不变，得到图 7.25b。将图 7.25b 进行小波逆变换，得到高频部分的恢复图像，如图 7.25c 所示，明域为高频部分，暗域为低频部分。

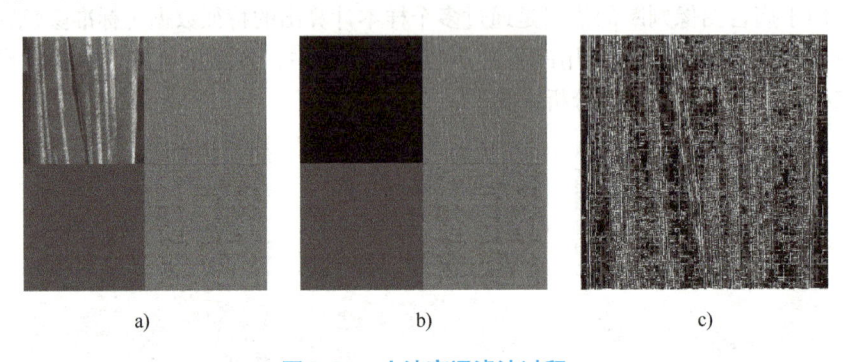

图 7.25　小波高通滤波过程
a）小波分解　b）低频置零　c）高频恢复图像

从图 7.25c 可以看出，经过一次小波变换后，图像的高频部位（主要是叶片上的病害部位）被增强，而低频部位（主要是背景和正常部位）被过滤掉了。其他图像也有相似的效果。本案例对一次、二次和三次小波变换的试验结果进行了比较，多次小波变换对病害部位的高频增强没有明显改善，并且在时间耗损上远远大于一次小波变换。综合考虑以上因素，本案例采用了一次小波变换。

3. 病害部位分割

对小麦病害原图像进行小波高通滤波以及小波逆变换，能得到病害图像高频部分的恢复图像，但是病害部位还不够明显。鉴于病害部位具有与其他部位差异很大的纹理特征，先将高频部分的恢复图像转换为灰度图像，再将该灰度图像转换为纹理矩阵图像，达到增强病害部位的目的。彩色图像转灰度图像使用第 2.2 节式（2.1）中 Y 的计算公式。

纹理是由一组基本单位及其具有一定规律的排列所表达的，这个基本单位称为纹理元

模式（Local Binary Patterns，LBP）。如图7.26a所示的8邻域正方形区域，将目标点"5"的周围像素点进行如图所示的编号，为了叙述方便，假设各个序号也同时代表其像素值。相对于目标点像素的灰度值，每个像素都有3种可能的取值，即大于、等于或小于。将大于、等于或小于分别用不同的数值来表示，如1、2、3，这样每个像素点就被赋予了表示其与目标点像素之间大小关系的状态值，这些值的排列就构成了该目标点像素的一种纹理元模式。在实际应用中一般只设定大于等于和小于两种状态值。

图7.26b为图7.26a的周围像素与目标点像素进行灰度比较后的结果，大于等于为1，小于为0；图7.26c为各个方向的权重，从中心像素的左上角开始，沿顺时针方向分别为2^0，2^1，2^2，…，2^7。由图7.26b、c的对应位相乘之和来计算目标像素点的纹理元模式LBP的值a_{LBP}，即$a_{LBP} = 4 + 8 + 16 + 64 + 128 = 220$。

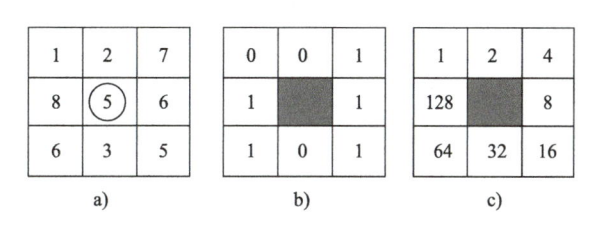

图 7.26　计算纹理元模式的示意图

a）8邻域区域　b）灰度比较结果　c）权重

将图像的每一个像素点作为目标像素点，按照上述方法计算其纹理元模式，得到纹理矩阵图像。对得到的纹理矩阵图像进行模态法（参考3.2.2节）自动阈值分割，病害部位被提取为黑色像素（0），其他为白色像素（255）。然后，以白色像素（255）为对象，执行4次8邻域的膨胀与腐蚀处理，将断续的病害部位连接起来。

通过计算高频恢复图像的灰度图像的纹理元模式，得到了纹理矩阵图像。图7.27a是对图7.25c高频恢复图像的灰度图像进行纹理元模式计算后的结果图像。从图7.27a可以看出，纹理矩阵图像上的病害部位（小波恢复图像的高频部分）变暗了，而其他部位（小波恢复图像的低频部分）变亮了，但是二者的灰度差被增强了。

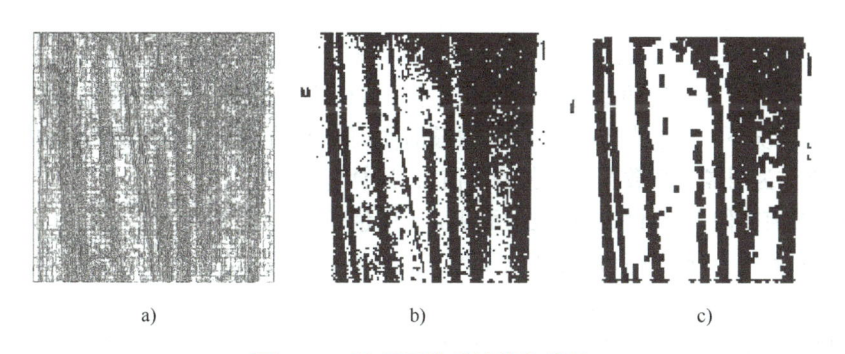

图 7.27　纹理元模式计算与分割

a）纹理矩阵图像　b）阈值分割图像　c）修复图像

对图7.27a通过模态法自动阈值分割，获得了如图7.27b所示的二值图像，计算出的分割阈值是63。从图7.27b可以看出，病害部位有些部分是不连续的。以白色像素（255）为对象，执行4次8邻域的膨胀与腐蚀处理后得到了如图7.27c所示病害部位较完整的修复图像。

将图 7.27c 所示的病害部位的二值图像与图 7.24b 的原图像进行匹配，输出黑色像素对应的像素点，结果如图 7.28b 所示。图 7.28 的其他图像分别是图 7.24 的其他各个原图像利用上述处理方法提取出的病害结果图像。

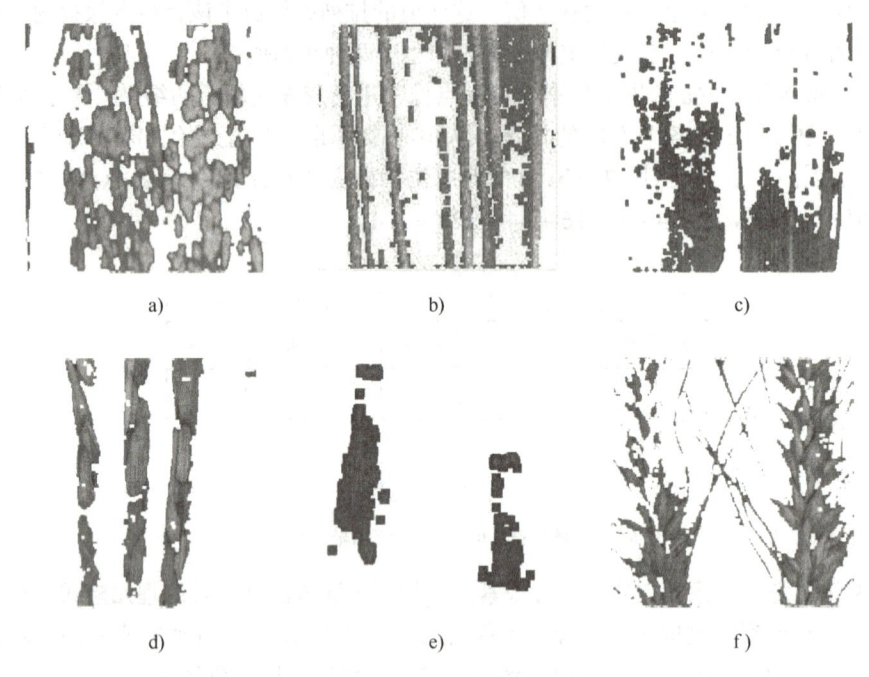

图 7.28 小麦病害部位

a）白粉病叶片　b）条锈病叶片　c）叶锈病叶片　d）纹枯病叶鞘　e）叶枯病叶片　f）赤霉病病穗

从图 7.28 可以看到，无论病害部位是叶片、叶鞘还是麦穗，也无论病害的颜色和形状如何，都被比较有效、完整地提取出来了。由于不受病害部位、颜色、形状等因素的影响，所以本案例提出的小麦病害提取方法也可以适用于其他作物。

4. 病害特征数据计算

用上述方法提取出病害部位的图像后，计算病害部位的图像特征数据。相对于几何特征而言，颜色具有一定的稳定性，其对大小、方向都不敏感，表现出较强的鲁棒性。同时，在许多情况下，颜色是描述一幅图像最简便而有效的特征。本案例利用 R、G、B 分量的平均值作为图像特征数据（颜色特征值），计算过程如下：

1）在二值图像上统计病害部位的面积 A（黑色像素）。

2）在原图像上分别统计病害部位（与二值图像上黑色像素对应的位置）像素点 R、G、B 分量的灰度值总和 S_R、S_G 和 S_B。

3）利用式（7.36）分别计算病害部位 R、G、B 分量的平均值 $\bar{R}$、$\bar{G}$ 和 $\bar{B}$。

$$\begin{cases} \bar{R} = S_R / A \\ \bar{G} = S_G / A \\ \bar{B} = S_B / A \end{cases} \quad (7.36)$$

对 120 个样本图像分别按上述方法计算出病害部位的图像特征数据，对每种病害的 20

个样本，计算出图像特征数据的平均值，存储于数据库中的颜色特征信息表中，作为标准颜色特征值。

图 7.28 所示的小麦病害部位颜色特征值的计算结果见表 7.2。

表 7.2　图 7.28 的颜色特征值

特征	白粉病叶片	条锈病叶片	叶锈病叶片	纹枯病叶鞘	叶枯病叶片	赤霉病病穗
R 均值	164	172	126	158	101	131
G 均值	173	167	95	137	67	109
B 均值	152	99	61	108	64	86

白粉病叶片图像 R、G、B 分量的平均值都很大，并且三者很接近，这与它的白色症状吻合。条锈病叶片图像 R、G 分量的平均值很大，远远超过 B 分量的平均值，并且二者很接近，这与它的黄色症状相吻合。纹枯病叶鞘图像的 R、G、B 分量的平均值比较接近，这与它的灰白色症状相吻合。叶锈病叶片图像、叶枯病叶片图像和赤霉病病穗图像都是 R 分量的平均值最大，G 分量次之，B 分量最小，这与它们的泛红症状相吻合，但是三个值之间的差异也体现出不同病症图像红色的深浅程度。在试验过程中，其他病症的颜色特征值也各有其自身的特点。

试验证明，不同小麦病害图像的颜色特征值具有很大的差异性，同类小麦病害图像的颜色特征值又具有一定的规律性。因此，提取小麦病害图像的颜色特征值进行诊断是合理可行的。

5. 病害诊断

利用图像距离计算公式，计算出待识别图像病害部位的颜色特征值与数据库中的标准颜色特征值之间的距离。距离越小，表示待识别图像的病害与具有该特征的病害越相似。图像距离 D 的计算式为

$$D = a_1 \Delta \bar{R} + a_2 \Delta \bar{G} + a_3 \Delta \bar{B} \tag{7.37}$$

式中，a_1、a_2、a_3 为权重；$\Delta \bar{R}$、$\Delta \bar{G}$、$\Delta \bar{B}$ 为待识别图像的病害部位的颜色特征值与数据库中的标准颜色特征值的差值。试验发现，小麦病害部位的颜色差异主要体现在 R、G 分量上，试验证明最佳权重值为 $a_1 = 0.45$，$a_2 = 0.45$，$a_3 = 0.1$。

根据式（7.37）所定义的图像距离公式，逐一计算图 7.28 所示图像的颜色特征值与数据库中标准颜色特征值之间的距离，反馈出距离最小的标准值所对应的图像病害类型即为诊断结果。

利用上述方法，对收集的 6 种病害图像的 20 个样本，分别进行了诊断试验，其结果见表 7.3。其中，白粉病叶片和纹枯病叶鞘分别错误诊断一个，叶枯病叶片错误诊断两个。错误的原因是，由于拍摄图像的病害区域过小，背景区域过大，引起了较大的计算误差，说明拍摄图像的好坏影响着判断结果。拍摄图像时，尽量少采集背景区域，有利于病害的诊断。由于病害图像的标准颜色特征值是多个样本颜色特征值的统计结果，不同于单个样本颜色特征值，因此本试验方法对算法的验证有一定的参考价值。在实际应用中，计算病害图像的标准颜色特征值时，应该尽量多地选择病害图像标本，而诊断样本图像需要尽量少地采集背景部分，这样有利于提高病害图像的诊断准确率。

表 7.3　小麦病害的图像诊断试验结果

病害	图像				
	总数	拍摄图像数	资料图像数	正确诊断数	正确诊断率
白粉病叶片	20	12	8	19	95%
条锈病叶片	20	10	10	20	100%
叶锈病叶片	20	8	12	20	100%
纹枯病叶鞘	20	15	5	19	95%
叶枯病叶片	20	12	8	18	90%
赤霉病病穗	20	10	10	20	100%

本案例利用病害部位的颜色特征对小麦病害种类进行了有效的识别。从图 7.28 可以看出，不同病害的形貌差异也很大，将来也可以考虑利用形貌特征来探讨小麦病害的图像识别方法。

7.8.2　小麦播种导航路径检测及视频演示

1. 实验设备与视频采集

实验用小麦播种视频为自然环境下利用数码摄像机在天津、河南等地实地拍摄得到。其中拖拉机为 25 马力（1 马力 =735.499W），作业速度为 10km/h。摄像机的型号为 Sony DCR-PPC10，拍摄视频的分辨率为 640×480 像素，帧率为 30 帧 /s。图像处理设备为 PC，配置 Intel Pentium（R）Dual-Core 处理器，主频为 2.6GHz，内存为 2.0GB。利用 Microsoft Visual Studio 2010 在 ImageSys 平台上进行了算法的研究开发。

2. 第一帧田埂导航目标候补点检测

对于摄像机采集到的彩色田埂视频的第一帧图像，进行如下处理：

1）如图 7.29 所示，在图像中心设定 1/4 图像宽度的处理窗口。

2）分别计算 R、G、B 分量的纵向累计直方图（分布图）A_r、A_g、A_b，将累计直方图像素值总计最大的颜色分量作为主颜色 X（其中 X 表示 R、G 或 B）。图 7.29 示意的主颜色 X 为 R 分量。

3）利用小波系数 $N=8$ 的 Daubechies 小波，分别对 A_r、A_g、A_b 进行一维小波变换，去除高频分量后进行反变换，如此进行 3 次小波平滑处理。

4）对小波平滑处理后的 A_r、A_g、A_b，通过数据分析，获得主颜色发生突变的位置 x_v，如图 7.29 所示。

5）以主颜色 X 为处理对象，从下到上逐行分析处理区间的扫描线，获得导航方向候补点群。

① 处理区间设定方法：下方第一行，以位置 x_v 为中心，左右各扩展设定宽度 p（$p=30$ 像素）；以后各行都以下一行扫描线检测出的方向候补点为中心左右各扩展设定宽度 p。

② 方向候补点检测方法：将扫描线像素值曲线进行 3 次小波平滑处理，然后分析出像素值曲线的最小波谷点，作为方向候补点，依次存入数组 V_E。

6）计算数组 V_E 中各点 x 坐标的平均值，记为 x_{va}，以点（$x_{va}, y_{size}/2$）为已知点对数组 V_E 进行过已知点哈夫变换（参考 9.4.1 哈夫变换），获得导航直线。统计导航直线上各点的横坐标并存入数组 L 中，其中 L 大小为图像高度 y_{size}。

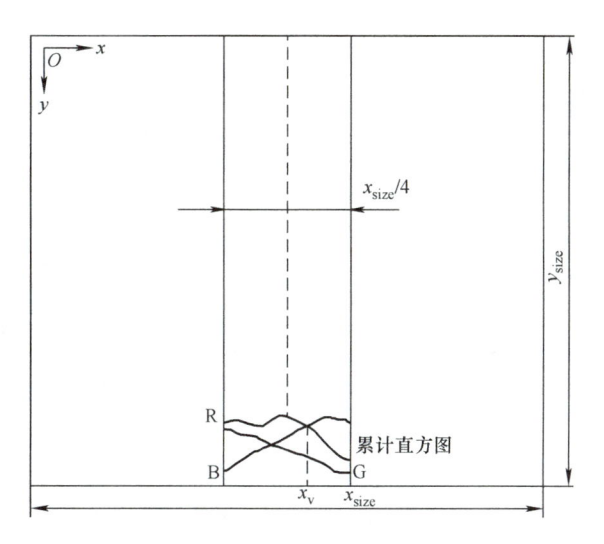

图 7.29 处理窗口及主颜色为 R 分量时变化位置示意图

3. 非第一帧田埂导航目标候补点检测

从第 2 帧图像开始，以后各帧图像均和其前一帧进行关联，利用上一帧的候补点群分段进行哈夫变换，根据哈夫变换获得的直线重新确定各行的处理区域并进行小波平滑处理。其中，进行小波平滑处理的图像仍为第一帧确定的 X 分量图像。之后，在平滑处理后的图像行内分析线形特征，寻找当前帧的候补点群，完成导航直线的检测。

4. 播种导航目标候补点检测

播种直线的检测也分为第一帧检测和非第一帧检测，与田埂的第一帧检测和非第一帧检测基本一样。

5. 目标候补点检测结果分析

图 7.30 为从视频中截取的不同作业环境下的第一帧图像。其中，图 7.30a、b 为田埂线图像，图 7.30c、d 为播种线图像；田埂线与播种线大致位于图像中心处。每个图像上的左右波形图，分别为其表示矩形区域内累计直方图的原数据和小波平滑数据。

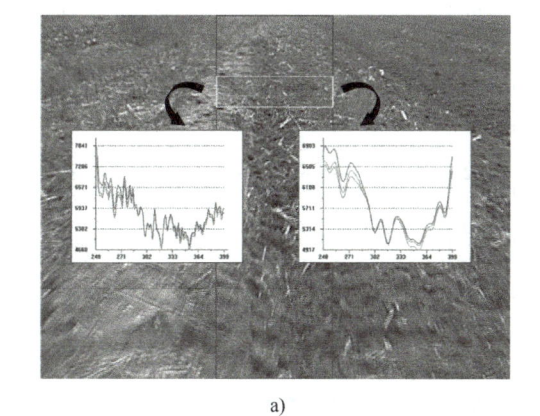

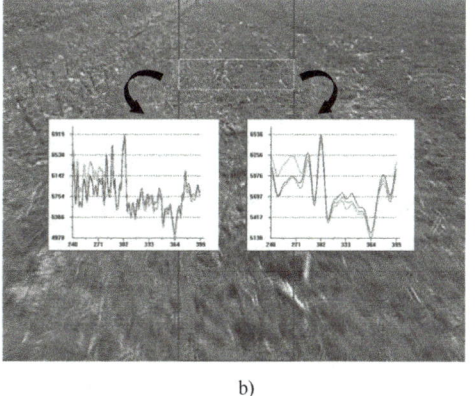

链 7-1
图 7.30 彩图

图 7.30 表示区域数据的小波平滑效果
a)、b) 田埂线图像

c)   d)

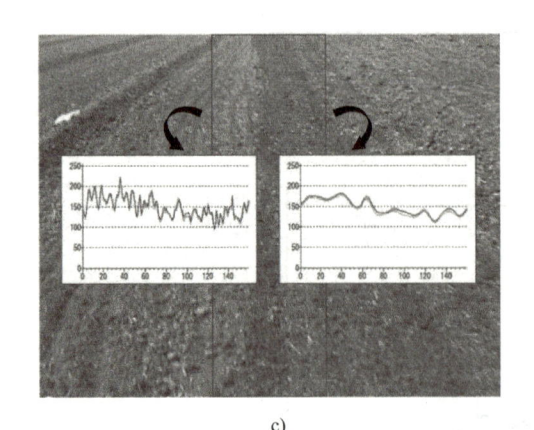

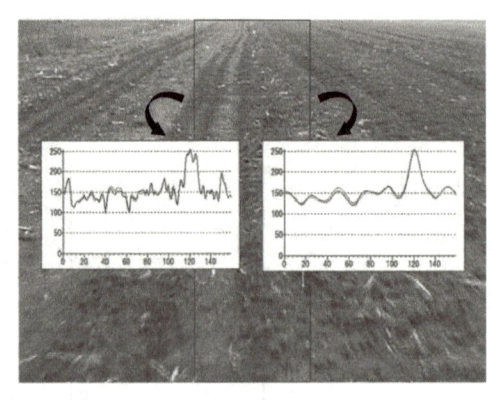

图 7.30　表示区域数据的小波平滑效果（续）

c)、d）播种线图像

从图中可以看出，田埂与田间、已播种地与未播种地的区分均很小，图像中含有的导航信息十分微弱。此外，从数据波形图可以看出，经小波处理后高频噪声被去除，数据得到了很好的平滑。

图 7.31 为图 7.30 的处理窗口区域（图 7.30 中蓝色大矩形框所示）在垂直方向上的累计直方图的小波平滑数据。其中，图 7.31a、b 为田埂线第一帧 R、G、B 各分量的数据；图 7.31c、d 为播种线第一帧的最大分量数据。从图 7.31a 中可以看出，处理窗口内图像的主颜色为蓝色，其发生突变的位置在 295 处，即 $x_v = 295$；在图 7.31b 中，主颜色为绿色，$x_v = 316$。对于播种线图像，如图 7.31c、d 所示，其波谷位置分别为 $x_v = 310$ 及 $x_v = 309$。通过与图 7.30 中原图像进行比较发现，位置 x_v 大致对应图像底端田埂与田间、已播种地与未播种地的分界位置。

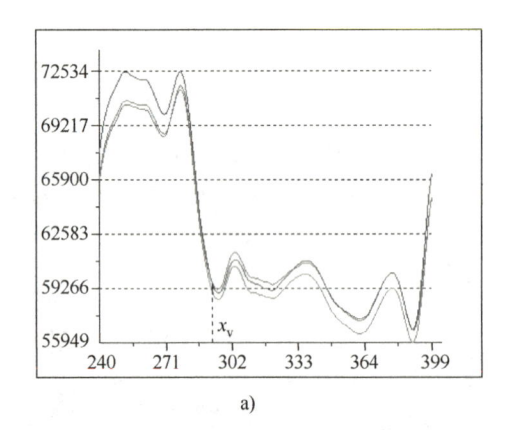

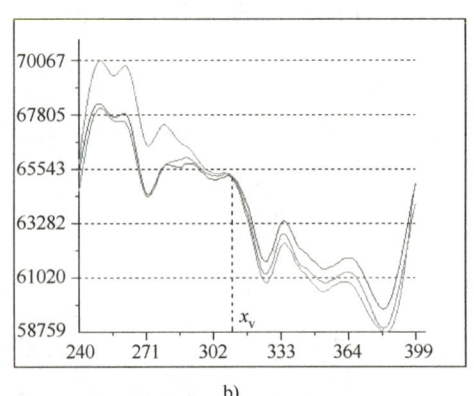

链 7-2
图 7.31 彩图

a)   b)

图 7.31　图 7.30 处理窗口在垂直方向上的累计直方图

a)、b）田埂线

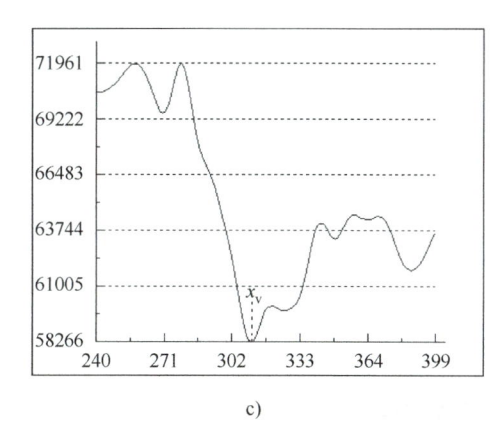

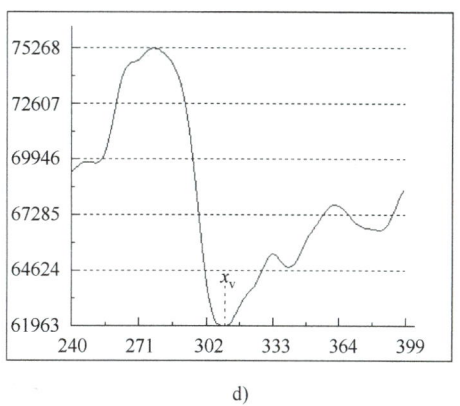

图 7.31 图 7.30 处理窗口在垂直方向上的累计直方图（续）

c)、d) 播种线

6. 导航直线检测结果

对上述检测出的导航路径目标候补点，用过已知点哈夫变换检测导航直线（参考 9.4.1 哈夫变换）。已知点设在目标候补点群中心位置。图 7.32 是小麦播种导航线检测结果。图中的散点是上述方法检测的各个扫描线上的方向候补点，十字是已知点，直线是检测出的导航直线。

图 7.32 候补点群及导航线的检测结果

a) 田埂线图像　b) 播种线图像

链 7-3　小麦播种导航线检测

7. 视频演示

下面给出小麦播种导航线检测的视频演示，读者可以扫描二维码观看视频。

思考题

1. 请问线性小波平滑与线性移动平滑的主要区别是什么？
2. 图像通过小波变换去掉低频分量后再恢复图像，请问类似变换在傅里叶变换里被称为高通滤波还是低通滤波？

第 8 章　滤波增强

8.1　基本概念

1. 目标像素的 4 邻域与 8 邻域

在对像素处理时，设定要处理的像素为目标像素，假设该像素 p 的坐标是 (x, y)，那么它的 4 邻域坐标 N4 分别为：$(x, y-1)$、$(x-1, y)$、$(x+1, y)$、$(x, y+1)$，如图 8.1a 中灰色的像素位置。8 邻域坐标 N8 分别为：$(x-1, y-1)$、$(x, y-1)$、$(x+1, y-1)$、$(x-1, y)$、$(x+1, y)$、$(x-1, y+1)$、$(x, y+1)$、$(x+1, y+1)$，如图 8.1b 中灰色的像素位置。

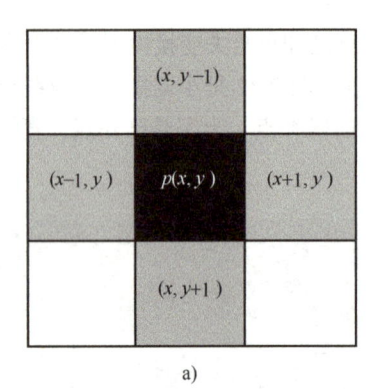

图 8.1　目标像素的 4 邻域与 8 邻域

a）4 邻域　b）8 邻域

2. 滤波器（算子）

图像滤波是指在尽量保留原图像细节特征的条件下对目标图像进行降噪、锐化、边缘增强等处理，是一种图像增强方法。例如，在光线不好的情况下拍照时，照片上会出现噪声点，通过滤波处理，可以去除这些噪声点。其中用于滤波处理的模版就叫滤波器，也称作算子。滤波器通常是一个 3×3 的数据矩阵，也可以是 5×5 或其他大小的数据矩阵。

3. 卷积处理

卷积属于一种积分变换数学运算，常被用于目标图像的平滑、模糊、锐化、去噪以及边缘提取等处理。如图 8.2 所示，左边是一个 3×3 的算子，该算子和目标图像（输入图像）的像素值进行卷积，即对应像素相乘后再求和，以目标图像左上角的 3×3 区域（其中心 e' 位置处为目标像素）为例，设该像素矩阵卷积的计算结果为 E，则计算过程为

$$E = a \times a' + b \times b' + c \times c' + d \times d' + e \times e' + f \times f' + g \times g' + h \times h' + i \times i' \qquad (8.1)$$

将计算结果作为目标像素的像素值，即将 e' 位置处的像素值更新为 E。为了不破坏原图像数据，处理结果 E 保存在一个新图像（输出图像）上。将算子向右移动一个像素（图中的黑色方框①），再次计算算子与①中对应像素的乘积之和，更新目标矩阵中 f' 位置的

像素值，接着再次向右移动计算，当第一行全部计算完毕时，进入下一行像素（图中的黑色方框②），计算并更新目标矩阵中 h' 位置处的像素值，继续向右移动计算，直至第二行计算完毕，以此类推，从上到下、从左到右地遍历完整幅图像，完成对整幅图像的卷积运算。

4. 图像噪声

图像噪声是指图像信号在摄取或传输过程中混入其中的不必要的或多余的随机干扰信号，通常表现为图像信息或者像素亮度的随机变化。

图像噪声的来源主要可划分为外部噪声和内部噪声两种，外部噪声来源于外部电气设备产生的电磁波干扰、天体放电产生的脉冲干扰、环境温度变化以及电源不稳定等外部干扰因素。内部噪声来源于内部传感器材料属性、电子元器件以及电路结构等内部影响因素。一张图像通常会包含多种噪声。常见的图像噪声主要包括高斯噪声、椒盐噪声、泊松噪声和乘性噪声等。高斯噪声如图 8.3a 所示，其产生原因一般包括：图像在拍摄时视场不够明亮、亮度不够均匀，电路各元器件自身噪声和相互影响，图像传感器长期工作温度过高等。高斯噪声是一种随机噪声，服从高斯分布，主要特点表现为：麻点。椒盐噪声又称为脉冲噪声，是由图像传感器、传输信道、解码处理等产生的黑白相间的亮暗点噪声，如图 8.3b 所示。由于胡椒是黑色，盐是白色，这种随机出现的黑、白点，就像在图像上洒了一些胡椒和盐，故称之为椒盐噪声。

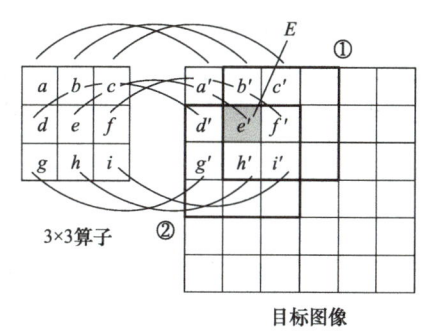

图 8.2 卷积处理过程示意图

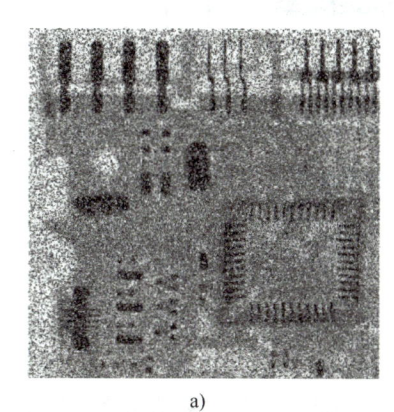

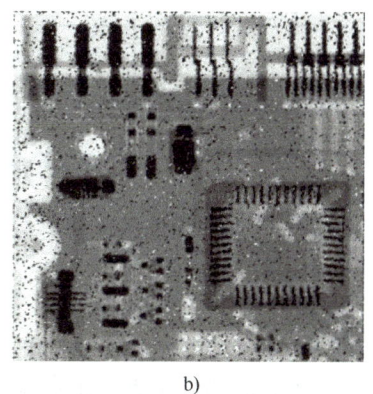

图 8.3 高斯噪声和椒盐噪声
a）高斯噪声　b）椒盐噪声

5. 图像边缘

在图像处理中，边缘（edge）（或称 contour，轮廓）不仅仅指表示物体边界的线，还包括能够描绘图像特征的线要素，类似于素描画中的线条。尽管颜色和亮度也是图像的重要因素，但在日常图表、插图、肖像画、连环画等中，很多是通过描绘对象边缘线的方式来表现的。尽管这种方法可能有些单调，但仍能清楚地理解所要表述的物体。对于图像处理来说，边缘检测（edge detection）也是重要的基本操作之一。通过提取边缘，能识别特定的物体，测量其面积及周长，以及求解两幅图像的对应点等。边缘检测与提取的处理进而可作为更为复杂的图像识别和图像理解的关键预处理。

由于图像中物体与物体或物体与背景之间的界限是边缘，在图像中，可以将出现灰度及颜色急剧变化的地方视为边缘。由于自然图像中颜色的变化必然伴随着灰度的变化，因此在进行边缘检测时，只需集中关注灰度即可。

8.2 去噪声处理

以下介绍几种常用的图像去噪声处理（滤波处理）方法。

8.2.1 移动平均

移动平均法（moving average model）或称均值滤波器（averaging filter）是一种最简单的消除噪声方法。如图 8.4 所示，该方法通过使用周围 3×3 像素范围内的平均值置换目标像素值来实现。其原理是通过使图像一定程度的模糊，达到无法看到细小噪声的效果。然而，这种方法会不加区分地模糊化噪声和边缘，导致目标图像也会模糊化。计算公式为

$$q = \frac{p_0 + p_1 + p_2 + p_3 + p_4 + p_5 + p_6 + p_7 + p_8}{9} \quad (8.2)$$

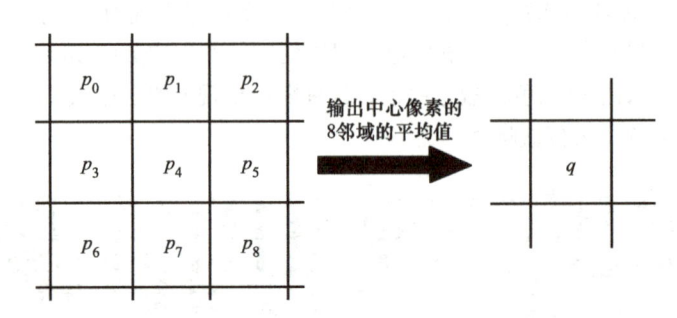

图 8.4　移动平均法

为了获得最佳的噪声消除结果，需要在保留边缘的同时消除噪声。其中，最著名的方法是中值滤波（median filter）。

8.2.2 中值滤波

图 8.5 展示了灰度图像的像素值在使用中值滤波前后的像素值关系。根据图 8.5a 所示的输入图像，可以观察到图像中灰色格子所对应的像素值明显高于周围其他像素值，可将其视为一种噪声像素点。通过将该像素值赋予周围像素值的相近值，可以去除噪声点。将该像素点作为矩阵中心点，查看 3×3 邻域内（黑框线所围区域范围）的 9 个像素的灰度值，按照从小到大的顺序进行排列，结果如下：

2　2　3　3　④　4　4　5　10

这一系列数据的中间值（也称 medium，中值）应该是按照大小关系排序后，全部 9 个像素值的中间像素（第 5 个像素）的灰度值：4。因此，在经过中值滤波处理后，输入图像（见图 8.5a）中灰度为 10 的噪声点，其像素值被替换为 4，目标图像如图 8.5b 所示，噪声得以消除。原因是噪声像素点的灰度值与周围像素相比存在较大差异，而按照像素值

从小到大排序时，噪声像素的灰度值会集中在排序的两端（黑色噪声点或白色噪声点），而不会位于中间位置。

中值滤波器使用 3×3 像素矩阵（黑色方框）能够将中心的像素值由 10 改为 4，如果将滤波器在整幅图像上从上到下、从左到右进行遍历后，便能完成对整个图像的滤波处理。

接下来对中值滤波处理的以下两个特点予以说明：

1）图像的损害。如图 8.5 所示，如果将滤波器位置向右移动一个像素，在新的 3×3 像素矩阵（虚线框）中，通过中值滤波处理，输入图像中的 3 将被替换为 4。实际上，输入图像中的像素值 3 不属于噪声，该像素值的改变对图像实际造成了一定的损害。然而，在视觉上很难察觉到这种损害。

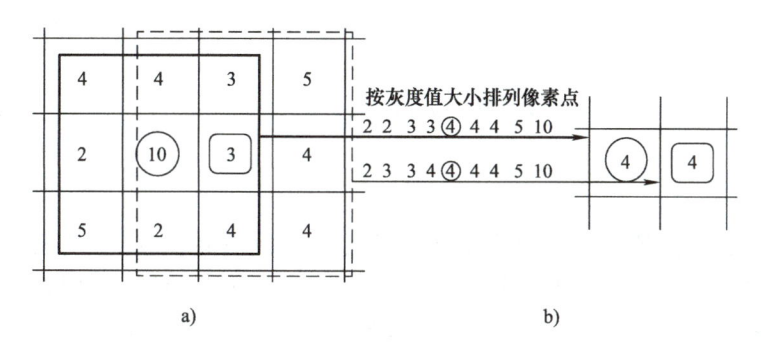

图 8.5 中值滤波

a）输入图像　b）目标图像

2）图像边缘的保留。图 8.6a 为一幅具有边缘的图像，系列的像素 2 和像素 15 之间形成了图像的边缘。针对"○"圈选的像素进行处理，得到如图 8.6b 所示的结果，可以明显观察到边缘被完整地保留下来了。

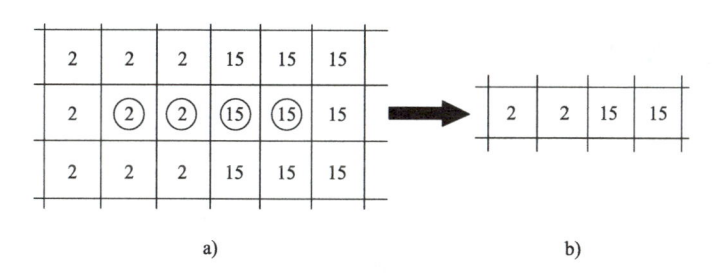

图 8.6 对具有边缘的图像进行中值滤波

a）具有边缘的输入图像　b）中值滤波可以保留边缘

移动平均法中，由于噪声成分被纳入平均计算之中，因此其输出受到噪声的影响。然而，中值滤波中，由于噪声像素值较难排序于中位，被选中用于像素幅值，因此几乎不会对输出产生影响。相比之下，采用同样的像素矩阵大小进行去噪处理，中值滤波的能力更胜一筹。

图 8.7 展示了中值滤波和移动平均法去除噪声的结果。从原始图像（见图 8.7a）中可以看出其中存在椒盐噪声，中值滤波后的效果如图 8.7b 所示，移动平均法处理后的效果如

图 8.7c 所示。对比这两种方法，可以清楚地看出中值滤波在消除噪声和保留边缘方面的优越性。然而，需要注意的是，中值滤波需要较长的计算时间，几乎可以达到使用移动平均法的多倍。

图 8.7 中值滤波与移动平均法的比较
a）原始图像　b）中值滤波　c）移动平均法

8.2.3 高斯滤波

高斯滤波器是根据高斯函数的形状来选择权值的线性平滑滤波器。高斯平滑滤波器对于去除服从正态分布的噪声具有良好的效果。式（8.3）和式（8.4）分别表示一维和二维零均值高斯函数公式。图 8.8a、b 展示了一维和二维高斯零均值函数的分布示意图。

$$G(x) = \frac{1}{\sqrt{2\pi}\sigma} e^{-\frac{x^2}{2\sigma^2}} \quad (8.3)$$

$$G(x,y) = \frac{1}{2\pi\sigma^2} e^{-\frac{x^2+y^2}{2\sigma^2}} \quad (8.4)$$

式中，σ 是正态分布的标准偏差，决定了高斯函数的宽度。

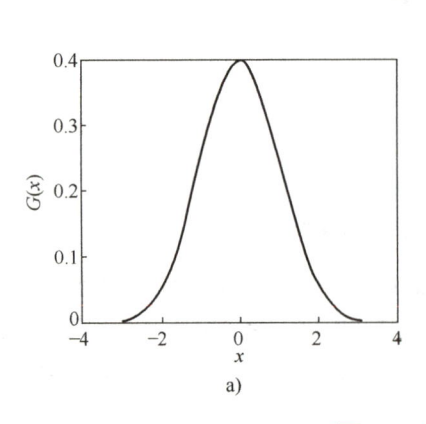

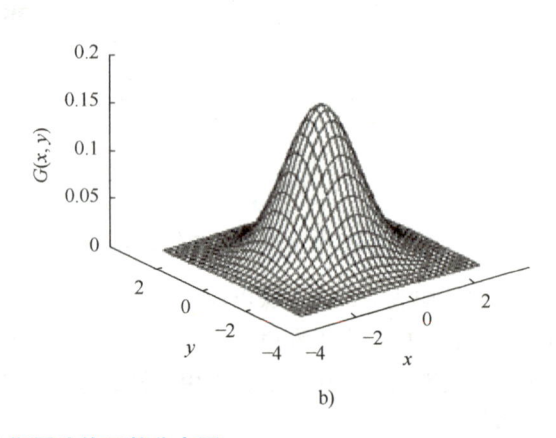

图 8.8 高斯零均值函数分布图
a）一维高斯零均值函数　b）二维高斯零均值函数

高斯函数具有以下 5 个重要特性：

1）二维高斯函数具有旋转对称性，即其对应滤波器在各个方向上的平滑程度相同。一般来说，一幅图像的边缘方向事先并不知晓，因此在滤波之前无法确定某个方向是否需要更多的平滑。旋转对称性意味着高斯平滑滤波器在后续边缘检测中不会倾向于任何一个方向。

2）高斯函数是单值函数。高斯滤波器采用目标像素邻域的加权均值来代替该点的像素值，其中每一个邻域像素点的权值随着该点与中心点的距离单调递增或递减。这一特性非常重要，因为边缘作为一种图像局部特征，如果平滑运算对于距离算子中心较远的像素点仍然有显著影响，则平滑运算将导致图像失真。

3）高斯函数的傅里叶变换频谱是单瓣的。这一特性说明高斯函数傅里叶变换等于高斯函数本身。图像处理中，通常希望保留图像中重要的特征（如边缘），这些特征既包含低频分量，又包含高频分量。高斯函数傅里叶变换的单瓣特性意味着平滑图像时不会使其被不需要的高频信号污染，同时可保留大部分所需信号。

4）高斯滤波器宽度（决定着平滑程度）由参数 σ 决定，σ 和平滑程度的关系非常简单：σ 越大，高斯滤波器的频带就越宽，平滑程度就越好。通过调节参数 σ，可以有效地调节图像的平滑程度。因此，σ 也被称为平滑尺度。

5）由于高斯函数的可分离性，可以有效地实现较大尺寸高斯滤波器的滤波处理。二维高斯函数的卷积可以分解为两个步骤。首先将图像与一维高斯函数进行卷积，然后将卷积结果再与方向垂直的相同一维高斯函数进行卷积处理。因此，二维高斯滤波的计算量随滤波模板宽度成线性增长而非成二次方增长。

以上特性表明，高斯平滑滤波器无论在空间域还是在频率域都是十分有效的低通滤波器，且在实际的图像处理中得到了工程人员的广泛应用。

在图像处理中，常常使用二维零均值离散高斯函数作为平滑滤波器，且在设计高斯滤波器时，为了方便计算，通常希望滤波器的权值是整数。一种常见的整数化方法是在滤波器模板的角点处取一个值，并使用因子 K 将其权值设置为 1。通过这个因子，可以使滤波器权值整数化。然而，由于整数化后的模板权值之和不等于 1，为了保证图像的均匀灰度区域不受影响，必须对滤波模板进行权值规范化。

以下是几种高斯滤波器模板：

$\sigma = 1$，3×3 模板：

$$\frac{1}{16} \times \begin{bmatrix} 1 & 2 & 1 \\ 2 & 4 & 2 \\ 1 & 2 & 1 \end{bmatrix} \tag{8.5}$$

$\sigma = 2$，5×5 模板：

$$\frac{1}{84} \times \begin{bmatrix} 1 & 2 & 3 & 2 & 1 \\ 2 & 5 & 6 & 5 & 2 \\ 3 & 6 & 8 & 6 & 3 \\ 2 & 5 & 6 & 5 & 2 \\ 1 & 2 & 3 & 2 & 1 \end{bmatrix} \tag{8.6}$$

$\sigma=3$，7×7 模板：

$$\frac{1}{365}\times\begin{bmatrix} 1 & 2 & 4 & 5 & 4 & 2 & 1 \\ 2 & 6 & 9 & 11 & 9 & 6 & 2 \\ 4 & 9 & 15 & 18 & 15 & 9 & 4 \\ 5 & 11 & 18 & 21 & 18 & 11 & 5 \\ 4 & 9 & 15 & 18 & 15 & 9 & 4 \\ 2 & 6 & 9 & 11 & 9 & 6 & 2 \\ 1 & 2 & 4 & 5 & 4 & 2 & 1 \end{bmatrix} \qquad (8.7)$$

在获得高斯滤波器模板后，将该模板与图像进行卷积操作，即可获得平滑后的图像。

8.2.4 单模板滤波实践

去噪声处理可以理解为单模板滤波处理，接下来打开 ImageSys 系统中的单模板滤波功能界面，实践处理效果。

1. 准备工作

按照以下步骤进行操作：

1）打开 ImageSys 软件，读入一幅灰度图像至系统帧上。

2）单击菜单"滤波增强"→"单模板"，打开"单模板"处理窗口，如图 8.9 右侧所示。

3）单击菜单"像素分布处理"→"线剖面"，打开"线剖面"窗口，如图 8.9 中部所示。

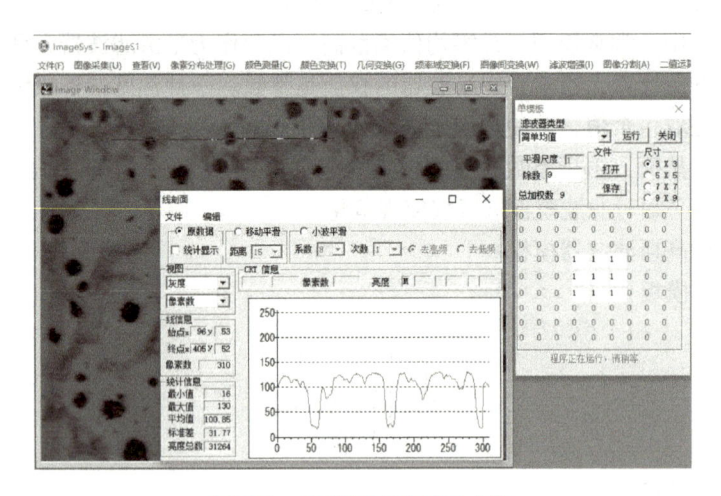

图 8.9 单模板及线剖面功能

4）按住鼠标左键在图像上方画一条直线（可以是任意方向），直线上的像素分布图显示在线剖图界面上。

5）在"状态窗"上，单击"原帧保留"。

通过以上操作，在"单模板"窗口上单击"运行"按钮，处理结果随即输出至系统下一帧上，并显示在系统主界面的图像窗口中。处理前的图像保持不变，可以通过"状态窗"切换显示处理前的图像，观察所画直线上的像素值在处理前后的变化。

2. 功能与实践

1）滤波器类型：包括简单均值、加权均值、4方向锐化、8方向锐化、4方向增强、8方向增强、平滑增强、中值、排序、高斯滤波、用户自定义等选项。选择滤波器后，对应算子自动显示在下方窗口。

2）除数：自动计算除数，也可以手动变更。

3）文件："保存"或"打开"设定有滤波算子和除数的文件。

4）尺寸：选择滤波算子的大小，默认为 3×3。选项包括 3×3、5×5、7×7、9×9。

下面分别对上述各个滤波器进行实践，默认尺寸设定为 3×3。其他尺寸大小读者可以自行设定并实践。每次切换滤波器时，需要在"状态窗"上选择显示第1帧，以确保对原图像进行处理。

1）简单均值：图 8.10 显示简单均值"运行"3次的处理结果。

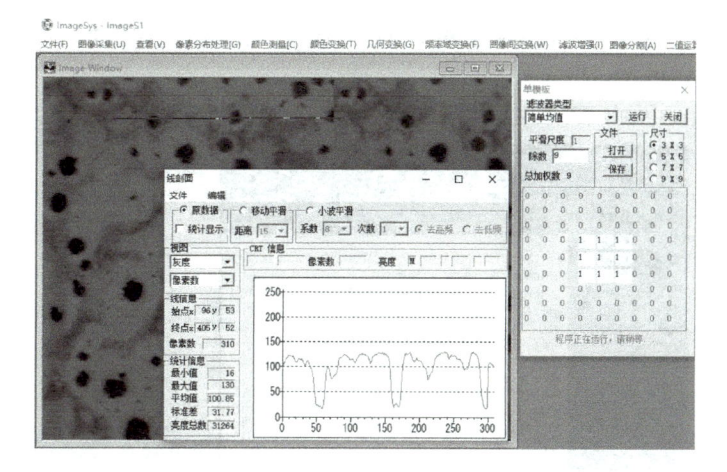

图 8.10　简单均值"运行"3次的处理结果

2）加权均值：图 8.11 显示加权均值"运行"3次的处理结果。

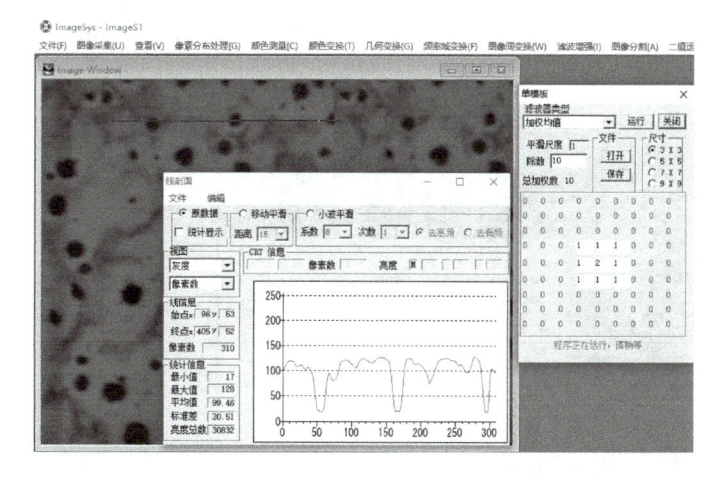

图 8.11　加权均值"运行"3次的处理结果

3）4方向锐化：图 8.12 显示 4方向锐化"运行"1次的处理结果。

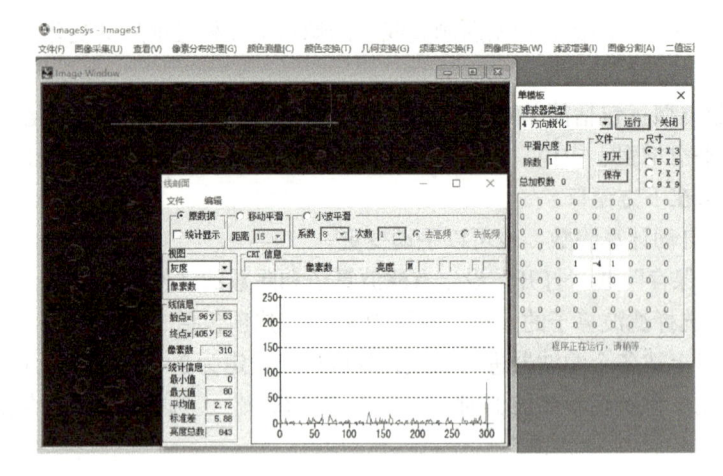

图 8.12　4 方向锐化"运行"1 次的处理结果

4）8 方向锐化：图 8.13 显示 8 方向锐化"运行"1 次的处理结果。

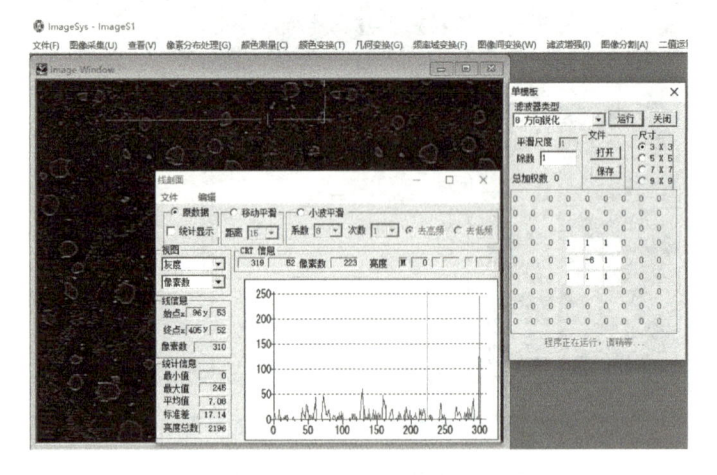

图 8.13　8 方向锐化"运行"1 次的处理结果

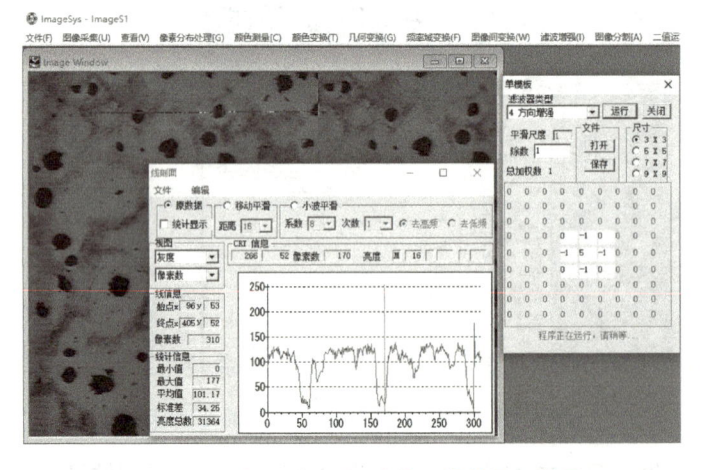

5）4 方向增强：图 8.14 显示 4 方向增强"运行"1 次的处理结果。

图 8.14　4 方向增强"运行"1 次的处理结果

6）8方向增强：图8.15显示8方向增强"运行"1次的处理结果。

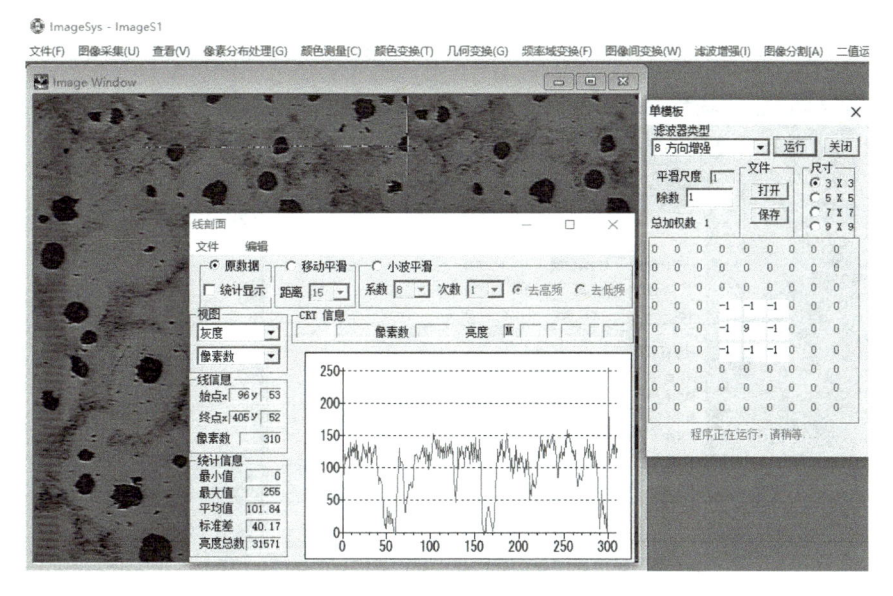

图8.15 8方向增强"运行"1次的处理结果

7）平滑增强：图8.16显示平滑增强"运行"1次的处理结果。

注：当选择上述几种滤波器时，相应的算子和除数数据将会自动显示在窗口中。

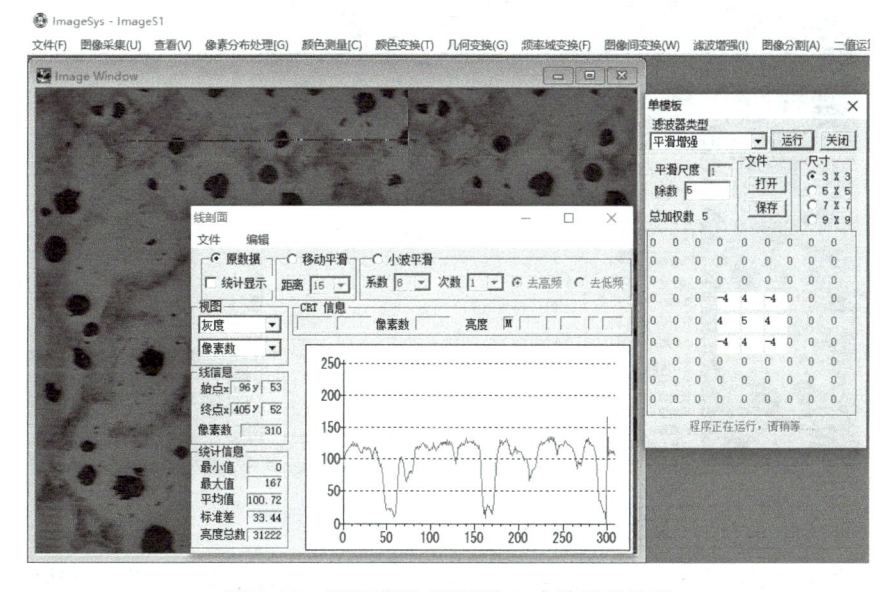

图8.16 平滑增强"运行"1次的处理结果

8）中值（滤波）：图8.17显示中值"运行"1次的处理结果。

9）排序（滤波）：按照从小到大的顺序对目标像素及其周围的像素进行排序，从中选择特定位置处的像素值作为目标像素的值。图8.18显示排序"运行"1次的处理结果，"输出"选择了位置1处的像素值（即排序中的最小值）。

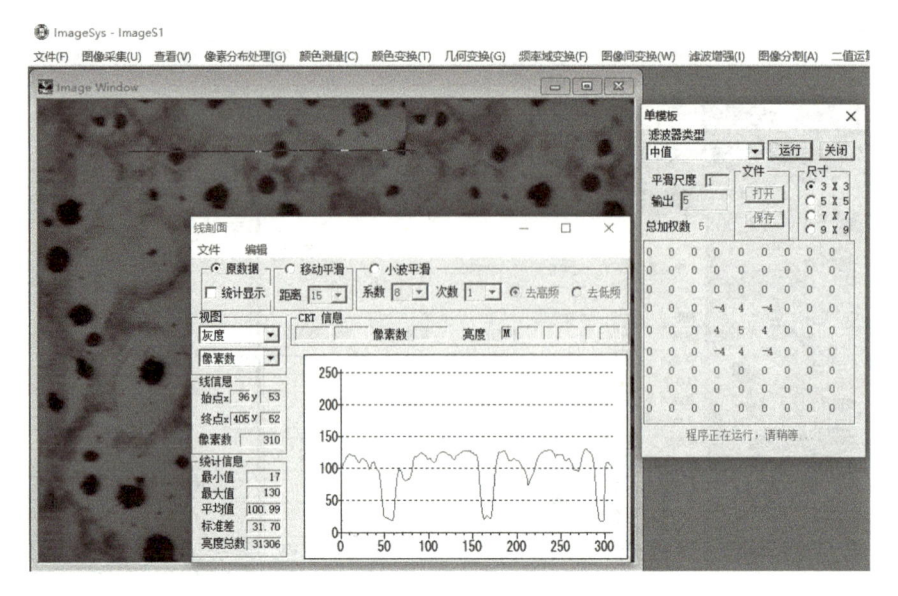

图 8.17 中值"运行"1 次的处理结果

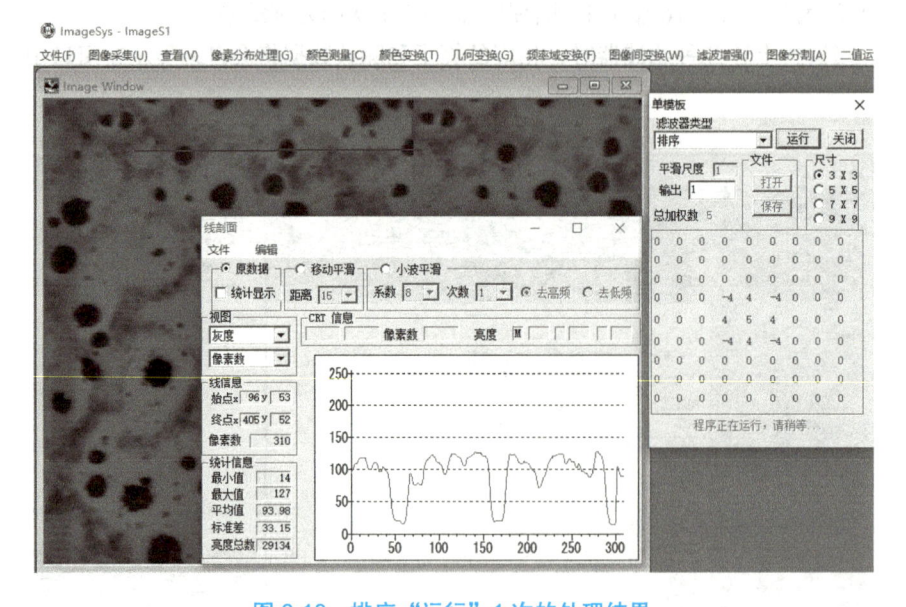

图 8.18 排序"运行"1 次的处理结果

10）高斯滤波：图 8.19 显示高斯滤波"运行"1 次的处理结果。参数值自动生成。

11）用户自定义：用户可以自由设定滤波算子和除数的数据。滤波算子设定后，总加权数将自动显示在窗口的"总加权数"位置。除数一般设定为总加权数。自定义方法一般不建议采用，因为各项参数的设定，在没有进行多次实践验证的前提下，无法确保效果。因此，在此不做具体的设定和实践说明。

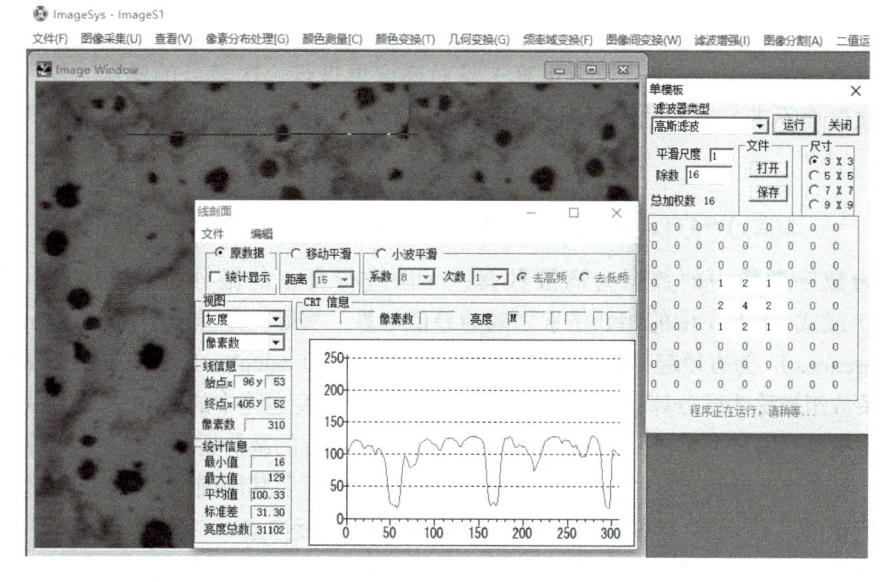

图 8.19 高斯滤波"运行"1 次的处理结果

8.3 基于微分的边缘检测

由于边缘为图像中灰度值急剧变化的部分，而微分运算正好可以用于提取这种变化部分，因此它非常适用于图像边缘的检测与提取。微分运算包括一阶微分（first differential calculus）（也称 gradient，梯度运算）与二阶微分（second differential calculus）（也称 Laplacian，拉普拉斯运算），这两种运算方法都可以用于上述的边缘检测与提取。

8.3.1 一阶微分（梯度运算）

一阶微分（也称为梯度运算）可以采用向量 $G(x,y) = (f_x, f_y)$ 来表示，用以表示坐标点 (x,y) 处的灰度倾斜度的大小和方向。其中 f_x 表示 x 方向的微分，f_y 表示 y 方向的微分。

在数字图像中，f_x、f_y 可以通过以下公式计算：

$$f_x = f(x+1, y) - f(x,y)$$
$$f_y = f(x, y+1) - f(x,y)$$
(8.8)

计算获得微分值 f_x、f_y 之后，可以使用以下公式推导出边缘的强度与方向。

【强度】： $G = \sqrt{f_x^2 + f_y^2}$ (8.9)

【方向】： $\theta = \arctan\left(\dfrac{f_x}{f_y}\right)$ 向量 (f_x, f_y) 的朝向 (8.10)

边缘的方向是指其灰度变化由暗朝向亮的方向。可以说梯度算子更适于边缘（阶梯状灰度变化，也就是深浅变化）的检测。

8.3.2 二阶微分（拉普拉斯运算）

二阶微分 $L(x,y)$（即拉普拉斯运算）是对梯度再进行一次微分的操作，仅用于检测边缘的强度而不求方向，适用于细线化边缘的检测。在数字图像中，可以采用式（8.11）表示：

$$L(x,y) = 4f(x,y) - |f(x,y-1) + f(x,y+1) + f(x-1,y) + f(x+1,y)| \quad (8.11)$$

因为数字图像中的数据为离散数据，无法进行真正的微分运算。因此，类似于式（8.8）或式（8.11）中的相邻像素之间的差值运算，实际上是差分运算（calculus of finite differences），为方便起见称之为微分运算（differential calculus）。用于进行像素间微分运算的系数组被称为微分算子（differential operator）。梯度运算中的 f_x、f_y 的计算式（8.8），以及拉普拉斯运算式（8.11），都是基于这些微分算子进行的微分运算。这些微分算子有多种类型，见表 8.1 和表 8.2。实际的微分运算是将目标像素及其周围像素分别与微分算子对应的数值矩阵系数相乘，然后将其和作为微分运算后目标像素的灰度值。扫描整幅图像，对每个像素都进行这样的微分运算，由此实现图像的卷积（convolution）处理。

表 8.1 梯度运算的微分算子

算子名称	①一般差分			② Roberts 算子			③ Sobel 算子		
求 f_x 的模板	0	0	0	0	0	0	−1	0	1
	0	1	−1	0	1	0	−2	0	2
	0	0	0	0	0	−1	−1	0	1
求 f_y 的模板	0	0	0	0	0	0	−1	−2	−1
	0	1	0	0	0	1	0	0	0
	0	−1	0	0	−1	0	1	2	1

表 8.2 拉普拉斯运算的微分算子

算子名称	拉普拉斯算子 1			拉普拉斯算子 2			拉普拉斯算子 3		
模板	0	−1	0	−1	−1	−1	1	−2	1
	−1	4	−1	−1	8	−1	−2	4	−2
	0	−1	0	−1	−1	−1	1	−2	1

8.3.3 模板匹配

模板匹配（template matching）就是研究图像与模板（template）的一致性（匹配程度）。为此，准备了几个表示边缘的标准模式，与图像的一部分进行比较，选取最相似的部分作为结果图像。如图 8.20 所示的 Prewitt 算子，共有对应于 8 个边缘方向的 8 种掩模（mask）。图 8.21 说明了这些掩模与实际图像如何进行比较。与微分运算相同，目标像素及其周围（3×3 邻域）像素分别乘以对应掩模的系数值，然后对各个求和。对 8 个掩模分别进行计算，其中计算结果中最大掩模的方向即为边缘的方向，其计算结果即为边缘的强度。

另外，如果已知目标对象的方向性，在使用模版匹配算子时，可以只选择与目标对象方向相同的模板进行计算。由此，不仅能够获得良好的检测效果，还能大大减少计算量。例如，在检测公路上的车道线时，由于车道线通常垂直向前，在使用 Prewitt 算子进行车道边缘线检测时，只需计算检测左右边缘的 M3 和 M7 模板，这样计算量就能减少到使用全部模板的 1/4。减少处理量在实时图像处理中具有极其重要的意义。

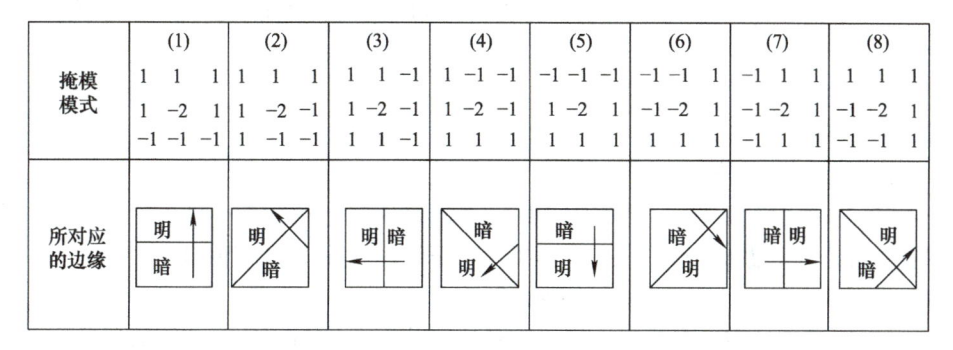

掩模模式	(1)	(2)	(3)	(4)	(5)	(6)	(7)	(8)
	1 1 1 1 −2 1 −1 −1 −1	1 1 1 1 −2 −1 1 −1 −1	1 1 −1 1 −2 −1 1 1 −1	1 −1 −1 1 −2 −1 1 1 1	−1 −1 −1 1 −2 1 1 1 1	−1 −1 1 −1 −2 1 1 1 1	−1 1 1 −1 −2 1 −1 1 1	1 1 1 −1 −2 1 −1 −1 1
所对应的边缘	明↑暗	明↘暗	明←暗	暗↙明	暗↓明	暗↘明	暗→明	明↘暗

图 8.20　用于模板匹配的各个掩模模式（Prewitt 算子）

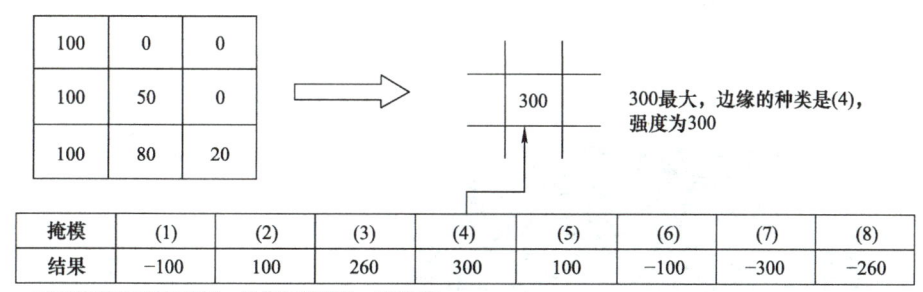

100	0	0
100	50	0
100	80	20

⇒

	300	

300 最大，边缘的种类是(4)，强度为 300

掩模	(1)	(2)	(3)	(4)	(5)	(6)	(7)	(8)
结果	−100	100	260	300	100	−100	−300	−260

（对于当前像素的 8 邻域，计算各掩模的一致程度）

例如，掩模(1)：1×100+1×0+1×0+1×100+(−2)×50+1×0+(−1)×100+(−1)×80+(−1)×20=−100

图 8.21　模板匹配的计算例

此外，在模板匹配中经常使用的算子还包括 Kirsch 算子（见图 8.22）和 Robinson 算子（见图 8.23）等。

M1	M2	M3	M4	M5	M6	M7	M8
5 5 5 −3 0 −3 −3 −3 −3	−3 5 5 −3 0 5 −3 −3 −3	−3 −3 5 −3 0 5 −3 −3 5	−3 −3 −3 −3 0 5 −3 5 5	−3 −3 −3 −3 0 −3 5 5 5	−3 −3 −3 5 0 −3 5 5 −3	5 −3 −3 5 0 −3 5 −3 −3	5 5 −3 5 0 −3 −3 −3 −3

图 8.22　Kirsch 算子

M1	M2	M3	M4	M5	M6	M7	M8
1 2 1 0 0 0 −1 −2 −1	2 1 0 1 0 −1 0 −1 −2	1 0 −1 2 0 −2 1 0 −1	0 −1 −2 1 0 −1 2 1 0	−1 −2 −1 0 0 0 1 2 1	−2 −1 0 −1 0 1 0 1 2	−1 0 1 −2 0 2 −1 0 1	0 1 2 −1 0 1 −2 −1 0

图 8.23　Robinson 算子

8.3.4 多模板滤波实践

滤波增强既可用于灰度图像处理，也可用于彩色图像处理。对于彩色图像而言，需要分别对 R、G、B 三个分量进行处理。本节将以彩色图像为处理对象，进行滤波增强实践演示。

1. 准备工作

按以下步骤进行操作：

1）打开 ImageSys 软件。
2）在"状态窗"上选择"彩色"，读入一幅彩色图像至系统第 1 帧上。
3）单击菜单"滤波增强"→"多模板"，打开"多模板"处理窗口。
4）在"状态窗"上，单击"原帧保留"。

通过以上操作，在"多模板"窗口上单击"执行"按钮，处理结果随即输出至系统下一帧上，并显示在系统主界面的图像窗口中。处理前的图像保持不变，可以通过"状态窗"切换显示处理前图像和处理后图像。图 8.24 所示为完成上述准备工作的窗口界面。

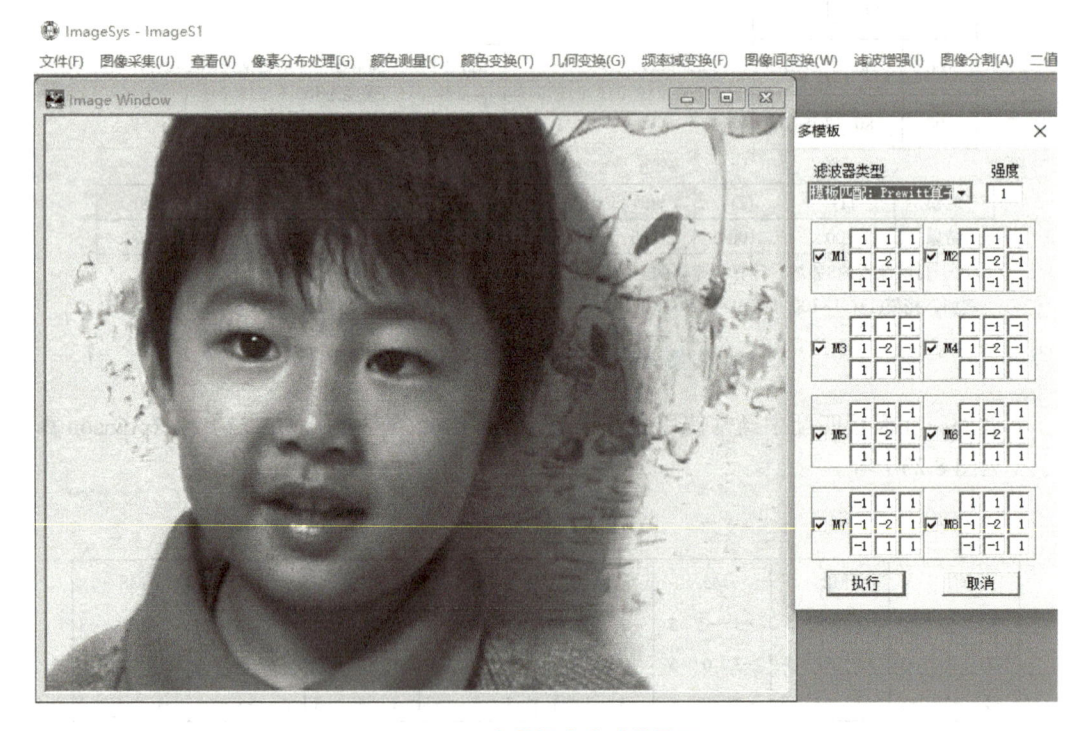

图 8.24 多模板滤波功能界面

2. 功能与实践

（1）滤波器类型

1）模板匹配：Prewitt 算子
2）模板匹配：Kirsch 算子
3）模板匹配：Robinson 算子
4）梯度运算：一般差分
5）梯度运算：Roberts 算子

6）梯度运算：Sobel 算子

7）拉普拉斯运算：算子 1

8）拉普拉斯运算：算子 2

9）拉普拉斯运算：算子 3

10）拉普拉斯运算：用户自定义。

注：以上算子中，包括 Prewitt 算子、Kirsch 算子和 Robinson 算子，属于基于模板匹配的边缘检测与提取算子，各自分别提供了 9 个不同的模板供用户选择使用。而一般差分、Roberts 算子、Sobel 算子以及 3 种拉普拉斯算子属于基于微分的边缘检测与提取算子。用户选定滤波器类型后，对于基于模板匹配的算子，可以同时选择其对应的多个模板以获得最佳处理效果，而对于基于拉普拉斯算子的运算则只有单个模板可供选择。一旦用户进行了选择，算子的数据会自动显示在对话框中。

（2）强度　处理结果像素的乘数，默认为 1。如果处理结果图像较暗，可以设置强度数据大于 1，然后重新处理。

（3）执行　执行所选算子，默认设定是将结果输出到下一帧上。

（4）取消　关闭对话框。

下面分别对每种滤波器进行实践演示。选择滤波器类型、单击"执行"按钮后，结果图像显示在系统第 2 帧上。每次切换滤波器时，需要在"状态窗"上选择显示第 1 帧，以确保对原图像进行处理。

图 8.25 ~ 图 8.33 分别展示了不同微分算子及其实践结果。其中，一般差分、Roberts 算子和拉普拉斯运算 3 个算子的强度都设定为 4，而其他算子的强度都设定为 1。

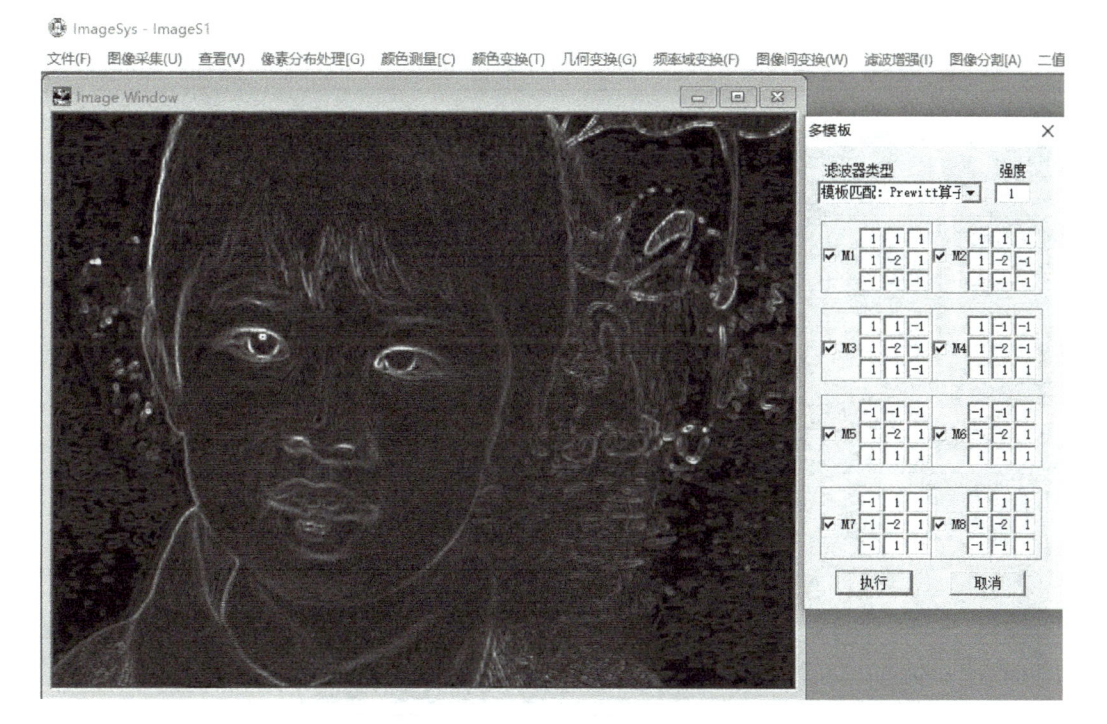

图 8.25　Prewitt 算子及结果

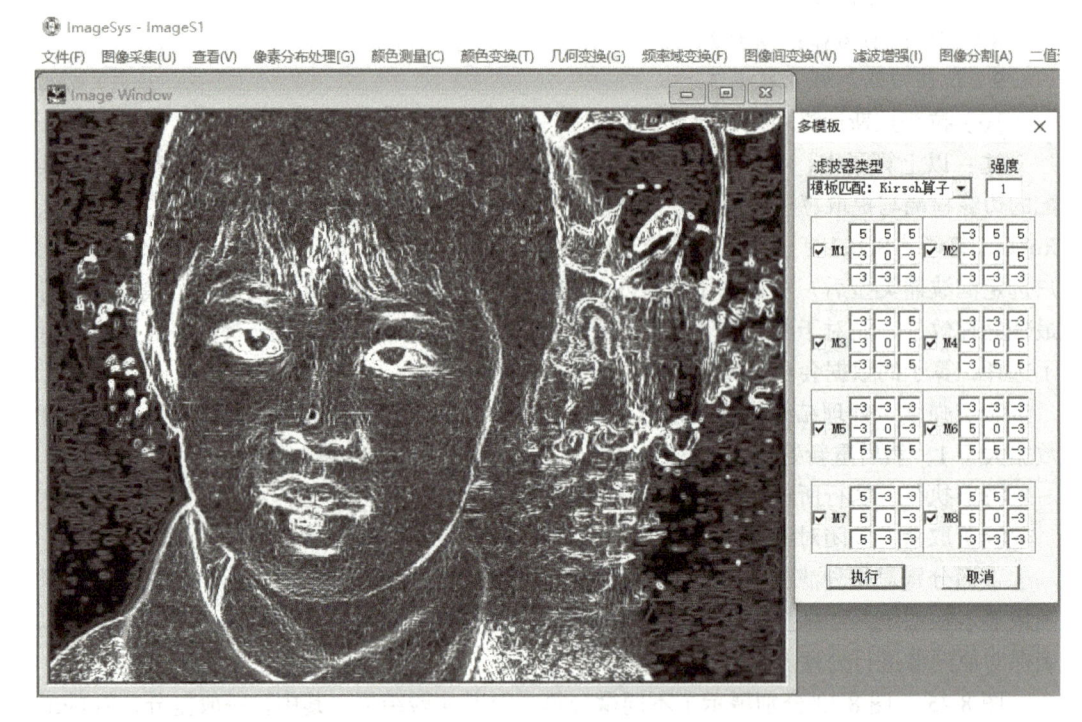

图 8.26　Kirsch 算子及结果

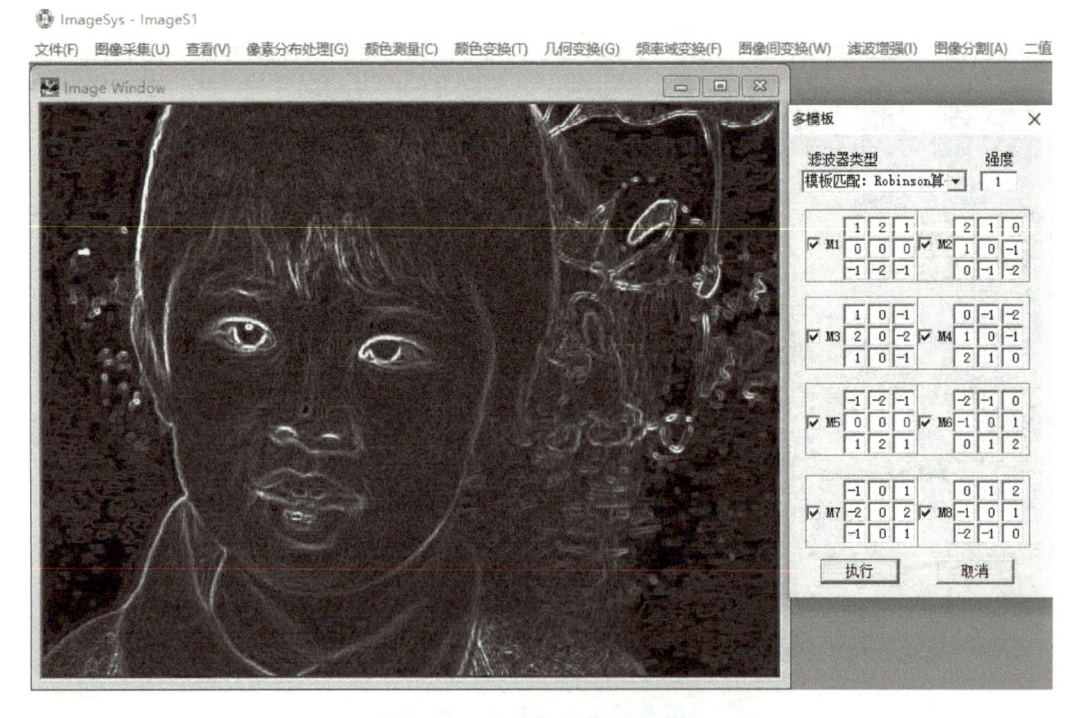

图 8.27　Robinson 算子及结果

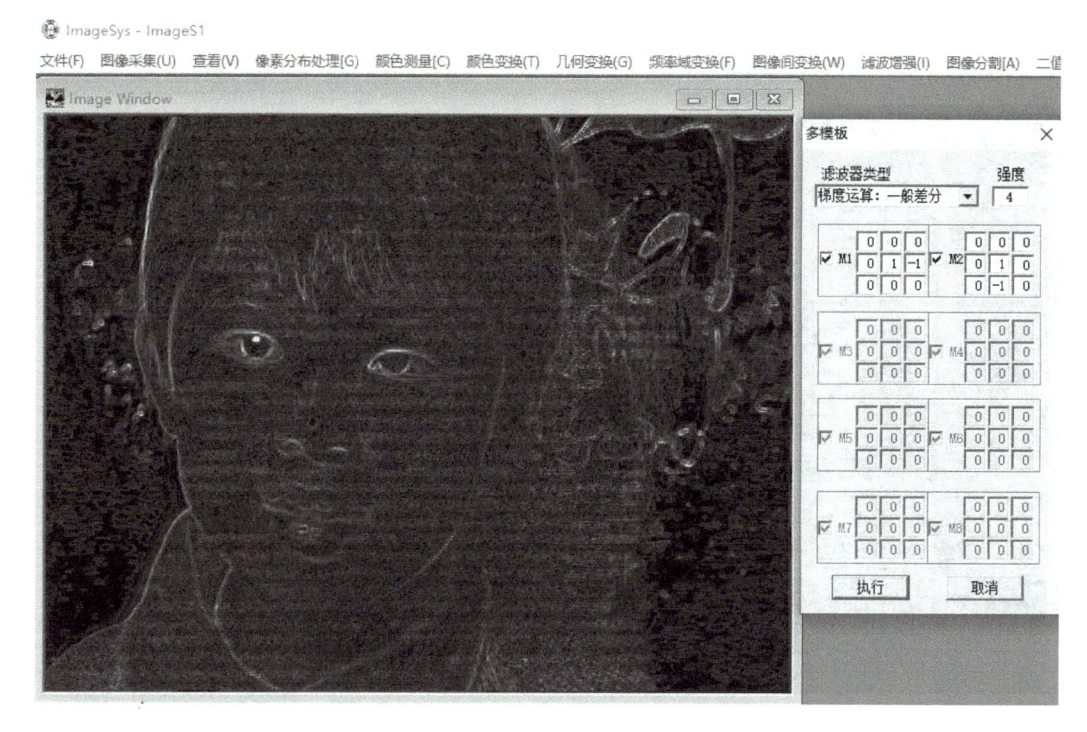

图 8.28　一般差分及结果

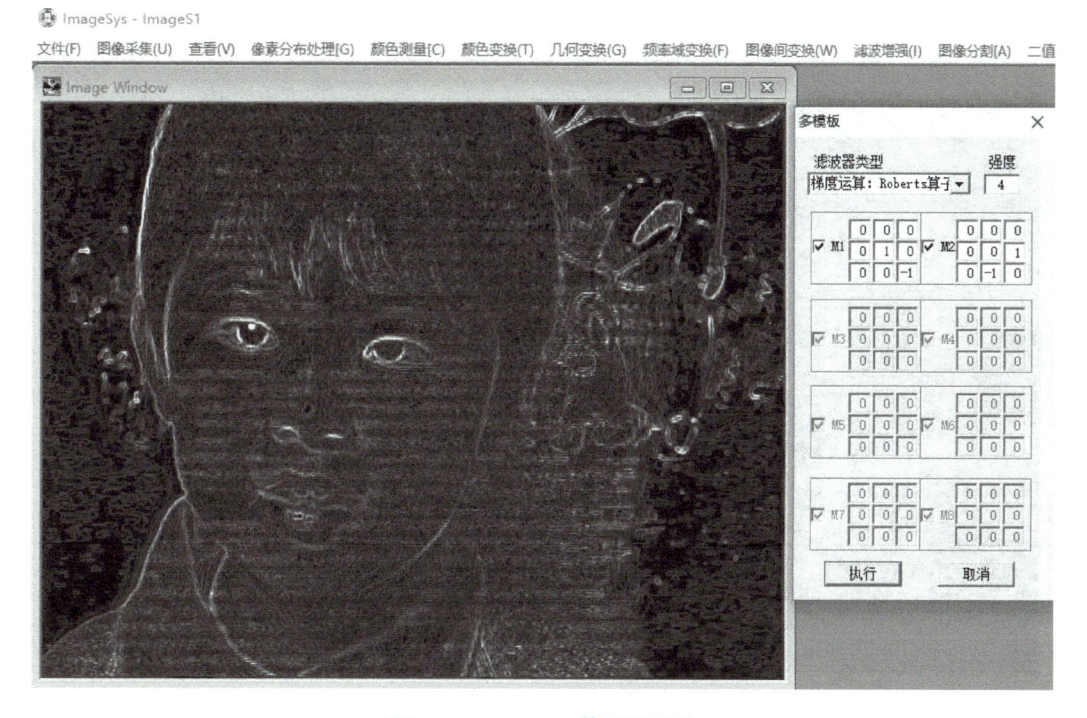

图 8.29　Roberts 算子及结果

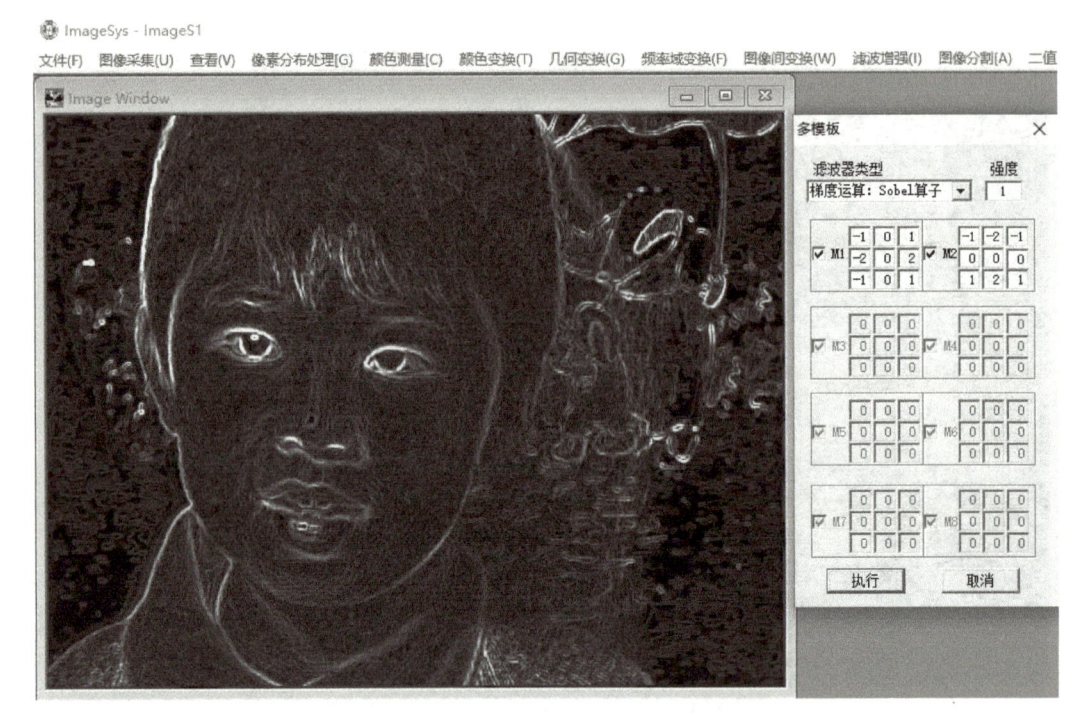

图 8.30　Sobel 算子及结果

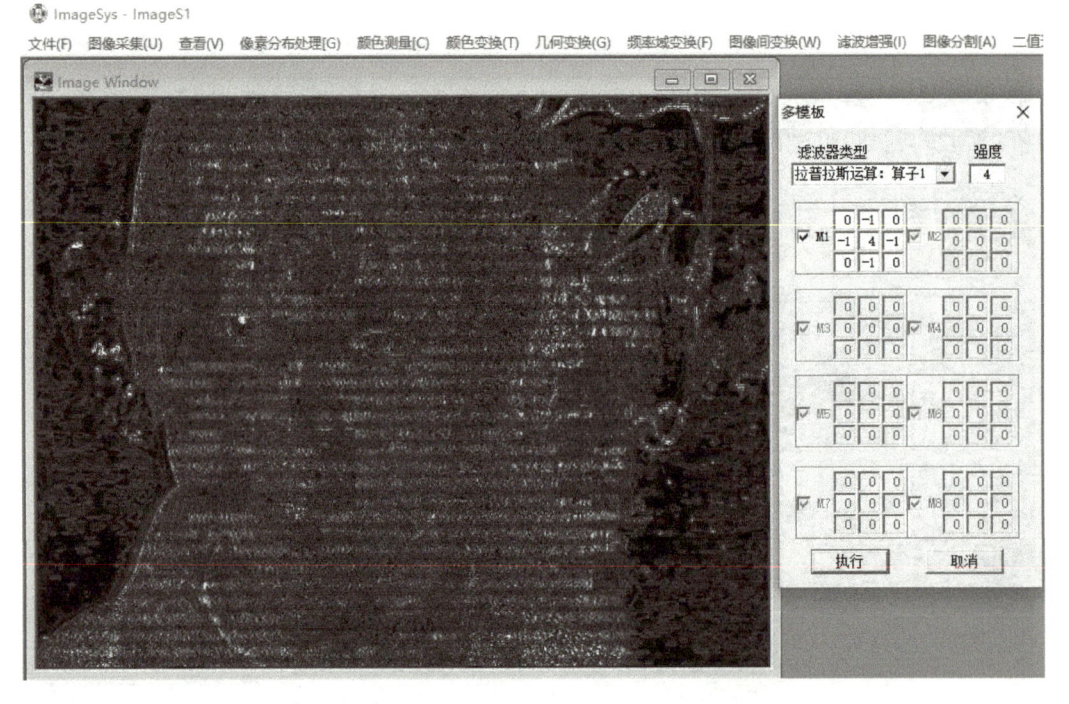

图 8.31　拉普拉斯运算：算子 1 及结果

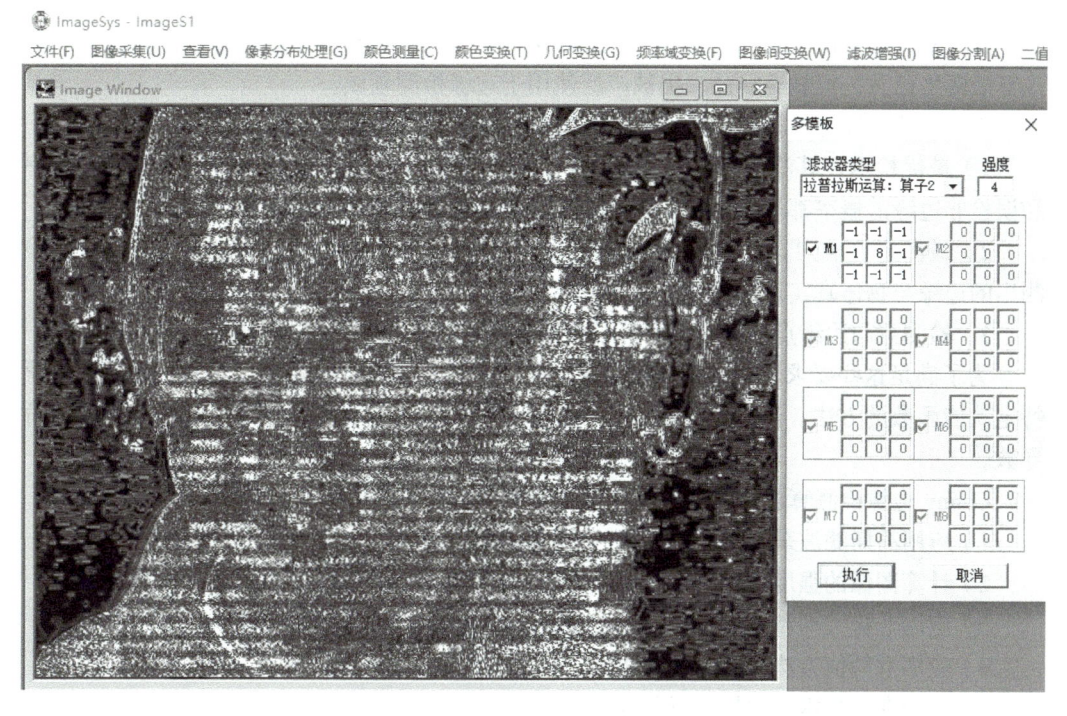

图 8.32 拉普拉斯运算：算子 2 及结果

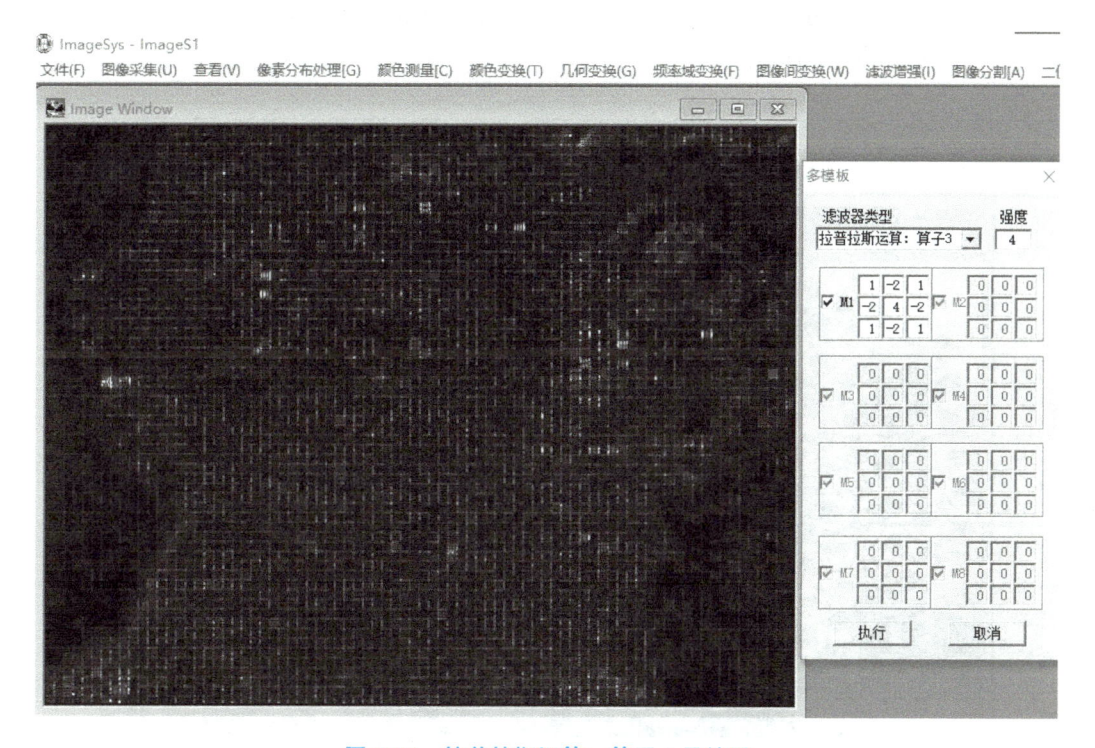

图 8.33 拉普拉斯运算：算子 3 及结果

8.4 Canny 算法及实践

Canny 算法是由 John F. Canny 于 1986 年开发的一种经典的多级边缘检测算法。尽管该算法诞生已久，但截至目前，仍被广泛使用于边缘检测领域。

Canny 的目标是寻找到一种最优的边缘检测算法，具体来说，包括以下几个方面：

1）最优检测。算法能够尽可能地识别出图像中的实际边缘，且漏检真实边缘的概率和误检非边缘的概率都尽可能小。

2）最优定位准则。所检测到的边缘点的位置与实际边缘点的位置最接近，或者说检测出的边缘与物体真实边缘的偏离程度最小。

3）检测点与边缘点一一对应。算子检测到的边缘点与实际边缘点应该一一对应。

为了满足这些要求，Canny 采用了变分法（calculus of variations），这是一种寻找优化特定功能函数的方法。最优检测使用 4 个指数函数项来表示，非常近似于高斯函数的一阶导数。

Canny 边缘检测算法可以划分为以下 5 个步骤：

1）应用高斯滤波来平滑图像，目的是消除噪声。

2）计算图像的强度梯度（intensity gradients）。

3）应用非极大抑制（non-maximum suppression）技术消除边缘误检。

4）应用双阈值方法确定可能的边界。

5）利用滞后技术对边界进行跟踪。

打开 ImageSys 系统，读入一幅灰度图像，单击菜单"滤波增强"→"Canny 边缘检测"，下面分别说明上述各项操作步骤并进行实践演示。图 8.34 显示读入的原图像和 Canny 边缘检测功能界面。

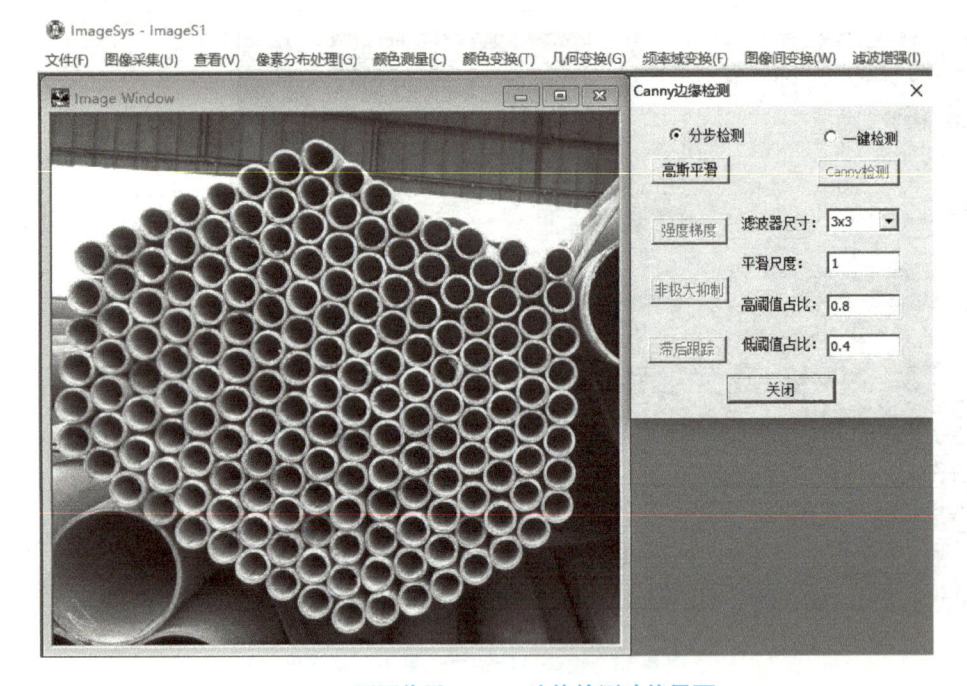

图 8.34　原图像及 Canny 边缘检测功能界面

1. 高斯平滑（去噪声）

去噪处理是目标提取中的一个重要步骤。Canny 算法中的第一步，是将原始数据与高斯滤波器（参考 8.2.3 高斯滤波）进行卷积，从而得到平滑图像。与原始图像相比，平滑图像有些轻微的模糊（blurred）。这样，单个像素噪声在经过高斯平滑后，在图像上几乎不会产生影响。图 8.35 是执行 3×3 高斯滤波器公式（8.4）平滑后的结果图像。

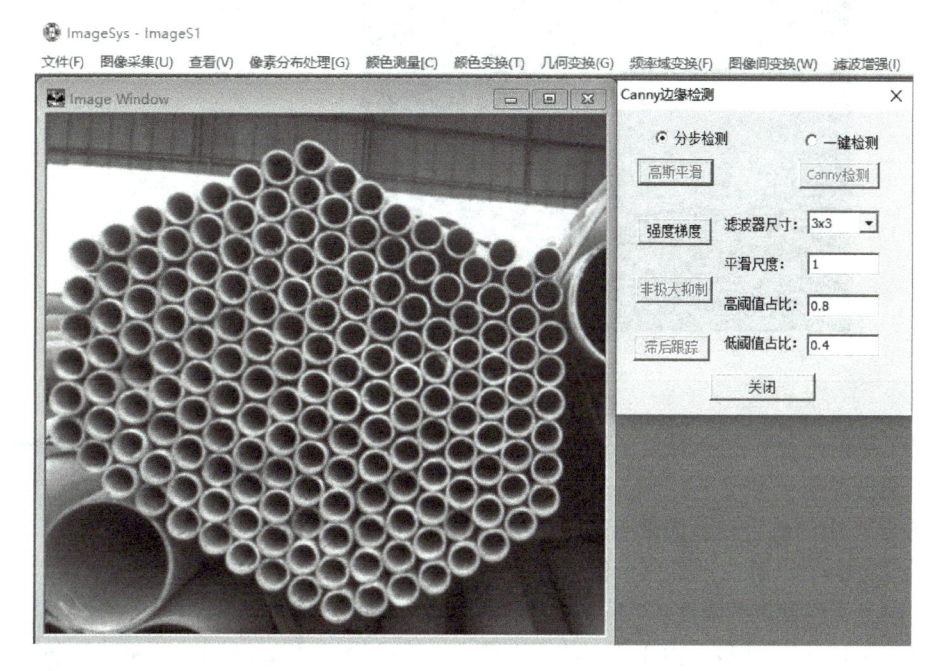

图 8.35　高斯平滑结果图像

2. 计算图像的强度梯度（梯度运算）

Canny 算法的基本思想是寻找一幅图像中灰度强度变化最显著的位置，即梯度方向。通过使用 8.3.4 节中的 Sobel 算子等运算方法，可以计算获得平滑后图像中每个像素点的梯度。以 Sobel 算子为例，首先分别计算水平（x）和垂直（y）方向的梯度 f_x 和 f_y，然后利用式（8.9）计算每一个像素点的梯度强度值 G，最后再将平滑后图像中的每一个像素点替换为对应的 G 值，即可获得如图 8.36 所示的强度梯度图像。由图 8.36 可以观察到，变化剧烈的区域（边界处）比较亮，即其像素值或 G 值较大。然而，由于这些边界通常较粗，难以标定边界的精确位置，因此还必须存储其梯度方向 [见式（8.10）]，进行非极大抑制处理。简而言之，该步骤需要计算并存储梯度的强度信息及其方向信息。

3. 非极大抑制（non-maximum suppression）

该步骤的目标是使模糊（blurred）的边界变得清晰（sharp）。通俗来讲，就是保留每个像素点上强度梯度的极大值，并删掉其他值。

针对强度梯度图像中的每个像素点，执行以下操作：

1）将其梯度方向近似为 0°、45°、90°、135°、180°、225°、270° 或 315°，即上下左右和 45° 方向之一。

2）比较该像素点及其梯度方向（正负）对应像素值的大小。

3）如果该像素点的像素值最大，则保留该值，否则将其抑制（即将其置为 0）。

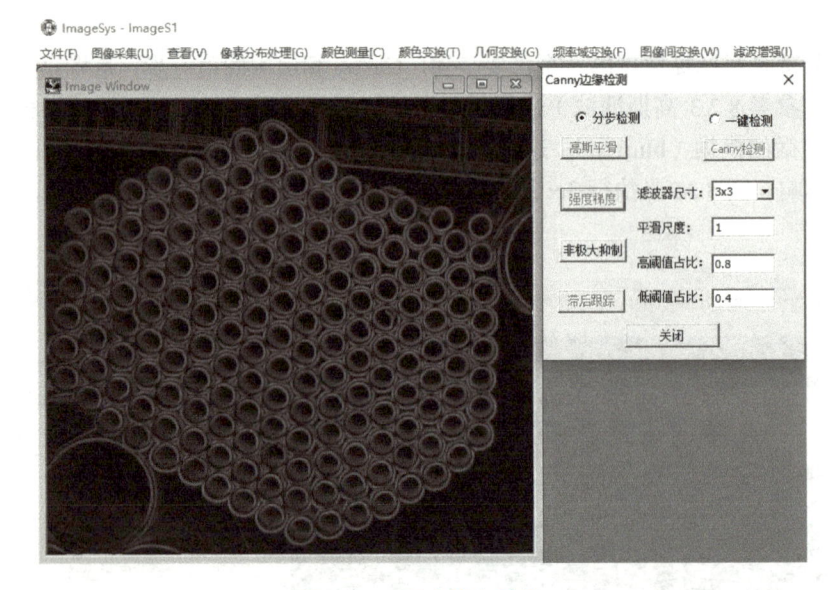

图 8.36 强度梯度图像

为了更好地解释这个概念，下面将结合图 8.37 进一步予以说明。

图 8.37 中的数字表示像素点的强度梯度，箭头方向表示梯度方向。以第二排第三个像素点为例，由于其梯度方向向上，将该点的强度（7）与其上下两个像素点的强度（5 和 4）进行比较，由于该点的强度最大，为此保留其值。

对图 8.36 中的强度梯度图像进行非极大抑制处理，结果如图 8.38 所示。

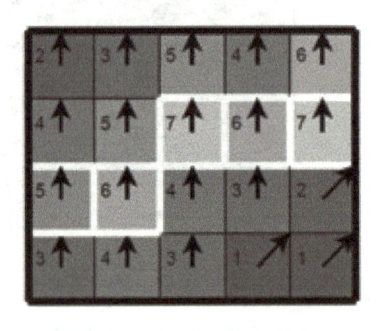

图 8.37 强度梯度示意图

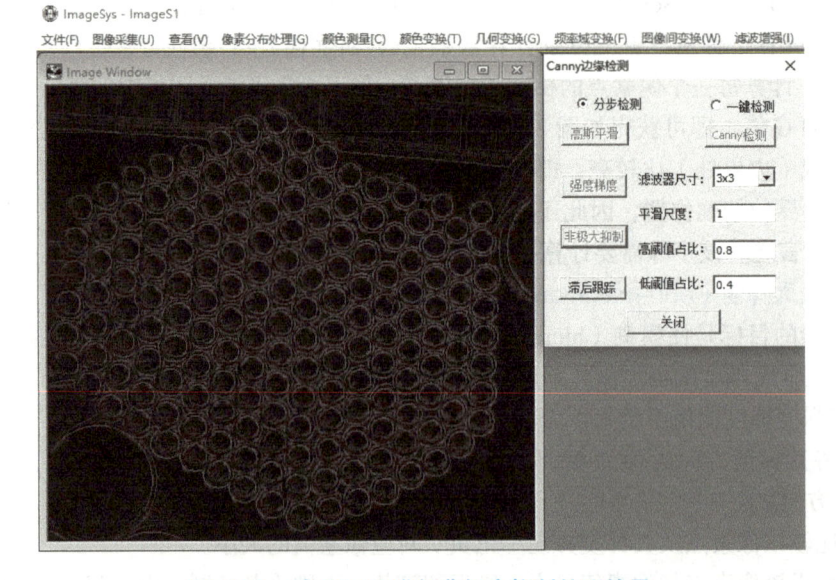

图 8.38 对图 8.36 进行非极大抑制处理结果

4. 双阈值（double thresholding）处理

经过非极大抑制处理后的图像仍然存在许多噪声。为此，Canny算法中引入了一种名为双阈值处理的技术：设定一个高阈值和一个低阈值，如果图像中像素点的强度大于高阈值则被认为是边界（称之为强边界，strong edge），将其像素值设定为 255；如果小于低阈值则认为不是边界，将其像素值设定为 0；其强度介于两个阈值之间的像素点被视为边界的候选点（称之为弱边界，weak edge），其像素值保持不变。

其中，高阈值和低阈值的设定，可以采用第 3 章 3.2.3 节中所介绍的 p 参数法。通常情况下，分别设定为直方图下位（黑暗部分）80% 和 40% 的位置，可以获得较好的处理效果。此外，也可以尝试调整阈值的设定值，查看是否能够获得更好的处理效果。

5. 滞后边界跟踪

对双阈值处理后的图像进行滞后边界跟踪处理，具体步骤如下：

1）同时遍历非极大抑制图像 I（见图 8.38）和强度梯度图像 G（见图 8.36），当某一像素点 $p(x,y)$ 在 I 图像中不为 0，而在 G 图像中大于高阈值且小于 255 时，将该像素点 $p(x,y)$ 在 I 和 G 图像上都设为 255（白色），并将其设定为跟踪起始点 $q(x,y)$，进行轮廓线跟踪。

2）考察 $q(x,y)$ 在 I 图像和 G 图像的 8 邻近区域。若某个 8 邻域像素 $s(x,y)$ 在 I 图像中大于零且在 G 图像上大于低阈值，则在 G 图像上将该像素点设为白色，并将其设定为新的跟踪起始点 $q(x,y)$。

3）重复执行步骤 2），直至没有符合条件的像素点为止。

4）循环执行步骤 1）~3），直至遍历完整幅图像。

5）遍历 G 图像，将非白色的像素点置为 0。

至此，Canny 算子的边缘检测就完成了。图 8.39 为滞后边界跟踪的结果。

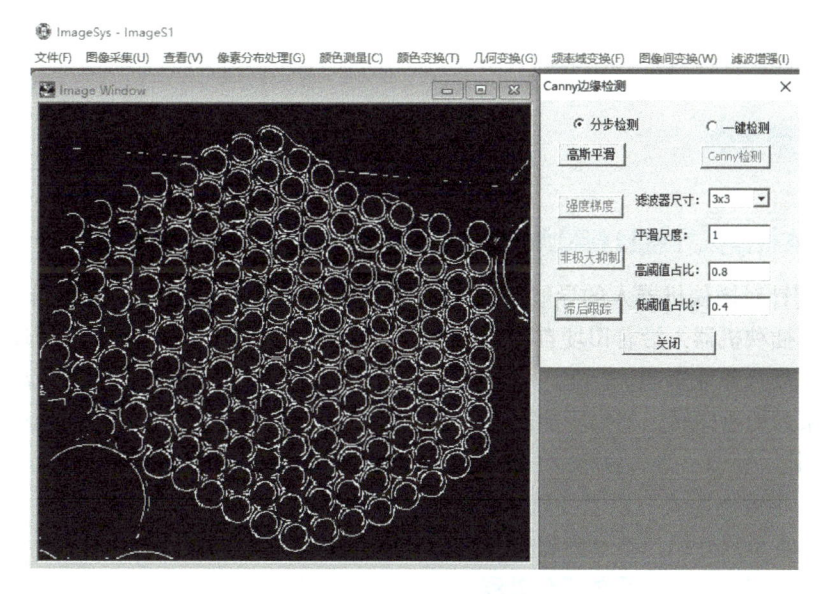

图 8.39 滞后边界跟踪的结果

Canny 算法包含许多可调参数，这些参数会影响算法的计算时间与实际效果。

1）高斯滤波器的大小。Canny 算法第一步中所使用的高斯滤波器的大小将会直接影响算法的结果。较小的滤波器会产生较少的模糊效果，从而可以检测到较小、变化明显的细线。而较大的滤波器则会产生较多的模糊效果，将较大的一块图像区域涂成一个特定点的颜色值。因此，对于检测较大且平滑的边缘（如彩虹的边缘），较大的滤波器会更加有用。

2）双阈值。使用两个阈值比使用一个阈值更加灵活，但其同样存在着阈值设置的共性问题：如果设置的阈值过高，可能会漏掉重要信息；而阈值过低，则会将枝节信息看得过于重要。简而言之，很难找到一个适用于所有图像的通用阈值。

图 8.40 是对原图像执行"一键检测"的 Canny 检测结果。

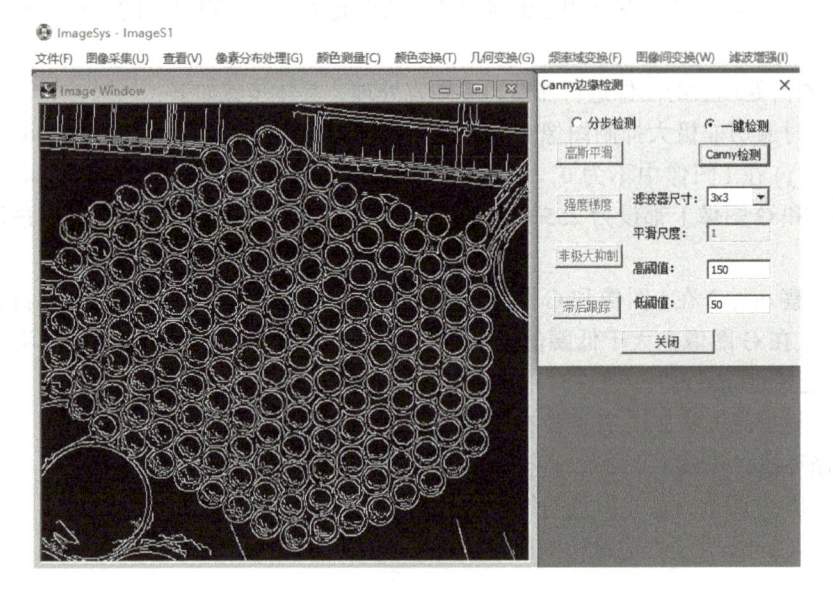

图 8.40 执行"一键检测"的 Canny 检测结果

8.5 应用案例

8.5.1 插秧机器人导航目标检测

本案例针对插秧机器人的导航路线进行图像检测。设想插秧机器人的工作流程如下：刚下田时，插秧机器人沿着田埂自动行走作业；抵达田头后回转，沿着上次插过的秧苗列直线行走；反复作业多次，当另一侧田埂进入视野时，检测插秧机与田埂的距离，判断本次作业结束后能否回转，如果不能回转，作业至田头后停止作业。图 8.41 为插秧机器人的工作示意图。

为此，本案例需要对以下导航目标进行图像检测：目标苗列、目标田埂、田端田埂、侧面田埂。本节只介绍与本章内容相关的每个导航目标的微分处理情况。

1. 目标苗列与目标田埂的微分处理

图 8.42 和图 8.43 分别是目标苗列和目标田埂的灰度原图像。

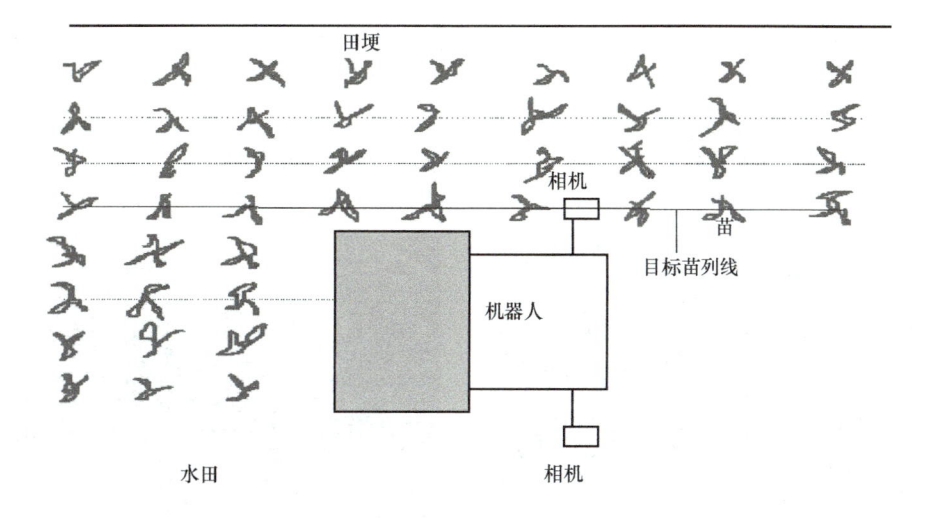

图 8.41　插秧机器人工作示意图

图 8.42　目标苗列灰度原图像
a）晴天　b）阴天

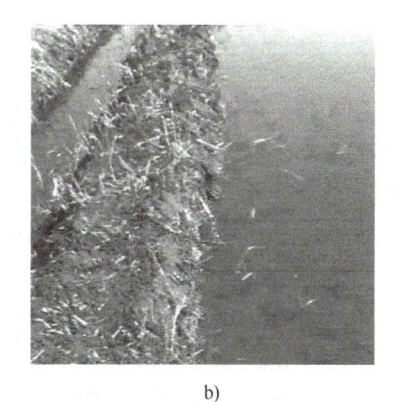

图 8.43　目标田埂灰度原图像
a）水泥田埂　b）土田埂

由于目标苗列和目标田埂在图像上均呈现竖直向上方向，为此选用图 8.22 给出的 Kirsch 算子中的竖直方向边缘检测模板 M3 和 M7 进行微分处理。针对微分图像，再采用 P 参数法（参考 3.2.3 节，此处以直方图亮的一端的 5% 作为阈值）进行二值化处理。图 8.44 和图 8.45 分别是利用上述微分处理及二值化处理后的结果图像。

a) b)

图 8.44　图 8.42 的微分及二值化处理结果

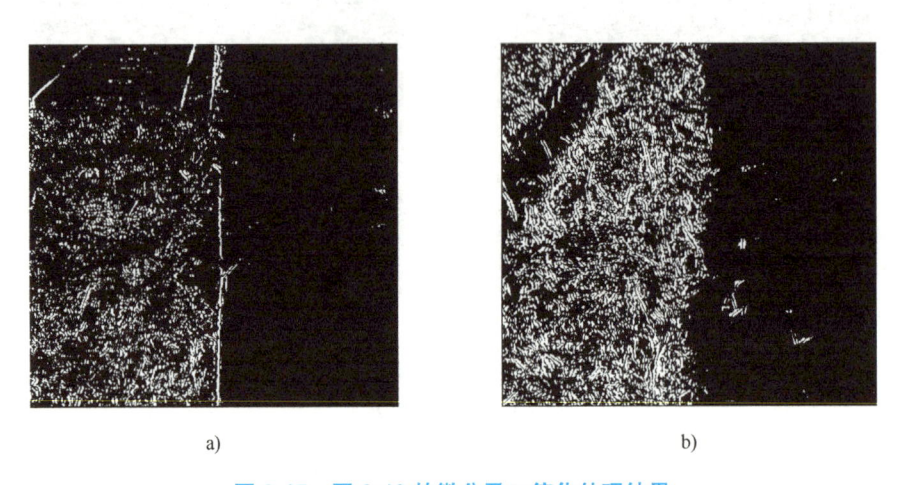

a) b)

图 8.45　图 8.43 的微分及二值化处理结果

观察图 8.44，可以看出苗和泥块被很好地检测出来了，并且不受天气情况的影响。

观察图 8.45，可以看出水面上的白色区域很少，而田埂上的白色区域很多。此外，土田埂的田埂线处（水与田埂的分界线）没有长连接成分，而水泥田埂线处存在长连接成分。根据这些特点，分别研究两种情况下的田埂线处像素提取方法。

2. 田端田埂的微分检测

图 8.46 是田端田埂的灰度原图像。由于田端田埂线在图像上呈现水平方向，因此选用图 8.22 给出的 Kirsch 算子中检测水平边缘的 M1 和 M5 进行微分运算。针对微分图像，再采用 P 参数法（此处以直方图亮的一端的 5% 作为阈值）进行二值化处理。由于田端田埂处一般会有阴影，且阴影的位置会随着太阳的方位和田埂的高度而变化，因此在检测田埂线之前，首先需要检测出阴影的位置，然后再在阴影位置以上检测田端田埂线。

图 8.46　田端田埂灰度原图像

a）水泥田埂　b）土田埂

（1）田端阴影检测　由于阴影的亮度较水面暗，因此可以选用 Kirsch 算子中检测下方亮、上方暗的 M5 来检测阴影。图 8.47 为图 8.46 利用上述方法对其中间 1/3 区域进行处理得到的二值化图像。可以观察到，无论是土质还是水泥的田端田埂，在阴影处的田埂线处都检测出了长连接成分。

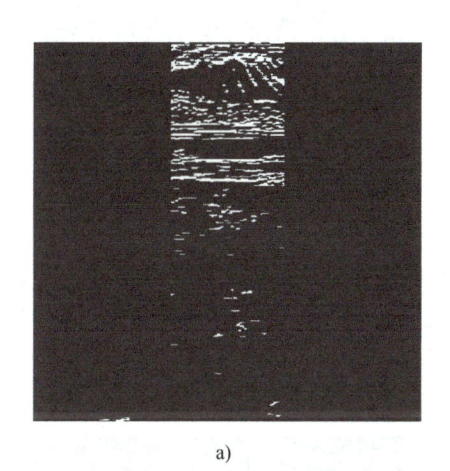

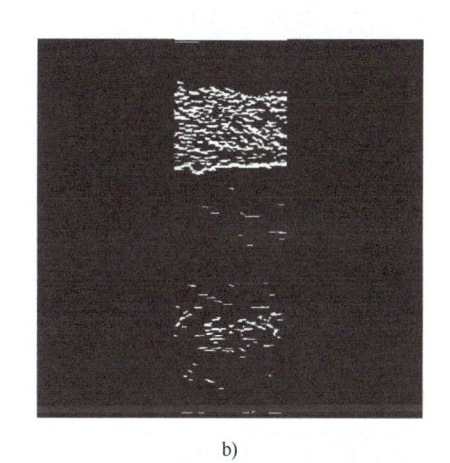

图 8.47　图 8.46 的阴影检测二值化图像

（2）田端田埂检测　由于田端田埂与水面的交界处常常存有水阴湿的痕迹，而田埂上干燥部位比阴湿部位的亮度高，因此可以选用 Kirsch 算子中检测下方暗、上方亮的 M1 来检测田端田埂。图 8.48 为图 8.46 利用上述方法处理得到的二值化结果，在水面和田埂的交界处，检测出了密集的白色区域。

3. 侧面田埂的微分检测

图 8.49 是侧面田埂的灰度原图像。对于侧面田埂的微分检测，可以选用 Kirsch 算子中检测左上角或者右上角的 M2 和 M8 进行微分运算。针对微分图像，再采用 P 参数法（此处以直方图亮的一端的 5% 作为阈值）进行二值化处理。

a) b)

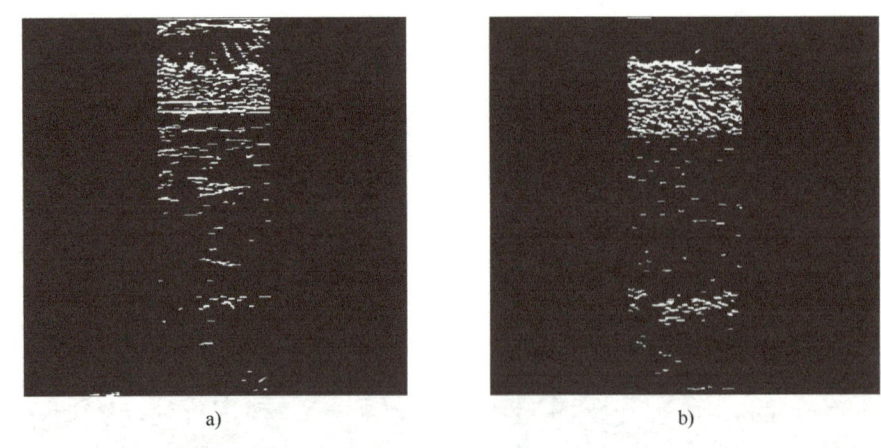

图 8.48　图 8.46 的田埂检测二值化图像

a) b)

图 8.49　侧面田埂灰度原图像

a）水泥田埂　b）土田埂

图 8.50 为图 8.49 利用上述方法进行微分处理及二值化处理后的结果图像。可以观察到，水面上的白色区域较少，而田埂上的白色区域较多，土田埂的田埂线处（水与田埂的分界线）没有长连接成分，而水泥田埂线处有长连接成分。根据这些特点，分别研究两种情况下的田埂线处像素提取方法。

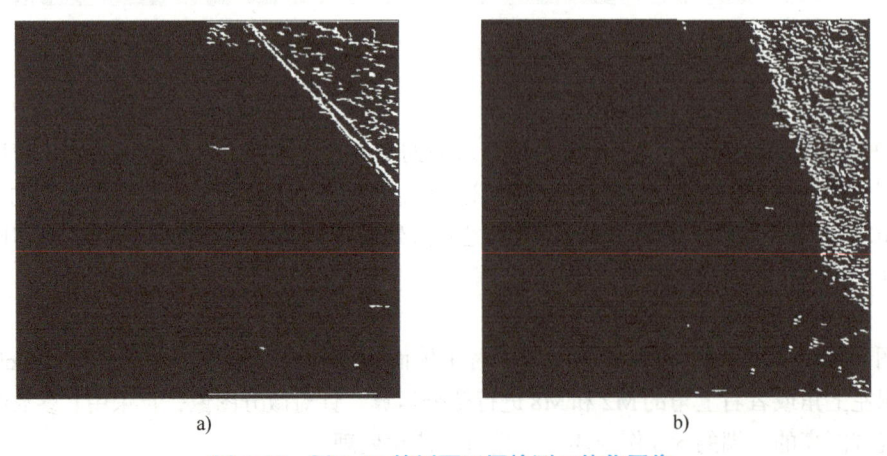

a) b)

图 8.50　图 8.49 的侧面田埂检测二值化图像

插秧机器人导航线检测的后续处理环节，将在后续相关章节中介绍。

8.5.2 变电压板投退状态检测及视频演示

继电保护屏上保护压板的投、退操作是二次设备操作的主要项目，几乎占到了全变电站操作的50%。保护压板是保护装置联系外部接线的桥梁和纽带，关系到保护的功能和动作设定能否正常发挥作用，因此非常重要。本案例利用图像处理技术，在现有变电站实际光照条件下，对种类繁多的保护压板，研究出普遍适用的保护压板投、退状态的图像识别算法。

本案例制作了一个搭载相机和平板电脑的手推小车，相机由平板电脑控制沿滑道上下移动，用以调节相机的高度。压板图像拍摄于山西朔州的一个变电站。数码相机的型号为佳能G10，可通过平板电脑控制其上下移动及拍照，拍摄的图像大小为3456×2592像素。图像处理采用PC，配置Pentium（R）Dual-Core处理器，主频为2.6GHz，内存为2.00GB。利用Microsoft Visual C++进行算法的研究开发。

下面介绍基于像素最大色与最小色色差的目标增强算法在本案例中的应用。

1. 行检测

计算每个像素R、G、B值中的最大值与最小值之差，将其结果横向累积投影，如图8.51所示，由于灰色背景的R、G、B值相差不大，最大值减最小值结果很小，而无论什么颜色压板的R、G、B最大值减最小值，其结果都比较大，累积值也比较大，相当于增强了目标像素值，由此可根据图8.51b所示的横向累积投影曲线分析出4行压板的位置。

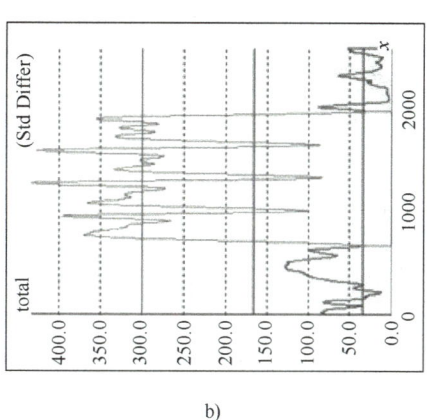

图 8.51 原图及横向累积投影曲线

a）原图　b）最大与最小色差横向累积投影曲线

2. 列检测

计算每个像素R、G、B值中的最大值与最小值之差，将其结果纵向累积投影，如图8.52所示。图8.52b的纵向累积投影曲线为1/50图像宽度（69像素）移动平滑处理后的曲线，从中可以很容易地分析出9列压板的位置。当然，这些处理和分析都是由开发的程序自动完成的。

3. 投、退状态检测

通过压板行列的检测，确定了每个压板的位置区域。在压板的位置区域内，计算每个像素 R、G、B 值中的最大值与最小值之差,将其结果横向累积投影,相当于压板位置区域纵向的线剖图。图 8.53a、b 分别是压板退出状态和投入状态的原图及其横向累积投影曲线（90°逆时针旋转）,通过曲线特征分布可以判断出对应压板的投、退状态。

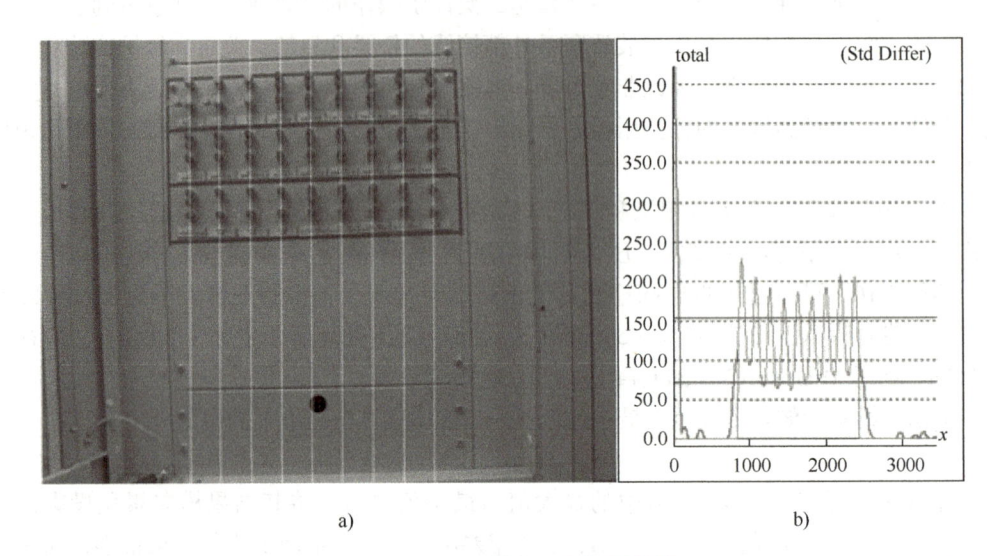

图 8.52　原图及纵向累积投影曲线

a）原图　b）纵向累积投影曲线

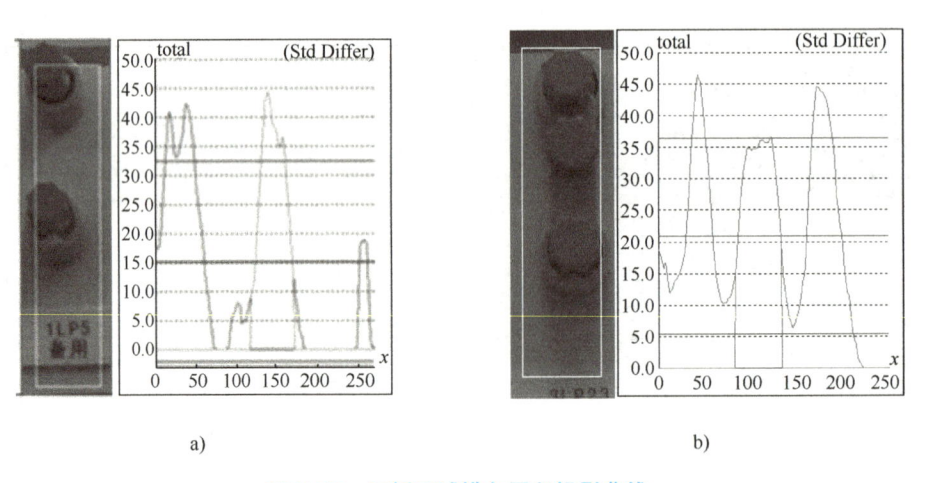

图 8.53　压板区域横向累积投影曲线

a）退出状态下的投影曲线　b）投入状态下的投影曲线

4. 检测结果

以上只是主要检测方法,省略了压板分类等处理细节。下面列举了两种典型压板的检测结果。为了方便观察,将图像缩小为原图（3456×2592 像素）的 1/4,各图中所显示的检测结果,包括行列数、压板类型、处理时间,多数在一秒以内完成检测。图中"▇"表示压板状态检测为投入,"×"表示压板状态检测为退出。

图 8.54 为多种颜色压板的检测结果实例。可以看出,该压板的检测难度在于面板上的压板颜色各异,且呈交叉排列,用传统方法不方便或很难提取完全的压板。加之拍摄过程

中很难保证相机完全正对着变电柜，导致压板矩阵在图像中呈现歪斜状态，这也给检测增添了难度。本案例中行列检测使用的是像素最大色与最小色的色差横向和纵向投影算法，增强了压板目标，压板的定位与投、退状态检测结果完全正确。

图 8.54　多种颜色压板检测结果

图 8.55 中压板的颜色与背景十分接近，给行列定位带来了难度。图中结果表明行列定位准确，说明本案例算法能够有效实现该类型压板状态的判断。

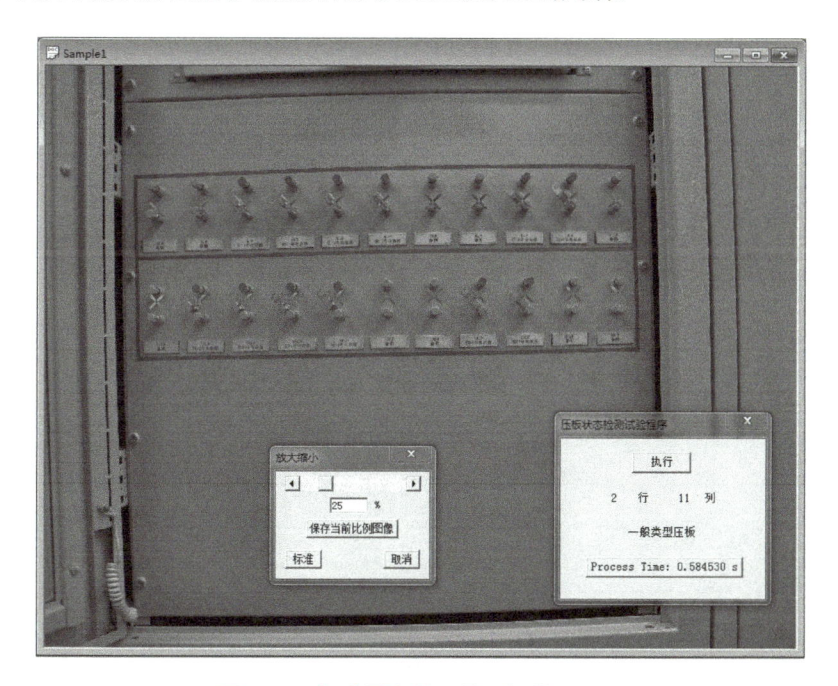

图 8.55　与背景色接近的压板检测结果

5. 视频演示

下面给出压板投、退状态检测的视频演示,读者可以扫描二维码观看视频。

链 8-1 压板投、退状态检测

思考题

1. 请问对圆球进行边缘检测,选用哪个模板的哪个方向的微分算子比较好?

2. 中值滤波为什么能够去除图像上的小噪声?

3. 微分边缘检测、傅里叶变换和小波变换均可检测图像边缘,请比较这 3 种方法的优缺点。

第 9 章　二值运算与参数测量

9.1　基本理论

通过计算机调取图像特征，能够对物体进行自动判别，例如，自动售货机的钱币判别、工厂内通过摄像机自动判别产品质量、通过判别邮政编码自动分拣信件、基于指纹识别的电子钥匙，以及最近流行的人脸识别、车牌照识别等。其中，图像的特征（feature）很大程度上是由图像的几何参数决定的。本章以二值图像为对象，通过调取物体的形状、大小等特征，介绍提取所需要的物体、除去不必要的噪声的方法。

所谓图像的特征，换句话说就是图像中包括具有何种特征的物体。如果想从图 9.1 中提取香蕉，该怎么办？对于计算机来说，它并不知道人们讲的香蕉为何物。人们只能通过所要提取物体的特征来指示计算机，例如，香蕉是细长的物体。也就是说，必须告诉计算机图像中物体的大小、形状等特征，指出诸如大的东西、圆的东西、有棱角的东西等。当然，这种指示依靠的是描述物体形状特征的参数。

图 9.1　原始图像

9.1.1　图像的几何参数

每一幅图像都具有能够区别于其他类图像的自身特征，有些是可以直观地感受到的自然特征，如亮度、边缘、纹理和色彩等；有些则是需要通过变换或处理才能得到的，如矩、直方图以及主成分等。通常，目标区域的几何形状特征参数主要有：周长、面积、圆形度、最长轴、方位角、边界矩阵和形状系数等。以下说明几个有代表性的特征参数及计算方法。表 9.1 列出了几个图形以及相应的参数。

表 9.1　图形及其参数

种类	圆	正方形	正三角形
图像	（半径 r）	（边长 r）	（边长 r，高 $\frac{\sqrt{3}}{2}r$）
面积	πr^2	r^2	$\frac{\sqrt{3}}{4}r^2$
周长	$2\pi r$	$4r$	$3r$
圆形度	1.0	$\frac{\pi}{4}=0.79$	$\frac{\pi\sqrt{3}}{9}=0.60$

（1）面积（area） 计算物体（或区域）中包含的像素数。

（2）周长（perimeter） 物体（或区域）轮廓线的周长是指轮廓线上像素间距离之和。像素间距离有图 9.2a、b 两种情况。图 9.2a 表示并列的像素，当然并列方式可以是上、下、左、右 4 个方向，这种并列像素间的距离是 1 个像素。图 9.2b 表示的是倾斜方向连接的像素，倾斜方向也有左上角、左下角、右上角、右下角 4 个方向，这种倾斜方向像素间的距离是 $\sqrt{2}$ 像素。在进行周长测量时，需要根据像素间的连接方式分别计算距离。图 9.2c 是一个周长的测量例。

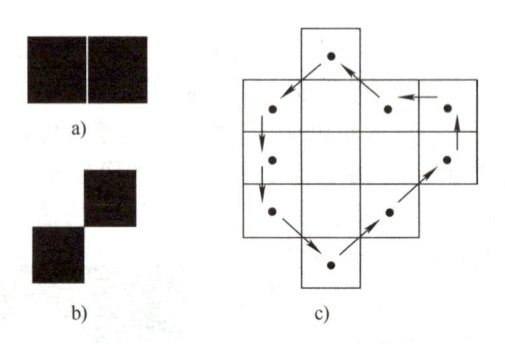

图 9.2 像素间的距离（像素）
a）1 b）$\sqrt{2}$ c）$4+\sqrt{2}$

（3）圆形度（compactness） 圆形度是基于面积和周长而计算物体（或区域）形状复杂程度的特征量。例如，可以考察一下圆和五角星。如果五角星的面积和圆的面积相等，那么它的周长一定比圆长。因此，可以考虑以下参数：

$$e = \frac{4\pi \times 面积}{(周长)^2} \quad (9.1)$$

e 就是圆形度。对于半径为 r 的圆来说，面积等于 πr^2，周长等于 $2\pi r$，所以圆形度 e 等于 1。由表 9.1 可以看出，形状越接近于圆，e 越大，最大为 1，形状越复杂 e 越小，e 的值在 0 和 1 之间。

（4）重心（center of gravity 或 centroid） 重心就是求物体（或区域）中像素坐标的平均值。例如，某白色像素的坐标为 (x_i, y_i)（$i = 0,1,2,\cdots,n-1$），其重心坐标 (x_0, y_0) 可由下式求得：

$$(x_0, y_0) = \left(\frac{1}{n}\sum_{i=0}^{n-1} x_i, \frac{1}{n}\sum_{i=0}^{n-1} y_i \right) \quad (9.2)$$

除了上面的参数以外，还有长度、宽度、长宽比等许多特征参数，这里就不一一介绍了。

图 9.3 是图 9.1 的图像经过二值化处理的图像。为了将香蕉提取出来，必须将每一个物体区分开来。为了区分每个物体，必须调查像素是否连接在一起，这样的处理称为区域标记（labeling）。

图 9.3 图 9.1 的二值化图像

9.1.2 区域标记

区域标记是指给连接在一起的像素（称为连接成分）附上相同的标记，不同的连接成分附上不同标记的处理。区域标记在二值图像处理中占有非常重要的地位。图 9.4 表示了区域标记后的图像，通过该处理将各个连接成分区分开来，然后就可以调查各个连接成分的形状特征。

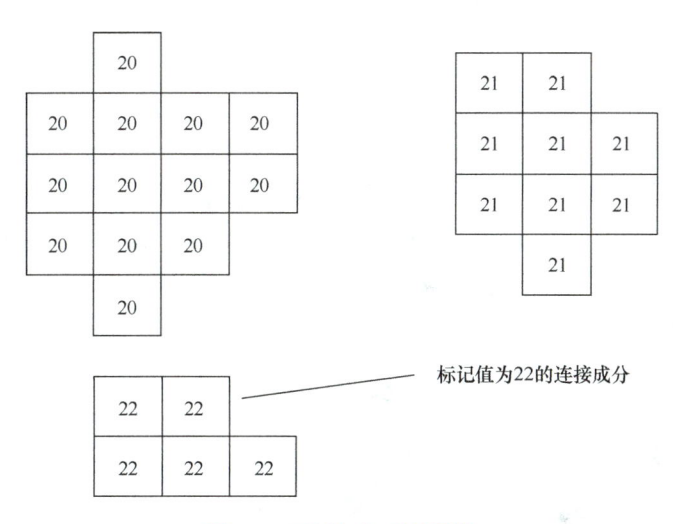

图 9.4 区域标记后的图像

9.1.3 几何参数检测与提取

通过以上处理，完成了从图 9.1 中提取香蕉的准备工作。调查各个物体特征的步骤如图 9.5 所示，处理结果见表 9.2。

读入图像 → 二值化 → 去噪声 → 区域标记 → 参数计算

图 9.5 调查物体特征的步骤

表 9.2 各个物体的特征参数 （单位：像素）

物体序号	面积	周长	圆形度	重心位置
0	21718	894.63	0.3410	(307,209)
1	22308	928.82	0.3249	(154,188)
2	9460	367.85	0.8785	(401,136)
3	14152	495.14	0.7454	(470,274)
4	8570	352.98	0.8644	(206,260)

由表 9.2 可知，圆形度小的物体有两个，可能就是香蕉。如果要提取香蕉，按照图 9.5 的步骤进行处理，然后再把具有某种圆形度的连接成分提取即可。

9.2 二值运算

9.2.1 基本运算理论与实践

对二值化图像进行处理。在"3.2.2 模态法自动分割"处理之后,关闭"图像分割"窗口,单击菜单"二值运算"→"基本运算",打开"二值图像的基本运算"窗口,如图 9.6 所示。

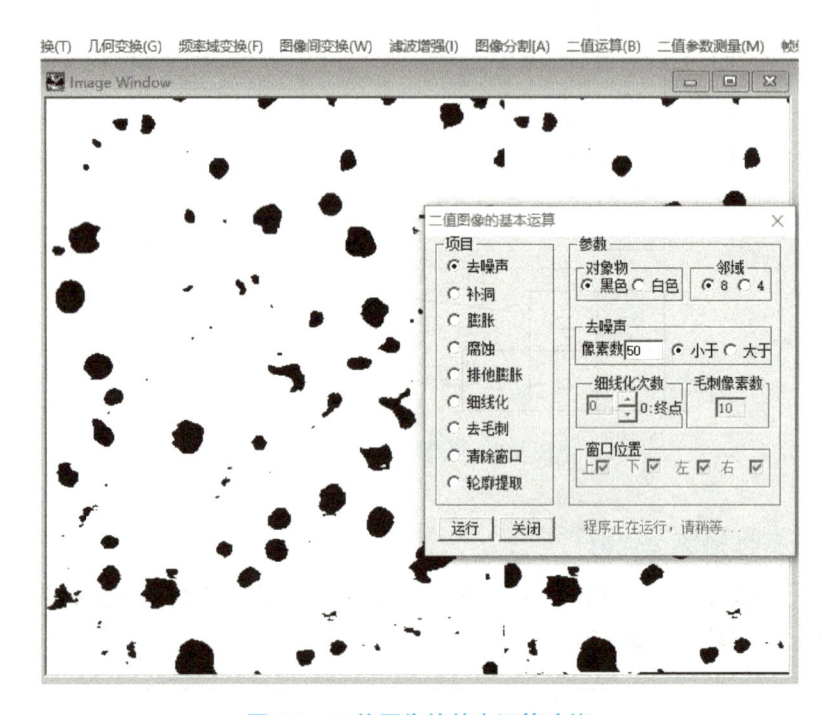

图 9.6 二值图像的基本运算功能

处理项目有:去噪声、补洞、膨胀、腐蚀、排他膨胀、细线化、去毛刺、清除窗口和轮廓提取。选择项目后,确认参数设置,单击"运行"按钮即可处理。可以用鼠标设定处理区域,默认是处理整个图像。

对象物可以选择"黑色"或"白色"。可以选择"8 邻域"或"4 邻域"处理,默认为"8 邻域"处理。图 9.6 是选择"黑色"像素、进行"8 邻域"处理的结果。

下面分别设定局部区域,对每个处理项目进行说明。

1. 去噪声

这里的去噪声是指基于目标面积大小(像素数)的去噪声处理,也就是认为面积较小或较大的像素区域为噪声。在参数项设定一个像素数值,将其作为噪声阈值,选择"小于"或"大于"该像素个数(阈值)的目标作为噪声去除,阈值可以根据需要设定。图 9.7a 为二值图像,图 9.7b 为对图 9.7a 图像去除小于 50 像素噪声后的结果图像。

2. 补洞

对目标上的空洞进行填补,空洞需要是封闭区间。对图 9.7b 补洞处理的结果如图 9.7c 所示。

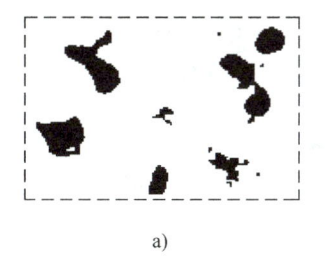

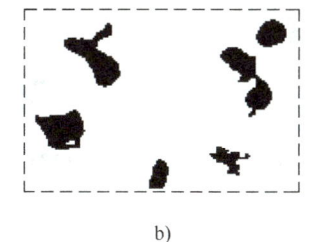

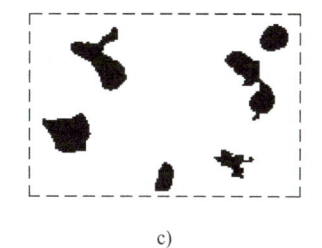

图 9.7 去噪声与补洞

a）二值图像　b）图 a 去噪声　c）图 b 补洞

3. 膨胀

图 9.6 上图像的目标像素是黑色像素，非目标像素是白色像素。按从上到下、从左到右的顺序扫描处理区域，遇到一个非目标像素后，调查该像素周围 8 邻域（或者 4 邻域，一般选 8 邻域），如果这其中有一个目标像素，就将该非目标像素变成目标像素，遍历整个图像，直到对所有像素都完成该处理，这个处理就叫膨胀处理，简称膨胀。

图 9.8a 是二值图像，图 9.8b 是对图 9.8a 膨胀一次的结果图像。

4. 腐蚀

腐蚀与膨胀的逻辑相反。按从上到下、从左到右的顺序扫描处理区域，遇到一个目标像素，调查其周围 8 邻域或 4 邻域，如果有一个非目标像素，就将该目标像素变成非目标像素，遍历整个图像，直到对所有像素都完成该处理，这个处理就叫腐蚀处理，简称腐蚀。

图 9.8c 是对图 9.8a 所示的二值图像腐蚀一次的结果图像。

膨胀和腐蚀一般会联动使用，就是连续执行几次膨胀，然后再对结果连续执行几次腐蚀，这样可以达到去除小噪声和修复目标边缘的目的，膨胀和腐蚀的次数可以通过试验找到合适的次数，处理图像时可以灵活使用。

另外，对白色像素的膨胀，就相当于对黑色像素的腐蚀，反之也成立。

5. 排他膨胀

膨胀后目标区域的个数不变，可以用于修补图像，而不改变对象物个数。"运行"一次，根据邻域设定膨胀一次，靠近其他对象物的部位不膨胀，称为排他膨胀。例如，对图 9.8a 所示的二值图像膨胀很多次，直到所有的黑色像素（目标）之间不能再膨胀为止，一般需要膨胀多次才能达到这样的效果。图 9.8d 是图 9.8a 经过多次膨胀，直到不能再膨胀时的结果，黑色区域数量和图 9.8a 一样（9 个）。

6. 细线化

如果对图像中的目标像素区域，一个像素一个像素地缩小其轮廓，直到缩小为一个像素宽（细线）的"骨架"为止，也可以理解为，当"细线化次数"为"0"时（默认的情况），表示执行到细线为止，此时目标轮廓已经只有一个像素的宽度了。

图 9.9a 是系统读入的二值图像，在"二值图像的基本运算"窗口选择"细线化"处理，单击"运行"按钮，会弹出提示窗口。点击提示窗口上的"开始"按钮后，开始细线化处理。完成处理后可在图像窗口看到处理结果，单击"确定"按钮查看结果，或者单击"取消"按钮恢复二值图。在细线化处理的过程当中，如果单击"停止"按钮可以中止处理。图 9.9b 是图 9.9a 细线化到一个像素宽的结果。

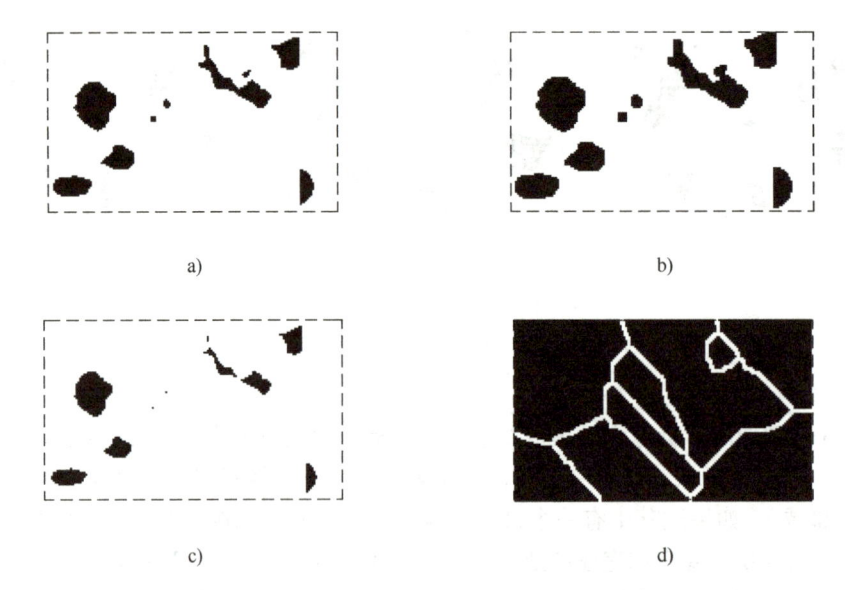

图 9.8 膨胀与腐蚀

a）二值图像　b）对图 a 膨胀一次　c）对图 a 腐蚀一次　d）对图 a 排他膨胀多次

7. 去毛刺

细线化处理后的图像，不仅包含目标主要轮廓的"骨架"，也包含不能反映"骨架"的毛刺，此时为了得到准确的目标轮廓"骨架"，就需要进行去毛刺处理。一般毛刺都比较短，可以设定毛刺的长度（毛刺像素数）。图 9.9c 是图 9.9b 去掉小于 50 像素长度毛刺的结果。

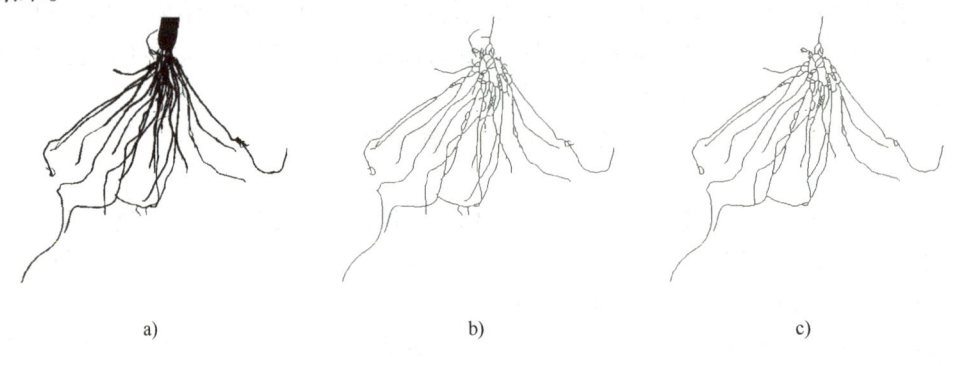

图 9.9 细线化与去毛刺

a）二值图像　b）图 a 细线化结果　c）图 b 去毛刺结果

8. 清除窗口

对于多个目标的图像，有时在选取目标时，不免会有目标落在窗口框上，为了准确获取窗口内目标的特性，需要清除窗口上压线的对象物。可以设定清除方向为：上、下、左、右。图 9.10b 是对图 9.10a 清除窗口上压线对象物的结果。

9. 轮廓提取

提取对象物的轮廓线。在图 9.10b 中，目标像素是黑色像素，非目标像素是白色像素。按从上到下、从左到右的顺序扫描处理区域，遇到一个目标像素时，跟踪其轮廓线，然后继续扫描，直到遍历整个处理区域。图 9.10c 是对图 9.10b 提取目标轮廓线的结果。

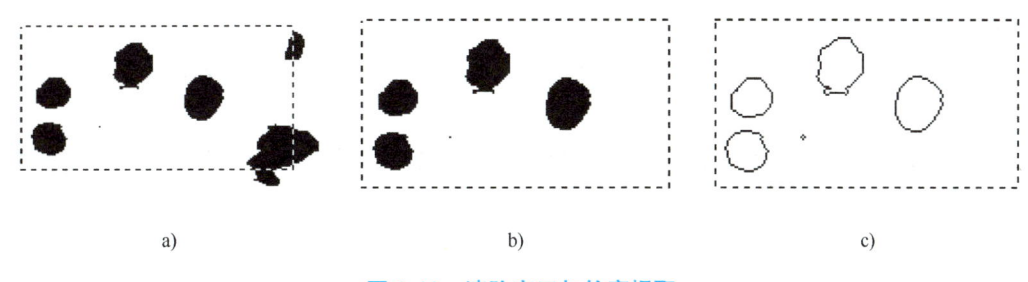

图 9.10　清除窗口与轮廓提取

a）二值图像　b）图 a 清除窗口　c）图 b 轮廓提取

9.2.2　特殊提取实践

在"3.2.2 模态法自动分割"处理之后，关闭"图像分割"窗口，单击菜单"二值运算"→"特殊提取"，打开"参数提取窗口"，如图 9.11 所示。

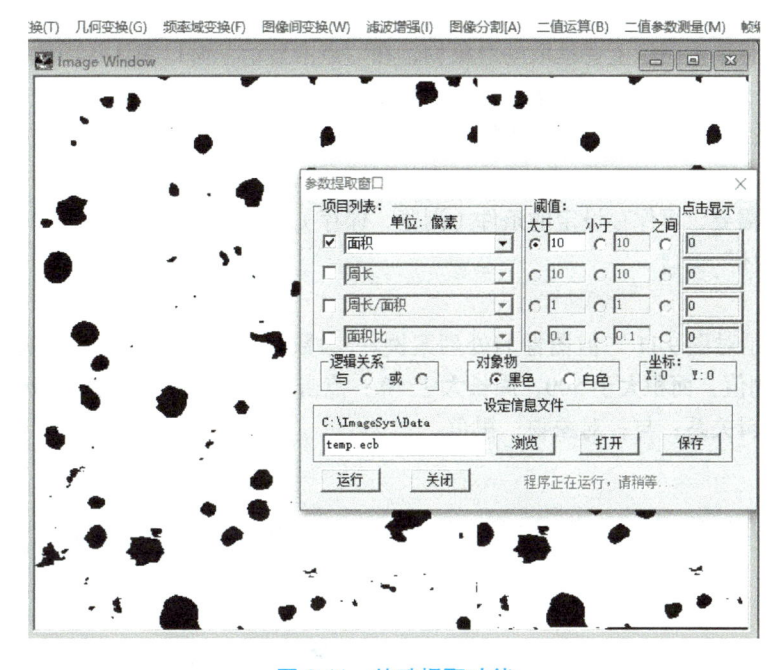

图 9.11　特殊提取功能

1. 界面功能说明

可选择对象物的 26 项几何数据，根据最多 4 个"与"或"或"的条件提取对象物。

（1）项目列表　项目列表包括：面积、周长、周长/面积、面积比、孔洞数、孔洞面积、圆形度、等价圆直径、重心（X）、重心（Y）、水平投影径、垂直投影径、投影径比、最大径、长径、短径、长径/短径、投影径起点 X、投影径起点 Y、投影径终点 X、投影径终点 Y、图形起点 X——扫描初接触点的 x 坐标、图形起点 Y——扫描初接触点的 y 坐标、椭圆长轴、椭圆短轴、长轴/短轴，最多可同时选择 4 项。

（2）阈值　用于设定各项的提取范围，可选择"大于""小于"和"之间"，含义分别为：设定数据大于阈值作为提取范围、设定数据小于阈值作为提取范围和设定数据在两阈值之间作为提取范围。

（3）点击显示　单击图像上的对象物后，该对象物的参数自动显示在所选项目对应的框里。

（4）逻辑关系　选择两个项目以上时有效。表示提取对象物时所选项目之间的逻辑关系，可选择"与"或者"或"。

（5）对象物　选择要提取的"对象物"的像素颜色为"黑色"或者"白色"。

（6）坐标　显示在图像上单击鼠标的位置。

（7）设定信息文件　"保存"或"打开"设定的条件。可单击"浏览"按钮去参考保存文件的位置。

2. 使用方法

1）由"状态窗"的"显示帧"选择要处理的二值图像。

2）如果利用以前设定的条件，可打开已有的文件（浏览、打开）。

3）选择"黑色"或"白色"，指定对象物颜色。

4）在项目列表中最多可选择4项。

5）用鼠标单击图像上要提取的对象物，在"点击显示"窗口确认各项数据。

6）参考5）项显示数据，设定各项"阈值"。

7）选择两项以上时，设定"逻辑关系"。

8）运行。

9）如果需要，可保存设定的条件（浏览、保存）。

10）"关闭"窗口。

3. 实践

图9.12是对图9.11二值图像的处理案例。"参数提取窗口"上显示，项目列表：面积、周长；阈值：面积大于500，周长大于80；点击（参考目标）显示：面积531，周长85.3553；逻辑关系：与；对象物：黑色。

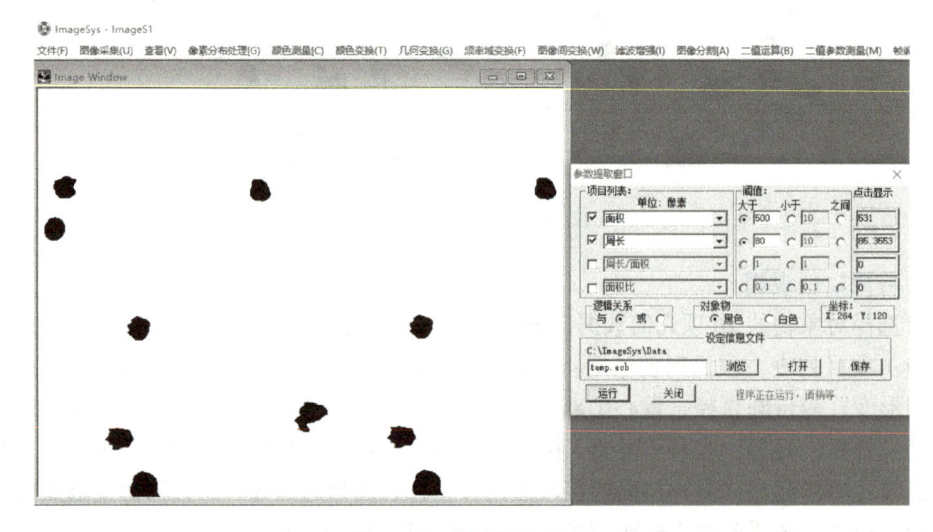

图9.12　特殊提取案例

本节介绍的方法也可以看作是模式识别的一种方式。

9.2.3 应用案例——插秧机器人导航目标去噪声

在"8.5.1 插秧机器人导航目标检测"一节中,对插秧机器人导航目标的苗列、目标田埂、田端田埂和侧面田埂,利用不同方向的微分算子进行了微分处理,并利用 P 参数法进行了二值化处理。本节对上述二值图像进行去噪声处理。

1. 苗列二值图像的去噪声

图 9.13a 是水田苗列的二值图像,图 9.13b 是对图 9.13a 将阈值设定为 50 像素白色区域去噪后的结果图像,从图中可以看出,去噪后获得了很好的效果,不仅减少了噪声的干扰,还没有影响苗列的主要走向趋势。所以面积去噪与膨胀腐蚀相比,不会破坏区域间的连接性。

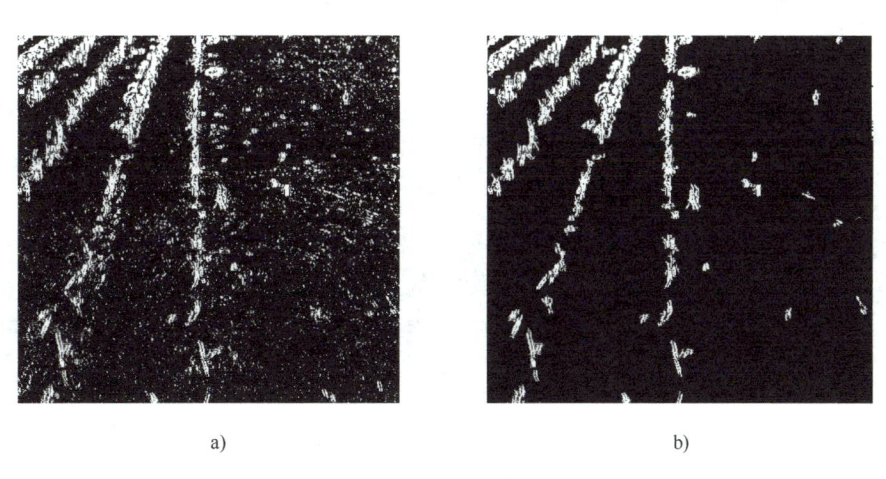

a)   b)

图 9.13 水田苗列的二值图像的面积去噪处理

a)二值图像 b)50 像素白色区域去噪后图像

2. 水泥田埂的去噪声

图 9.14 是水泥田埂的二值图像。其中图 9.14a、b、c 分别是目标田埂、田端田埂和侧面田埂的二值图像。为了减少处理量,对于目标田埂和田端田埂,分别设置处理窗口为图像的中间 1/3 区域。

a)   b)   c)

图 9.14 水泥田埂二值图像

a)目标田埂 b)田端田埂 c)侧面田埂

从图 9.14 可以看出，在田埂与水面的交界处，都有个长的白色区域（长连接成分），这是由于水泥边缘呈一条线，通过微分处理检测出了长连接成分。

通过检测每个白色区域的几何参数，将白色区域的像素值（255）变成区域长度数字。获得图像上最大长度的目标，如果最大长度大于 50 像素，则认为该图像是水泥田埂，否则被看作土田埂。

如果判断是水泥田埂，将长连接成分的两端分别延伸进行区域合并处理。所谓区域合并处理，就是将检测范围内的其他不为 0 的像素值设定为长连接成分的像素值。然后，将长连接成分像素值的像素提取出来，即可将田埂线处的目标像素提取出来。

图 9.15 是图 9.14 提取长连接成分的结果，其中图 9.15a、b、c 分别是目标田埂、田端田埂和侧面田埂的结果。可以看出，水泥田埂与水面边界处的白色像素被很好地提取了出来。

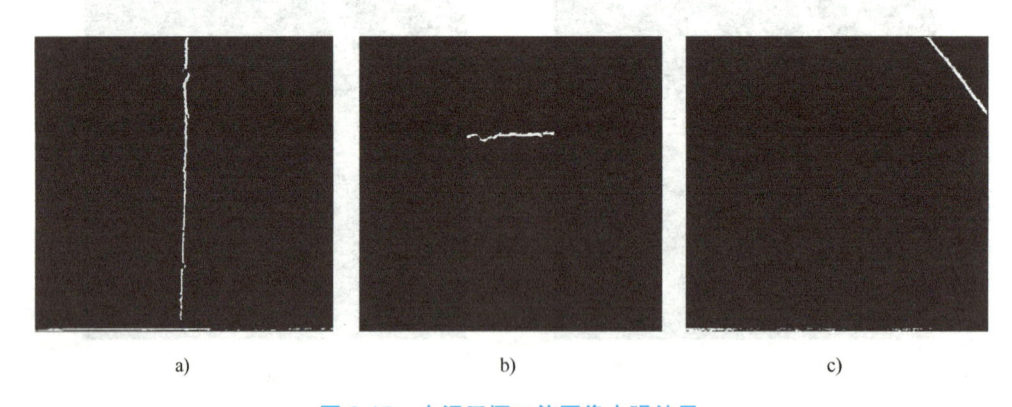

图 9.15 水泥田埂二值图像去噪结果
a）目标田埂 b）田端田埂 c）侧面田埂

3. 土田埂的去噪声

图 9.16 是土田埂的二值图像。其中图 9.16a、b、c 分别是目标田埂、田端田埂和侧面田埂的二值图像。为了减少处理量，对于目标田埂和田端田埂，分别设置处理窗口为图像的中间 1/3 区域。

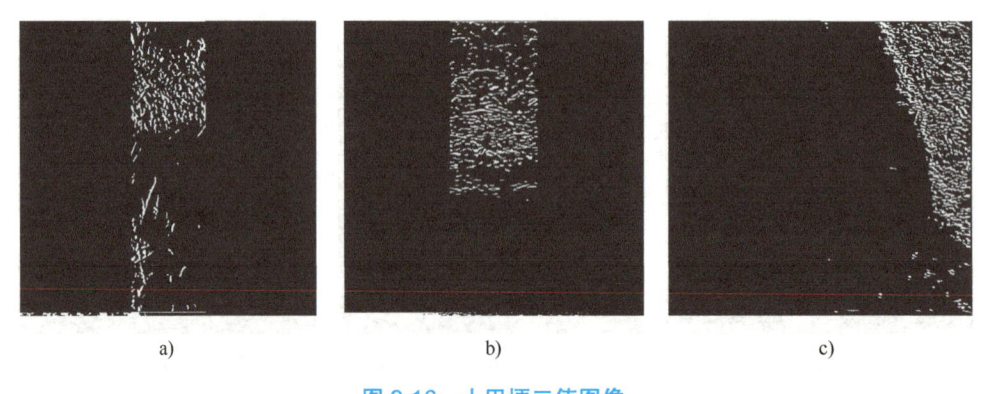

图 9.16 土田埂二值图像
a）目标田埂 b）田端田埂 c）侧面田埂

判断是土质田埂（也就是没有长连接成分）时，利用下述方法提取田埂线处的像素。从上到下、从田埂到水面扫描图像，当遇到白像素时，以该像素为目标，在其前方设定 9×40 像素的区域（见图 9.17），搜查该区域内还有没有其他白像素。如果有，将目标像素变为黑像素；否则，保持目标像素不变。这样可以消除田埂上的白像素，只留下田埂线处的白像素。

图 9.18 是图 9.16 土田埂的二值图像经过上述处理后的结果，其中图 9.18a、b、c 分别是目标田埂、田端田埂和侧面田埂的处理结果。可以看出，田埂上的白像素被去除了，只留下了田埂线处的像素，而且田端上的白像素也都被去除了，由此可以判断出田端的位置。

提取出目标像素后，就可以用 9.4.1 节的哈夫变换检测出目标直线，即识别出导航线。

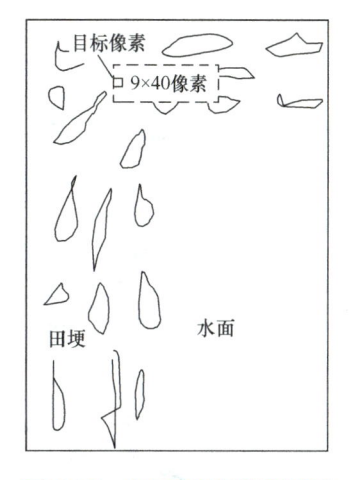

图 9.17 土田埂目标像素提取

a）　　　　　　　　　　b）　　　　　　　　　　c）

图 9.18 土田埂二值图像去噪结果

a）目标田埂　b）田端田埂　c）侧面田埂

9.3 几何参数测量

9.3.1 几何参数测量实践

在"3.2.2 模态法自动分割"处理之后，打开"二值图像的基本运算"窗口，进行像素数小于 50 的去噪声处理。然后单击菜单"二值参数测量"→"几何参数测量"，打开"二值图像测量"窗口，如图 9.19 所示。

一般自动参数测量共有 49 个项目；手动测量，可测量两点间距离、连续距离、3 点间角度、两线间夹角等。

1. 一般自动参数测量

窗口项目说明如下。

（1）一般　选择"一般"自动参数测量。

（2）条件设定

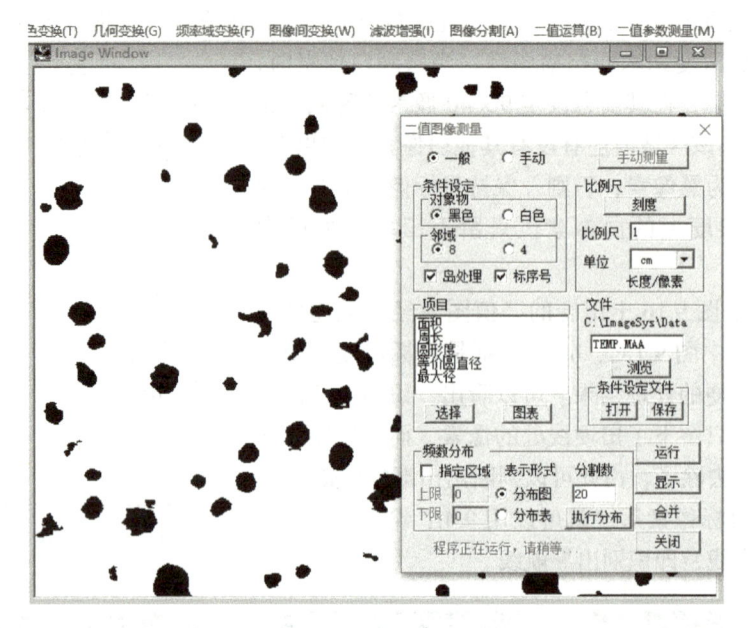

图 9.19　二值图像测量功能

1）对象物：要测量的对象物的颜色，可选择黑色或白色。

2）邻域：选择像素的连接状态，可选择 8 邻域（默认值）或 4 邻域。

3）岛处理：选择是否进行岛处理。岛处理时，"岛"被作为单独的一个对象物；非岛处理时，"岛"与其外侧的对象物作为一体进行处理。

4）标序号：选择处理结果上是否标序号。

（3）比例尺

设定比例尺。单击"刻度"按钮后，弹出图 9.20 所示的"标定"对话框。

1）在图像上移动鼠标到刻度的起点，按下左键并移动鼠标到刻度的终点后放开，鼠标移动的像素数自动表示在窗口（图像）。

2）输入"实际"距离。

3）选择"单位"。

图 9.20　"标定"对话框

4）单击"确定"按钮，比例尺设定完毕。

（4）项目

1）选择：单击该按钮后显示如图 9.21 所示的测量选项窗口。

共有 39 个可选择项目（实际测量项目为 49 个），单击各个项目左侧的复选框，复选框内打上对号即表示该项目被选择。

窗口上各按钮说明：

默认：默认项目的选择。

全部选择：所有项目的选择。

取消：关闭窗口，选择的项目无效。

确定：关闭窗口，选择的项目有效。

图 9.21　测量选项窗口

2）图表：选择一项测量项目后单击该按钮，将自动显示该项目的测量结果，并且自动做成数据文件（*.dgt）。

（5）文件　分为测量数据文件和条件设定文件两种。

1）测量数据文件：可输入文件名，可"浏览"文件名。测量数据文件同时保存有文字文件（*.MAA 或 *.maa）和二值文件（*.MAB 或 *.mab）两种。文字文件可以用"写字版"读出，也可以用"Microsoft Excel"读出后作分布图等。

2）条件设定文件：保存或打开包括测量条件、比例尺、测量项目等的文件。

（6）频数分布　表示测量结果的频数分布情况。

频数分布的使用方法如下。

1）选择"项目"。

2）选择"表示形式"：

分布图：打开分布图窗口的菜单"文件"后可以打印分布图，打开菜单"编辑"后可以复制分布图，复制的分布图可以粘贴到其他文件上。

分布表：打开分布表窗口的菜单"文件"后可以打开、保存或打印数据。

3）设定"分割数"。

4）可以选择"指定区域"，然后设定"上限"和"下限"。

5）"执行分布"。

（7）运行　开始参数测量。

（8）显示　显示测量结果。

（9）合并　对多个处理结果文件进行合并。

（10）关闭　关闭测量窗口。

2. 一般自动参数测量的实践

对图 9.19 的二值图像，按"二值图像测量"窗口的默认设定，单击"运行"按钮，执行结果如图 9.22 所示，图像上处理目标变成了灰色，按扫描顺序标注了处理目标的序号。

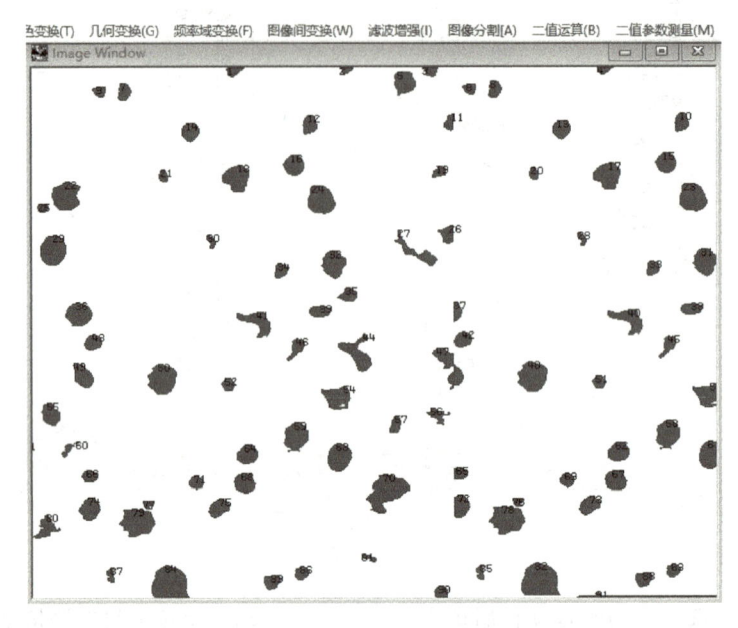

图 9.22　二值图像参数测量结果图

单击"显示"按钮，如图 9.23 所示，弹出"表示测算结果"窗口，按目标序号显示选择项目的测量结果及统计数据，可以单击"表示测算结果"窗口上的"文件"进行保存。

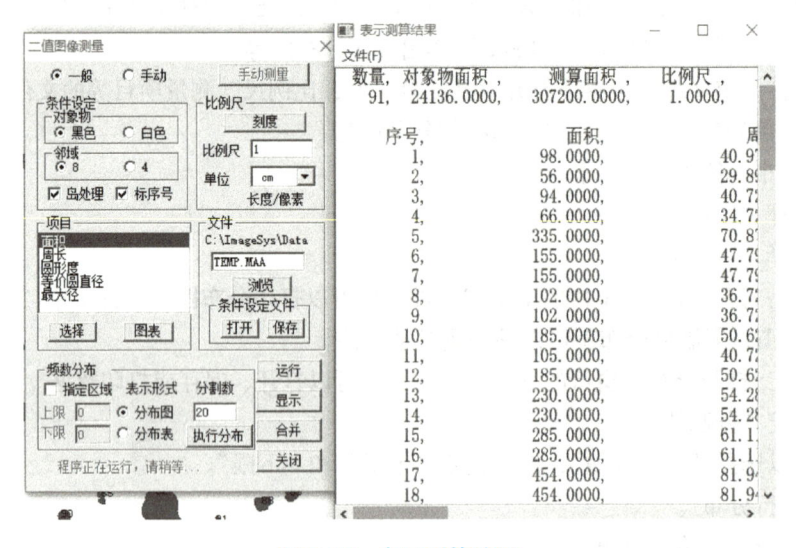

图 9.23　表示测算结果

图 9.24 是单击"执行分布"按钮后，对项目"面积"的"频率分布图"，其左侧下方显示了统计数据：分割数、最大、最小、平均、标准差、总和；左侧上方显示了鼠标所指图形位置的数据。图表可以打印和复制。如果选择"分布表"，则显示分布数据的文档。可以选择其他项目，查看其分布图或分布表。

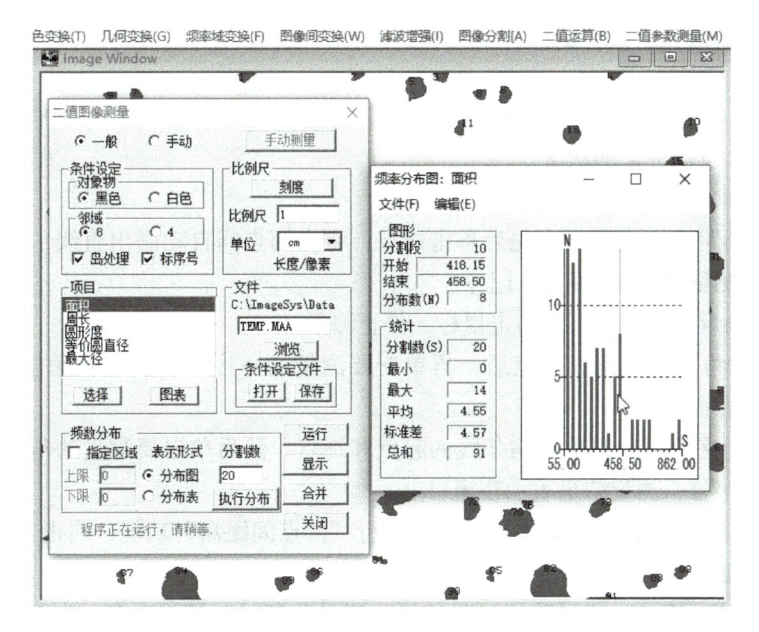

图 9.24 查看项目（面积）的分布图或分布表

3. 手动测量

手动测量，用于测量鼠标指定的距离、角度等，不仅适用于二值图像，也可以用于灰度图像和彩色图像，下面边实践边说明。

读入灰度图像，选择"手动"，单击"手动测量"按钮，弹出如图 9.25 所示的"手动测量"窗口。

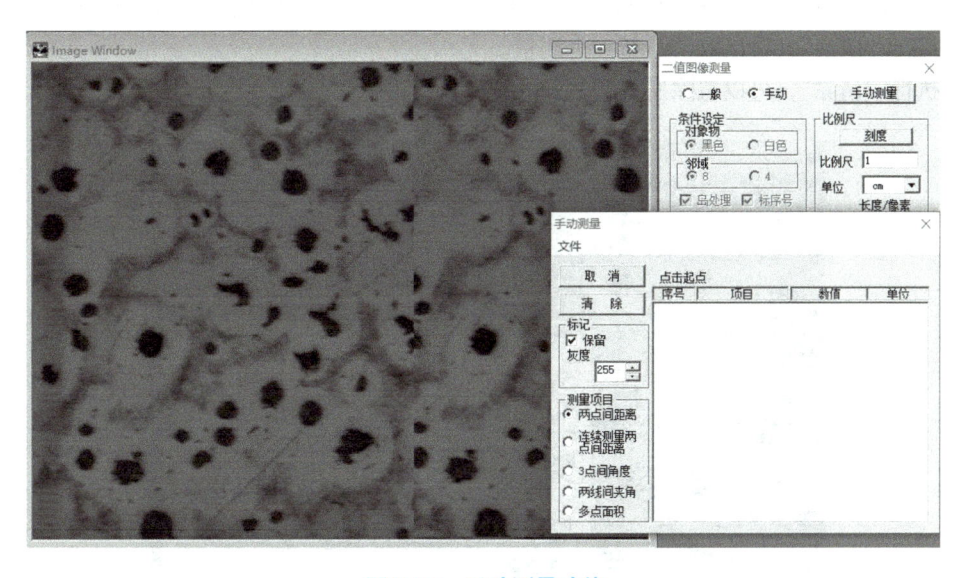

图 9.25 手动测量功能

窗口项目说明如下：

（1）文件　打开、保存、打印测量结果。

（2）取消　删除最后一项测量结果。

(3)清除　清除所有测量结果。

(4)标记

1)保留：选择后，保留测量标记；否则，测量下个项目时，消除上个项目的痕迹。

2)灰度：设定标记的灰度。

(5)测量项目

1)两点间距离：在图像上先后单击两点，将在两点间自动画出直线，在后一点处标出测量序号，测量结果表示在窗口上。

2)连续测量两点间距离：右击鼠标，停止测量。

3)3点间角度：单击3个点后，再单击要测量的角度，自动表示角度和测量序号，测量结果表示在窗口上。

4)两线间夹角：分别单击两条线的起点和终点，然后单击要测量的角度，自动表示两条线和测量序号，测量结果表示在窗口上。

5)多点面积：单击3个以上点，连续执行"两点间距离"功能，右击鼠标停止选点，并计算包围的面积。

(6)结果表示窗口　自动表示测量结果。测量角度时，括弧内表示出弧度值。可以单击"取消"按钮逐次消除测量结果，也可以单击"清除"按钮完全消除测量结果。

注：测量时窗口上方表示有下一步操作的提示。

4. 手动测量的实践

选择测量项目，然后鼠标在图像上单击目标点，即可进行相应测量。在数据窗口上方提示下一步操作。例如，图9.26上选择项目是"两线间夹角"，数据窗口上方提示"点击起点1"。

图9.26图像上的1，2-3，4，5，6-8数字及对应的白线，分别是测量项目"两点间距离""连续测量两点间距离""3点间角度""两线间夹角"和"多点面积"的测量痕迹。

执行"取消"，可以取消最新一个测量。

执行"清除"，可以清除所有测量。

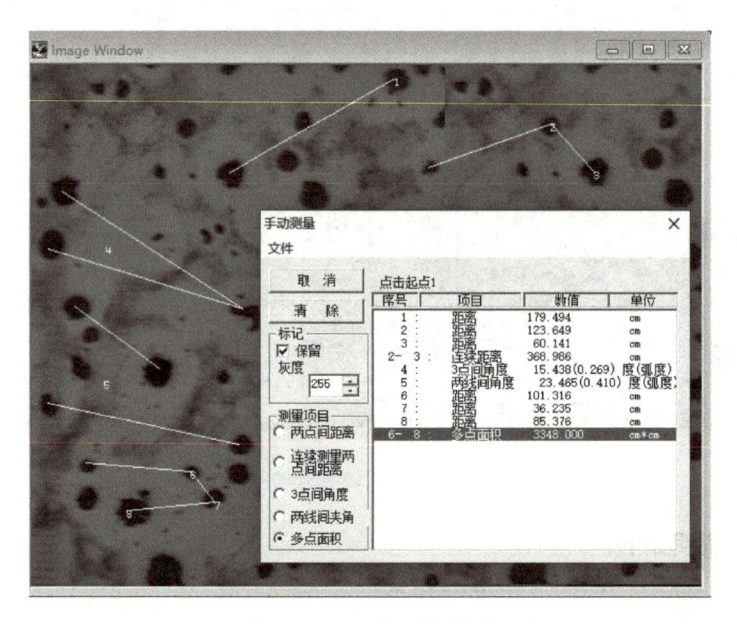

图9.26　手动测量实例

9.3.2 应用案例——排种试验台籽粒检测及视频演示

排种器试验台项目，在"2.7.1 排种器试验台视频采集与保存"和"3.2.5 应用案例——排种器试验台图像拼接与分割"中介绍了试验台的前半部分内容，本节介绍籽粒的参数测量内容。

1. 籽粒计数

籽粒计数是测量其他参数的基础，对于没有粘连的籽粒，通过区域标记，测量出图像上有几个区域，即获得了籽粒数。但是，如果有粘连的情况，只通过区域标记获得不了实际籽粒数。粘连物体的分离一直是图像处理的热门课题，根据不同的使用环境，研究者提出了各种各样的分离方法。本案例假设在图像上粘连的籽粒属于少数，这个假设在排种器上是成立的，测量出各个区域的面积，然后将面积从小到大进行排序，取面积的中间值作为单个籽粒的面积。最后再将每个区域的面积除以单个籽粒的面积，对小数点部分进行四舍五入处理，累计以后即为处理区域里籽粒的总数。在实际处理时，使用了本章的面积测量、去噪声等功能。

2. 种子分布区间检测

（1）纵向分布检测 利用纵向投影的方法对图像进行分析，获取种子的纵向分布（播列）的坐标信息。图 9.27a 是籽粒二值图像的示意图，从左到右、从上到下，纵向扫描二值图像，将各列的像素值相加求和存入数组，可以获得如图 9.27b 所示的纵向投影图，通过分析数组内数据，获得籽粒的列数。一般是一列或者两列。

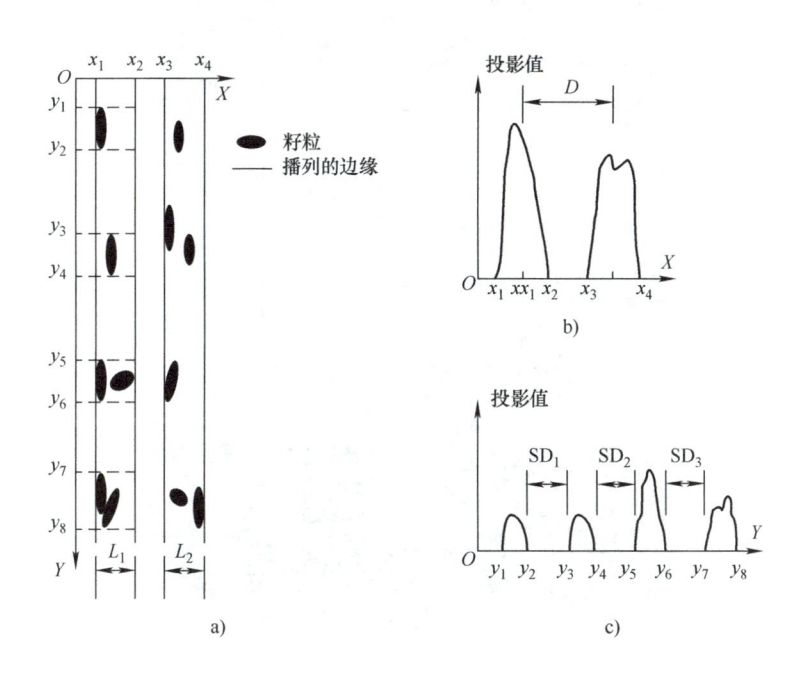

图 9.27 投影图

a）籽粒二值图像 b）纵向投影结果 c）第一条播列横向投影结果

（2）横向分布检测 得到各籽粒列的 x 坐标范围后，对每个籽粒列分别进行横向投影，获得各籽粒列上的区间信息。从左到右、从上到下，横向扫描二值图像，将各行的像素值相加求和，分别存入数组。通过分析数组数据，分别得到每条籽粒列在纵坐标上的各籽粒区间和间隔区间。图 9.27c 中的曲线表示图 9.27a 第一条播列进行横向投影后得到的曲线。根据图 9.27c 中的投影结果，可以得到籽粒区间位置，以及各间隔区间的长度等。

（3）条播参数计算　条播时要计算的参数主要是目标区间的籽粒数和间断区间的长度。目标区间籽粒数的计算，需要对每个目标区间分别进行计算，对于跨区间边界的籽粒，将其归入占比例较大的区间。

图 9.28 是两列条播片段的图像检测结果。其中，白色为籽粒，垂直线为检测出的籽粒列边界和中心线，横线为设定的检测条长（50mm），数字为各个区间内检测出的籽粒数。可以看出，检测出的籽粒列边界和中心线完全正确，籽粒数只是在个别粘连且跨区间边界的区域有一些误差，大多数都是正确的。

图 9.28　条播检测结果

（4）穴播与精播参数计算　计算穴播参数的关键是要对籽粒进行正确的归类，将距离较近的籽粒归为同一穴。前面已经得到了各播列在 y 轴方向上的籽粒区间以及间隔区间。按如下方法对其籽粒进行穴位归类。

第一步，进行初步分类。对于第一条籽粒列，计算其间隔区间长度的平均值和标准偏差，将位于同一籽粒区间内的种子归为一穴。

第二步，进行精确归类。设第 i 个籽粒区间与第 $i+1$ 个籽粒区间之间的间断区间长度为 SD_i，如果数据小于平均值减标准偏差，则将第 i 个籽粒区间和第 $i+1$ 个籽粒区间中的籽粒归为一穴。如果存在第二条籽粒列，按同样的方法对其进行籽粒归类。

第三步，统计归类后各穴中目标区域内籽粒数量，得到各穴中的籽粒粒数。计算各穴中白色像素坐标的平均值作为其穴心坐标。相邻两穴在 y 轴方向上的穴心坐标之差即为穴距。

在得到穴距、各穴中籽粒数的基础上，结合试验标准，可以进一步算出合格率、重播率、漏播率等参数。

精播可以看成是一个穴内只有一粒籽粒的穴播。首先要将籽粒归类到不同的穴中，然后再计算出各穴中的籽粒粒数、穴距等参数。计算方法与穴播相同。如果穴中的籽粒粒数大于 1，则表明穴内出现重播。将测量得到的穴距与理论穴距进行比较，可以判断是否有空出穴（漏播）。

图 9.29 是一列穴播和两列精播片段的检测结果。由于本书主要是介绍机器视觉的相关知识，对排种器的性能部分不做说明。

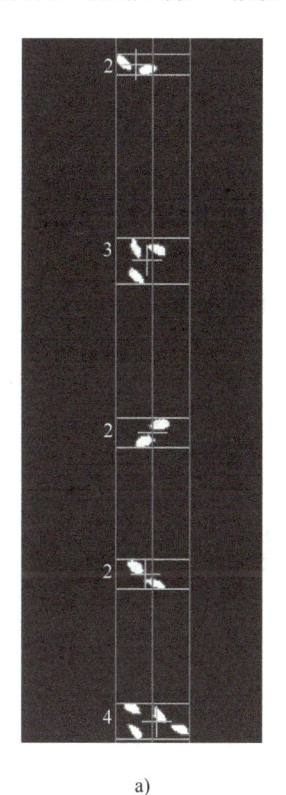

a)　　　　　　　　　　　　b)

图 9.29　穴播和精播检测结果

a）一列穴播　b）两列精播

3. 视频演示

下面给出排种试验台籽粒检测的视频演示，读者可以扫描二维码观看视频。

链 9-1　排种试验台籽粒检测

9.4 直线参数测量

直线是大多数物体边缘形状最常见的表现形式，直线检测是图像处理的一项重要内容。哈夫（Hough）变换和最小二乘法是实现直线检测的常用方法。以下分别介绍哈夫变换和最小二乘法及其直线检测方法。

9.4.1 哈夫变换

1. 传统哈夫变换的直线检测

保罗·哈夫于1962年提出了Hough变换法，并申请了专利。该方法将图像空间中的检测问题转换到参数空间，通过在参数空间里进行简单的累加统计完成检测任务，并用大多数边界点满足的某种参数形式来描述图像的区域边界曲线。这种方法对于被噪声干扰或间断区域边界的图像具有良好的容错性。Hough变换最初主要应用于检测图像空间中的直线，最早的直线变换是在两个笛卡儿坐标系之间进行的，这给检测斜率无穷大的直线带来了困难。1972年，杜达（Duda）将变换形式进行了转化，将数据空间中的点变换为参数 $\rho\text{-}\theta$ 空间中的曲线，改善了其检测直线的性能。该方法被不断地研究和发展，得到了非常广泛的应用，已经成为模式识别的一种重要工具。

直线的方程可以用式（9.3）来表示：

$$y = kx + b \tag{9.3}$$

式中，k 和 b 分别是斜率和截距。过 $x\text{-}y$ 平面上的某一点 (x_0, y_0) 的所有直线的参数都满足方程 $y_0 = kx_0 + b$。即过 $x\text{-}y$ 平面上点 (x_0, y_0) 的一族直线在参数 $k\text{-}b$ 平面上对应于一条直线。

由于式（9.3）形式的直线方程无法表示 $x = c$（c 为常数）形式的直线（这时直线的斜率为无穷大），所以在实际应用中，一般采用式（9.4）的极坐标参数方程的形式。

$$\rho = x\cos\theta + y\sin\theta \tag{9.4}$$

其中，ρ 为原点到直线的垂直距离；θ 为 ρ 与 x 轴的夹角（见图9.30）。

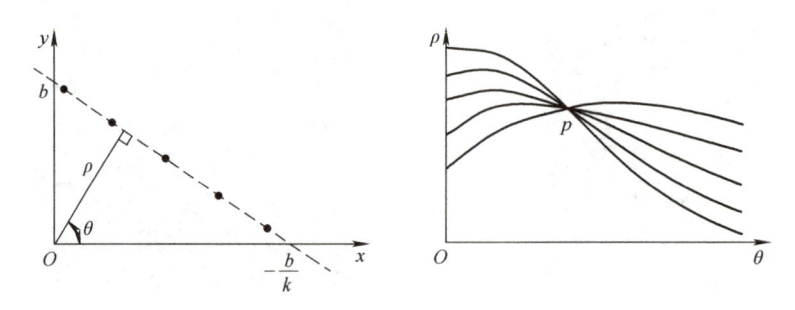

图 9.30　Hough 变换对偶关系示意图

根据式（9.4），直线上不同的点在参数空间中被变换为一族相交于点的曲线，因此可以通过检测参数空间中的局部最大值 p 点，来实现 $x\text{-}y$ 坐标系中直线的检测。参数累加器阵列的峰值就是表征一条直线的参数。Hough变换的这种基本策略还可以推广到平面曲线的检测。

传统Hough变换是一种全局性的检测方法，具有极佳的抗干扰能力，可以很好地抑制数据点集中存在的干扰，同时还可以将数据点集拟合成多条直线。但是，Hough 变换的精度不容易控制，因此，不适合对拟合直线的精度要求较高的实际问题。同时，它所要求的巨大计算量使它的处理速度较慢，从而限制了它在实时性要求较高的领域的应用。

2. 过已知点 Hough 变换的直线检测

传统 Hough 变换直线检测方法是一种穷尽式搜索，计算量和空间复杂度都很高，很难在实时性要求较高的领域内应用。为了解决这一问题，多年来许多学者致力于 Hough 变换算法的高速化研究。例如，将随机过程、模糊理论等与 Hough 变换相结合，或者将分层迭代、级联的思想引入到 Hough 变换过程中，大大提高了 Hough 变换的效率。本节以过已知点的改进 Hough 变换为例，介绍一种直线的快速检测方法。

过已知点的改进 Hough 变换方法，是在 Hough 变换基本原理的基础上，将逐点向整个参数空间的投票转化为仅向一个"已知点"参数空间投票的快速直线检测方法。其基本思想是：首先找到属于直线上的一个点，将这个已知点 p_0 的坐标定义为 (x_0, y_0)，将通过 p_0 的直线斜率定义为 m，则坐标和斜率的关系可用下式表示：

$$(y - y_0) = m(x - x_0) \tag{9.5}$$

定义区域内目标像素 p_i 的坐标为 (x_i, y_i)（$0 \leqslant i < n$，n 为区域内目标像素总数），则 p_i 点与 p_0 点之间连线的斜率 m_i 可用下式表示：

$$m_i = (y_i - y_0) / (x_i - x_0) \tag{9.6}$$

将斜率值映射到一组累加器上，每求得一个斜率，将使其对应的累加器的值加 1，因为同一条直线上的点求得的斜率一致，所以当目标区域中有直线成分时，其对应的累加器出现局部最大值，将该值所对应的斜率作为所求直线的斜率。

利用过已知点 Hough 变换的直线检测方法，其关键问题是如何正确地选择已知点。在实际操作中，一般选择容易获取的特征点为已知点，如某个区域内的像素分布中心等。

9.4.2 最小二乘法

最小二乘法（Least Squares Method，LSM）又称最小平方法，是一种数学优化技术，它通过最小化误差的二次方和寻找数据的最佳函数匹配。最小二乘法也是常见的直线检测方法之一，利用最小二乘法可以简便地求得未知的数据，并使得这些求得的数据与实际数据之间误差的二次方和为最小。最小二乘法还可用于曲线拟合。

以直线检测为例，最小二乘法就是对 n 个点进行拟合，使得所有点到这条拟合直线的欧几里得距离和最小（见图 9.31）。

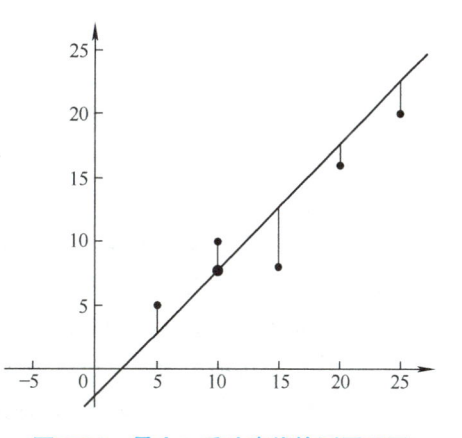

图 9.31 最小二乘法直线检测原理图

9.4.3 直线检测实践

在"3.2.2 模态法自动分割"处理之后，单击菜单"二值参数测量"→"直线参数测量"，打开"直线检测"窗口，如图 9.32 所示。

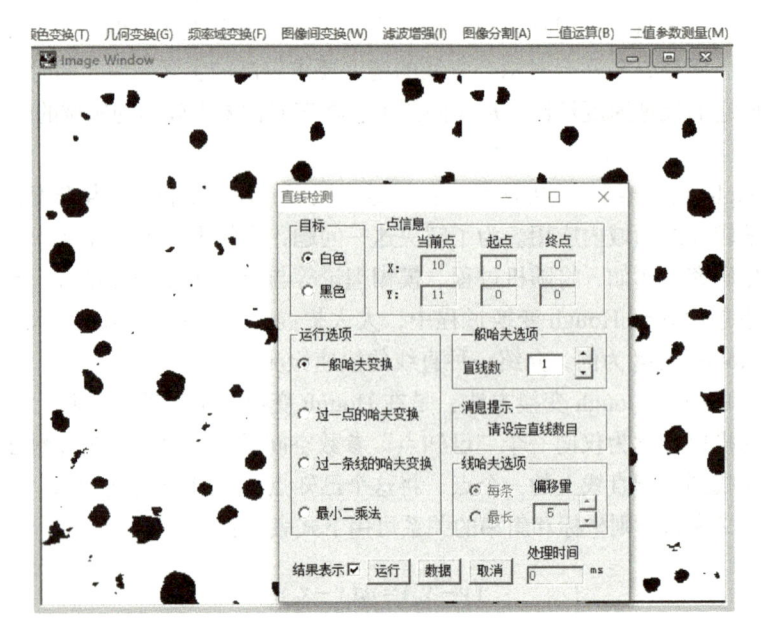

图 9.32 直线检测功能

1. 界面项目介绍

（1）目标

1）白色：处理对象为白色像素。

2）黑色：处理对象为黑色像素。

（2）运行选项

1）一般哈夫变换：利用一般哈夫变换检测图像中的直线要素。

2）过一点的哈夫变换：检测过设定点的直线要素。

3）过一条线的哈夫变换：检测过基准线与目标像素群相交点的直线要素。

4）最小二乘法：利用最小二乘法检测图像中的直线要素。

注：选择其中一种运行选项时，该选项对应的参数可用。

（3）点信息

1）当前点：显示鼠标对应点的坐标值。

2）起点：显示设定点的坐标和基准线的起点坐标。

3）终点：显示设定点的坐标和基准线的终点坐标。

（4）一般哈夫选项　选择"一般哈夫变换"时，激活该参数选项。

直线数：检测到的直线要素数目，可以手动调节或者直接输入，默认状态下为1。

（5）消息提示　选择不同的运行选项时，提示相应的操作。

（6）线哈夫选项　选择"过一条线的哈夫变换"时，激活该参数选项。

1）每条：检测过基准线与目标像素群每一个交点的直线要素。

2）最长：检测过基准线与目标像素群相交点中最长的直线要素。

3）偏移量：目标像素与基准线之间的偏移量，可以手动调节或者直接输入，默认状态为5（像素）。

（7）结果表示　是否以图像形式显示检测结果，默认状态为显示。

(8) 运行　执行程序。

(9) 数据　查看检测结果信息，单击该按钮后打开数据窗口。打开窗口"文件"菜单，可以读出以前保存的数据、保存当前数据、打印当前数据。保存的数据可以用 Microsoft Excel 打开。

(10) 取消　关闭窗口。

(11) 处理时间　显示程序运行时间。

2. 实践

对图 9.32 所示的二值图像，单击菜单"帧编辑"，将第 1 帧的二值图像复制到后面多帧上。设定处理区域，目标像素选择"黑色"，分别对 4 种直线检测方法进行实践。一般哈夫变换和过一条线的哈夫变换，都选择检测最长线，过一点的哈夫变换和最小二乘法只能检测最长直线，这样统一成检测最长线，以便比较检测效果。

检测结果如图 9.33 所示。其中，各个图像的灰色直线是检测出的直线；过一点的哈夫变换的已知点设定在检测出直线上画圈的位置；过一条线的哈夫变换的直线画在检测出直线上圆圈与其左侧黑色区域的连线上，如图 9.33c 上的斜线所示。处理时间分别为一般哈夫变换 8.5335ms、过一点的哈夫变换 0.5121ms、过一条线的哈夫变换 2.2749ms、最小二乘法 0.6565ms。

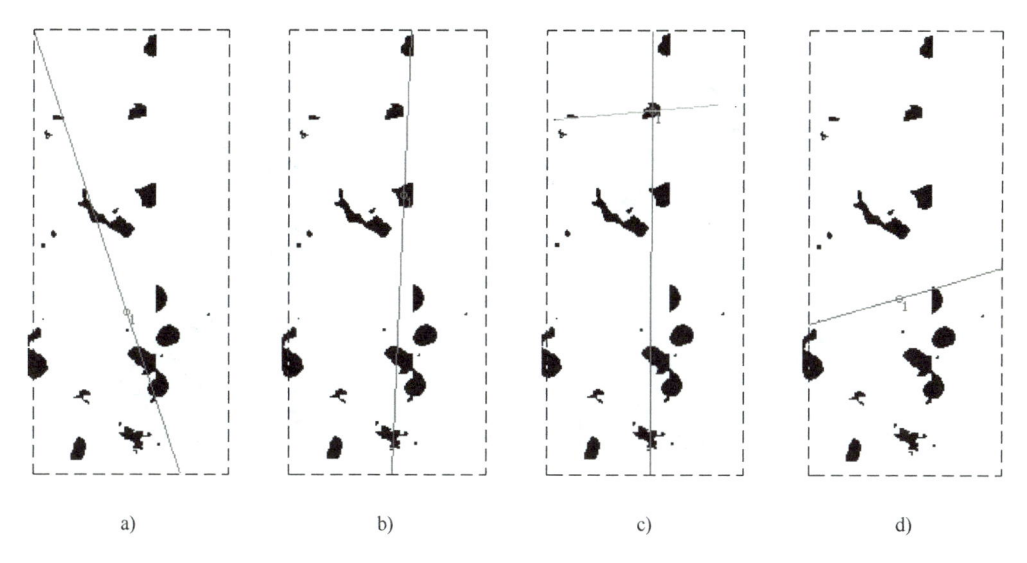

图 9.33　直线检测结果

a) 一般哈夫变换　b) 过一点的哈夫变换　c) 过一条线的哈夫变换　d) 最小二乘法

从图 9.33 的检测结果可以看出，用哪种检测方法，需要根据二值图像的情况以及检测的实时性要求进行选用。就图 9.33 来说，过一点的哈夫变换的处理时间最快，效果很好，但是需要设定好已知点；过一条线的哈夫变换处理时间较长，效果也很好，设定直线比设定一个点相对错误概率会小一些。

9.4.4　应用案例——农田视觉导航线检测及视频演示

1. 插秧机器人视觉导航线检测

在第 8 章的应用案例"8.5.1 插秧机器人导航目标检测"里分别介绍了苗列和各种田埂

的微分检测以及二值化方法，在本章的"9.2.3 应用案例——插秧机器人导航目标去噪声"里介绍了去噪声处理。本节对去噪声后的二值图像，利用过一条线的哈夫变换（苗列）和过已知点的哈夫变换（田埂）进行导航直线检测。水泥田埂的已知点设在最长连接成分的中点，没有长连接成分的土田埂，已知点设在像素点平均中心位置。

图 9.34 ~ 图 9.37 分别展示了目标苗列线、目标田埂线、田端田埂线及阴影线和侧面田埂线的检测结果实例。为了观察方便，将检测出的导航直线直接显示在了原图上。

图 9.34　目标苗列线检测结果

图 9.35　目标田埂线检测结果

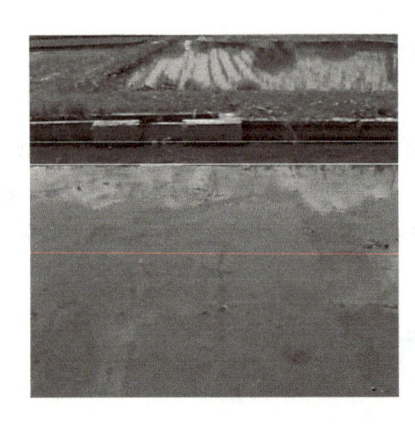

图 9.36　田端田埂线及阴影线的检测结果

图 9.37　侧面田埂线检测结果

2. 小麦播种导航线检测

在第 7 章的 "7.8.2 小麦播种导航路径检测及视频演示" 中介绍了小麦播种导航路径检测的目标候补点检测方法。检测出每个扫描线的目标候补点后，用过已知点的哈夫变换检测导航直线。已知点设在目标候补点群中心位置。图 9.38 是小麦播种导航线检测结果。

图 9.38　候补点群及导航线的检测结果

a）田埂线图像　b）播种线图像

3. 麦田多列目标线检测

在第 4 章的 "4.7.1 小麦苗列检测" 中，介绍了基于 2G-R-B 将不同时期的苗列进行灰度化强调处理，采用第 3 章的 "3.2.4 大津法自动分割" 就可以自动提取苗列的二值图像。本节对麦苗二值图像，利用过已知点的哈夫变换进行苗列线检测。

本案例首先提取每个目标列上的目标点群，分别对每个目标列的目标点群进行过已知点的哈夫变换处理，最终获得各个目标列的直线，已知点设置在各个目标点群的中心点。图 9.39 是第 4 章图 4.23 的苗列线检测结果，每条苗列线上都显示了检测出黑色直线。

4. 其他农田作业导航线的检测

利用小麦播种的导航线检测方法分别对耕作、玉米播种、棉花播种、小麦收获和棉花采摘的环境进行了导航线检测试验。试验表明，上述环境一般都可以检测，只是小麦收获环境和棉花采摘环境有些特殊。在收获小麦时，有时会出现很大的灰尘，这些都会影响检测效果。对于棉花采摘，导航线发白（白色棉花的边缘），而不是发黑，需要进行特殊处理。图 9.40 分别展示了各种导航线检测结果实例。

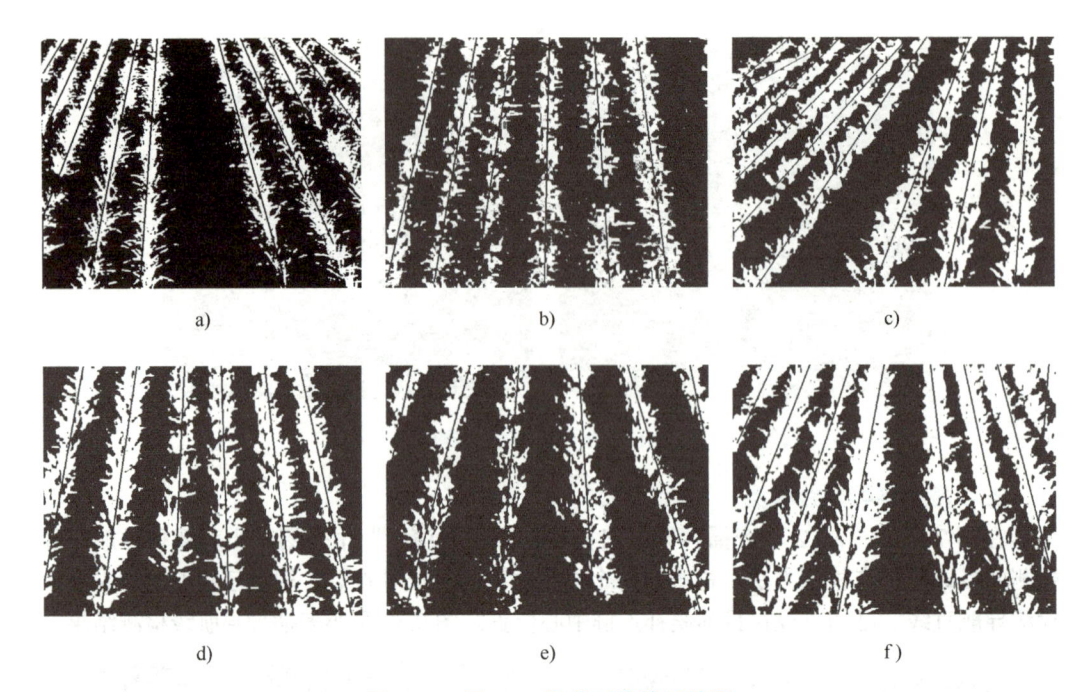

图 9.39 图 4.23 的苗列线检测结果

图 9.40 不同作业环境的导航线检测结果

a）耕作　b）玉米播种　c）棉花播种　d）棉花收获

e)   f)

图 9.40   不同作业环境的导航线检测结果（续）

e）小麦收获   f）玉米收获

5. 视频演示

下面分别给出水田苗列线检测、水田田埂线检测、小麦播种导航线检测和小麦收获导航线检测的视频演示，读者可以扫描二维码观看视频。

链 9-2 水田苗列线检测　　链 9-3 水田田埂线检测　　链 9-4 小麦播种导航线检测　　链 9-5 小麦收获导航线检测

9.5　圆形分离实践

圆形分离用来分离圆形物体，并测量其直径、面积和圆心坐标。对非圆形物体，以其内切圆的方式进行测量分离。

在"3.2.2 模态法自动分割"处理之后，打开"二值图像的基本运算"窗口，进行像素数小于 50 的去噪声处理。然后，单击菜单"二值参数测量"→"圆形分离"，打开"圆形分离"窗口。图 9.41 所示是在"圆形分离"窗口执行"测量"的结果图。每个黑色测量目标都显示了内切圆和编号。

单击"文件显示"按钮后，弹出"圆形数据表示"窗口，显示测量目标的数量、比例尺、单位，以及顺序显示每个测量目标的重心 x 坐标、重心 y 坐标、直径和面积数据。可以读入、保存和打印数据。

"圆形分离"窗口的其他界面功能与图 9.19 所示的二值图像测量界面的说明一致，在此不再重复。

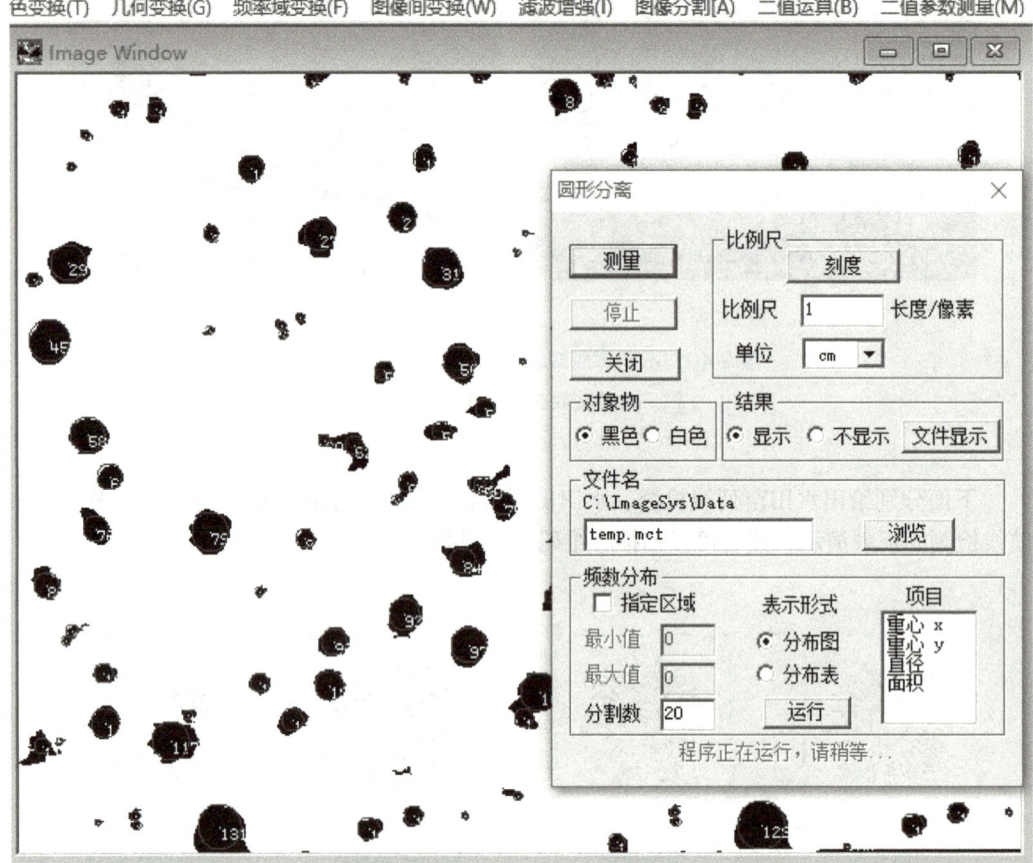

图 9.41 圆形分离功能

9.6 轮廓测量实践

测量对象物的个数、各个对象物轮廓线长度（像素数）及轮廓线上各个像素的坐标。

在"3.2.2 模态法自动分割"处理之后，打开"二值图像的基本运算"窗口，进行像素数小于 50 的去噪声处理。然后，单击菜单"二值参数测量"→"轮廓测量"，打开"轮廓线测量"窗口。图 9.42 所示是在"轮廓线测量"窗口执行"运行"的结果图。每个原来的黑色测量目标都显示了轮廓线和编号。

单击"文件显示"按钮后，弹出"轮廓数据表示"窗口，显示测量区域范围、对象物数量，以及顺序显示每个测量目标的像素数和每个像素的 x、y 坐标数据，可以读入、保存和打印数据。

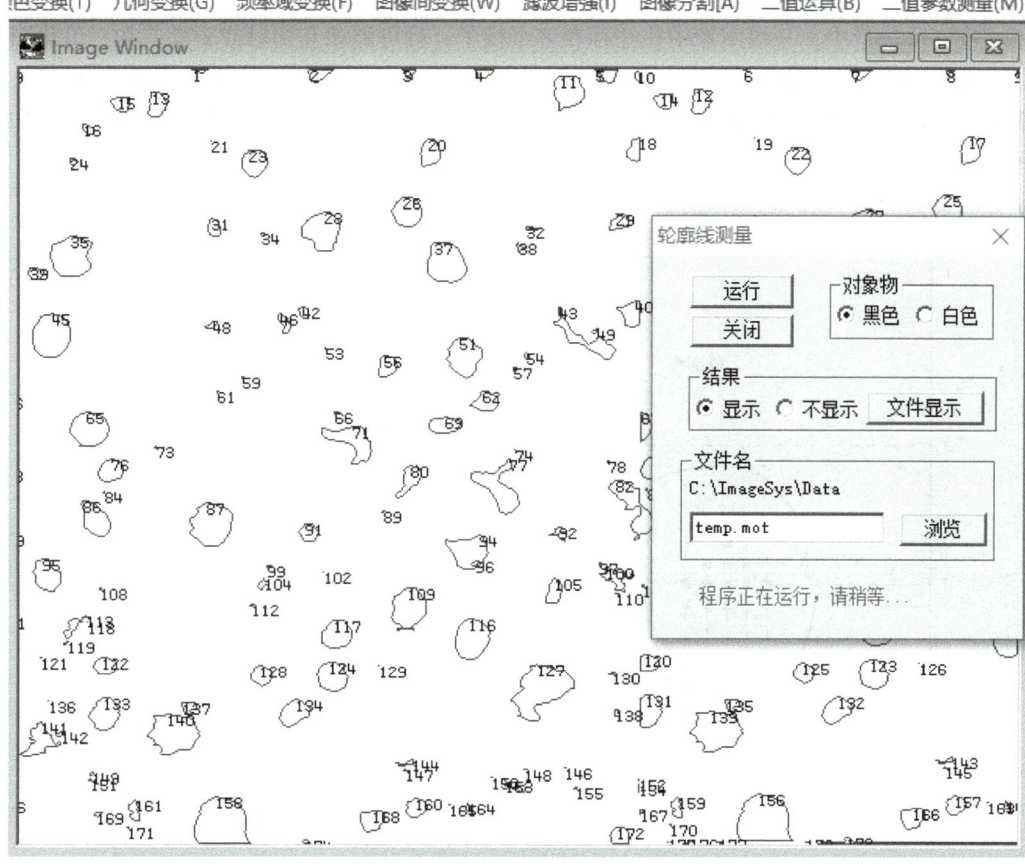

图 9.42 轮廓线测量功能

9.7 应用实例——果树上桃子检测及视频演示

在 "4.7.2 果树上红色桃子检测"中，介绍了红色桃子区域的检测，本节介绍桃子中心和半径拟合内容。

1. 可能圆心点群计算

对前面处理后的二值图像（参考图 4.25），首先通过边界追踪的方法获得目标轮廓上各个像素点的 x 坐标和 y 坐标，并保存到数组中。从轮廓线的起点到终点，以 A_1 个像素为步长，以 A_2 个像素为间隔，依次进行连线，将相邻两条连线中垂线的交点作为可能圆心点。当轮廓线长度小于 500 像素时，A_1 设为 2，A_2 为 A_1 的 20 倍即 40；当轮廓线长度大于 500 像素时，A_1 设为 4，A_2 为 80，如图 9.43 所示。

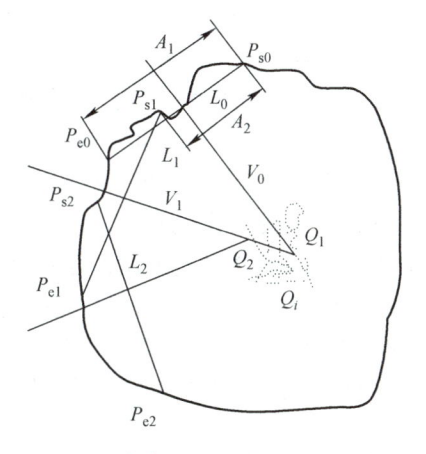

图 9.43 相邻两连线中垂线的交点群

2. 可能圆心点群分组

在实际场景中，一幅图像中往往存在多个桃子，且可能相互接触或重叠，在二值化图像上会出现多个桃子连成一个轮廓的情形。因此，在对一个轮廓线求出可能圆心点群后，需要对圆心点群进行分组处理。通过横向累计投影和纵向累计投影，获得分组信息，如图 9.44 所示。

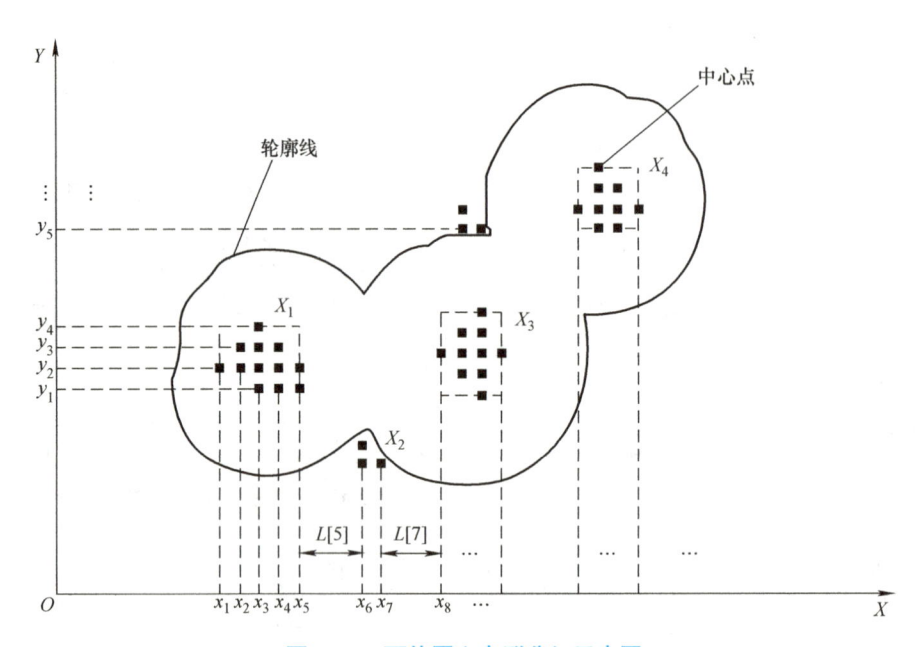

图 9.44　可能圆心点群分组示意图

3. 拟合结果

对分组区间内的可能圆心点群，分别计算圆心 x 和 y 坐标的平均值和标准偏差，确认拟合圆的圆心位置，将圆心与边界的最小距离作为半径。

图 9.45 为图 4.24（参考 4.7.2 节）进行区域轮廓提取及拟合的结果图。对于图 4.24a 单个果实的情况，拟合过程中一个轮廓内所有的可能圆心点都被分为一组；其余多个果实相接触的情况，一个轮廓内的可能圆心点被分成了多组。图 4.24d、e 中桃子的果实轮廓比较完整，而其他几个图中均存在果实轮廓被树叶等遮挡的情况。拟合过程中获得的可能圆心点的个数与轮廓线长度、步长 A_1 及截取间隔 A_2 有关，可以通过调节 A_1 和 A_2 来控制可能圆心点的个数。当 A_1、A_2 很小时，计算量增加，可能的圆心点数目会增加，拟合圆的圆心和半径的准确度会提高，但运行速度会降低。在满足准确度的前提下，可以通过适当增大 A_1、A_2 值，来提高处理速度。

图 9.46 是将图 9.45 与原图像合并的结果图。从图 9.45 的拟合结果以及图 9.46 的原图像上的显示情况，表明该拟合算法能够适应桃子单个果实、多个相互分离以及多个果实相互接触等多种生长状态，并且对于部分遮挡（遮挡部位小于 1/2 轮廓）的果实也能够实现很好的拟合。从读入图像到处理出结果，一帧图像的平均处理时间为 635ms。

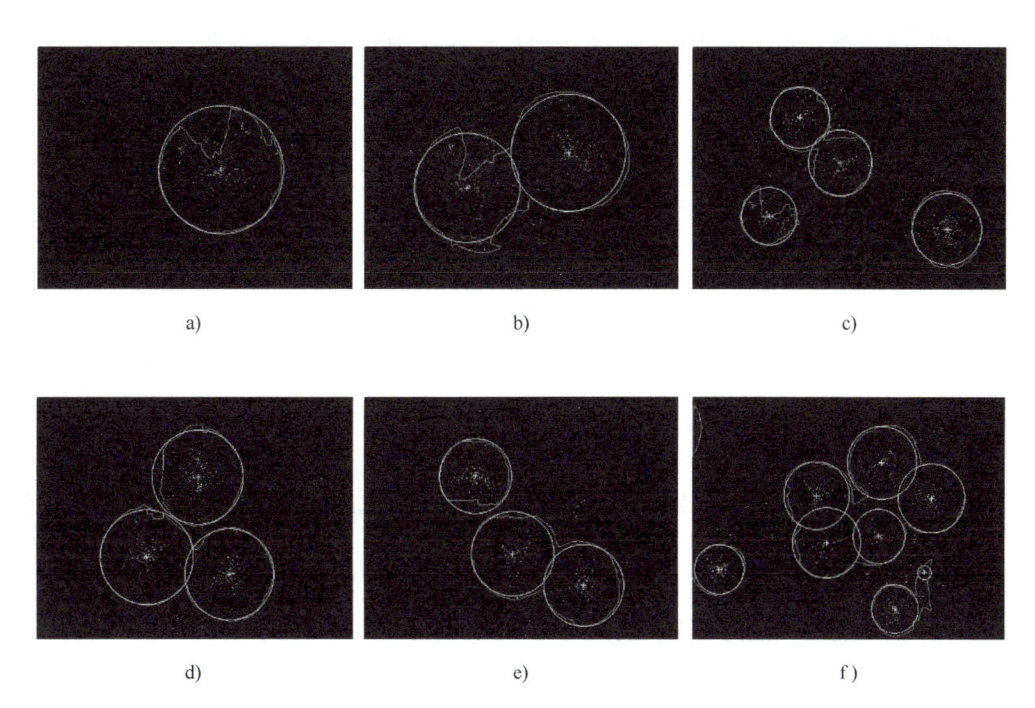

图 9.45 图 4.24 轮廓提取及拟合结果

图 9.46 拟合结果显示在原图像上
a）单个果实　b）多果实接触　c）多状态果实　d）弱光多果实接触
e）顺光多果实枝干干扰　f）多果实多轮廓枝干干扰

4. 视频演示

下面给出果树上桃子检测的视频演示，读者可以扫描二维码观看视频。

链 9-6　果树上桃子检测

📝 **思考题**

1. 对二值图像进行去噪声处理，请问什么情况下使用面积去噪较好，而什么情况下使用膨胀与腐蚀去噪较好？

2. 请参考图 9.1、图 9.3 和表 9.2，说明哪些几何参数适用于提取橘子区域？

3. 请问采用过已知点的哈夫变换检测直线，需要先检测出哪些参数？

第10章 双目视觉测量

本章将介绍双目视觉测量的硬件构成、基本原理、标定方法和三维重建，标定方法将介绍常用的直接线性标定法和张正友标定法以及两者之间的参数转换，最后通过实际测量，对标定方法和双目视觉的测量精度进行论述。

如图10.1所示，双目视觉测量系统的功能模块包括：左右视觉摄像机、计算机、三脚架、标定装置、光源等。各个模块的功能见表10.1。

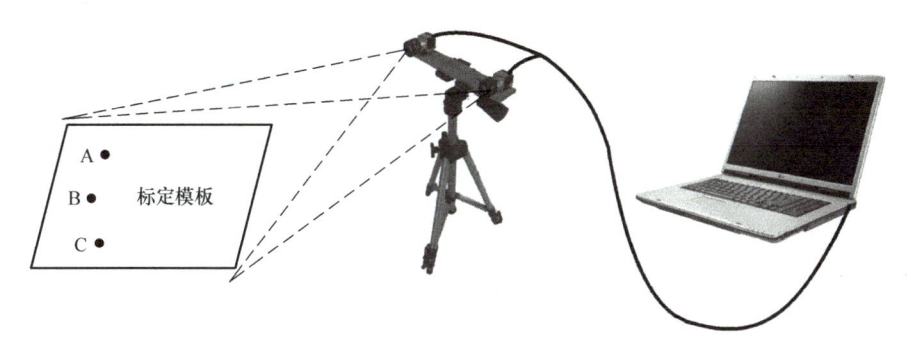

图 10.1 双目视觉测量系统构成

表 10.1 双目视觉测量系统各部分功能表

名称	功　　能
左右视觉摄像机	用于采集左右视觉图像
计算机	摄像机标定、同步采集图像、图像数据处理、三维重建、数据保存
标定装置 （标定架或黑白方格棋盘）	进行摄像机标定，获得摄像机内外参数
三脚架	固定摄像机，调节其高度和角度
光源	确保采集清晰图像（根据情况可省略）

双目视觉系统的处理可以概括为双目图像采集、摄像机标定、获取目标点和目标点三维重建等几个方面。

10.1 双目视觉系统的结构

一般来讲，双目视觉系统的结构，可以根据摄像机光轴是否平行分为平行式立体视觉模型和汇聚式立体视觉模型，可以根据测量场景和对测量精度的要求进行选择。

10.1.1 平行式立体视觉模型

平行式立体视觉模型指的是双目视觉系统中的两台摄像机光轴平行放置，使得汇聚距离为无穷远处。最简单的立体成像系统模型就是平行式立体视觉模型，当两个一模一样的摄像机被平行放置时则称之为平行式立体视觉模型，如图 10.2 所示。

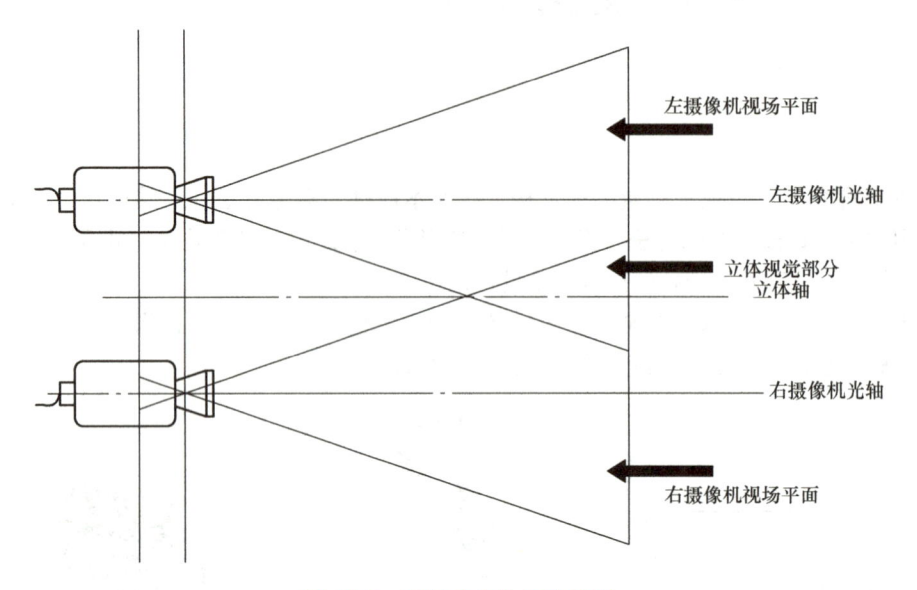

图 10.2　平行式立体视觉模型

其原理图如图 10.3 所示，假设摄像机 C_1 与 C_2 一模一样，即摄像机内参完全相同。两个摄像机的 x 轴重合，y 轴平行。因此，将其中一个摄像机沿其 x 轴平移一段距离后能够与另一个摄像机完全重合。如图 10.3 所示，$P(x_1, y_1, z_1)$ 为空间中任意一点，经过左右摄像机的光学成像过程，在左右投影面上的成像点分别为 p_1、p_2，则根据成像原理可知，p_1、p_2 点的纵坐标相等，横坐标的差值为两个成像坐标系间的距离。

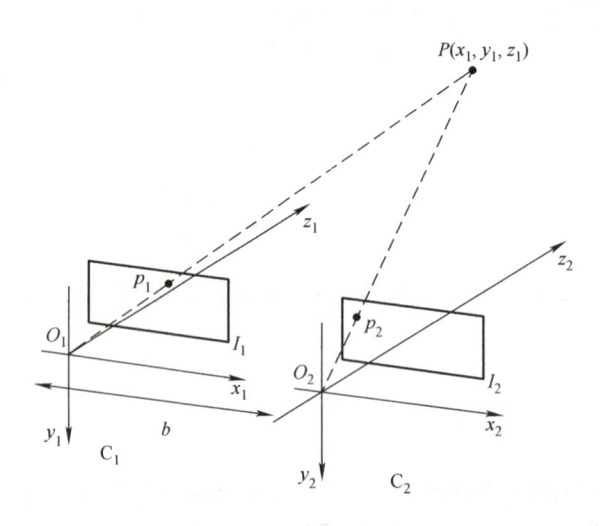

图 10.3　平行式立体视觉模型原理图

在平行式立体视觉模型中，假设两个成像坐标系间的距离，即某点横坐标的差值为 b。C_1 坐标系为 $O_1x_1y_1z_1$，C_2 坐标系为 $O_2x_2y_2z_2$，则空间任意点 P 的坐标在 C_1 坐标系中为 (x_1, y_1, z_1)，在 C_2 坐标系中为 (x_1-b, y_1, z_1)。因此若已知摄像机的内部参数，则可以得出 P

点的三维坐标值见式（10.1）。

$$\begin{cases} x_1 = \dfrac{b(u_1 - u_0)}{u_1 - u_2} \\ y_1 = \dfrac{ba_x(v_1 - v_0)}{a_y(u_1 - u_2)} \\ z_1 = \dfrac{ba_x}{u_1 - u_2} \end{cases} \qquad (10.1)$$

式中，u_0, v_0, a_x, a_y 为摄像机内部参数；(u_1, v_1)，(u_2, v_2) 分别为 p_1 与 p_2 的图像坐标。可见，由 p_1 与 p_2 的图像坐标 (u_1, v_1) 和 (u_2, v_2)，可求出空间点 P 的三维坐标 (x_1, y_1, z_1)。

式（10.1）中，b 为基线长度，$u_1 - u_2$ 称为视差。视差是指由于双目视觉系统中两个摄像机的位置不同导致 P 点在左右图像中的投影点位置不同引起的，由式（10.1）可见，P 点的距离越远（即 z_1 越大），视差就越小。因此，当 P 点接近无穷远时，O_1P 与 O_2P 趋于平行，视差趋于零。

10.1.2　汇聚式立体视觉模型

平行式立体视觉模型中，摄像机的光轴平行，因此成像的几何关系也最简单，但事实上，在现实情况中很难得到绝对的平行立体摄像系统，因为在实际摄像机安装时，我们无法看到摄像机光轴，因此无法调整摄像机的相对位置到图 10.3 的理想情形。在一般情况下，是采用如图 10.4 所示的任意放置的两个摄像机来组成双目立体视觉系统。

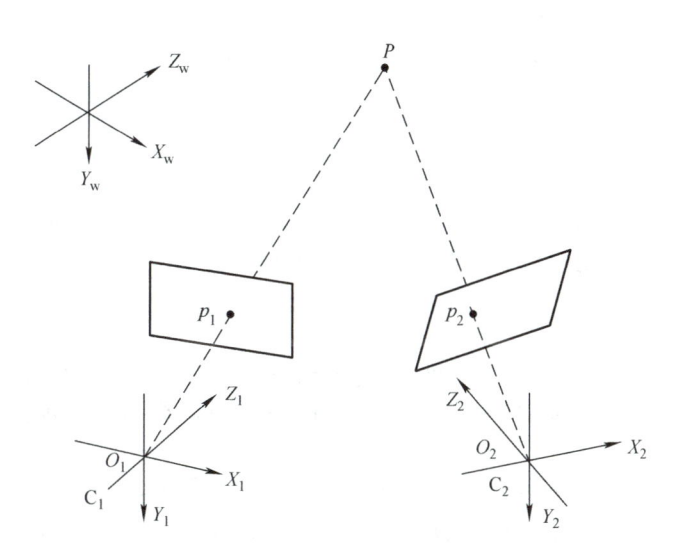

图 10.4　汇聚式立体视觉模型

汇聚式立体视觉模型的原理如图 10.5 所示。

在汇聚式立体视觉模型中，假定 p_1 与 p_2 为空间同一点 P 分别在左右图像上的对应点。而且，假定 C_1 与 C_2 摄像机标定结果已知，即已知它们的投影矩阵分别为 $\boldsymbol{M}_1$ 与 $\boldsymbol{M}_2$。于是在左右图像中，空间点与图像点间的关系见式（10.2）和式（10.3）。

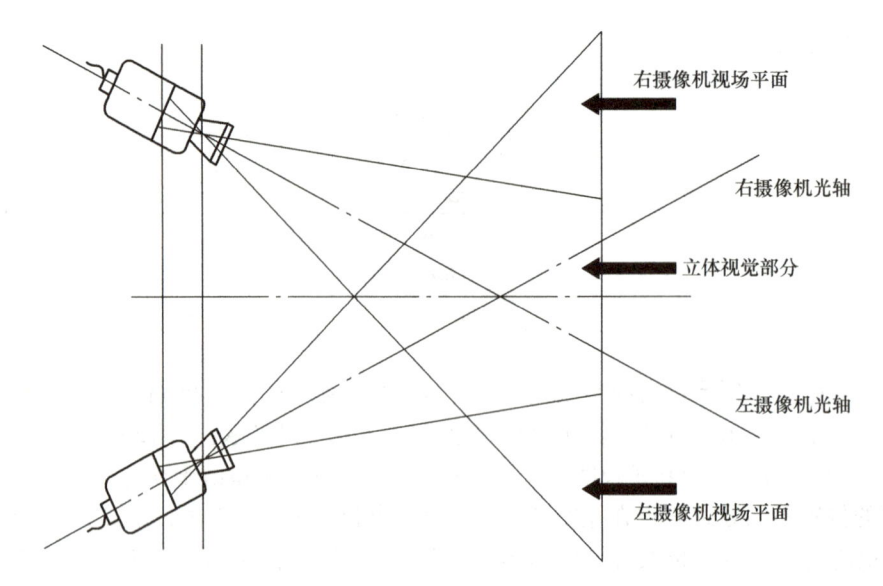

图 10.5　汇聚式立体视觉模型原理图

$$Z_{c1}\begin{bmatrix}u_1\\v_1\\1\end{bmatrix}=\boldsymbol{M}_1\begin{bmatrix}X\\Y\\Z\\1\end{bmatrix}=\begin{bmatrix}m_{11}^1&m_{12}^1&m_{13}^1&m_{14}^1\\m_{21}^1&m_{22}^1&m_{23}^1&m_{24}^1\\m_{31}^1&m_{32}^1&m_{33}^1&m_{34}^1\end{bmatrix}\begin{bmatrix}X\\Y\\Z\\1\end{bmatrix} \quad (10.2)$$

$$Z_{c2}\begin{bmatrix}u_2\\v_2\\1\end{bmatrix}=\boldsymbol{M}_2\begin{bmatrix}X\\Y\\Z\\1\end{bmatrix}=\begin{bmatrix}m_{11}^2&m_{12}^2&m_{13}^2&m_{14}^2\\m_{21}^2&m_{22}^2&m_{23}^2&m_{24}^2\\m_{31}^2&m_{32}^2&m_{33}^2&m_{34}^2\end{bmatrix}\begin{bmatrix}X\\Y\\Z\\1\end{bmatrix} \quad (10.3)$$

式中，$(u_1,v_1,1)$ 与 $(u_2,v_2,1)$ 分别为 p_1 与 p_2 点在图像坐标系中的齐次坐标；$(X,Y,Z,1)$ 为 P 点在世界坐标系下的齐次坐标；m_{ij}^k（$k=1,2;i=1,\cdots,3;j=1,\cdots,4$）分别为 $\boldsymbol{M}_k$ 的第 i 行 j 列元素。根据"5.5 单目视觉检测"一节中介绍的线性模型公式（5.20），可在上述两式中消去 Z_{c1} 和 Z_{c2}，得到式（10.4）和式（10.5）关于 X，Y，Z 的四个线性方程。

$$\begin{cases}(u_1m_{31}^1-m_{11}^1)X+(u_1m_{32}^1-m_{12}^1)Y+(u_1m_{33}^1-m_{13}^1)Z=m_{14}^1-u_1m_{34}^1\\(v_1m_{31}^1-m_{21}^1)X+(v_1m_{32}^1-m_{22}^1)Y+(v_1m_{33}^1-m_{23}^1)Z=m_{24}^1-v_1m_{34}^1\end{cases} \quad (10.4)$$

$$\begin{cases}(u_2m_{31}^2-m_{11}^2)X+(u_2m_{32}^2-m_{12}^2)Y+(u_2m_{33}^2-m_{13}^2)Z=m_{14}^2-u_2m_{34}^2\\(v_2m_{31}^2-m_{21}^2)X+(v_2m_{32}^2-m_{22}^2)Y+(v_2m_{33}^2-m_{23}^2)Z=m_{24}^2-v_2m_{34}^2\end{cases} \quad (10.5)$$

式（10.4）和式（10.5）的几何意义是过 O_1P_1 和 O_2P_2 的直线。由于空间点 $P(X,Y,Z)$ 是 O_1P_1 和 O_2P_2 的交点，它必然同时满足上面两个方程。因此，可以将上面两个方程联立求出空间点 P 的坐标 (X,Y,Z)。但在实际应用中，为减小误差，通常利用最小二乘法求出空间点的三维坐标。

汇聚式立体视觉模型能够通过调整摄像机光轴的角度，使得双目视觉系统获得最大的视野范围，并且能够不影响结果的精度，因此一般采用汇聚式立体视觉模型。

10.2 摄像机标定

摄像机标定是指建立摄像机图像像素位置与目标点位置之间的关系，根据摄像机模型，由已知特征点的图像坐标和世界坐标求解摄像机的参数。这是计算机立体视觉研究中需要解决的第一问题，也是进行双目视觉三维重建的重要环节。这一过程精确与否，直接影响到立体视觉系统测量的精度，因而实现立体摄像机的标定工作是必不可少的。本节分别介绍直接线性标定法和张正友标定法。

摄像机参数是由摄像机的位置、属性参数和成像模型决定的。包含内参和外参，摄像机内参是摄像机坐标系与理想坐标系之间的关系，是描述摄像机的属性参数，包含焦距、光学中心、畸变因子等。而摄像机外参表示摄像机在世界坐标系中的位置和方向。外参包含旋转矩阵 R 和平移矩阵 T，描述摄像机与世界坐标系之间的转换关系。将通过试验与计算得到摄像机内参和外参的过程称为摄像机标定。

10.2.1 直接线性标定法

Abdel-Aziz 和 Karara 于 20 世纪 70 年代初提出了直接线性变换（Direct Linear Transformation，DLT）的摄像机标定方法，这种方法忽略摄像机畸变引起的误差，直接利用线性成像模型，通过求解线性方程组得到摄像机的参数。

DLT 方法的优点是计算速度很快，操作简单且易实现。缺点是由于没有考虑摄像机镜头的畸变，因此不适合畸变系数很大的镜头，否则会带来很大误差。

DLT 标定法需要将一个特制的立方体标定模板放置在所需标定摄像机前，其中标定模板上的标定点相对于世界坐标系的位置已知。这样摄像机的参数可以利用 5.5.2 节所描述的摄像机线性模型得到。

首先介绍由立体标定参照物图像求取投影矩阵 M 的算法，式（5.20）可以写成式（10.6）。

$$Z_c \begin{bmatrix} u_i \\ v_i \\ 1 \end{bmatrix} = \begin{bmatrix} m_{11} & m_{12} & m_{13} & m_{14} \\ m_{21} & m_{22} & m_{23} & m_{24} \\ m_{31} & m_{32} & m_{33} & m_{34} \end{bmatrix} \begin{bmatrix} X_{wi} \\ Y_{wi} \\ Z_{wi} \\ 1 \end{bmatrix} \tag{10.6}$$

其中，(X_{wi},Y_{wi},Z_{wi}) 为空间第 i 个点的坐标；(u_i,v_i) 为第 i 个点的图像坐标；m_{ij} 为空间任意一点投影矩阵 M 的第 i 行 j 列元素。从式（10.6）中可以得到三组线性方程式（10.7）。

$$\begin{cases} Z_c u_i = m_{11}X_{wi} + m_{12}Y_{wi} + m_{13}Z_{wi} + m_{14} \\ Z_c v_i = m_{21}X_{wi} + m_{22}Y_{wi} + m_{23}Z_{wi} + m_{24} \\ Z_c = m_{31}X_{wi} + m_{32}Y_{wi} + m_{33}Z_{wi} + m_{34} \end{cases} \tag{10.7}$$

将式（10.7）所示方程消去 Z_c，得到两个关于 m_{ij} 的线性方程式（10.8）。

$$\begin{cases} X_{wi}m_{11} + Y_{wi}m_{12} + Z_{wi}m_{13} + m_{14} - u_iX_{wi}m_{31} - u_iY_{wi}m_{32} - u_iZ_{wi}m_{33} = u_im_{34} \\ X_{wi}m_{21} + Y_{wi}m_{22} + Z_{wi}m_{23} + m_{24} - v_iX_{wi}m_{31} - v_iY_{wi}m_{32} - v_iZ_{wi}m_{33} = v_im_{34} \end{cases} \tag{10.8}$$

这个式子表明，如果在三维空间中，已知 n 个标定点，其中各标定点的空间坐标为 (X_{wi},Y_{wi},Z_{wi})，图像坐标为 (u_i,v_i) $(i=1,\cdots,n)$，则可得到 $2n$ 个关于 M 矩阵元素的线性方程，且该 2n 个线性方程可以用式（10.9）所示的矩阵形式来表示。

$$\begin{bmatrix} X_{w1} & Y_{w1} & Z_{w1} & 1 & 0 & 0 & 0 & 0 & -u_1X_{w1} & -u_1Y_{w1} & -u_1Z_{w1} \\ 0 & 0 & 0 & 0 & X_{w1} & Y_{w1} & Z_{w1} & 1 & -v_1X_{w1} & -v_1Y_{w1} & -v_1Z_{w1} \\ & & & & \vdots & \vdots & \vdots & \vdots & & & \\ X_{wn} & Y_{wn} & Z_{wn} & 1 & 0 & 0 & 0 & 0 & -u_nX_{wn} & -u_nY_{wn} & -u_nZ_{wn} \\ 0 & 0 & 0 & 0 & X_{wn} & Y_{wn} & Z_{wn} & 1 & -v_nX_{wn} & -v_nY_{wn} & -v_nZ_{wn} \end{bmatrix} \begin{bmatrix} m_{11} \\ m_{12} \\ m_{13} \\ m_{14} \\ m_{21} \\ m_{22} \\ m_{23} \\ m_{24} \\ m_{31} \\ m_{32} \\ m_{33} \end{bmatrix} = \begin{bmatrix} u_1m_{34} \\ u_1m_{34} \\ \vdots \\ u_nm_{34} \\ v_nm_{34} \end{bmatrix}$$

（10.9）

由式（10.8）可见，M 矩阵乘以任意不为零的常数并不影响（X_{wi}, Y_{wi}, Z_{wi}）与（u_i, v_i）的关系，因此，假设 $m_{34} = 1$，从而得到关于 M 矩阵其他元素的 $2n$ 个线性方程，其中线性方程中包含 11 个未知量，并将未知量用向量表示，即 11 维向量 m，将式（10.9）简写成式（10.10）。

$$Km = U \quad (10.10)$$

式中，K 为式（10.9）左边的 $2n \times 11$ 矩阵；U 为式（10.9）右边的 $2n$ 维向量；K，U 为已知向量。当 $2n > 11$ 时，利用最小二乘法对上述线性方程进行求解为

$$m = (K^TK)^{-1}K^TU \quad (10.11)$$

m 向量与 $m_{34} = 1$ 构成了所求解的 M 矩阵。由式（10.6）～式（10.11）可见，若已知空间中至少 6 个特征点和与之对应的图像点坐标，便可求得投影矩阵 M。一般采用在标定的参照物上选取大于 8 个已知点，使方程的个数远远超过未知量的个数，从而降低用最小二乘法求解造成的误差。

10.2.2 棋盘标定法

棋盘标定法，也叫张正友标定法，或称 Zhang 标定法，是由微软研究院的张正友博士于 1998 年提出的一种介于传统标定方法和自标定方法之间的平面标定法。它既避免了传统标定方法设备要求高、操作烦琐等缺点，又比自标定的精度高、鲁棒性好。该方法主要步骤如下：

1）打印一张黑白棋盘方格图案，并将其贴在一块刚性平面上作为标定板。如果拍摄视场较大，需要制作较大棋盘。

2）移动标定板或者相机，从不同角度拍摄若干照片。棋盘摆放位置要覆盖整个测量空间，理论上照片越多，误差越小。

3）对每张照片中的角点进行检测，确定角点的图像坐标与实际坐标。

4）采用相机的线性模型，根据旋转矩阵的正交性，通过求解线性方程，获得摄像机的内部参数和第一幅图的外部参数。

5）利用最小二乘法估算相机的径向畸变系数。

6）根据再投影误差最小准则，对内外参数进行优化。

以下介绍上述步骤的基本原理。

1. 计算内参和外参的初值

与直接线性标定法通过求解线性方程组得到投影矩阵 M 作为标定结果不同，棋盘标定法得到的标定结果是摄像机的内参和外参，见式（10.12）。

$$A = \begin{bmatrix} \alpha & \gamma & u_0 \\ 0 & \beta & v_0 \\ 0 & 0 & 1 \end{bmatrix}, \quad R = \begin{bmatrix} r_{11} & r_{12} & r_{13} \\ r_{21} & r_{22} & r_{23} \\ r_{31} & r_{32} & r_{33} \end{bmatrix}, \quad T = [t_1 \quad t_2 \quad t_3]^T \quad (10.12)$$

式中，A 为摄像机的内参矩阵；$\alpha = f/dx$，$\beta = f/dy$，f 是焦距，dx，dy 分别是像素的宽和高；γ 代表像素点在 x，y 方向上尺度的偏差，如果不考虑该参数，可以设 $\gamma = 0$；u_0，v_0 为基准点；R 为外参旋转矩阵；T 为平移向量。

以下说明棋盘标定法的基本原理。根据针孔成像原理，由世界坐标点到理想像素点的齐次变换见式（10.13）。

$$s \begin{bmatrix} u \\ v \\ 1 \end{bmatrix} = A[R \quad t] \begin{bmatrix} X_w \\ Y_w \\ Z_w \\ 1 \end{bmatrix} = A[r_1 \quad r_2 \quad r_3 \quad t] \begin{bmatrix} X_w \\ Y_w \\ Z_w \\ 1 \end{bmatrix} \quad (10.13)$$

假设标定模板所在的平面为世界坐标系的 $Z_w = 0$ 平面，那么可得式（10.14）。

$$s \begin{bmatrix} u \\ v \\ 1 \end{bmatrix} = A[r_1 \quad r_2 \quad r_3 \quad t] \begin{bmatrix} X_w \\ Y_w \\ 0 \\ 1 \end{bmatrix} = A[r_1 \quad r_2 \quad t] \begin{bmatrix} X \\ Y \\ 1 \end{bmatrix} \quad (10.14)$$

令 $\bar{M} = [X \quad Y \quad 1]^T$，$\bar{m} = [u \quad v \quad 1]^T$，则有 $s\bar{m} = H\bar{M}$，其中：

$$H = A[r_1 \quad r_2 \quad t] = [h_1 \quad h_2 \quad h_3] = \begin{bmatrix} h_{11} & h_{12} & h_{13} \\ h_{21} & h_{22} & h_{23} \\ h_{31} & h_{32} & h_{33} \end{bmatrix} \quad (10.15)$$

H 是单应矩阵，表示模板上的点与其像点之间的映射关系。若已知模板点在空间和图像上的坐标，可求得 $\bar{m}$ 和 $\bar{M}$，从而求解单应矩阵，且每幅模板对应一个单应矩阵。在 5.5 节的单目视觉检测中，介绍过单应矩阵及其求解方法。s 为尺度因子，对于齐次坐标来说，不会改变齐次坐标值。

下面介绍通过单应矩阵求解摄像机内外参数的原理。式（10.15）可以改写成式（10.16）。

$$[h_1 \quad h_2 \quad h_3] = \lambda A[r_1 \quad r_2 \quad t] \quad (10.16)$$

其中 λ 是比例因子。由于 r_1 和 r_2 单位正交向量，所以有：

$$h_1^T A^{-T} A^{-1} h_2 = 0$$

$$h_1^T A^{-T} A^{-1} h_1 = h_2^T A^{-T} A^{-1} h_2 \quad (10.17)$$

由于式（10.17）中的 h_1，h_2 是通过单应性求解出来的，那么未知量就仅仅剩下内参矩阵 A 了。内参矩阵 A 包含 5 个参数，如果想完全解出这 5 个未知量，则需要 3 个单应矩阵。3 个单应矩阵在 2 个约束下可以产生 6 个方程，这样就可以解出全部的 5 个内参。怎样才能获得 3 个不同的单应矩阵呢？答案就是，用 3 幅标定物平面的照片。可以通过改变摄像机与标定板间的相对位置来获得 3 张不同的照片。也可以设 $\gamma = 0$，用两张照片来计算内参。

下面再对得到的方程做一些数学上的变换，令：

$$B = A^{-T} A^{-1} = \begin{bmatrix} B_{11} B_{12} B_{13} \\ B_{12} B_{22} B_{23} \\ B_{13} B_{23} B_{33} \end{bmatrix} = \begin{bmatrix} \dfrac{1}{\alpha^2} & -\dfrac{\gamma}{\alpha^2 \beta} & \dfrac{v_0 \gamma - u_0 \beta}{\alpha^2 \beta} \\ -\dfrac{\gamma}{\alpha^2 \beta} & \dfrac{\gamma^2}{\alpha^2 \beta^2} + \dfrac{1}{\beta^2} & -\dfrac{\gamma(v_0 \gamma - u_0 \beta)}{\alpha^2 \beta^2} - \dfrac{v_0}{\beta^2} \\ \dfrac{v_0 \gamma - u_0 \beta}{\alpha^2 \beta} & -\dfrac{\gamma(v_0 \gamma - u_0 \beta)}{\alpha^2 \beta^2} - \dfrac{v_0}{\beta^2} & \dfrac{(v_0 \gamma - u_0 \beta)^2}{\alpha^2 \beta^2} + \dfrac{v_0^2}{\beta^2} + 1 \end{bmatrix} \quad (10.18)$$

可以看出 B 是个对称矩阵，所以 B 的有效元素只剩下 6 个（因为有 3 对对称的元素是相等的，所以只要解得下面的 6 个元素就可以得到完整的 B 了），让这 6 个元素构成向量 b：

$$b = [B_{11} \quad B_{12} \quad B_{22} \quad B_{13} \quad B_{23} \quad B_{33}]^T \quad (10.19)$$

令 H 的第 i 列向量为 $h_i = [h_{i1} \quad h_{i2} \quad h_{i3}]$，则

$$h_i^T B h_i = V_{ij}^T b \quad (10.20)$$

其中：

$$V_{ij} = [h_{i1} h_{j1} \quad h_{i1} h_{j2} + h_{i2} h_{j1} \quad h_{i2} h_{j2} \quad h_{31} h_{j1} + h_{i1} h_{j3} \quad h_{31} h_{j1} + h_{i3} h_{j3} \quad h_{i3} h_{j3}]^T \quad (10.21)$$

将上述内参的约束写成关于 b 的两个方程式（10.22）。

$$\begin{bmatrix} V_{12}^T \\ V_{11}^T - V_{22}^T \end{bmatrix} b = 0 \quad (10.22)$$

假设有 n 幅图像，联立方程可得到线性方程：$Vb = 0$。
其中 V 是个 $2n \times 6$ 的矩阵，若 $n \geq 3$，则可以列出 6 个以上方程，从而求得摄像机内

部参数，然后利用内参和单应矩阵 H，计算每幅图像的外参，见式（10.23）。这样摄像机的内部参数和外部参数就都求解出来了。

$$\begin{cases} r_1 = \lambda A^{-1} h_1 \\ r_2 = \lambda A^{-1} h_2 \\ r_3 = r_1 \times r_2 \\ t = \lambda A^{-1} h_3 \\ 其中 \lambda = \dfrac{1}{\|A^{-1} h_1\|} = \dfrac{1}{\|A^{-1} h_2\|} \end{cases} \quad （10.23）$$

2. 最大似然估计

上述推导结果是基于理想情况下的解，但由于可能存在高斯噪声，所以使用最大似然估计进行优化。设采集了 n 幅包含棋盘格的图像进行定标，每个图像里有棋盘格角点 m 个。令第 i 幅图像上的角点 M_j 在上述计算得到的摄像机矩阵下图像上的投影点为

$$\bar{m} = (A, R_i, t_i, M_{ij}) = A[R|t] M_{ij} \quad （10.24）$$

式中，R_i 和 t_i 是第 i 幅图对应的旋转矩阵和平移向量；A 是内参数矩阵。则角点 m_{ij} 的概率密度函数为

$$f(m_{ij}) = \frac{1}{\sqrt{2\pi}} e^{\frac{-(\bar{m}(A, R_i, t_i, M_{ij}) - m_{ij})^2}{\sigma^2}} \quad （10.25）$$

构造似然函数：

$$L(A, R_i, t_i, M_{ij}) = \prod_{i=1, j=1}^{n, m} f(m_{ij}) = \frac{1}{\sqrt{2\pi}} e^{\frac{-\sum_{i=1}^{n} \sum_{j=1}^{m} (\bar{m}(A, R_i, t_i, M_{ij}) - m_{ij})^2}{\sigma^2}} \quad （10.26）$$

让 L 取得最大值，即让下面式子最小。这里采用多参数非线性系统优化问题的 LM（Levenberg-Marquardt）算法进行迭代求最优解。

$$\sum_{i=1}^{n} \sum_{j=1}^{m} \| \bar{m} = (A, R_i, t_i, M_{ij}) - m_{ij} \|^2 \quad （10.27）$$

3. 径向畸变估计

Zhang 标定法只关注了影响最大的径向畸变。则数学表达式为

$$\begin{cases} u' = u + (u - u_0)[k_1(x^2 + y^2) + k_2(x^2 + y^2)^2] \\ v' = v + (v - v_0)[k_1(x^2 + y^2) + k_2(x^2 + y^2)^2] \end{cases} \quad （10.28）$$

$$\begin{cases} u' = u_0 + \alpha x' + \gamma y' \\ v' = v_0 + \beta y' \end{cases} \quad （10.29）$$

式中，(u, v) 是理想无畸变的像素坐标；(u', v') 是实际畸变后的像素坐标；(u_0, v_0) 代表主点；(x, y) 是理想无畸变的连续图像坐标；(x', y') 是实际畸变后的连续图像坐标；k_1 和 k_2 为前两阶的畸变参数。转化为矩阵形式：

$$\begin{bmatrix} (u-u_0)(x^2+y^2) & (u-u_0)(x^2+y^2)^2 \\ (v-v_0)(x^2+y^2) & (v-v_0)(x^2+y^2)^2 \end{bmatrix} \begin{bmatrix} k_1 \\ k_2 \end{bmatrix} = \begin{bmatrix} u'-u \\ v'-v \end{bmatrix} \quad (10.30)$$

记作：

$$\boldsymbol{Dk} = \boldsymbol{d} \quad (10.31)$$

则可得：

$$\boldsymbol{k} = [k_1\ k_2]^\mathrm{T} = (\boldsymbol{D}^\mathrm{T}\boldsymbol{D})^{-1}\boldsymbol{D}^\mathrm{T}\boldsymbol{d} \quad (10.32)$$

计算得到畸变系数 k。

使用最大似然的思想优化得到的结果，即像上一步一样，用 LM 法计算下列函数值最小的参数值：

$$\sum_{i=1}^n \sum_{j=1}^m \|\bar{m} = (\boldsymbol{A}, k_1, k_2, \boldsymbol{R}_i, \boldsymbol{t}_i, M_{ij}) - m_{ij}\|^2 \quad (10.33)$$

上述是由张正友标定法获得相机内参、外参和畸变系数的全过程。

10.2.3 摄像机参数与投影矩阵的转换

直接线性标定法得到的结果是投影矩阵 $\boldsymbol{M}$，棋盘标定法得到的结果是摄像机的内部参数和外部参数。事实上投影矩阵 $\boldsymbol{M}$ 中的 11 个参数并没有具体的物理意义，因此又将其称为隐参数。可以将棋盘标定法得到的摄像机内外参数转换成投影矩阵 $\boldsymbol{M}$。

设 $\boldsymbol{m}_i^\mathrm{T}(i=1\sim3)$ 为投影矩阵 $\boldsymbol{M}$ 第 i 行的前 3 个元素组成的行向量；$m_{i4}(i=1\sim3)$ 为 $\boldsymbol{M}$ 矩阵第 i 行第四列元素；$\boldsymbol{r}_i^\mathrm{T}(i=1\sim3)$ 为旋转矩阵 $\boldsymbol{R}$ 的第 i 行；t_x，t_y，t_z 分别为平移向量 $\boldsymbol{t}$ 的 3 个分量。如果设 $\gamma=0$，则得 $\boldsymbol{M}$ 矩阵与摄像机内外参数的关系为

$$m_{34} \begin{bmatrix} \boldsymbol{m}_1^\mathrm{T} & m_{14} \\ \boldsymbol{m}_2^\mathrm{T} & m_{24} \\ \boldsymbol{m}_3^\mathrm{T} & 1 \end{bmatrix} = \begin{bmatrix} a_x & 0 & u_0 & 0 \\ 0 & a_y & v_0 & 0 \\ 0 & 0 & 1 & 0 \end{bmatrix} \begin{bmatrix} \boldsymbol{r}_1^\mathrm{T} & t_x \\ \boldsymbol{r}_2^\mathrm{T} & t_y \\ \boldsymbol{r}_3^\mathrm{T} & t_z \\ \boldsymbol{0}^\mathrm{T} & 1 \end{bmatrix} \quad (10.34)$$

其中 $m_{34}=t_z$，因此可以求得投影矩阵 $\boldsymbol{M}$ 与内外参数之间的关系为

$$m_{11} = (a_x r_{11} + u_0 r_{31})/t_z$$
$$m_{12} = (a_x r_{12} + u_0 r_{32})/t_z$$
$$m_{13} = (a_x r_{13} + u_0 r_{33})/t_z$$
$$m_{14} = (a_x t_x + u_0 t_z)/t_z$$
$$m_{21} = (a_y r_{21} + v_0 r_{31})/t_z$$
$$m_{22} = (a_y r_{22} + v_0 r_{32})/t_z$$
$$m_{23} = (a_y r_{23} + v_0 r_{33})/t_z$$
$$m_{24} = (a_y t_y + v_0 t_z)/t_z$$
$$m_{31} = r_{31}/t_z$$
$$m_{32} = r_{32}/t_z$$
$$m_{33} = r_{33}/t_z$$

10.3 标定测量试验

在同一场景中，分别采用直接线性标定法和张正友标定法对摄像机进行标定，然后分别利用两组标定结果进行目标点的三维测量，分析标定精度，比较两种标定方法的区别。

图 10.6 为试验用的双目视觉图像采集系统。为了能通过两摄像机获取最大的视野范围，采用的是汇聚式立体视觉模型，可以通过调整支架，改变两个摄像机之间的距离和光轴角度，调整视野范围。

试验选用的摄像机为佳能 550D 单反摄像机。该摄像机的具体参数见表 10.2。

图 10.6 双目视觉图像采集系统

表 10.2 佳能 550D 单反摄像机参数

项目	参数	项目	参数
传感器类型	CMOS	图像类型	JPEG
有效像素	1800 万	接口类型	USB2.0 输入/输出（包含 SD 卡）
最高分辨率	5184×3456 像素	外形尺寸	128.8mm×97.5mm×75.3mm
最高帧率	60 帧/s	曝光补偿	手动自动包围曝光

10.3.1 直接线性标定法试验

采用如图 10.7 所示的标定架，该标定架的 X、Y、Z 轴 3 个方向两两垂直且不易变形，从而保证标定精度。由于对每一幅图像通过鼠标单击标定点获得其图像坐标，所以在标定架的 8 个角点上贴有颜色鲜艳的标示物，方便 8 个角点的选取。

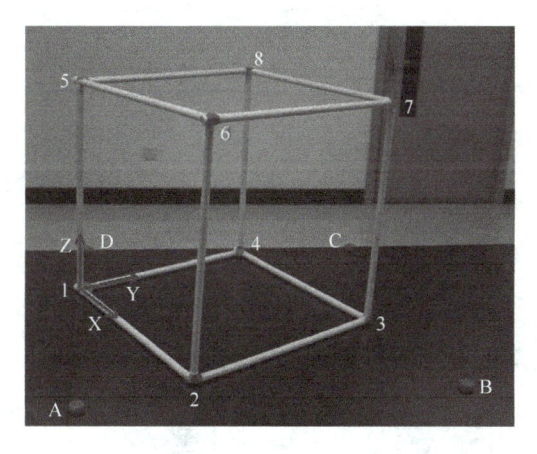

图 10.7 直接线性标定法标定架

标定架的尺寸为 520mm×520mm×520mm，假定角点 1 为坐标原点，可知 1~8 各个角点相对坐标分别为（0,0,0）,（520,0,0）,（520,520,0）,（0,520,0）,（0,0,520）,（520,0,520）,（520,520,520）,（0,520,520）。桌面上的 A、B、C、D 4 个点用以确定一个平

面，保证随后的张正友标定法试验和待测物的放置均在此平面的上方进行。

标定计算完成后，8个角点的实际坐标和计算坐标的对比结果见表10.3。

表 10.3 标定点重建计算坐标与实际坐标对比　　　　　　（单位：mm）

标定点	实际坐标			计算坐标			X、Y、Z方向平均误差（%）
	X	Y	Z	X	Y	Z	
1	0	0	0	−3.38	2.74	0.04	0.39
2	520	0	0	518.52	−3.53	−0.72	0.37
3	520	520	0	523.59	515.43	2.36	0.67
4	0	520	0	−0.77	524.51	−1.79	0.45
5	0	0	520	1.71	−3.62	518.67	0.43
6	520	0	520	522.97	4.40	521.04	0.54
7	520	520	520	514.71	524.27	519.05	0.67
8	0	520	520	2.70	515.92	521.27	0.52

从表10.3中可以看出，通过标定计算重建出的8个角点的三维坐标误差可以控制在1%内。引起误差的原因包括图像成像过程中的畸变、手动选取目标点时的偏差等。对误差较大的特征点可以通过重新单击其像素点的方式来达到提高精度的目的。

10.3.2　棋盘标定法试验

标定步骤如下：

1）制作平面标定模板。标定模板是打印出来的一个8×7的黑白方格棋盘，每个棋盘方格的尺寸为51mm×51mm，棋盘模板粘贴在质地坚硬的塑料板上，以保证模板平整。

2）左右摄像机采集标定模板图像。本试验用了9张图像在不同位置进行拍摄。

3）棋盘角点检测。角点检测是为了获得棋盘角点的二维图像坐标数据，采用Harriss角点检测算法，检测结果如图10.8所示。

a)

图 10.8　棋盘标定图像及角点检测结果

a）左摄像机

b)

图 10.8　棋盘标定图像及角点检测结果（续）

b）右摄像机

为了检验标定精度，采用反投影误差来计算摄像机内外参数的误差。反投影误差是指在标定模板上提取出的角点坐标与通过投影计算出的图像坐标之差的二次方和。其计算公式见式（10.35）。

$$E = \frac{\sum_{i=1}^{n}\sqrt{(U_i - u_i)^2 + (V_i - v_i)^2}}{n} \quad (10.35)$$

式中，n 是标定点的个数；(U_i, V_i) 是图像提取出来的角点坐标；(u_i, v_i) 是利用标定结果对实际三维坐标投影得到的图像坐标。这样可以求得一幅图像的误差，对每个摄像机拍摄到所有图像的误差求平均值，得到每个摄像机的标定精度。经计算，左摄像头的投影误差是 0.2200，右摄像头的投影误差是 0.2224，误差级别低于一个像素。

产生误差的原因包括：

1）标定模板的加工精度。棋盘模板的加工质量是影响图像处理算法提取角点精度的主要因素。

2）标定模板的放置。在对棋盘模板进行拍摄时，应该尽量使其充满视场，因此应多选择视场中的几个位置进行拍摄。另外棋盘模板应向不同方向倾斜，且以倾斜45°为最优。

3）拍摄标定图像的数量。一般而言，图像越多，标定精度越高。但是会使得标定计算量增加。而且在图像数量增加到一定数量时，标定精度将趋于稳定。根据试验，选择9张图像在标定精度和计算量两方面能达到较好的平衡。

4）双目视觉系统的同步拍摄。虽然本试验所采用的标定图像属于静态拍摄，但是摄像机拍摄的同步性仍能影响标定精度，所以应采用同步采集。

上述标定计算得到的数据结果为

1）内参数矩阵为

$$A_1 = \begin{bmatrix} 803.39 & 0 & 313.61 \\ 0 & 803.06 & 248.87 \\ 0 & 0 & 1.00 \end{bmatrix}$$

$$D_1 = [-0.1719 \quad 0.3721 \quad -0.0006 \quad -0.0161]$$

$$D_2 = [-0.1574 \quad 0.7096 \quad -0.0042 \quad -0.0083]$$

$$A_2 = \begin{bmatrix} 899.71 & 0 & 349.13 \\ 0 & 899.49 & 249.99 \\ 0 & 0 & 1.00 \end{bmatrix}$$

A_1、A_2 和 D_1、D_2 分别为左右摄像机的内参矩阵和径向畸变矩阵。

2）外参数矩阵为

$$R_1 = \begin{bmatrix} -0.0154 & 0.8065 & 0.5910 \\ 0.9598 & -0.1536 & 0.2347 \\ 0.28016 & 0.5709 & -0.7717 \end{bmatrix}$$

$$R_2 = \begin{bmatrix} -0.0154 & 0.8065 & 0.5910 \\ 0.9598 & -0.1536 & 0.2347 \\ 0.28016 & 0.5709 & -0.7717 \end{bmatrix}$$

$$T_1 = [-146.44 \quad 0.2320 \quad 1417.01]$$

$$T_2 = [-356.99 \quad -0.61725 \quad 1492.22]$$

R_1、R_2 和 T_1、T_2 分别为左右摄像机的外参矩阵和位移矩阵。

10.3.3 三维测量试验

本试验采用的待测物均为方形盒子，通过测量盒子的任意 6 个角点两两之间的距离来检验三维测量算法的计算精度。由于试验中待测物各角点是由鼠标选取的，为了减少手动选取目标点所带来的误差，试验结果采用 10 次测量的平均值。

第一个试验选用的待测物为一个方形盒子，在可以被左、右摄像机同时观测的 6 个角点上做明显标记，如图 10.9 所示，测量 1~6 各点间的距离。

图 10.9 待测物 1 的角点距离测量

分别用张正友标定法和直接线性标定法得到的标定结果进行三维测量，取 10 次计算平均值，得到的各点间的距离与实际距离的比较见表 10.4。

表 10.4　待测物 1 各目标点间实际距离与测量距离比较　　（单位：mm）

	1-2	5-6	2-3	4-5	1-6	2-5	3-4
实际距离	175.00	175.00	215.00	215.00	245.00	245.00	245.00
Zhang 误差（%）	173.63 0.78	171.90 1.77	217.08 0.97	213.36 0.76	247.31 0.94	244.20 0.32	246.10 0.45
DLT 误差（%）	173.18 1.04	171.27 2.13	218.47 1.61	213.17 0.85	247.30 0.94	243.35 0.67	246.48 0.60

为减少误差，增大样本容量，采用同样的试验方法对如图 10.10 所示的长方形盒子进行测量，同样，该试验的结果也是进行 10 次测量计算后得到的平均值。

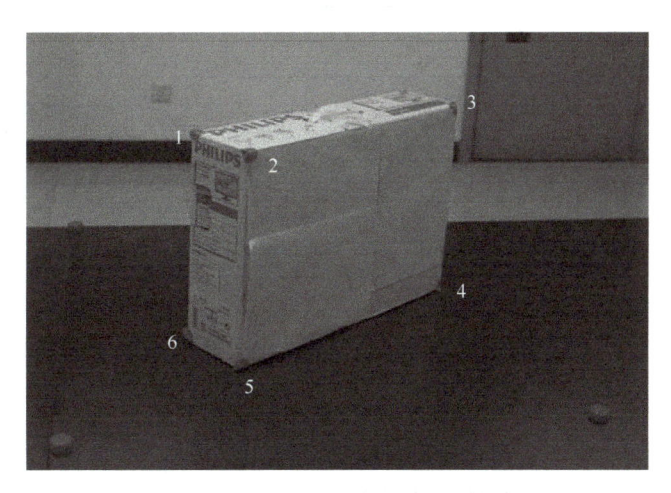

图 10.10　待测物 2 的角点距离测量

该试验得到的试验结果见表 10.5。

表 10.5　待测物 2 各目标点间实际距离与测量距离比较　　（单位：mm）

	1-2	5-6	2-3	4-5	1-6	2-5	3-4
实际距离	133.00	133.00	513.00	513.00	352.00	352.00	352.00
Zhang 误差（%）	130.13 2.16	137.52 3.39	527.63 2.85	524.87 2.31	355.25 0.92	351.87 0.04	352.40 0.11
DLT 误差（%）	129.06 2.96	135.99 2.25	524.38 2.22	526.12 2.56	355.35 0.95	352.22 0.06	355.67 1.04

图 10.11 和图 10.12 分别是利用两种标定方法对待测物 1 和 2 各点间距离测量的误差进行统计比较的结果。

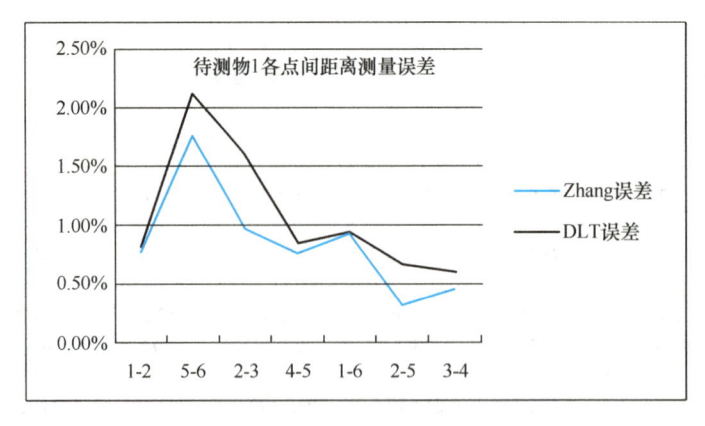

图 10.11　待测物 1 中各点间距离误差比较

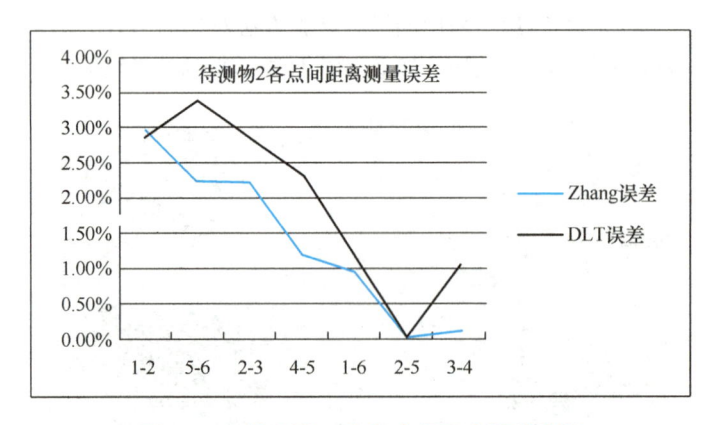

图 10.12　待测物 2 中各点间距离误差比较

从两个试验的结果可以分析得到以下几点：

1）两种方法的曲线变化趋势相同，且误差值相差很小，说明利用张正友标定法得到摄像机内外参数后转变成投影矩阵 M 的方法可行。

2）平行于成像平面的目标点测量误差最小：目标点 1-6，2-5，3-4 间的距离测量误差均在 1% 以下，远小于其他各间的误差，其原因是因为这 3 对距离的方向是平行于摄像机成像平面的。由于将空间点从世界坐标系转换到图像坐标系的过程中，图像的深度信息丢失，而对平行于摄像机成像平面上的各点信息影响不大。

3）各角点间的距离误差保持在 3% 以内。造成该误差的原因主要是手动选取特征点和目标点时造成的人为误差，以及摄像机成像过程中产生的图形畸变。

4）对比 Zhang 标定法和 DLT 标定法的误差曲线，可以看出，Zhang 标定法的误差均值要小于 DLT 标定法。其原因是 DLT 标定法是基于线性摄像机模型的，未考虑图像畸变带来的影响。而 Zhang 标定法在标定过程中完成了图形矫正的工作。因此 Zhang 标定法的标定精度要更高一些。

思考题

1. 请问摄像机的内部参数和外部参数分别包含哪些内容？
2. 请论述直接线性标定法和棋盘标定法各自的优缺点。

第 11 章 二维、三维运动图像测量实践

11.1 二维运动图像测量

11.1.1 菜单介绍

二维运动图像测量分析系统 MIAS 初始界面参见第 1 章绪论中的图 1.14，其菜单功能包括以下内容：文件、运动图像、2D 标定、运动测量、结果浏览、结果修正、查看、图像采集。以下简要说明各个菜单功能。

1. 文件

主要包括以下子菜单：

1）打开 2D 结果文件：打开测量结果轨迹文件。
2）合并 2D 结果文件：合并测量结果的轨迹文件。
3）保存 2D 结果修正文件：保存当前"结果修正"后的轨迹文件。
4）保存表示图像：将当前表示的图像保存为 BMP 类型文件。

2. 运动图像

执行后弹出读入图像文件窗口，可以读入要跟踪测量的视频文件或者连续图像文件。视频文件格式包括 AVI、FLV、MP4、WMV、MPEG、RM、MOV 等，连续图像文件格式包括 BMP、JPG、TIF 等。

3. 2D 标定

执行后弹出 2D 标定窗口，用于对图像进行比例大小标定和坐标位置设定。

4. 运动测量

包括以下子菜单：

1）自动测量：打开自动测量窗口。
2）手动测量：打开手动测量窗口。
3）标识测量：打开标识测量窗口。

后续将进行详细介绍和实操指导。

5. 结果浏览

包括以下子菜单：

1）结果视频表示：打开结果视频显示窗口，对测量目标进行视频、轨迹联动表示，可以更改显示的颜色、线型等视觉效果。
2）位置速率：打开位置速率显示窗口，显示设定目标在不同帧上的位置、移动距离、速率和加速度，可以图表和数据表示。
3）偏移量：显示设定目标相对设定基准帧、基准位置或基准目标的位移量。
4）2 点间距离：显示设定目标在不同帧上的距离。
5）2 线间夹角：打开 2 线间夹角窗口，显示 3 点间夹角、两连线间夹角、连线与 x、

y 坐标轴之间夹角，以及不同帧间的角度变化、角速度和角加速度。

6）连接线一览：打开连线一览表窗口，显示设定目标在各帧上的连线。

注：以上图表数据均可保存、复制和打印。

6. 结果修正

包括以下子菜单：

1）手动修正：对指定的目标轨迹进行手动修改。

2）平滑化：对目标运行轨迹进行自动平滑处理。

3）内插补间：对跟踪时可能出现的错误进行修正。

4）帧坐标变换：改变标准帧、基准位置和基准轴。

5）人体重心：测量人体重心。

6）设置事项：可设定基准帧、添加目标帧或删除目标帧。

7. 查看

1）像素值：显示以鼠标位置为中心的 7×7 范围内的像素值。彩色显示模式时为 RGB 值，灰度表示模式时为亮度值。可以查看第 2 章的图 2.7。

2）图像缩放：画面的放大缩小表示。从 50% 到 500% 通过 6 个倍率表示缩放比例，即：1/2、1 倍、2 倍、3 倍、4 倍、5 倍。

3）状态栏：打开和关闭图像窗口下方的状态栏。

8. 图像采集

打开 ImageCapture 软件系统。其图像采集功能与 ImageSys 系统中的 DirectX 图像采集功能相同，可以查看"2.6.3 DirectX 图像采集系统"。

下面对主要菜单功能进行详细说明和实操指导。

11.1.2 2D 标定

在进行运动图像测量之前，需要进行 2D 标定。单击 MIAS 菜单中的 2D 标定，弹出如图 11.1 所示的"2D 标定"对话框。可以读入标定图像、保存标定设定和读入标定设定，可以设定帧率、读取间隔和长度单位，可以进行比例标定、多点标定、棋盘标定和坐标方位设置。

以下说明"2D 标定"对话框功能。

（1）读入图像　读入标定用的图像。比例标定和多点标定可以直接在运动图像上进行标定，不需另外读入标定图像，也可以另外读入标定图像。棋盘标定需要读入有棋盘的标定图像。

（2）保存设定　保存当前设置的标定条件。

（3）读入设定　读入以前保存的标定设置条件。

（4）拍摄帧数/单位　设定测量视频（连续图像）单位时间内拍摄的帧数。

（5）读取间隔　设定测量视频（连续图像）读入的间隔帧数。

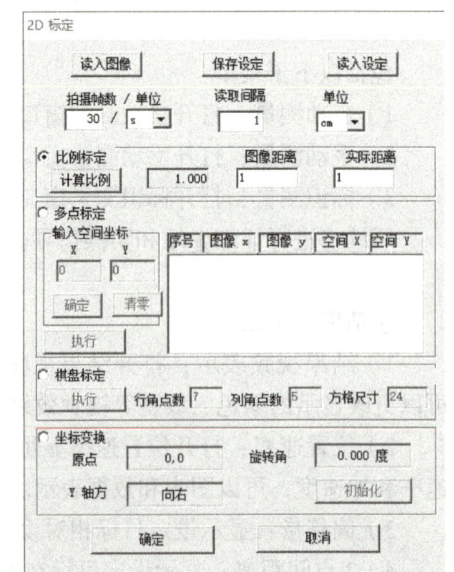

图 11.1　2D 标定功能

（6）单位　选择实际距离的单位。包括：pm、nm、μm、mm、cm、m、km。

（7）比例标定　选择比例标定。比例标定一般用于垂直拍摄的情况，包括以下内容。

1）图像距离：图像上比例尺的像素距离。用鼠标单击比例的起点移动到终点，会自动显示像素距离。

2）实际距离：手动输入图像距离所表示的实际距离。

3）计算比例：根据图像距离和实际距离计算出比例尺。在鼠标移动时，会自动计算比例尺，如果鼠标移动后，手动输入实际距离，需要单击"计算比例"按钮，计算出比例尺。在执行"确定"时，如果选择了"比例标定"，也会自动计算比例尺。

（8）多点标定　选择多点标定。需要标定 4 个以上的点，计算单应矩阵（参考 5.5 节），一般用于倾斜拍摄的情况。

1）界面功能如下：

① 输入空间坐标 X、Y：手动输入鼠标单击位置的空间坐标。

② 确定：输入的空间坐标显示在右侧列表中对应的位置。

③ 清零：清零右侧列表。单击鼠标右键一次，可以删除列表中最下面一项。

④ 列表：显示鼠标单击位置的序号，图像坐标 x、y，手动输入的空间坐标 X、Y。

⑤ 执行：执行多点标定，计算出单应矩阵。

2）操作方法：

① 鼠标单击图像上标定位置，其坐标自动显示在右侧列表中，在图像上单击 4 个以上位置点。可以单击鼠标右键删除最后一项，单击"清零"按钮可以全部清除。

② 用鼠标选择列表中的项。

③ 手动输入选择项的空间 X、Y 坐标。序号 1 项一般作为空间坐标 0 点，这里的空间位置坐标只用于计算单应矩阵，与"坐标变换"没有关系。

④ 单击"确定"按钮，使空间坐标加入列表对应项中。

⑤ 列表中各项都输入空间坐标后，单击"执行"按钮，计算单应矩阵，显示"多点标定成功！"提示。

⑥ 单击"确定"按钮，关闭窗口。

（9）棋盘标定　选择棋盘标定。利用棋盘标定计算单应矩阵（参考 5.5 节），一般用于倾斜拍摄的情况。操作方法如下：

1）读入有棋盘的标定图像。

2）输入行角点数、列角点数和一个方格的边长。注意：棋盘的角点数和方格数不同，角点数是方格数减一。

3）单击"执行"按钮，计算单应矩阵。

4）单击"确定"按钮，关闭窗口。

（10）坐标变换　选择后，设定坐标原点位置。内容介绍如下：

1）原点：表示实际坐标原点在图像上的位置。默认左上角为原点（0，0）。

2）旋转角：表示 X 坐标轴逆时针旋转角度。X 轴水平向右为 0 度。

3）Y 轴方向：表示坐标的 Y 轴方向。以 X 轴为基准，面向 X 轴方向时，Y 轴的方向表示为"向左"或"向右"。具体请看以下说明。

4）设置键：初始表示为"初始化"，单击该按钮后依次表示"原点在左上""原点在左下""原点在右下""原点在右上"等，原点、旋转角、Y 轴方向等随着设置键表示内容的变化相应地自动改变。

5）自由设定坐标方位的方法如下：

① 选择"坐标变换"。

② 设定 X 轴方向：鼠标左击图像上两点，前后两点的连线方向即为 X 轴方向。右击鼠标可以取消设定。

③ 设定原点：设定完 X 轴方向后，移动鼠标到原点位置，左击即可。右击鼠标可以取消设定。设定后相关参数显示在坐标变换栏内。

（11）确定　标定有效，关闭标定窗口。

（12）取消　取消标定，关闭标定窗口。

11.1.3　运动测量

MIAS 的运动测量功能包括自动测量、手动测量和标识测量。单击菜单"运动图像"→"自动测量"，打开如图 11.2a 所示的自动测量对话框。关闭自动测量对话框后，单击菜单"运动图像"→"手动测量"，打开如图 11.2b 所示的手动测量对话框。

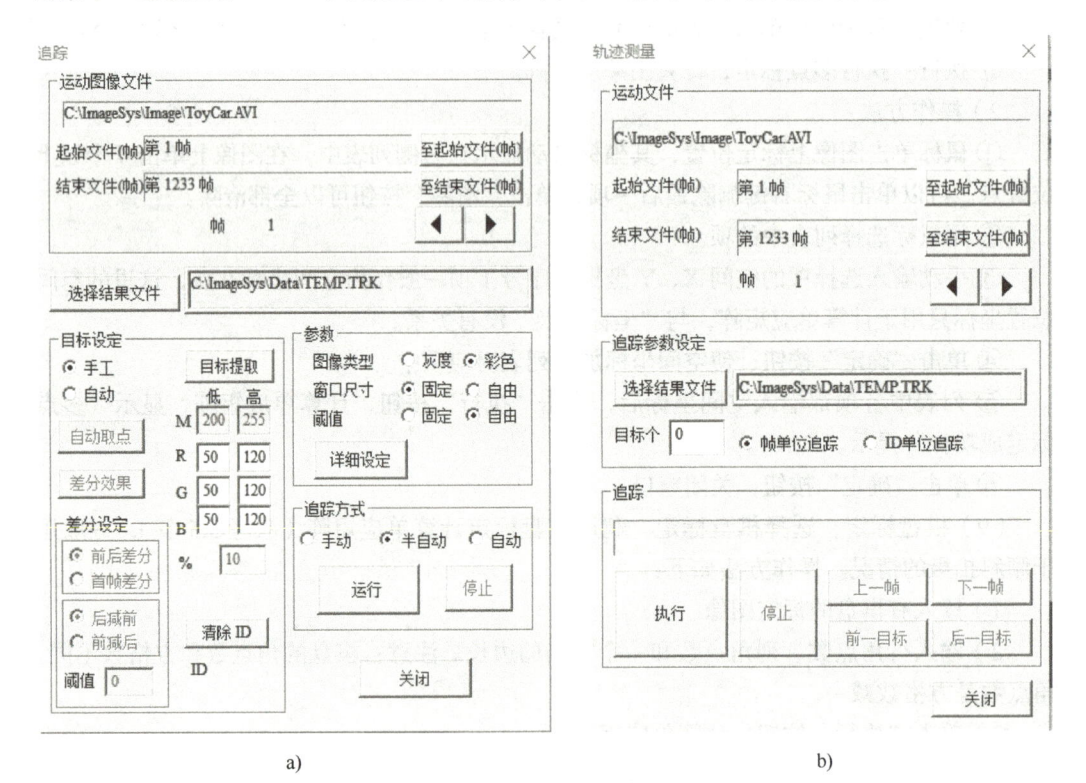

a)　　　　　　　　　　　　　　　　b)

图 11.2　自动测量和手动测量功能

a）自动测量　b）手动测量

自动测量主要是采用本书前述章节介绍的算法，进行目标对象的分割和去噪声处理，设定比较复杂。手动测量主要应用于目标与背景很难自动分割的情况，通过鼠标逐帧手动单击目标，实现目标跟踪。对于自动测量和手动测量功能本书不作要求，此处不再详细说明。

关闭自动测量和手动测量对话框后,单击菜单"运动图像",读入 ToyCar.AVI 视频文件,然后单击菜单"运动测量"→"标识测量",打开"标识跟踪"窗口,如图 11.3 所示。

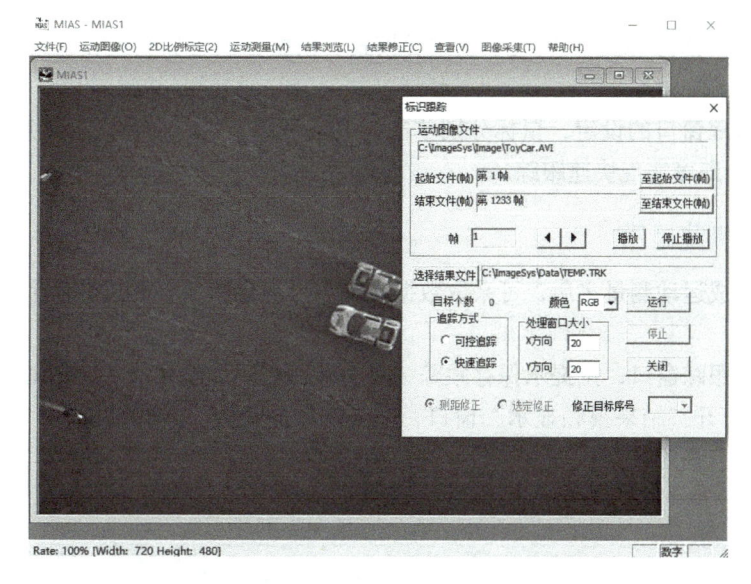

图 11.3 标识测量功能

以下介绍界面功能。

(1)运动图像文件 下方文本框内表示测量文件的路径。

1)起始文件(帧):表示待测运动图像的起始文件(连续文件)或者起始帧(视频文件)。

2)结束文件(帧):表示待测运动图像的结束文件(连续文件)或者结束帧(视频文件)。

3)至起始文件(帧):显示待测运动图像的起始文件(连续文件)或者起始帧(视频文件)。

4)至结束文件(帧):显示待测运动图像的结束文件(连续文件)或者结束帧(视频文件)。

5)帧:表示当前窗口显示的图像帧。单击右侧的翻转键可以改变所显示的图像帧。

6)播放:播放连续图像文件或者视频文件。

7)停止播放:停止播放连续图像文件或者视频文件。

(2)选择结果文件 设定测量结果文件的保存路径及文件名。

(3)追踪方式 分为"可控追踪"和"快速追踪"。

1)可控追踪:通过播放器控制追踪的速度,并且可通过单击鼠标调整各个点在追踪过程中的位置;选择"可控追踪"时,"测距修正""选定修正"和"修正目标序号"选项有效。

① 测距修正:选择修正位置后,自动将本帧上距离单击位置最近的目标移到单击位置处。一般用于目标分散的情况。

② 选定修正:在"修正目标序号"一栏中选择要修正的目标,鼠标单击后,将选择目标移动到单击位置处。一般用于目标集中的情况。

2）快速追踪：以最快的方式完全自动的追踪。一般用于标识点颜色明显、不容易跟踪错误的情况。

（4）处理窗口大小　设定追踪窗口的大小。

（5）颜色　分为 RGB、R、G、B 四类模式。根据标识目标颜色和背景颜色合理选择其中之一。

按目标跟踪窗口的设定，鼠标分别单击各追踪目标上的一个色点（任意选择），然后执行"运行"，即可实现快速跟踪。

11.1.4　结果浏览显示

对目标完成运动测量之后，可采取数据文本、可视化图表等形式展示十余个项目的测量结果。

关闭目标跟踪窗口，按提示保存跟踪结果文件，之后单击菜单"结果浏览"→"结果视频显示"，打开"结果视频显示"窗口，单击视频播放器，播放结束后，随即显示跟踪轨迹，如图 11.4 所示。

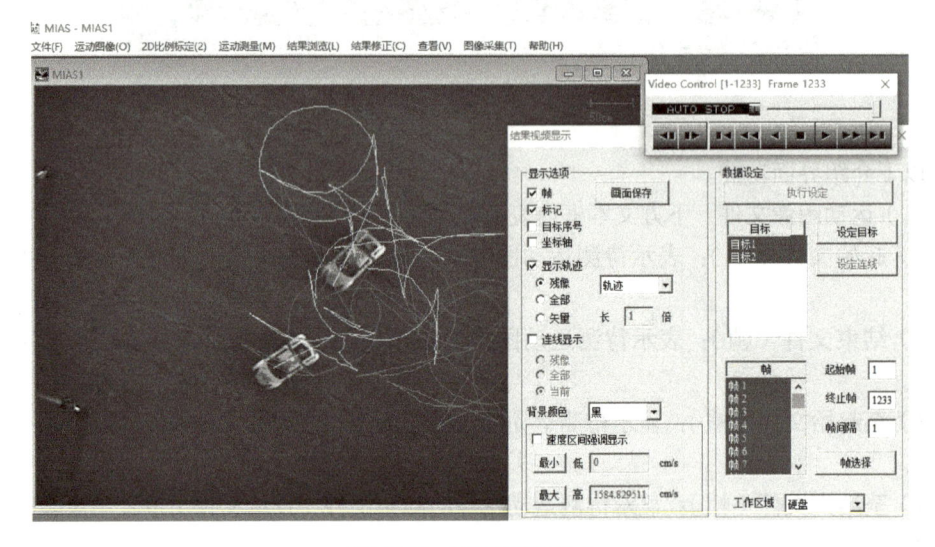

图 11.4　结果视频显示

1. 结果视频显示

下面详细介绍界面功能。

（1）数据设定

1）设定目标：选择"显示轨迹"时有效，设置目标的运动轨迹颜色及线型。执行后弹出如图 11.5a 所示的"设置目标标记"对话框。

① 图 11.5a 中左上部为目标列表显示框。

② 图 11.5a 中右上部第一个选项框表示当前的对象目标序号。

③ 图 11.5a 中右上部第二个选项框表示当前选择的颜色。颜色选项包括：红、绿、蓝、紫、黄、青、灰。

④ 图 11.5a 中右上部第三个选项框表示当前线型。线型选项包括：实线、断线、点线、一点断线、两点断线。

⑤ 单色初始化：将所有对象目标轨迹的颜色及线型统一成选定目标的颜色和线型。
⑥ 自动初始化：自动设定每个目标轨迹的颜色。
⑦ 确定：执行设定的项目。
⑧ 取消：不执行设定的项目，退出对话框。

2）设定连线：选择"连线显示"时有效，设置、添加、删除任意两个目标间的连线。执行后弹出如图 11.5b 所示的"连接线设定"对话框。

图 11.5 设定功能
a）设置目标标记 b）连接线设定

① 测量：
a. 连接线：目标与目标的连线，下方是目标连线列表框。
b. 删除：删除目标连线列表框指定的目标连线。
c. 全部删除：删除目标连线列表框全部的目标连线。

② 连接线设定：
a. 上方与中间的两个选项框表示用来设定要添加的两个目标对象。
b. 下方的选项框用于设定连线的颜色。连线颜色选项包括：红、绿、蓝、紫、黄、青、灰。
c. 添加：执行以上三个选项框的设定，添加目标连线。

③ 确认：执行"连接线设定"对话框的设定。
④ 取消：退出"连接线设定"对话框。

3）目标：显示目标列表。图中方框内容为两个目标的显示列表，当前操作对象是目标 1 和目标 2。

① 起始帧：设定要表示的开始帧。图 11.4 中表示的起始帧是第 1 帧。
② 终止帧：设定要表示的结束帧。图 11.4 中表示的终止帧是第 1233 帧。
③ 帧间隔：设定要表示的帧与帧之间的间隔帧数。图 11.4 中表示的帧间隔数为 1。
④ 帧选择：执行以上帧设定。
⑤ 帧：显示帧列表。图中方框内容为执行"帧选择"后的帧列表。
⑥ 工作区域：选项包括硬盘、内存。
⑦ 执行设定：执行"数据设定"范围内的各项设置。

（2）显示选项

1）帧：表示当前窗口内读入的连续图像画面。单击单选框设定是否显示"帧"。

2）标记：表示目标的记号。单击单选框设定是否显示"标记"。

3）目标序号：表示目标的顺序标号。单击单选框设定是否显示"目标序号"。

4）坐标轴：单击单选框设定是否显示"坐标轴"。

5）显示轨迹：

① 残像：显示当前帧之前的运动轨迹。选项包括轨迹、轨迹加矢量、连续矢量。

② 全部：显示目标所有的运动轨迹。

③ 矢量：表示目标运动轨迹的方向。右侧的文本框用来设定矢量的长度倍数。图 11.4 中所示的矢量长度倍数设定为 1 倍。

6）连线显示：

① 残像：显示起始帧到当前帧上的连线。

② 全部：显示从指定的起始帧至终止帧上的连线。

③ 当前：显示当前帧上的连线。

7）背景颜色：表示当前显示窗口的背景颜色，包括黑或白。注："帧"选择为显示的状态下，背景颜色的选择无效。

8）速度区间强调显示：选择感兴趣的速度区间，目标在此区间的轨迹将以粗实线表示。选择"速度区间强调显示"后，最小、最大设定有效。

① 最小：设定目标的最小速度。

② 最大：设定目标的最大速度。

"最小"默认的低值为所有目标速度的最低值，"最大"默认的高值为所有目标速度的最高值。

9）画面保存：保存当前图像窗口内的显示画面（连续），可保存为连续的 .BMP 类型的文件和 .AVI 视频类型的文件。

保存为 .BMP 图像类型时，设定文件名执行保存，系统自动将连续的运动画面从首帧至尾帧逐帧按序号递增存储。

保存为 .AVI 视频类型时，设定文件名执行保存，系统提示选择压缩程序，可根据实际需要选择，如对保存的结果质量要求较高时，最好选择"（全帧）非压缩"的方式；反之对图像质量要求较低时（存储占用空间相对较小），可选择其他的压缩方式及其压缩率。单击"确定"按钮后，系统自动将连续的运动画面从首帧至尾帧按序存储为视频文件。

在执行存储处理过程中，如需中断存储任务，可单击处理进程界面的"停止"按钮。

图 11.6 列出了上述显示方法中的两种效果。其中，图 11.6a 采取连续矢量显示方式显示全部运动轨迹，窗口背景被设置成白色，而图 11.6b 采取感兴趣速度区间强调显示方式显示运动轨迹。

2. 位置 / 速率

位置 / 速率指目标轨迹在不同帧上的位置和速率。对目标完成运动测量之后，单击 MIAS 菜单"结果浏览"→"位置 / 速率"，打开如图 11.7a 所示的"位置 / 速率"窗口。通过该窗口可查看、复制、打印各项位置 / 速率结果数据。其中，显示的参数类型主要包括目标的坐标 X、坐标 Y、移动距离、速度和加速度，主要采取数据文本、可视化图表两种展示方式，可更改显示的颜色、线型等视觉效果，如图 11.7b、c 所示。

第 11 章 二维、三维运动图像测量实践

a)

b)

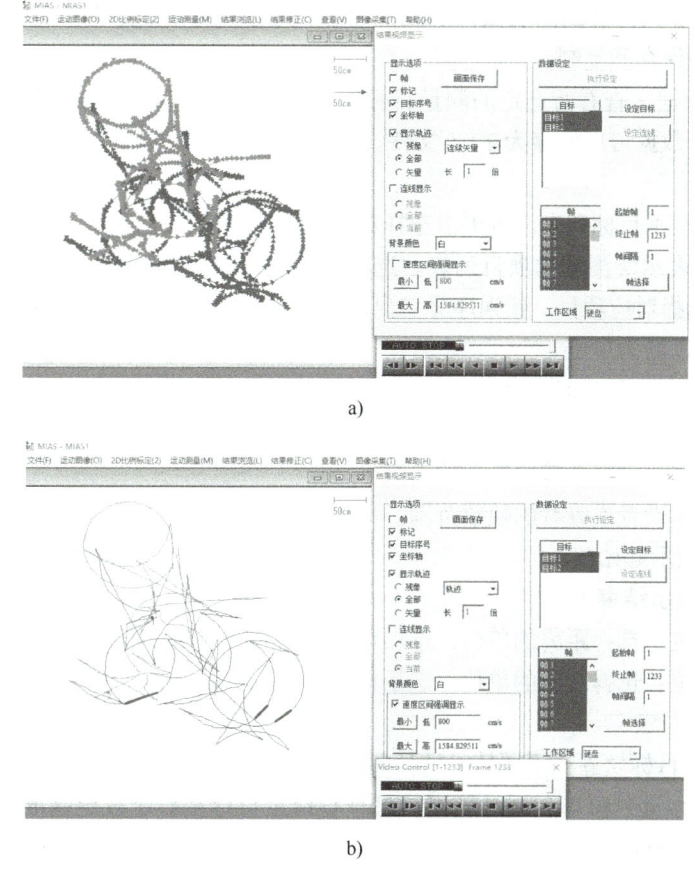

图 11.6 跟踪轨迹显示效果图

a）连续矢量轨迹 b）感兴趣速度区间强调显示

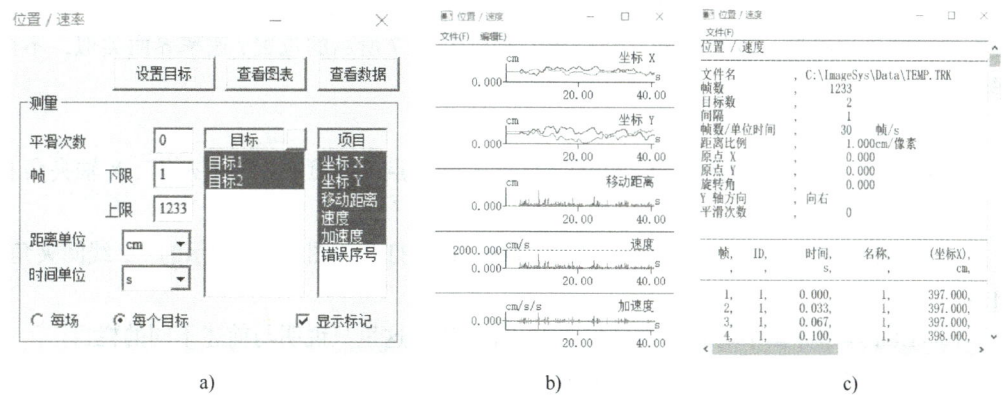

a) b) c)

图 11.7 位置/速率界面

a）位置/速率窗口 b）图表表示 c）数据表示

下面对图 11.7a 中的界面功能予以说明：

（1）设置目标 设定目标标记及其运动轨迹线的显示颜色和线型。单击该按钮后弹出如图 11.5a 所示的设置窗口。

（2）查看图表 查看所选定的测量目标以及相应测量项目的图形表

链 11-1
图 11.7 彩图

示结果。图 11.7b 为打开的图表窗口。图中的红、绿曲线分别表示两个目标的相应测量数值，该图表可以保存和复制。

（3）查看数据　查看所选定的测量目标以及相应测量项目的数值结果。图 11.7c 为打开的数据界面，数据可以保存为 TXT 文件。

（4）测量

1）目标：表示目标列表。可单击选择对象目标。

2）项目：表示所测量的项目列表。选项包括坐标 X、坐标 Y、移动距离、速度、加速度。可单击选择对应项目。错误序号：出现错误时可以查看，一般不用。

3）每场：以场为单位。

4）每个目标：以目标为单位。

5）显示标记：显示各个目标的记号。

6）平滑次数：设定平滑化修正的次数。

7）帧：表示设置或查看的帧数范围。

① 上限：表示起始帧。

② 下限：表示结束帧。

8）距离单位：选择距离的单位，选项包括 pm、nm、μm、cm、m、km。

9）时间单位：选择时间的单位，选项包括 ps、ns、μs、ms、s、m、h。

3. 偏移量

偏移量反映目标轨迹在不同帧上的位置变化。单击 MIAS 菜单"结果浏览"→"偏移量"，打开"偏移量"窗口。通过该窗口可查看指定目标相对于设定基准的 X 方向偏移、Y 方向偏移以及绝对值偏移，同样采取数据文本和可视化图表等两种展示方式。其功能界面与图 11.7 所示的位置/速率界面类似，不再详细说明。

4. 2 点间距离

2 点间距离指目标与目标间的直线间隔，用户可在操作界面添加多条目标直线，设置成不同的颜色和线型，以便区分。其功能界面与图 11.7 所示的位置/速率界面类似，不再详细说明。

5. 2 线间夹角

即两个以上目标组成的连线之间的角度，包括 3 点间角度、2 线间夹角、X 轴夹角和 Y 轴夹角 4 种类型。

单击 MIAS 菜单"结果浏览"→"2 线间夹角"，打开如图 11.8a 所示的"2 线间夹角"窗口。

图 11.8a 操作界面中的大多栏目与图 11.7a 类似，这里只说明与前述不同的栏目。

1）3 点间角度：表示 3 点之间顺侧或逆侧的角度。

2）2 线间夹角：表示 3 个或 4 个点组成的 2 条连线之间的夹角角度。

3）X 轴夹角：表示 2 点组成的连线与 X 轴之间的夹角角度。

4）Y 轴夹角：表示 2 点组成的连线与 Y 轴之间的夹角角度。

选定要查看的角度类型之后，可查看角度、角变异量、角速度及角加速度 4 个相关测量项目。

6. 连接线一览表

通过"连接线一览表"窗口，可添加多个目标之间的连线，设置目标连线的颜色，设定 X 方向和 Y 方向连线的分布间隔（像素数）、放大倍数、背景颜色及帧间隔等参数。

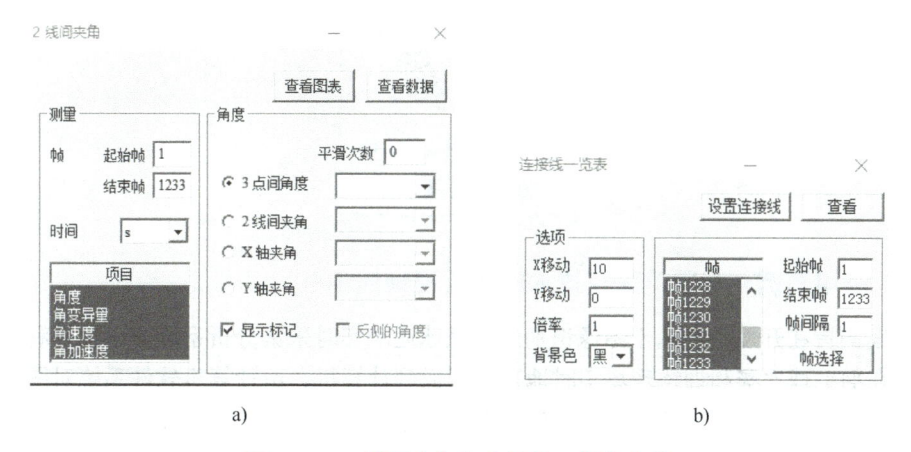

图 11.8　2 线间夹角与连接线一览表功能

a）2 线间夹角功能　b）连接线一览表功能

单击 MIAS 菜单"结果浏览"→"连接线一览表"，打开如图 11.8b 所示的"连接线一览表"窗口。其操作界面功能如下：

（1）设置连接线　设定目标连线。可参考图 11.5b 所示的"连接线设定"。

（2）查看　执行设定的参数，浏览连接线表示图。

（3）选项

1）X 移动：设定 X 移动量。

2）Y 移动：设定 Y 移动量。

3）倍率：设定放大倍数。

4）背景色：设定背景颜色，包括黑或白。

（4）帧

1）帧：显示帧列表。

2）起始帧：设定开始帧。

3）结束帧：设定终止帧。

4）帧间隔：设定帧间隔。

5）帧选择：执行以上的帧设定。

11.1.5　结果修正

本系统提供了多种对测量结果进行修正的方式，具体包括：手动修正，对指定的目标轨迹进行修改校正；平滑化，去除目标运动轨迹的棱角噪声，使轨迹更趋向曲线化；内插补间，样条曲线插值，消除图像（轨迹）外观的锯齿；帧坐标变换，改变帧的基准坐标；人体重心，测量人体重心所在；设置事项，可设定基准帧、添加或删除目标帧。

对于结果修正功能，本书不做详细说明。

11.1.6　实践视频

下面给出 MIAS 标识测量与结果显示的视频演示，读者可以扫描二维码观看视频。

链 11-2 MIAS 标识测量与结果显示

11.1.7 应用案例——羽毛球技战术检测及视频演示

本案例旨在开发一套基于图像识别的羽毛球运动实时采集分析系统。该系统利用高速摄像机在羽毛球比赛和训练现场实时地采集图像到计算机，由计算机软件系统对图像进行实时分析处理，获得比赛和训练的统计数据，并把获得的数据及时地显示出来以供教练员和运动员参考，而且能够对分析处理的结果进行回放以供教练员后续对具体细节进行分析研究。该系统还可对比赛视频文件进行分析处理，获得统计数据并回放分析结果。为了便于携带，本系统使用一个摄像头和一台便携式计算机，通过对二维连续图像进行分析，来实现上述目的。

1. 视频图像采集

图像采集设备选用 BASLER A601f CMOS 摄像机。该摄像机的主要性能参数如下：数据输出端为 IEEE1394 接口，最大分辨率为 659×493 像素，最大采集帧率为 60 帧/s，图像类型为灰度图像。采集和处理设备使用的是便携式计算机，CPU 为 Pentium 2.4GHz，内存容量为 256MB。在 MIAS 基础上，利用 Microsoft Visual C++ 开发实现。

检测对象参数如下：羽毛球长度，62~70mm；羽毛球顶端直径，58~68mm；羽毛球球拍托面直径，25~28mm；球场区域，13.4m×6.1m；球网高度，1.524m。

该系统要求能够拍摄到羽毛球场地的全景，而且为了满足测量精度，要求场地的周围和上方有一定的拍摄空间。设置摄像机与场地的距离为 5m，与地面的高度为 4m，与地面的角度为 45°左右。以 40 帧/s 的采样频率对羽毛球比赛进行了实时采样、分析和保存。

2. 场地标定

在进行图像处理分析之前，需要手动选取图像上羽毛球场地的几个特征点，特征点的选择如图 11.9a 所示的 8 个箭头位置，分别是球网的上下 4 个角的位置和球网下方场地的 4 个交叉点的位置。这些位置信息不仅是判断羽毛球类型的重要依据，同时也是界定处理范围、排除场外运动物体干扰的重要条件。图 11.9b 是实际场地标定后的图像，其上的 8 个数字表示单击获取的羽毛球场的 8 个特征点，白色框线表示根据 8 个特征点计算得到的羽毛球场的范围。

3. 基于帧间差分的运动目标提取

首先需要从现场复杂的背景中提取出羽毛球目标，并对羽毛球目标进行定位，这是羽毛球轨迹跟踪分析中的重要一环。本研究采用序列图像中的前后相邻两帧图像相减来提取当前图像中的运动目标，然后通过设定阈值对差分图像进行二值化处理。图 11.10c 是图 11.10a 前帧与图 11.10b 后帧差分后的二值化图像，阈值设定为 5。二值图像上的白色像素表示检测出来的羽毛球和运动员的运动部分。

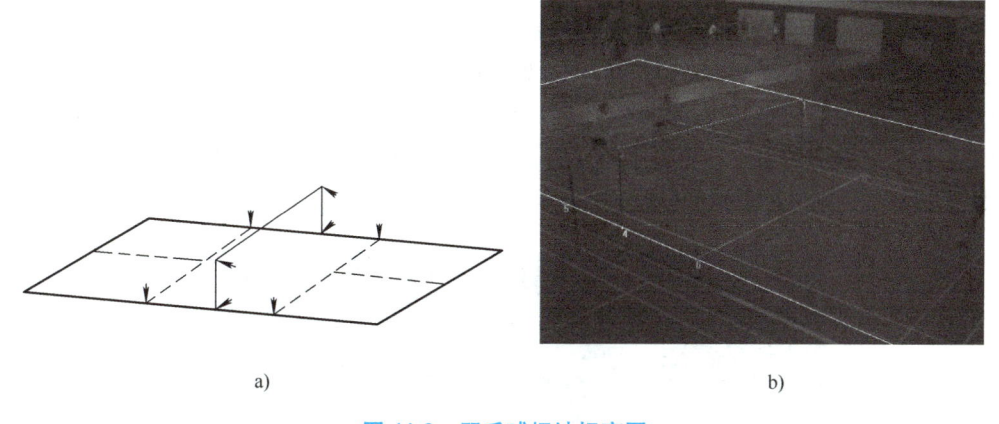

图 11.9 羽毛球场地标定图

a）场地特征点示意图　b）羽毛球场地图像

图 11.10 帧间差分及二值化结果

a）前帧　b）后帧　c）两帧差分的结果

4. 轨迹连接与归类

为了判别羽毛球的飞行方向和类型，引进方向数的概念。当一个轨迹上的点的坐标在水平方向为增大的时候，定义该轨迹的方向数为"+"，在该方向上每增加一个轨迹点，方向数增加1；当一个轨迹上的点的坐标在水平方向为减小的时候，定义该轨迹的方向数为"−"，在该方向上每增加一个轨迹点，方向数减1；设定轨迹起始的方向数为零，当一个轨迹结束的时候，根据其方向数的正负及大小，即可判断该轨迹的运行方向和大致长短。

在进行羽毛球类型的分析统计中，需要分别得到双方运动员各自的统计数据。当判断出一个轨迹为羽毛球轨迹时，可以通过羽毛球轨迹上结束点处方向数的正负来判断羽毛球的方向。如果方向数为正，可以断定羽毛球是从图像的左边向右边运动，从而将该类运动数据计入图像中左边运动员的数据统计中。如果方向数为负，可以断定羽毛球是从图像的右边向左边运动，该类运动数据应计入图像中右边运动员的数据统计中。实验结果显示，通过方向数可以正确判断羽毛球运动轨迹的归属。方向数不仅可以用来判别羽毛球的运动方向，同时，方向数的大小也是判断羽毛球轨迹长短的依据之一。

对于上述差分后的二值图像，首先测算出图像上每个区域的轮廓数据，然后计算出每个区域的重心。将计算出的所有重心点的坐标存入一个链表之中，以便后续的轨迹匹配使用。

图 11.11 表示一帧二值图像上白色区域重心的计算结果。球场网线上比较大的"+"符号示意网线的中心。左右两侧运动员位置处的两个较大的"+"符号分别示意两侧运动员的重心。每个白色区域块上的小"+"表示其各自的重心。运动员的重心是由测量区域中的每个白色区域块的重心计算得来的。为了直观地看到测量区域的情况，在二值图像上以白线标示出了测量区域的边界线。

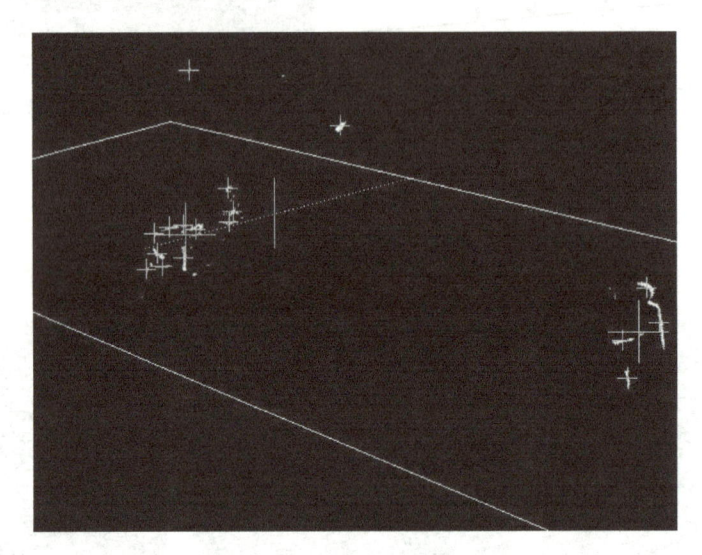

图 11.11　区域重心计算结果

5. 基于多帧累加的运动轨迹提取

通过累加多帧的运动目标中心点来获得各个运动目标的轨迹，然后通过分析轨迹参数判断出羽毛球的运动轨迹。

（1）记录点目标的运动轨迹　假设点目标的运动轨迹为 Tra，主要记录 Tra 在每帧图像上的如下信息：

1）Tra 在当前帧上的点目标 k 的位置（c_x, c_y）。

2）Tra 在当前帧上的点目标 k 与前一帧上的点目标 $k-1$ 的连线与 x 轴之间的夹角 Ang。

3）点目标 k 与 $k-1$ 之间的距离 Len。

4）Tra 在当前帧上的方向数 Dir。

（2）轨迹匹配连接　根据以上数据，将每一帧上白色区域的重心与前帧进行匹配连接，并将其信息记入与其匹配的轨迹的链表之中。如果所有轨迹点都不能匹配，那么将该点作为一个新轨迹的起始点，并将该点的信息记入一个新的轨迹链表之中。

图 11.12a 显示了多帧重心累加后的图像，后面从这些轨迹群中提取羽毛球运动轨迹。

6. 羽毛球轨迹提取

对每个轨迹数据进行分析，如果可信度大于设定的阈值，则认为该轨迹是羽毛球的运动轨迹，进一步分析羽毛球的类型。判断出羽毛球的轨迹和类型后，消除所有轨迹数据，重新进行跟踪测量。图 11.12b 显示的是从图 11.12a 中提取出的羽毛球运动轨迹。

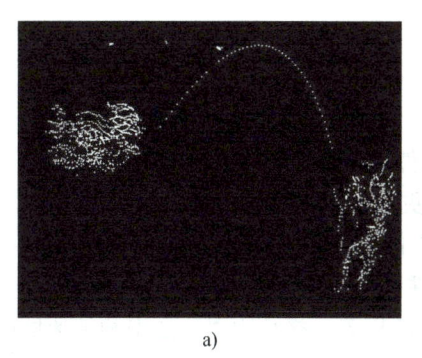

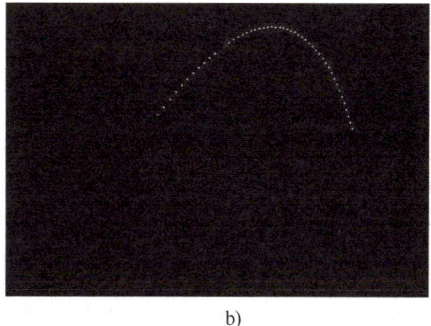

图 11.12 羽毛球轨迹提取

a）多帧重心的叠加　b）一个连续的羽毛球轨迹

7. 视频演示

下面给出羽毛球检测的视频演示，读者可以扫描二维码观看视频。

链 11-3　羽毛球检测

11.2 三维运动图像测量

三维运动图像测量分析系统 MIAS3D 的基本功能介绍，参考第 1 章的"1.3.2 二维、三维运动图像测量分析系统"，在此只做菜单介绍和部分功能实践。

11.2.1 菜单介绍

MIAS3D 初始界面可以参考第 1 章绪论中的图 1.15，其菜单功能包括以下内容：文件、测量设置、运动测量、显示结果、结果修正、视窗、二维测算系统、多通道图像采集。以下简要说明各个菜单功能。

1. 文件

主要包括以下子菜单：

1）打开 3D 结果文件：读入以前保存的 3D 测量结果文件。

2）变更 2D 跟踪文件：用于改变 2D 测量结果文件。

3）合并 3D 结果文件：用于合并运动测量后所得的 3D 文件。

4）保存 3D 追踪结果修正文件：用于 3D 追踪结果修正文件的保存。

5）图像保存：以位图文件格式（*.BMP）保存当前显示的图像。

2. 测量设置

由两个以上 2D 同步图像的测量结果（跟踪）文件和一个 3D 标定文件，合成 3D 测量结果。在 3D 测量前，需要读入两个以上的 2D 测量结果文件，进行 3D 标定或者读入保存的 3D 标定文件。包括以下菜单：

1）打开 2D 跟踪文件：读入 2D 测量结果文件。

2）3D 标定：进行 3D 线性标定。

3）3D 棋盘标定：进行 3D 棋盘标定。

3. 运动测量

只包含一个子菜单"合成 3D 数据"，其功能是：将读入的 2D 轨迹文件和 3D 标定文件进行 3D 数据合成，生成 3D 轨迹结果文件。

4. 显示结果

包括以下子菜单：

（1）视频表示　包括以下子菜单功能：

1）多方位 3D 表示：对读入的 3D 结果文件进行上面、正面、旋转、侧面及任意角度的图表表示、数据查看、复制、打印等，可以更改显示的颜色、线型等视觉效果。

2）OpenGL3D 表示：对读入的 3D 结果文件进行 OpenGL 打开，可以导出 3ds 文件，导出后可以用 3DMax、AutoCAD、ProE 等软件读取。

（2）位置速率　显示设定目标在不同帧上的位置、移动距离、速率和加速度的 3D 结果，可以图表和数据表示。

（3）位移量　显示设定目标相对设定基准帧、基准位置或基准目标的位移量 3D 数据。

（4）2 点间距离　显示设定目标在不同帧上的距离 3D 数据。

（5）2 线间夹角　显示 3 点间夹角，两连线间夹角，连线与 x、y、z 坐标轴之间夹角，以及不同帧间的角度变化、角速度和角加速度的 3D 数据。

（6）连接线一览　显示设定目标在各帧上的连线 3D 结果。

注：以上图表数据都可以保存、复制和打印。

5. 结果修正

1）事项设定：设定基准帧、添加事项帧、删除事项帧。

2）人体重心：设定对人体全身或者人体各部位的重心进行测量。

6. 视窗

1）新开 3D 连线视图：新建立一个 3D 连线的显示窗口。当打开 3D 连接线表示窗口（单击菜单"显示结果"→"视频表示"）时，该菜单有效。执行"视频表示"时，同时可以表示 4 个窗口，如果同时想观察 4 个以上立体侧面时，可以执行该命令。

2）显示比例：设定 3D 连线显示视窗的大小，可设置显示比例：1/4、1/2、1 倍、2 倍、8 倍、16 倍。

3）层叠、平铺、排列、状态栏：Windows 标准的视窗显示方式。

7. 二维测算系统

打开二维运动图像测算系统 MIAS，同时关闭 MIAS3D 系统；也可以直接从桌面上打开 MIAS。

8. 多通道图像采集

打开多通道图像采集系统 MCHCapture，同时关闭 MIAS3D 系统；也可以直接从桌面上打开 MCHCapture。

下面对主要功能进行说明和实践。

11.2.2　多通道图像采集

打开 MIAS3D，单击菜单"多通道图像采集"，打开如图 11.13 所示的多通道图像采集系统 MCHCapture 系统界面。系统的"状态窗"以及系统设定与 ImageSys 完全一样，参考第 1 章的 1.3.1 节。

MCHCapture 包含了"双目高清图像采集"和"Dalsa 红外双目采集"两个采集系统。

（1）双目高清图像采集　利用配套双目相机，进行完全内同步的双目视频或图像的同屏采集，然后进行左右视觉分割保存。采集的双目视频，可以利用本系统的"文件 – 视频文件剪辑"功能进行剪辑。双目解像度：1280×480 像素，2560×960 像素；固定帧率：MJPG 颜色（有损压缩格式），两种解像度都是 60 帧/s；YUY2 颜色（无压缩格式），1280×480 像素时为 10 帧/s，2560×960 像素时为 2.5 帧/s。

图 11.13　MCHCapture 系统界面

（2）Dalsa 红外双目采集　首先要安装相机驱动和进行相机的网络设置。相机的最高采集帧率为 92f/s，调节相机的曝光度，可以改变帧率，曝光越小帧率越高。

11.2.3　直接线性标定实践

直接线性标定法一般用于大视野的 3D 测量标定，标定位置尽量覆盖整个测量空间。若已知至少 6 个空间特征点以及与之对应的图像点坐标，便可求得投影矩阵。一般在标定的参照物上选取 8 个以上已知点，使方程的个数远远超过未知量的个数，从而降低采用最小二乘法求解造成的误差。

单击 MIAS3D 菜单"测量设置"→"3D 标定"，打开如图 11.14 所示的"3D 标定"对话框。下面逐项说明对话框内容。

图 11.14　3D 标定功能

1. 设定文件

1）标定图像：选择首尾标定图像文件。

相机对应的标定图像可以是单个或者多个图像，多采用连续图像，标定图像越多，标定结果越精确。

2）结果：设定标定结果存储文件的路径及名称，文件扩展名为".CLB"。

2. 坐标输入

1）单位：选定刻度单位，包括 pm、nm、μm、cm、m、km。
2）手动：手工方式确定标定点的图像坐标并输入各点的空间坐标。
3）半自动：在执行过程中辅以手工操作，利用图像分割的方法来确定标定点位置。
4）关闭：退出"3D 标定"对话框。

3. 实践

图 11.15a 是一个直接线性标定的实践现场，图 11.15b 是执行"手动"标定对应的界面和数据。

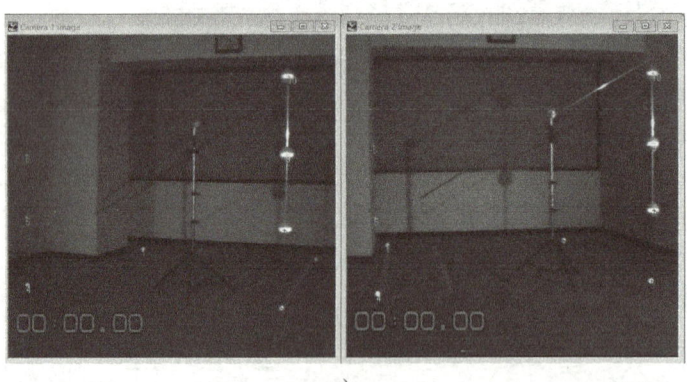

a)

b)

图 11.15　直接线性标定的实践和数据

a）直接线性标定实践现场　b）"手动"标定界面和数据

单击"执行"弹出误差消息提示框，如误差在允许范围内，单击"是"按钮，完成标定。

4. 视频

下面给出 3D 标定的视频演示，读者可以扫描二维码观看视频。

链 11-4　3D 标定

11.2.4　棋盘标定实践

棋盘标定法一般用于标定小视场，如室内的桌面等，用 A4 白纸打印棋盘即可，操作方便，标定精度高。如果用于大视场标定，需要制作大型棋盘。

单击 MIAS3D 菜单"测量设置"→"3D 棋盘标定"，打开如图 11.16 所示的 3D 棋盘标定界面。

图 11.16　3D 棋盘标定界面

1. 界面项目说明

（1）棋盘文件　执行"生成保存"，生成棋盘图像并保存。生成的棋盘格像素大小为 100×100 像素，实际尺寸大小 25mm×25mm（A4 纸打印）。

（2）标定图像　执行"选项"，选择首尾标定图像文件。文件选择方法同"3D 标定"。

（3）标定结果　执行"选项"，设定标定结果文件的路径及文件名，文件扩展名为".CHS"。

（4）图像浏览　可以浏览左右两路的所有图像。

（5）图像数据　需要重新设置时，单击"棋盘参数设置"按钮，打开如图 11.17 所示的"棋盘参数设定"对话框。

1）棋盘行、列角点数：棋盘角点是指由四个方格（两个黑格、两个白格）组成的角点，图 11.17 的行、列角点数均为 6。

图 11.17　棋盘参数设定

2）棋盘方格实际尺寸：每个棋盘方格的尺寸大小。

3）棋盘方格尺寸的刻度单位：可选择的刻度包括 pm、nm、μm、mm、cm、m。图 11.18a 棋盘的方格实际尺寸为 25mm。

（6）原点

1）左目光心：以左目摄像头的光心作为世界坐标系的原点。

2）棋盘角点：以第一个棋盘图像左上角第一个角点作为世界坐标系的原点。

（7）开始标定　系统开始进行摄像机标定。

（8）显示参数　在标定结束后，单击"显示参数"按钮，可以查看摄像机内外参数。

（9）关闭　结束标定，关闭对话框。

2. 实践

图 11.18 是棋盘标定法的界面和标定数据实例。

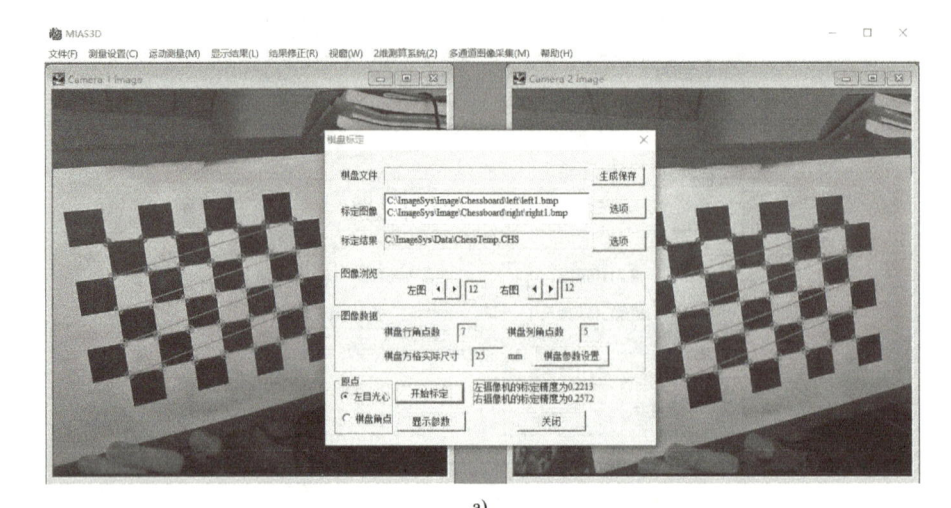

图 11.18 棋盘标定法界面和数据

a) 标定界面　b) 标定数据

将双目视觉的两路运动图像的二维测量数据文件和 3D 标定数据文件读入 MIAS3D 系统，执行 3D 数据合成命令，即可获得 3D 合成数据。

3. 视频

下面给出 3D 棋盘标定的视频演示，读者可以扫描二维码观看视频。

11.2.5 结果浏览显示

通过运动测量后，MIAS3D 系统的测量结果可以通过多种方式进行表示，如视频、点位速率、偏移量、点间距离、线间夹角、连接线一览等表示方式。其操作界面与二维运动图像测量分析系统 MIAS 大致相同，只是由 2D 数据变成了 3D 数据，因此下面只对 3D 视频结果实践，

链 11-5　3D 棋盘标定

不再对操作界面进行说明。

1. 多方位 3D 表示

多方位 3D 表示可以对读入的 3D 结果文件进行上面、正面、旋转、侧面及任意角度的图表表示、数据查看、复制、打印等，可以更改显示的颜色、线型等视觉效果。其中轨迹及目标点的连线可以用残像、矢量等方式进行显示。对于轨迹，可以选择感兴趣的速度区间，选择后目标在此区间的轨迹将以粗实线表示。此外，在表示过程中可以通过控制播放操作面板实现结果的快进、快退、单帧等回放操作。

多方位 3D 表示结果示例如图 11.19 所示。图中测量的目标点共有 20 个，依次分布在人体各个关节处。测量结果分别以上面、正面、旋转、侧面图方式显示。通过控制播放操作面板可以观察人体各关节在各个时刻的运动情况。

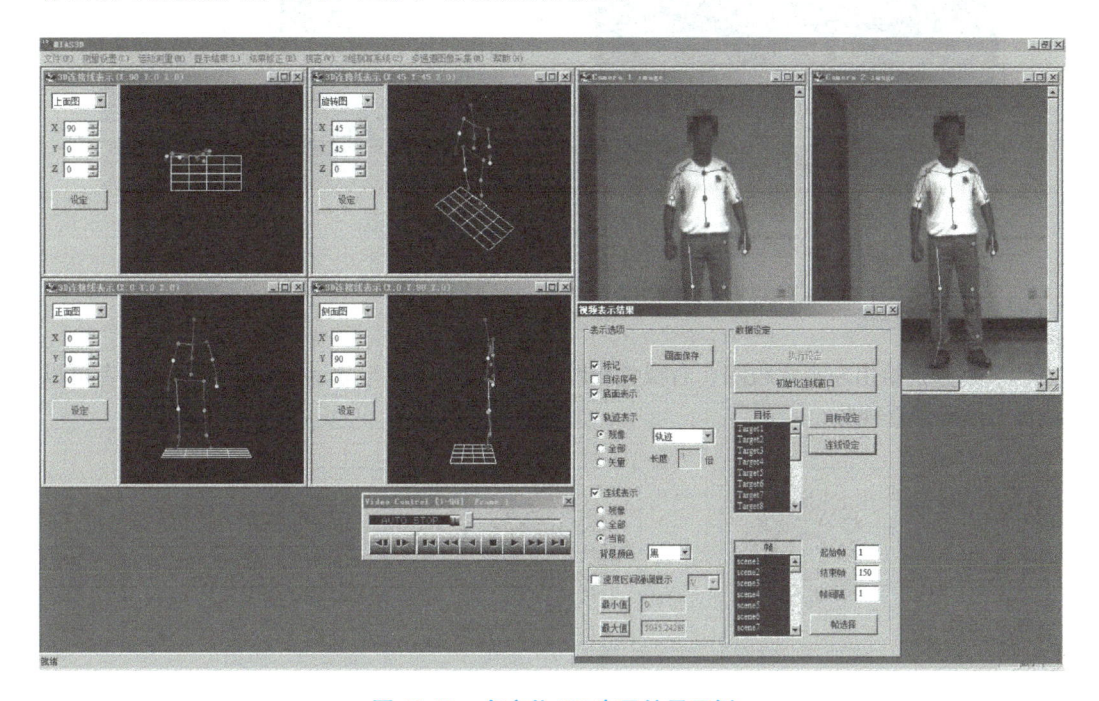

图 11.19　多方位 3D 表示结果示例

2. OpenGL3D 表示

OpenGL3D 表示可以对读入的 3D 结果文件进行 OpenGL 打开，可以导出 3DS 文件，导出后可以使用 3DMax、AutoCAD、ProE 等软件读取。使用时可以设定显示的颜色、线型、目标点球形大小等视觉效果。对于轨迹，可以选择感兴趣的速度区间，选择后目标在此区间的轨迹将以粗实线表示。此外，在表示过程中可以通过控制播放操作面板实现结果的快进、快退、单帧等回放操作。

OpenGL3D 表示结果示例如图 11.20 所示，其中目标点球形大小为 3，背景为黑色。对于 OpenGL 窗口内显示的目标及轨迹，可以利用鼠标进行放大、缩小、任意旋转等多种灵活操作，从而实现对目标点及其运动轨迹的全方位观测。

在 MIAS 和 MIAS3D 系统的基础上，开发了运动目标实时跟踪测量系统 RTTS 和 RTTS3D。除了 MIAS 和 MIAS3D 全部功能外，还增加了实时测量和实时标识测量两项功能。

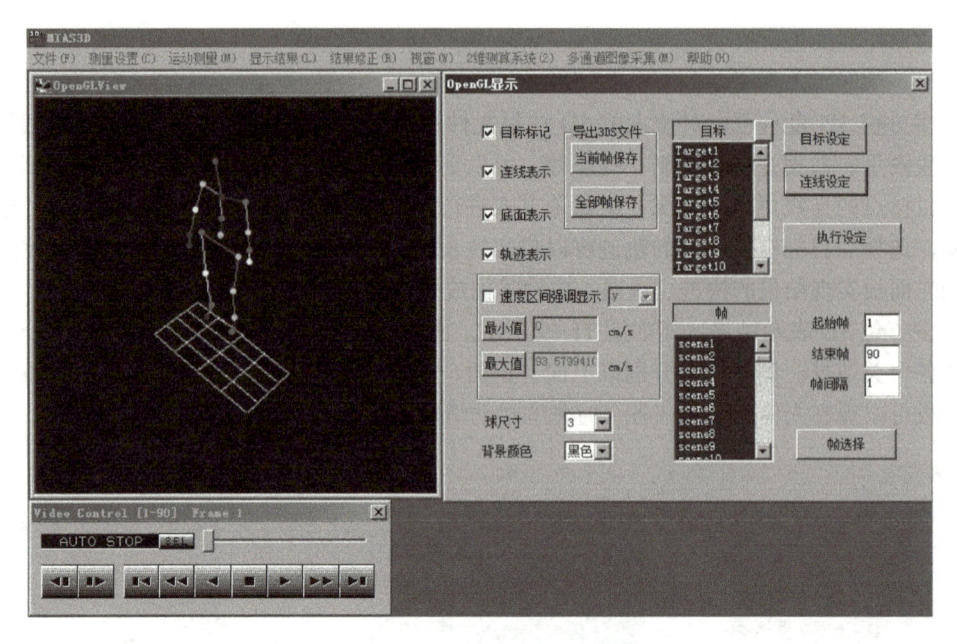

图 11.20　OpenGL3D 表示结果示例

11.2.6　实践视频

下面分别给出左视觉跟踪、右视觉跟踪和 3D 数据合成与显示的视频演示，读者可以扫描二维码观看视频。

链 11-6　左视觉跟踪　　　链 11-7　右视觉跟踪　　　链 11-8　3D 数据合成与显示

11.2.7　应用案例——三维作物生长量检测及视频演示

本案例以大田间的玉米植株为研究对象，利用双目立体视觉技术对其进行动态监测与三维建模。

1. 系统构成

试验地点设置在河北省廊坊市中国农业科学院国际农业产业园国家测土施肥试验基地。如图 11.21 所示，在监测区内设置了 4 根区域标定杆和 1 根高度标定杆，高度均为 2.5m。4 根区域标定杆分别安置在待测区域（面积为 $1m^2$）的 4 个顶角处，高度标定杆安置在相机对面区域边界的中间位置，a、b、c 分别表示高度标定杆的顶端、底端和玉米遮挡部位。采用 2 个相同型号的相机（DST-H6045）同时对作物进行监控。考虑到无限传输图像的硬件限制，所采用的彩色模拟相机输出图像为 704×576 像素。每天上午 10∶00 和下午 3∶00，左右视觉相机同时各采集一幅图像，保存为 JPG 格式，然后通过无线传输技术传送至实验室计算机。

基于三维测量系统平台 MIAS3D，利用 Visual C++ 编程工具，进行软件系统的研制开发。利用 OpenGL 来实现玉米作物的三维建模。

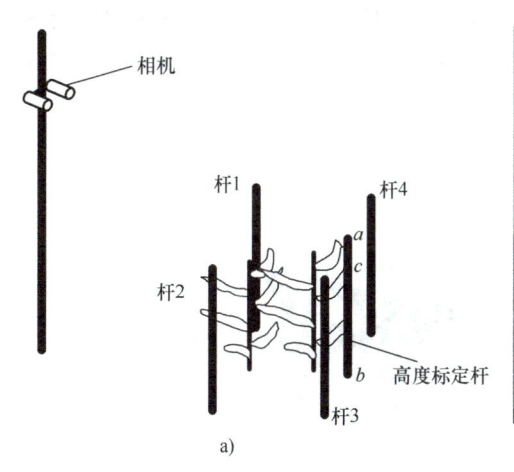

图 11.21　试验装置图
a）原理图　b）实物图

采用线性法进行相机的三维标定。安装调试好设备后，在左右视觉图像上分别用鼠标单击图 11.21a 中 4 根区域标定杆的上下 8 个顶点，获得其左右视觉的图像坐标；以左上角标定杆下端作为世界坐标的原点，获得 4 根标定杆上下 8 个顶点的世界坐标。利用上述 8 个顶点的图像坐标和世界坐标，计算出相机的标定参数。

2. 覆盖面积测量

（1）测量区域确定　如图 11.22 所示，假设作物平均高度平面与标定杆的交点为 c，过 c 点作直线平行于直线 b_1b_4，分别交 a_1b_1 和 a_4b_4 于 c_1、c_4；然后，作直线 c_1c_2 和 c_4c_3，分别平行于直线 b_1b_2 和 b_4b_3；c_1、c_2、c_3、c_4 的连接区域即为测量区域。

（2）覆盖面积及颜色计算　由于玉米植株颜色呈绿色，而测量区域中的背景颜色较暗。因此将 G 分量图像作为处理图像。采用大津法对 G 分量图像进行自动二值化处理，得到二值图像，其中白色像素（255）代表植株，黑色像素（0）代表背景。

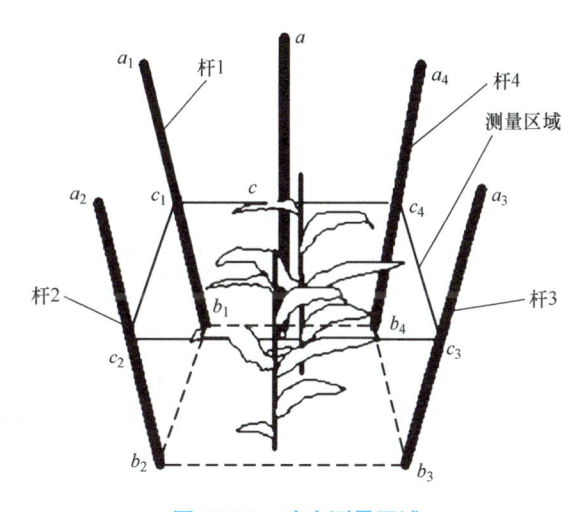

图 11.22　确定测量区域

通过对左右视觉图像进行网格化匹配处理，判断作物区域，根据作物区域的网格个数来获得作物的覆盖面积。图 11.23 为测量区域网格化示意图，为方便显示，将作物颜色设为黑色，背景区域设为白色。首先对四边形的各条边分别进行 $k(k=64)$ 等分，然后两组对边上的对应等分点分别相连，形成 $k \times k$ 的网格。可以认为左右视觉中相对应的网格在空间上对应着同一区域。例如，图 11.23a 中的网格 S_l 与图 11.23b 中的网格 S_r 对应于空间上的同一区域。然后，顺序扫描左右视觉上的网格，计算各个网格中白色像素数占其网格区域总像素数的比例，如果左右图像对应网格中的像素比例都大于设定值（本算法设定为 0.5），则判定该网格为植物区域，否则判断其为背景。最后，统计作物的网格数 N_c，利用比例关系计算作物的覆盖面积。如果设测量区域实际面积为 S（本案例实测为 $1m^2$），则作物实际覆盖面积为 $N_c \times S/k^2 (m^2)$。

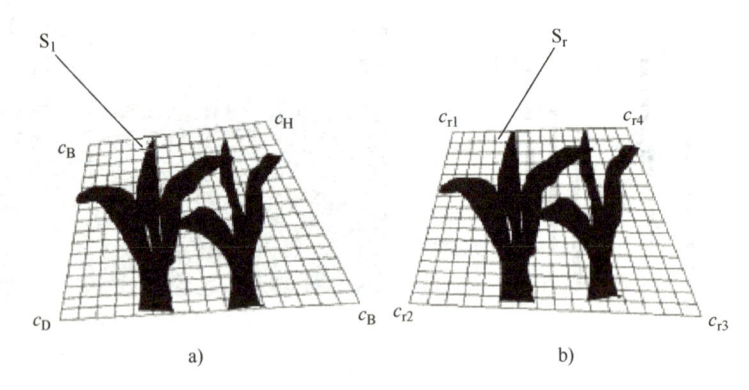

图 11.23　测量区域网格化示意图
a）左视觉　b）右视觉

对上述左右视觉二值图像中的白色像素在原图像上对应位置像素的 3 个颜色分量分别求平均值，作为作物的平均颜色值。

图 11.24a、b 分别是左右视觉原图像的例图像，标杆间的四边形连线区域为测量区域。图 11.25a、b 分别是图 11.24a、b 测量区域中的作物进行 G 分量提取的结果图像，白色区域为提取的作物区域，黑色区域为背景区域。结果显示，本研究所采用的提取方法能够正确提取出作物。

图 11.24　原图像
a）左视觉　b）右视觉

图 11.26 为对图 11.25 中测量区域网格形心进行三维重建的结果，白色点云的形状与测量区域内作物的形状基本吻合，验证了采用网格形心进行三维重建的合理性。

链 11-9
图 11.24 彩图

图 11.25 作物提取结果

a）左视觉　b）右视觉

链 11-10
图 11.25 彩图

图 11.26 测量区域作物三维合成结果图

图 11.27 为覆盖面积测量结果分布图，横坐标为时间序号，纵坐标为覆盖面积（cm^2）。结果显示，在生长阶段（前 13 天），作物的覆盖面积总体呈现增长趋势，到抽穗阶段（13 天之后），覆盖面积有一定的波动。

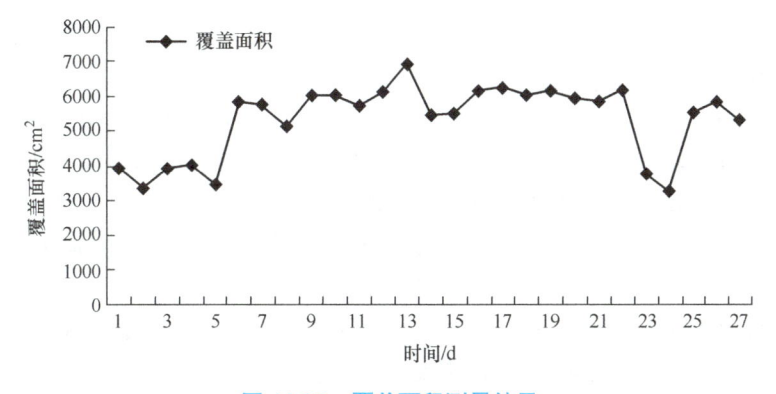

图 11.27 覆盖面积测量结果

3. 株高测量

（1）基于双目视觉的株高测量　在上述覆盖面积测量中，经过匹配获取了左右视图中代表作物的网格位置及其个数。首先，求出各个网格的形心坐标 (X_c, Y_c)。然后，分别对每个作物网格形心进行上述的三维重建，得到其三维坐标。最后，求取重建后各个网格形心的高度（Y）坐标平均值，作为平均株高 h_t。

（2）基于标定杆的株高测量　如图 11.24 所示，为了便于分辨标定杆与作物，将高度标定杆的颜色染成了红色。通过判定作物对标杆的遮挡点，测量作物株高。

图 11.28 为株高测量结果分布图。横坐标为测量时间序号，纵坐标为高度（cm）。结果显示，基于高度标定杆测量的作物高度总是低于三维测量高度 20cm 左右，两者之间具有很大的相关性。由于相机向下斜视高度标定杆，导致看到的作物遮挡部位向下偏移，引起了上述测量误差。这也佐证了三维测量高度的正确性。

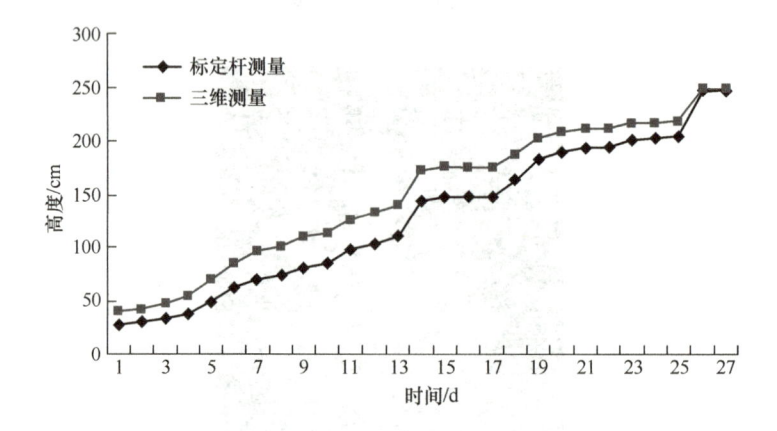

图 11.28　株高测量结果

4. 玉米植株的三维建模

玉米植株的建模需要利用株高、叶片颜色、茎长、茎粗、叶片数、叶宽、叶长等参数，首先构建出植株各器官的拓扑结构形态，然后利用 OpenGL 实现玉米植株的可视化。上述测量的株高、覆盖面积、平均颜色可以作为该模型的输入参数，而其他输入参数，如茎粗、叶片数、叶片参数等，可使用人工测量的参数或者根据生长规律自动生成参数。

玉米植株包括叶片、叶鞘、主茎、雄穗、雌穗等器官，本研究仅对作为玉米植株主要器官的玉米叶片和主茎进行三维建模。

（1）玉米叶片建模　采用 NURBS 曲面对玉米叶片曲面进行建模。NURBS（non-uniform rational b-spline）即非均匀有理 B 样条，它为描述自由型曲线（曲面）、初等解析曲线（曲面）提供了统一的算法公式，具有操纵灵活、计算稳定、速度快以及几何解释明显等优点。国际标准化组织 ISO 于 1991 年正式颁布了工业产品几何定义的 STEP 国际标准，把 NURBS 方法作为定义产品形状的唯一数学方法。

（2）叶脉曲线数学模型　玉米叶片的叶脉形状决定了玉米叶片的形状。主脉随着叶片的生长逐渐下垂。叶脉曲线通常采用抛物线、样条曲线、圆弧进行描述。其中，圆弧曲线计算简单、不用进行积分等复杂运算。本案例中采用圆弧对玉米叶脉进行描述，将玉米叶脉曲线表示在 XZ 平面上。

（3）玉米植株建模与可视化　利用圆柱体的二次曲面来构建主茎的形态模型，圆柱体的长度和半径代表主茎长和茎粗，上述测量的株高作为主茎的长度参数代入。

由叶片和主茎构建出玉米植株的形态模型，并采用 OpenGL 实现植株的可视化。

（4）建模结果　本案例对每一组测量结果都进行了实时三维建模，实现了玉米生长过程的三维模拟演示。图 11.29a、b、c 分别表示了 3 个不同生长时期的玉米三维建模结果。三维测量的株高设定为模型主茎的高度，叶片数、叶片参数、主茎直径等参数根据其生长规律自动生成。受光照与相机成像质量的影响，图像中的玉米植株颜色偏白，与实际颜色有较大的偏差，导致最终测得的平均颜色失真。因此，研究中将植株颜色设为绿色，利用 OpenGL 中光照和材质渲染函数对大田间的光照环境进行了模拟。

通过改变建模函数，本系统可以用于不同作物的 3D 检测和建模。

图 11.29　不同时期玉米植株建模结果
a）初期　b）中期　c）后期

图 11.30 为开发的系统软件界面。

图 11.30　系统软件界面

5. 视频演示

下面给出作物 3D 检测的视频演示，读者可以扫描二维码观看视频。

📝 思考题

1. 本章介绍的二维、三维运动图像检测系统，均是目标在运动，而图像拍摄系统不动。如果目标不动而摄像机移动，如人形机器人抓取桌面上的水杯，请问此时应该如何跟踪目标？

2. 对于运动系统跟踪运动目标，如无人机跟踪野外奔跑的动物，请问该如何实现？

第 12 章 模式识别

　　模式识别（pattern recognition）是人工智能领域的一个重要分支。人工智能通过计算使机器模拟人的智能行为，主要包括感知、推理、决策、动作、学习，而模式识别主要研究的就是感知行为。在人的五大感知行为（视觉、听觉、嗅觉、味觉、触觉）中，视觉、听觉和触觉是人工智能领域研究较多的方向。模式识别应用技术主要涉及的就是视觉和听觉，而触觉则主要与机器人结合。随着计算机和人工智能技术的发展，模式识别取得了许多引人瞩目的应用成就和不可忽视的科学进展，它使得计算机智能化水平大为提高、更加易于开发和普及，在社会经济发展和国家公共安全等领域中应用日益广泛。

　　模式识别应用技术的研究主要表现在如下几个方面：面部生物特征识别、手部生物特征识别、行为生物特征识别、声纹生物特征识别、文字与文本识别、复杂文档版面分析、多媒体数据分析、多模态情感计算、图像和视频合成、图像取证与安全、遥感图像分析、医学图像分析等。

12.1　模式识别与图像识别的概念

　　模式识别就是当能够把认识对象分类成几个概念时，将被观测的模式与这些概念中的一类进行对应的处理。模式分类可以认为是模式识别的前处理或者一部分。在生活中时时刻刻都在进行模式识别。环顾四周，能认出周围的物体是桌子还是椅子，能认出对面的人是张三还是李四；听到声音，能区分出是汽车驶过还是玻璃破碎，是猫叫还是人语，是谁在说话，说的是什么内容；闻到气味，能知道是炸带鱼还是臭豆腐。这些模式识别的能力看起来极为平常，谁也不会对此感到惊讶。但是在计算机出现之后，当人们企图用计算机来实现人所具备的模式识别能力时，它的难度才逐步为人们所认识。

　　什么是模式呢？广义地说，存在于时间和空间中可观测的事物，如果可以区别它们是否相同或是否相近，都可以称之为模式。

　　对模式的理解要注意以下几点：

　　1）模式并不是指事物本身，而是指人们从事物获得的信息。模式往往表现为具有时间或空间分布的信息。

　　2）当使用计算机进行模式识别时，在计算机中具有时空分布的信息表现为数组。

　　3）数组中元素的序号可以对应时间与空间，也可以对应其他的标识。例如，在医生根据各项化验指标判断疾病种类的模式识别过程中，各种化验项目并不对应实际的时间和空间。因此，对于上面所说的时间与空间应作更广义、更抽象的理解。

　　人们为了掌握客观事物，把事物按相似的程度组成类别。模式识别的作用和目的就在于面对某一具体事物时将其正确地归入某一类别。例如，从不同角度看人脸，视网膜上的成像不同，但可以识别出这个人是谁，把所有不同角度的像都归入某个人这一类。如果给每个类命名，并且用特定的符号来表示这个名字，那么模式识别可以看成是从具有时间或空间分布的信息向该符号所作的映射。

通常，把通过对具体的个别事物进行观测所得到的具有时间或空间分布的信息称为样本，而把样本所属的类别或同一类别中样本的总体称为类。

图像识别是模式识别的一个分支，特指模式识别的对象是图像，具体来说，它可以是物体的照片、影像、手写字符、遥感图像、超声波信号、CT影像、MRI影像、射电照片等。

图像识别所研究的领域十分广泛，例如，机械工件的识别、分类；从遥感图像中辨别森林、湖泊、城市和军事设施；根据气象卫星观测数据判断和预报天气；根据超声图像、CT图像或核磁共振图像检查人的身体状况；在工厂中自动分拣产品；在机场等地方根据人脸照片进行安全检查等。上述这些都是图像识别研究的课题，虽然种类繁多，但其关键问题主要是分类。

12.2 图像识别系统的组成

图像识别系统主要由4部分组成：图像信息获取、预处理、特征提取和选择、分类决策，如图12.1所示。

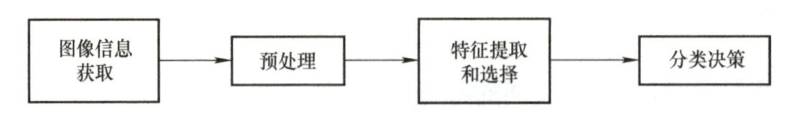

图 12.1　图像识别系统的基本组成

下面对这几个部分进行简单说明。

1）图像信息获取：通过测量、采样和量化，可以用矩阵表示二维图像。

2）预处理：预处理的目的是去除噪声，加强有用的信息，并对测量仪器或其他因素所造成的退化现象进行复原。

3）特征提取和选择：由图像所获得的数据量是相当大的。例如，一个文字图像可以有几千个数据，一个卫星遥感数据的数据量就更大了。为了有效地实现分类识别，就要对原始数据进行变换，得到最能反映分类本质的特征，这就是特征提取和选择的过程。一般把原始数据组成的空间叫测量空间，把分类识别赖以进行的空间叫特征空间，通过变换，可以把在维数较高的测量空间中表示的样本变为在维数较低的特征空间中表示的样本。在特征空间中的样本往往可以表示为一个向量，即特征空间中的一个点。

4）分类决策：分类决策就是在特征空间中用统计方法把被识别对象归为某一类别。主要有两种方法：一种是有监督分类（supervised classification），也就是把输入对象特性及其所属类别都加以说明，通过机器来学习，然后对于一个新的输入，分析它的特性，判别它属于哪一类；另一种是无监督分类（unsupervised classification），也称聚类（clustering），即只知道输入对象特性，而不知道其所属类别，计算机根据某种判据自动地将特性相同的归为一类。

分类决策与特征提取和选择之间没有精确的分界点。一个理想的特征提取器，可以使分类器的工作变得很简单，而一个全能的分类器，将无求于特征提取器。一般来说，特征提取比分类更依赖于被识别的对象。

12.3 图像识别、图像处理和图像理解的关系

从图 12.2 可以看出，图像识别的首要任务是获取图像，但无论使用哪种采集方式，都会在采集过程中引入各种干扰。因此，为了提高图像识别的效果，在特征提取之前，先要对采集到的图像进行预处理，用第 4 章的方法做色彩校正，用第 5 章的方法做几何校正，用第 8 章的方法滤去干扰、噪声，进行图像增强等。有时，还需要对图像进行变换（如第 6 章的傅里叶变换、第 7 章的小波变换等），以便于计算机分析。当然，为了在图像中找到想分析的目标，还需要用第 3 章的方法对图像进行分割，即目标定位和分离。如果采集到的图像是已退化了的，还需要对退化了的图像进行复原处理，以便改进图像的保真度。在实际应用中，由于图像的信息量非常大，在传送和存储时，还需要对图像进行压缩。因此，图像处理部分包括图像编码、图像增强、图像压缩、图像分割、图像复原等内容。图像处理的目的有两个：一是判断图像中有无需要的信息，二是将需要的信息分割出来。

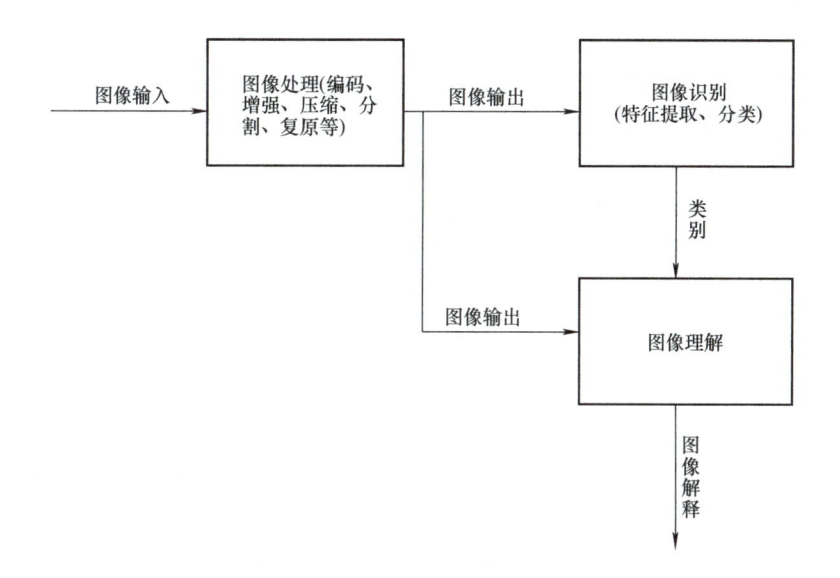

图 12.2　图像识别、图像处理和图像理解的关系示意图

图像识别是对上述处理后的图像进行分类，确定类别名称。它包括特征提取和分类两个过程。关于特征提取的内容，可以参见本书的第 9 章。这里需要注意的是，图像分割不一定完全在图像处理时进行，有时一面进行分割，一面进行识别。所以，图像处理和图像识别可以相互交叉进行。

图像处理及图像识别的最终目的，在于对图像进行描述和解释，以便最终理解它是什么图像，即图像理解。所以，图像理解是在图像处理及图像识别的基础上，根据分类结果对图像进行结构句法分析、描述和解释。因此，图像理解是图像处理、图像识别和结构分析的总称。

12.4 图像识别方法

图像识别方法很多，主要有以下 4 类方法：模板匹配（template matching）、统计识别（statistical classification）、句法/结构识别（syntactic or structural classification）、神经网络方法（neural network）。这 4 类方法的简要描述见表 12.1。

表 12.1 图像识别的常用方法

方法	表征	识别方式	典型判据
模板匹配	样本、像素、曲线	相关系数、距离度量	分类错误
统计识别	特征	分类器	分类错误
句法/结构识别	构造语言	规则、语法	可接受错误
神经网络	样本、像素、特征	网络函数	最小均方根误差

12.4.1 模板匹配

模板匹配是最早且比较简单的图像识别方法，它基本上是一种统计识别方法。模板就是一幅已知的小图像，模板匹配就是在一幅大图像中搜寻作为模板的小图像。

以灰度图像为例，模板 T（$M×N$ 像素）叠放在被搜索图 S（$W×H$ 像素）上平移，模板覆盖被搜索图的那块区域叫子图 $S_{i,j}$（i, j 为子图左上角在被搜索图 S 上的坐标）。搜索范围是：$1 \leq i \leq W-M$，$1 \leq j \leq H-N$。

通过比较 T 和 $S_{i,j}$ 的相似性，完成模板匹配过程。可以用下列两种测度之一来衡量模板 T 和子图 $S_{i,j}$ 的匹配程度。

$$D(i,j) = \sum_{m=1}^{M}\sum_{n=1}^{N}[S_{i,j}(m,n) - T(m,n)]^2 \quad (12.1)$$

$$D(i,j) = \sum_{m=1}^{M}\sum_{n=1}^{N}|S_{i,j}(m,n) - T(m,n)| \quad (12.2)$$

相对于式（12.1），式（12.2）的计算量少一些，匹配速度较快。当计算的 D 值小于设定阈值时，就认为匹配成功。

上述匹配方法仅限于没有旋转的情况，如果模板图像在被匹配的图像上有方向变化，则需要对每个匹配点进行逐个角度的旋转计算。例如，如果以 5° 间隔进行旋转匹配计算，一圈 360° 就需要对每个点进行 72 次的匹配计算，将非常花费时间。

12.4.2 统计模式识别

如果一幅图像经过特征提取，得到一个 m 维的特征向量，那么这个样本就可以看作是 m 维特征空间中的一个点。模式识别的目标就是选择合适的特征，使得不同类的样本占据 m 维特征空间中的不同区域，同类样本在 m 维特征空间中尽可能的紧凑。在给定训练集以后，通过训练在特征空间中确定分割边界，将不同类样本分到不同的类别中。在统计决策理论中，分割边界是由每个类的概率密度分布函数来决定的，每个类的概率密度分布函数必须预先知道或者通过学习获得。学习分为参数化和非参数化，前者已知概率密度分布函数形式，需要估计其表征参数。而后者未知概率密度分布函数形式，要求我们直接推断概率密度分布函数。

统计识别方法分为几何分类法和概率统计分类法。

1. 几何分类法

在统计分类法中，样本被看作特征空间中的一个点。判断输入样本属于哪个类别，可以通过样本点落入特征空间哪个区域来判断。可分为距离法、线性可分和非线性可分。

（1）距离法　这是最简单和最直观的几何分类方法。下面以最近邻法为例介绍一下这类方法。假设有 c 个类别 $\omega_1,\omega_2,\cdots,\omega_c$ 的模式识别问题，每类有样本 N_i 个，$i=1,2,\cdots,c$。可以规定 ω_i 类的判别函数为

$$g_i(x) = \min_k \|x - x_i^k\|, k=1,2,N_i \qquad (12.3)$$

式中，x_i^k 的角标 i 表示 ω_i 类，k 表示 ω_i 类 N_i 样本中的第 k 个。按照式（12.3），决策规则可以写为：若 $g_j(x) = \min_i g_i(x), i=1,2,\cdots,c$，则决策为 $x \in \omega_j$。其直观解释为：对未知样本 x，只要比较 x 与 $N = \sum_{i=1}^{c} N_i$ 个已知样本之间的欧几里得距离，就可决策 x 与离它最近的样本同类。

K-近邻算法是最近邻法的一个推广。K-近邻算法就是取未知样本 x 的 k 个近邻，看这 k 个近邻中多数属于哪一类，就把 x 归为哪一类。具体说就是在 N 个已知样本中找出离 x 最近的 k 的样本，若 $k_1,k_2,\cdots,k_c$ 分别是 k 个近邻中属于 $\omega_1,\omega_2,\cdots,\omega_c$ 类的样本，则可以定义判别函数为

$$g_i(x) = k_i, \quad i=1,2,\cdots,c \qquad (12.4)$$

决策规则为：若 $g_j(x) = \max_i k_i$，则决策 $x \in \omega_j$。

下面举例说明 K-近邻算法的处理过程及处理结果。以第 9 章的图 9.3 为例，利用第 9 章的方法进行特征测量，测得的特征数据包括圆形度、面积、周长和圆心坐标。例如，测得的圆形度的特征参数如图 12.3a 所示，对这些特征数据利用 K-近邻算法进行分类，数据分类结果如图 12.3b 所示，根据数据分类结果，对不同类的图像分别用不同的灰度值表示，如图 12.4 所示，其中圆形度较大的 0 类的桔子和梨用较明亮的灰度值表示，圆形度较小的 1 类的两个香蕉用较暗的灰度值表示。

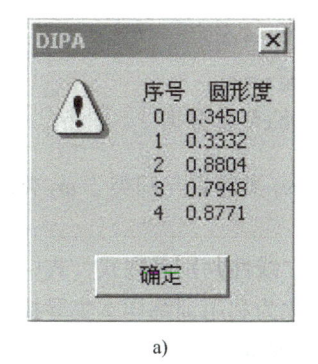

图 12.3　图 9.3 的圆形度特征参数

a）分类前　b）分类后

也可以用测得的周长、面积以及中心坐标进行分类。选择不同的参数，分类的结果不尽相同，对于不同的图像，有些参数可能不能获得很好的分类效果。图 12.5 是模式识别的 Visual C++ 界面，为了方便使用，与第 9 章特征提取的参数测量和显示功能集合在了一起，其中的"显示参数"和"模式识别"按钮，在执行过"参数测量"后才能使用。

图 12.4　K-近邻算法分类圆形度后的图像

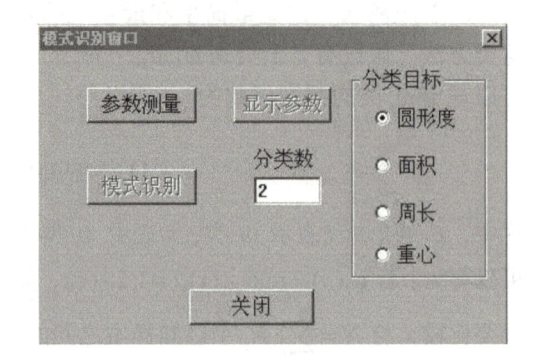

图 12.5　参数测量及 K-近邻算法分类的界面

（2）线性可分　线性可分实际上是寻找线性判别函数。下面以两类问题为例进行说明。假定判别函数 $g(x)$ 是 x 的线性函数：

$$g(x) = \mathbf{w}^T \mathbf{x} + \omega_0 \tag{12.5}$$

式中，ω_0 是个常数，称为阈值；x 是 d 维特征向量，w 称为权向量，分别表示为

$$\mathbf{x} = \begin{bmatrix} x_1 \\ x_2 \\ \vdots \\ x_d \end{bmatrix} \quad \mathbf{w} = \begin{bmatrix} w_1 \\ w_2 \\ \vdots \\ w_d \end{bmatrix} \tag{12.6}$$

决策规则为

$$g(x) = g_1(x) - g_2(x) \tag{12.7}$$

若

$$\begin{cases} g(x) > 0, & \text{则决策} x \in \omega_1 \\ g(x) < 0, & \text{则决策} x \in \omega_2 \\ g(x) = 0, & \text{则可将} x \text{任意分类} \end{cases}$$

方程 $g(x)$ 定义了一个决策面，它把归类于 ω_1 类的点与归类于 ω_2 类的点分割开来，当 $g(x)$ 为线性函数时，这个决策面是一个超平面。

设计线性分类器，就是利用训练样本集建立线性判别函数式，式中未知的只有权向量 w 和阈值 ω_0。这样，设计线性分类器问题就转化为利用训练样本集寻找准则函数的极值点 w^* 和 ω_0^* 的问题。这属于最优化技术，这里不再详细讲解。

（3）非线性可分　在实际中，很多模式识别问题并不是线性可分的，对于这类问题，最常用的方法就是通过某种映射，把非线性可分特征空间变换成线性可分特征空间，再用

线性分类器来分类。下面以支撑向量机为例说明。

支撑向量机的基本思想可以概括为：首先通过非线性变换将特征空间变换到一个更高维数的空间，然后在这个新空间中求取最优线性分类面，而这种非线性变换是通过定义适当的内积函数实现的。采用不同的内积函数将导致不同的支撑向量机算法，内积函数形式主要有3类：

1）多项式形式的内积函数：

$$K(\boldsymbol{x},\boldsymbol{x}_i) = [(\boldsymbol{x} \cdot \boldsymbol{x}_i) + 1]^q \tag{12.8}$$

这时得到的支撑向量机是一个 q 阶多项式分类器。

2）核函数型内积：

$$K(\boldsymbol{x},\boldsymbol{x}_i) = \exp\left\{-\frac{|\boldsymbol{x} - \boldsymbol{x}_i|^2}{\sigma^2}\right\} \tag{12.9}$$

这时得到的支撑向量机是一种径向基函数分类器。

3）s型函数做内积：

$$K(\boldsymbol{x},\boldsymbol{x}_i) = \tan(v(\boldsymbol{x} \cdot \boldsymbol{x}_i) + c) \tag{12.10}$$

这时得到的支撑向量机是一个两层的感知器神经网络。

2. 概率统计分类法

前面提到的几何分类法是在模式几何可分的前提下进行的，但这样的条件并不经常能得到满足。模式分布常常不是几何可分的，即在同一个区域中可能出现不同的模式，这时分类需要使用概率统计分类法。概率统计分类法主要讨论3个方面的问题：争取最优的统计决策、密度分布形式已知时的参数估计、密度分布形式未知（或太复杂）时的参数估计。这里不再详细讲解。

12.4.3 仿生模式识别

模式识别的发展已有几十年的历史，并且提出了许多理论。这些理论和方法都是建立在统计理论的基础上来寻找能够将两类样本划分开来的决策规则。在这些理论中，模式识别实际上就是模式分类。

人类在认识事物时侧重于"认识"，只有在细小之处才重视"区别"。例如，人类在认识牛、羊、马、狗等动物时，实际上是对每种动物的所有个体所共有的特征的认识，而不是找寻不同种类的动物相互之间的差异性。因此可以看出模式识别的重点不仅仅应该在"区别"上，而且也应该在"认识"上。传统模式识别只注意"区别"，而没重视"认识"的概念。与传统模式识别不同，王守觉院士于2002年提出了仿生模式识别（Biomimetic Pattern Recognition，BPR）理论。它从"认识"模式的角度出发进行模式识别，而不像传统模式识别那样从"划分"的角度出发进行模式识别。因为这种方式更接近于人类的认识，所以这一新的模式识别方法被称为"仿生模式识别"。

仿生模式识别与传统模式识别不同，它是从对一类样本的认识出发来寻找同类样本间的相似性。仿生模式识别引入了同类样本间某些普遍存在的规律，并从对同类样本在特征空间中分布的认识的角度出发，来寻找对同类样本在特征空间中分布区域的最优覆盖。这使得仿生模式识别完全不同于传统模式识别，表 12.2 中列出了仿生模式识别与传统模式识别之间的一些主要区别。

表 12.2 仿生模式识别与传统模式识别之间的区别

传统模式识别	仿生模式识别
多类样本之间的最优划分过程	一类样本的认识过程
一类样本与有限类已知样本的区分	一类样本与无限多类未知样本的区分
基于不同类样本间的差异性	基于同类样本间的相似性
寻找不同类间的最优分界面	寻找同类样本的最优覆盖

在现实世界中，如果两个同类样本不完全相同，则这个差别一定是一个渐变过程。即一定可以找到一个渐变的序列，这个序列从这两个同源样本中的一个变到另外一个，并且这个序列中的所有样本都属于同一类。这个关于同源样本间的连续性的规律，称之为同源连续性原理（the Principle of Homology-Continuity，PHC）。数学描述如下：在特征空间 R^N 中，设 A 类所有样本点形成的集合为 A，任取两个样本 $\vec{x}, \vec{y} \in A$ 且 $\vec{x} \neq \vec{y}$，若给定 $\varepsilon > 0$，则一定存在集合 B 满足

$$B = \{\vec{x}_1 = \vec{x}, \vec{x}_2, \cdots, \vec{x}_{n-1}, \vec{x}_n = \vec{y} | \ d(\vec{x}_m, \vec{x}_{m+1}) < \varepsilon, \forall m \in [1, n-1], m \in N\} \subset A \quad （12.11）$$

式中，$d(\vec{x}_m, \vec{x}_{m+1})$ 为样本 $\vec{x}_m$ 与 $\vec{x}_{m+1}$ 间的距离。

同源连续性原理就是仿生模式识别中用来作为样本点分布的"先验知识"。因而，仿生模式识别把分析特征空间中训练样本点之间的关系作为基点，而同源连续性原理则为此提供了可能性。传统模式识别中假定"可用的信息都包含在训练集中"，却恰恰忽略了同源样本间存在连续性这一重要规律。传统模式识别中把不同类样本在特征空间中的最佳划分作为目标，而仿生模式识别则以一类样本在特征空间分布的最佳覆盖作为目标。图 12.6 是在二维空间中的示意图。图中，三角形为要识别的样本，圆圈和十字形为与三角形不同类的两类样本，折线为传统 BP 网络模式识别的划分方式，大圆为 RBF 网络的划分方式，细长椭圆形构成的曲线代表仿生模式识别的"认识"方式。

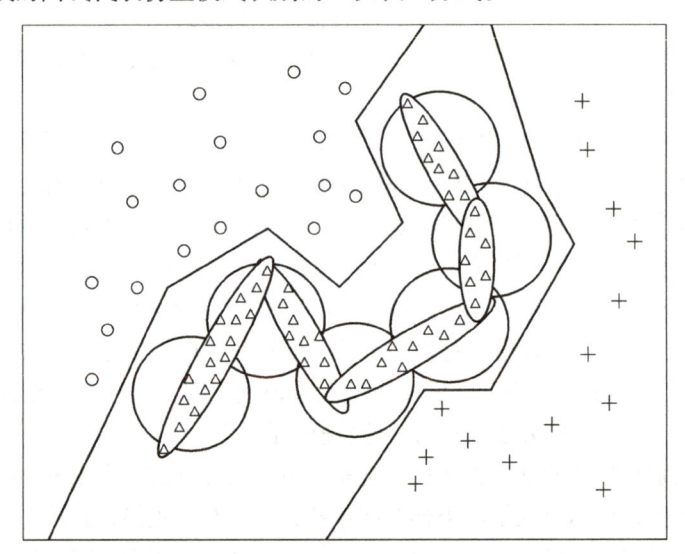

图 12.6 仿生模式识别、传统 BP 网络及传统径向基函数（RBF）网络模式识别示意图

由同源连续性原理可知，任何一类事物（如 A 类）在特征空间 R^N 中的映射（必须是连续映射）的"像"一定是一个连续的区域，记为 P。考虑到随机干扰的影响，所有位于集合 P 附近的样本也应该属于 A 类。记样本 $\vec{x}$ 与集合 P 之间的距离为

$$d(\vec{x}, P) = \min_{\vec{y} \in P} d(\vec{x}, \vec{y}) \tag{12.12}$$

这样，对 A 类样本在特征空间中分布的最佳覆盖 P_A 为

$$P_A = \{\vec{x} \mid d(\vec{x}, P) \leq k\} \tag{12.13}$$

式中，k 为选定的距离常数。

在 R^N 空间中，这个最优覆盖是一个 N 维复杂形体，它将整个空间分为两部分，其中一部分属于 A 类，另一部分则不属于 A 类。但是在实际中不可能采集到 A 类的所有样本，所以这个最优覆盖 P_A 实际上是不能够构造出来的。可以采用许多较为简单的覆盖单元的组合来近似这个最优覆盖 P_A。在这种情况下，采用仿生模式识别来判断某一个样本是否属于这一类，实际上就是判断这个样本是否至少属于这些较为简单的覆盖单元中的一个。

"9.2.2 特殊提取实践"也可以看作模式识别的一种方式。

12.5 应用案例

12.5.1 人脸识别技术介绍

1. 发展历史

人脸识别系统的研究始于 20 世纪 60 年代，80 年代后随着计算机技术和光学成像技术的发展得到提高，而真正进入初级的应用阶段则是在 90 年代后期，并且以美国、德国和日本的技术实现为主。人脸识别系统成功的关键在于是否拥有尖端的核心算法，并使识别结果具有实用化的识别率和识别速度。"人脸识别系统"集成了人工智能、机器识别、机器学习、模型理论、专家系统、视频图像处理等多种专业技术，是生物特征识别的重要应用，其核心技术的实现，展现了弱人工智能向强人工智能的转化。

2. 技术特点

传统的人脸识别技术主要是基于可见光图像的人脸识别，这也是人们熟悉的识别方式，已有 30 多年的研发历史。但这种方式有着难以克服的缺陷，尤其在环境光照发生变化时，识别效果会急剧下降，无法满足实际系统的需要。解决光照问题的方案一般有三维图像人脸识别和热成像人脸识别两种。但这两种技术还远不成熟，识别效果不尽人意。

迅速发展起来的另一种解决方案是基于主动近红外图像的多光源人脸识别技术。它可以克服光线变化的影响，已经取得了卓越的识别性能，在精度、稳定性和速度方面的整体系统性能超过三维图像人脸识别。这项技术在近两三年发展迅速，使人脸识别技术逐渐走向实用化。

人脸与人体的其他生物特征（如指纹、虹膜等）一样与生俱来，它的唯一性和不易被复制的良好特性为身份鉴别提供了必要的前提，与其他类型的生物识别比较，人脸识别具有如下特点：

1）非强制性：用户不需要专门配合人脸采集设备，几乎可以在无意识的状态下就可

获取人脸图像,这样的取样方式没有"强制性"。

2)非接触性:用户不需要和设备直接接触就能获取人脸图像。

3)并发性:在实际应用场景下可以进行多个人脸的分拣、判断及识别。

除此之外,还符合视觉特性、"以貌识人"的特性,以及操作简单、结果直观、隐蔽性好等特点。

3. 技术流程

人脸识别系统主要包括四个组成部分,分别为:人脸图像采集及检测、人脸图像预处理、人脸图像特征提取以及人脸图像匹配与识别。

(1)人脸图像采集及检测

1)人脸图像采集:不同的人脸图像都能通过摄像镜头采集下来,如静态图像、动态图像、不同的位置、不同表情等方面都可以得到很好的采集。当用户在采集设备的拍摄范围内时,采集设备会自动搜索并拍摄用户的人脸图像。

2)人脸检测:人脸检测在实际中主要用于人脸识别的预处理,即在图像中准确标定出人脸的位置和大小。人脸图像中包含的模式特征十分丰富,如直方图特征、颜色特征、模板特征、结构特征及 Haar 特征等。人脸检测就是把这其中有用的信息挑出来,并利用这些特征实现人脸检测。

(2)人脸图像预处理 人脸图像预处理是基于人脸检测的结果,对图像进行处理并最终服务于特征提取的过程。系统获取的原始图像由于受到各种条件的限制和随机干扰,往往不能直接使用,必须在图像处理的早期阶段对它进行灰度校正、噪声过滤等图像预处理。对于人脸图像而言,其预处理过程主要包括人脸图像的光线补偿、灰度变换、直方图均衡化、归一化、几何校正、滤波以及锐化等。

(3)人脸图像特征提取 人脸识别系统可使用的特征通常分为视觉特征、像素统计特征、人脸图像变换系数特征、人脸图像代数特征等,人脸特征提取就是针对人脸的某些特征进行提取。人脸特征提取,也称人脸表征,它是对人脸进行特征建模的过程。人脸特征提取的方法归纳起来分为两大类:一类是基于知识的表征方法;另一类是基于代数特征或统计学习的表征方法。

基于知识的表征方法主要是根据人脸器官的形状描述以及它们之间的距离特性来获得有助于人脸分类的特征数据,其特征分量通常包括特征点间的欧几里得距离、曲率和角度等。人脸由眼睛、鼻子、嘴、下巴等局部构成,对这些局部和它们之间结构关系的几何描述,可作为识别人脸的重要特征,这些特征被称为几何特征。基于知识的人脸表征主要包括基于几何特征的方法和模板匹配法。

(4)人脸图像匹配与识别 提取的人脸图像的特征数据与数据库中存储的特征模板进行搜索匹配,通过设定一个阈值,如果相似度超过这一阈值,则把匹配得到的结果输出。人脸识别就是将待识别的人脸特征与已得到的人脸特征模板进行比较,根据相似程度对人脸的身份信息进行判断。这一过程又分为两类:一类是确认,是一对一进行图像比较的过程;另一类是辨认,是一对多进行图像匹配对比的过程。

4. 人脸识别的基本方法

简述几种常见的人脸识别方法。

(1)基于模板匹配的人脸识别方法 该方法将待处理的人脸图像直接与数据库中所有

的模板进行匹配，选取匹配最相似的模板图像作为待处理图像的分类。但由于数据库中每个人的模板图像数量有限，不可能涵盖到现实中所有的复杂情况，而且简单的模板匹配只利用了相关信息，对背景、光照、表情等非相关信息非常敏感，因此该方法只适用于理想条件下的人脸识别，并不适合应用于实际场景。

（2）几何特征的人脸识别方法　几何特征可以是眼、鼻、嘴等的形状和它们之间的几何关系（如相互之间的距离）。这些算法识别速度快，需要的内存小，但与基于模板匹配的方法相似，由于形状、距离等信息并不能表达出图像中的非线性因素，导致该方法的可靠性和有效性较低。

（3）基于代数特征的人脸识别方法　该方法主要通过对待处理图像的灰度分布进行代数变换或矩阵分解来实现。常见的方法有：主成分分析法（Principal Component Analysis，PCA）、线性判别分析法（Linear Discriminant Analysis，LDA）及隐马尔可夫模型（Hidden Markov Model，HMM）等。

（4）基于特征脸（PCA）的人脸识别方法　特征脸方法是基于KL变换（Karhunen-Loeve Transform，KLT）的人脸识别方法，KL变换是图像压缩的一种最优正交变换。高维的图像空间经过KL变换后得到一组新的正交基，保留其中重要的正交基，由这些基可以张成低维线性空间。如果假设人脸在这些低维线性空间的投影具有可分性，就可以将这些投影用作识别的特征矢量，这就是特征脸方法的基本思想。这些方法需要较多的训练样本，而且完全是基于图像灰度的统计特性。目前有一些改进型的特征脸方法。

（5）神经网络的人脸识别方法　神经网络的输入可以是降低分辨率的人脸图像、局部区域的自相关函数、局部纹理的二阶矩等。这类方法同样需要较多的样本进行训练，而在许多应用中，样本数量是很有限的。

（6）弹性图匹配的人脸识别方法　弹性图匹配法在二维的空间中定义了一种对于通常的人脸变形具有一定的不变性的距离，并采用属性拓扑图来代表人脸，拓扑图的任一顶点均包含一特征向量，用来记录人脸在该顶点位置附近的信息。该方法结合了灰度特性和几何因素，在比对时可以允许图像存在弹性形变，在克服表情变化对识别的影响方面收到了较好的效果，同时对于单个人也不再需要多个样本进行训练。

（7）线段Hausdorff距离（Line Hausdorff Distance，LHD）的人脸识别方法　心理学的研究表明，人类在识别轮廓图（如漫画）的速度和准确度上丝毫不比识别灰度图差。LHD是基于从人脸灰度图像中提取出来的线段图，它定义的是两个线段集之间的距离，与众不同的是，LHD并不建立不同线段集之间线段的一一对应关系，因此它更能适应线段图之间的微小变化。实验结果表明，LHD在不同光照条件下和不同姿态情况下都有非常出色的表现，但是它在大表情的情况下识别效果不好。

（8）支持向量机（Support Vector Machine，SVM）的人脸识别方法　支持向量机是统计模式识别领域的一个新的热点，它试图使得学习机在经验风险和泛化能力上达到一种妥协，从而提高学习机的性能。支持向量机主要解决的是一个二分类问题，它的基本思想是试图把一个低维的线性不可分的问题转化成一个高维的线性可分的问题。通常的实验结果表明SVM有较好的识别率，但是它需要大量的训练样本（每类300个），这在实际应用中往往是不现实的。而且支持向量机训练时间长，方法实现复杂，该函数的取法没有统一的理论。

（9）OpenCV 自带的三个人脸识别算法　包括：特征脸方法（Eigenfaces）、费歇脸方法（Fisherfaces）和局部二值模式直方图（Local Binary Patterns Histograms，LBPH）。

1）特征脸方法就是将 PCA 方法应用到人脸识别中，将人脸图像看成是原始数据集，使用 PCA 方法对其进行处理和降维，得到的"主成分"即为特征脸，然后每个人脸都可以用特征脸的组合进行表示。这种方法的核心思路是认为同一类事物必然存在相同特性（主成分），通过将同一目标（人脸图像）的特性寻找出来，就可以用来区分不同的事物了。

2）费歇脸方法也称为 Fisher 线性判别分析（Linear Discriminant Analysis，LDA），两类的线性判别问题可以看作所有的样本投影到一个方向（或者说是一个维度空间中），然后在这个空间中确定一个分类的阈值。过这个阈值点且与投影方向垂直的超平面就是分类面。判别思路是选择投影方向，使得投影后两类相隔尽可能远，类内又尽可能聚集（类间方差最大，类内方差最小）。

费歇脸方法结合了 PCA 和 LDA 的优点，其具体过程如下：

① PCA 降维：对原始样本进行 PCA 处理，获取 PCA 处理之后的新样本；

② LDA 特征提取：对降维后的样本使用 Fisher 线性判别方法，确定一个最优的投影方向，构造一个一维的特征空间（这就被称为 Fisherfaces），将多维的人脸图像投影到 Fisherfaces 特征空间，利用类内样本数据形成一组特征向量，这组特征向量就代表了人脸的特征。

3）LBPH 的大致思路是：先使用 LBP（Local Binary Patterns）算子提取图像特征，这样可以获取整幅图像的 LBP 编码图像。再将该 LBP 编码图像分为若干个区域，获取每个区域的 LBP 编码直方图，从而得到整幅图像的 LBP 编码直方图。该方法能够在一定范围内减少因为没完全对准人脸区域而造成的误差。另一个好处是可以根据不同的区域赋予不同的权重，例如，人脸图像往往在图像的中心区域，因此中心区域的权重往往大于边缘部分的权重。通过对图像的上述处理，人脸图像的特征便提取完了。

当需要进行人脸识别时，只需要将待识别人脸数据与数据集中的人脸特征进行对比即可，特征距离最近的便是同一个人的人脸。在进行特征距离度量的时候，通常使用基于直方图的图像相似度计算函数，该比较方法对应于 OpenCV 中的 comparreHist( ) 函数。

（10）基于稀疏表示的人脸识别方法　其稀疏表示用的字典直接由训练所用的全部图像构成，而不需要经过字典学习（也有一些改进算法，针对字典进行学习的）。目前，有很多基于稀疏表示的人脸识别算法获得了非常好的效果，如 MPR 算法、SRC 算法等。

上述传统方法尽管在人脸识别技术的研究中取得了大量成果，但由于人脸识别自身的复杂性，如背景的多样性和姿态的变换，这些非线性因子使得传统方法都存在着很大的缺陷，因此极大地限制了这些方法在实际中的应用。另外，由于算法和计算机性能的限制，没有能力训练大规模的人脸数据集，更加深了传统方法的缺陷。

（11）基于深度学习的人脸识别方法　2014 年，Facebook 提出了 DeepFace，利用卷积神经网络和大规模人脸图像进行人脸识别；VGG 网络采取深层网络拓扑结构和较大的输入图像进行人脸识别；香港中文大学提出的 DeepID 对卷积神经网络做了一系列改进，采用局部和全局特征相联合，利用联合贝叶斯处理卷积特征以及利用识别和认证两种监督信息进行训练；2015 年 google 的 FaceNet 采用三元组损失函数（triplet loss）作为其监督信息。

更重要的是 DCNN 的网络结构正在变大变深：VGGFace16 层，FaceNet22 层，2015 年的 Resnet 达到 152 层。

12.5.2 蜜蜂舞蹈跟踪检测及视频演示

社会性昆虫（包括蚂蚁、白蚁及部分胡蜂、蜜蜂）在自然界有很重要的生物学意义。蜜蜂的摇摆舞是所有社会性昆虫行为方式中研究得最深入、知名度最高的动作。蜜蜂摇摆舞不仅能报告蜜源远近，还能指示蜜源的方向。当在竖直平面上跳摇摆舞时，如果蜜蜂头朝上，则是说："朝太阳的方向飞去，能找到花粉。"反之，则是报告："在背向太阳的地方可以找到食物。"

对于蜜蜂轨迹的图像跟踪，以往的研究主要采用给观测目标涂上有对比颜色的放光材料，通过提高昆虫与背景的对比度，利用标识与背景的反差来进行目标的检测与跟踪。而采用标识的方法对目标进行检测与跟踪往往会给实验带来不便，尤其在微小的昆虫身上进行标记，无疑是件不太容易的事情，而且会影响昆虫的行为。

本案例旨在对未标记的多目标蜜蜂进行检测与跟踪，通过对其运动轨迹进行统计分析，确定蜜蜂摇摆舞的摇摆区间，从而获得蜜蜂摇摆时间以及摇摆角度等信息，为解析蜜蜂摇摆舞所传递的信息提供原始数据。

1. 试验装置及视频图像采集

实验用视频图像由数码摄像机拍摄获得，拍摄图像的分辨率为 640×480 像素，帧率为 30 帧/s，视频以 AVI 格式保存。蜜蜂在竖直平面上爬行，摄像机镜头光轴垂直于竖直平面进行拍摄。图像处理采用的 PC 配置 Pentium（R）Dual-Core 处理器，主频为 2.6GHz，内存为 2.00 GB。利用 Microsoft Visual Studio 2010 在二维运动图像测量分析系统 MIAS 平台上进行了算法的研究开发。图 12.7 是试验装置及视频图像采集示意图。

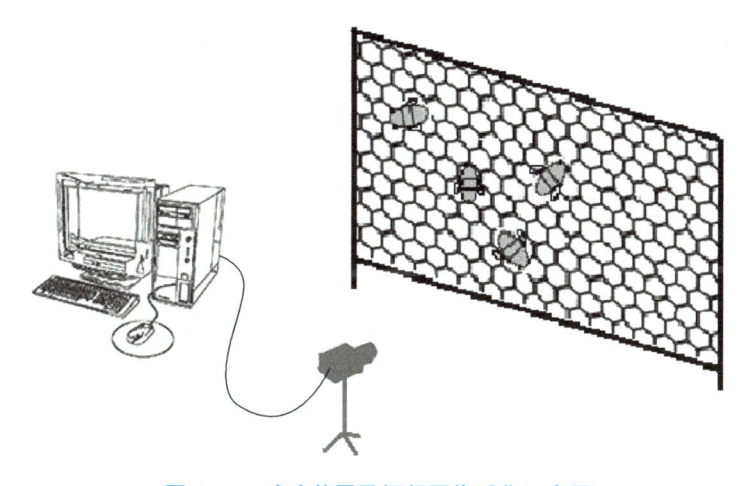

图 12.7　试验装置及视频图像采集示意图

2. 目标蜜蜂的选定

图像的左上角为原点，水平向右为横坐标 x 的正方向，垂直向下为纵坐标 y 的正方向。在视频的首帧上，通过鼠标手动单击目标蜜蜂的头部点 P_s 与尾部点 P_e，将这两点连线 P_sP_e 的长度记为 d，并以 d 的 1.5 倍为边长设定蜜蜂的正方形处理区域。扫描 P_sP_e 上各点，查找离点 P_s 最近且 M（式（12.14））值最大的点，定义该点为蜜蜂目标点 P。

$$M = 2R - B \qquad (12.14)$$

式中，R 和 B 分别为目标像素的红色和蓝色分量值。

图 12.8a 为处理视频的初始帧图像，从图中可以看出，蜂巢背景颜色与蜜蜂颜色十分接近。图 12.8b 表示利用式（12.14）对其原彩色图像的 R、B 分量进行运算后得到的灰度图像。由图 12.8b 可以看出，经过式（12.14）运算后，达到了增强蜜蜂目标的效果。图 12.8 上的虚线框是选定目标的处理区域。

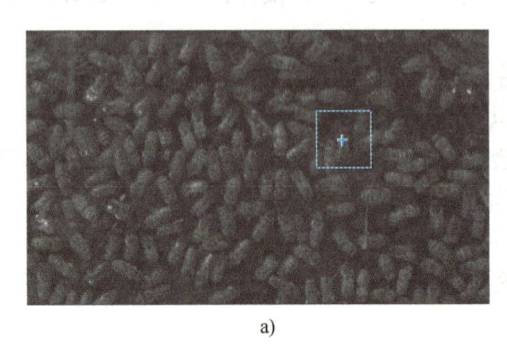

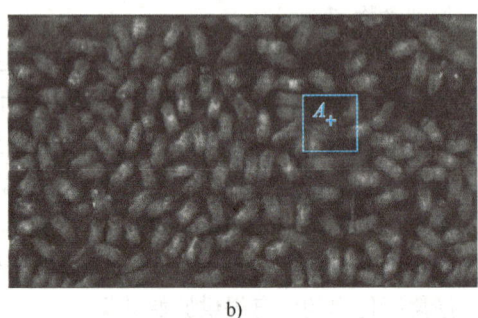

图 12.8　目标蜜蜂选取
a）原图像　b）灰度图像

图 12.9 为图 12.8b 中虚线框内目标蜜蜂上直线的线剖图，横坐标是距离起点（0 点）的像素数，纵坐标是像素值。尽管目标物与背景亮度值无特定规律波动，但整体来说是背景的亮度值小于目标的亮度值，且亮度值最大处 A 一定在目标蜜蜂上，所以将离蜜蜂头部最近且亮度值最大的点作为蜜蜂目标点 P 是有效的。图 12.8 上的"+"表示目标蜜蜂在初始帧上的目标点。

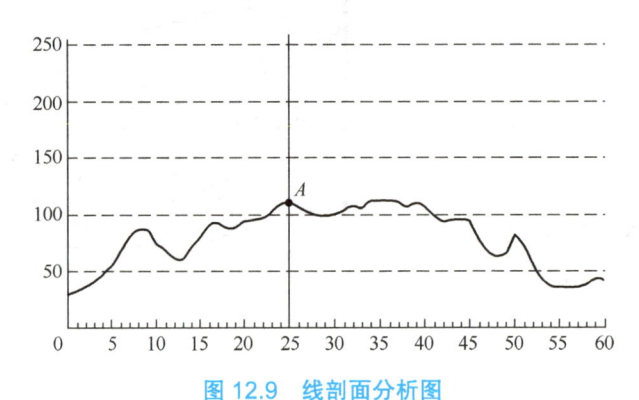

图 12.9　线剖面分析图

3. 目标蜜蜂（目标点）的跟踪

从第 2 帧图像开始，通过与前帧图像的模板匹配，实现目标点的跟踪检测。以前帧上目标点为中心点，建立 9×9 像素区域的模板。对当前帧进行模板匹配，将匹配区域称为子图 $P(n)$（n 为子图序号，$0 \leq n \leq 8$）。具体步骤如下。

（1）建立模板　以前一帧上目标点 P 为中心，以图 12.10 所示的螺旋方式，顺时针方向依次读取其自身及周围 80 个像素的 R、B 分量值，并分别存放至数组 $R[k]$，$B[k]$

（0 ≤ k ≤ 80）中。对 R[ ]、B[ ] 中的值进行如下排序：找到最外层（即 49 ≤ k ≤ 80，共 32 个点）中 R 分量的最大值，并以该像素为起点、其前一像素为终点，重新按顺序排列像素。将新排列像素的 R、B 分量值分别依次存入数组 SR[ ]、SB[ ] 中，作为匹配用的模板。

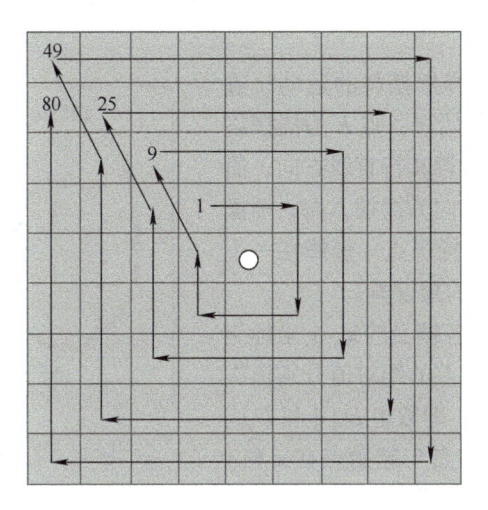

图 12.10　像素读取顺序

（2）在当前帧上进行模板匹配　如图 12.11 所示，0 表示模板目标点 P 在当前帧上的对应位置。在当前帧上，将模板中心依次置于 0 至 8，获得相应的子图 P(n)，用步骤（1）的方法得到子图 P(n) 各像素的 R、B 分量值数组 R′[ ]、B′[ ]，以及重排后的数组 SR′[ ]、SB′[ ]。用式（12.15）计算每个子图的匹配度 DF，该值越小说明匹配程度越高。

图 12.11　模板移动顺序

$$DF = \sum_{k=0}^{80} |SR[k] - SR'[k]| + \sum_{k=0}^{80} |SB[k] - SB'[k]| \qquad (12.15)$$

找到匹配度最高也就是 DF 最小（DF_m）的位置 N。

1）若 N = 0，则停止查找，点 0 即为准目标点，并记录该子图和模板的匹配度为 DF_m。

2）若 N ≠ 0，则将模板中心移至点 N 处，以此点为模板中心新的初始位置 0，继续查找准目标点。

（3）确定目标点　若式（12.16）成立，则认为该准目标点为所跟踪的目标点；否则，认为准目标点不是所跟踪的目标点，需进行下一步的目标查找。

$$DF_{\min} < 5AR \tag{12.16}$$

式中，AR 为模板面积，即 $AR = 81$。

（4）目标查找　重复步骤（2）和（3），直到在处理区域内找到满足式（12.16）的点或者区域内 DF 最小的点作为目标点。然后进入下一帧目标跟踪处理。

4. 蜜蜂舞蹈判断

如图 12.12 所示，蜜蜂摇摆舞的运动轨迹是 8 字形，点 F 为摇摆起始点，点 E 为摇摆终止点，FE 方向为蜜蜂摇摆舞爬行直线方向，简称爬行方向，FE 的垂直方向为摇摆方向，摇摆方向的坐标拐点称为摇摆特征点。蜜蜂在一个地点附近反复跳几次同样的摇摆舞。

将上述蜜蜂目标点在各帧上的 x、y 坐标与其在首帧上的 x、y 坐标之差的绝对值分别依次存入数组 $D_x[\ ]$ 和 $D_y[\ ]$ 中，即数组 $D_x[\ ]$ 和 $D_y[\ ]$ 分别为蜜蜂运动轨迹上各点与起始点在 x 和 y 方向上的距离。通过分析数组 $D_x[\ ]$ 和 $D_y[\ ]$ 的波形，判断出蜜蜂摇摆舞区间，从而获得蜜蜂摇摆时间以及摇摆角度等信息。

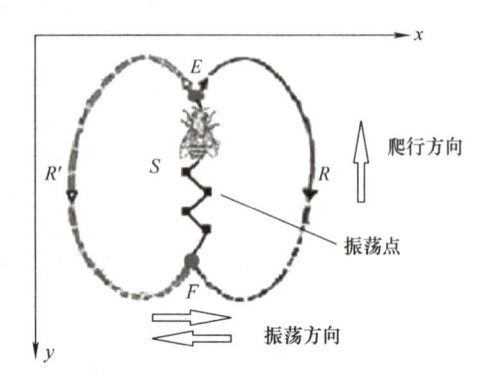

图 12.12　蜜蜂摇摆舞运行方式

5. 系统实现

图 12.13 是系统界面及蜜蜂轨迹跟踪检测结果。

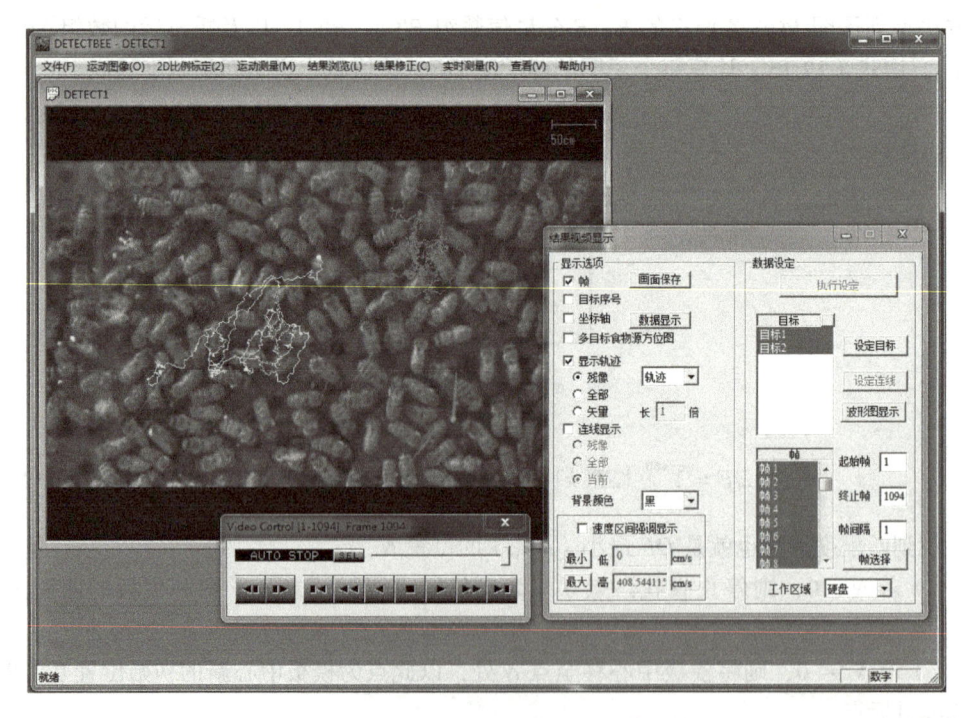

图 12.13　系统界面及蜜蜂轨迹跟踪检测结果

图 12.14 是在系统界面上单击"数据显示"按钮打开的跟踪结果数据显示界面。

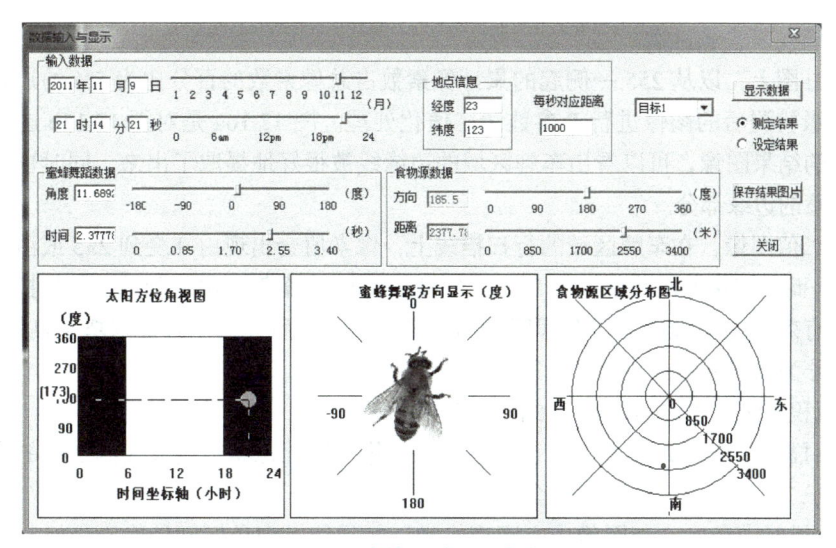

图 12.14 蜜蜂跟踪结果数据显示

6. 视频演示

下面给出蜜蜂舞蹈检测的视频演示，读者可以扫描二维码观看视频。

12.5.3 车牌照检测及视频演示

本案例的目的是针对出入口慢速行驶或者停止的车辆，开发出车牌自动图像识别系统。处理的原图像为彩色图像，大小为 640×480 像素。

链 12-1 蜜蜂舞蹈检测

1. 边缘提取

由于拍摄距离和角度是确定的，考虑到车牌的悬挂位置，可以确定车牌在整幅图像中的位置大概处于中下部。为了提高车牌识别的速度，本案例的处理区域定为左上角（0,160）和右下角（640,430）的矩形区域。首先对读入的彩色车牌图像利用式（2.1）（参考 2.2 节）转化为灰度图像，然后对灰度图像进行边缘检测。由于车辆前部保险杠、车灯和散热片的水平边缘丰富，而车牌内含有丰富的垂直边缘，所以利用垂直的 Sobel 微分算子（参考第 8 章）对灰度图像进行边缘检测，这样可以在突出车牌垂直边缘的前提下抑制大部分非车牌区域的水平边缘干扰。

图 12.15a 是灰度化处理后的例图像，车牌方位端正。图 12.15b 是图 12.15a 经过 Sobel 垂直边缘检测后的图像。由图 12.15b 可以看出，经过 Sobel 垂直方向边缘检测后，车牌的字符轮廓凸现，而其他非车牌区域的水平轮廓干扰得到了很好的抑制。

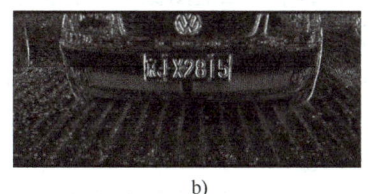

图 12.15 原图像与微分图像
a）灰度原图像　b）Sobel 微分图像

2. 二值化及去噪处理

在直方图上，以从 255 一侧起的累计像素数占总像素数的百分比为 5% 的地方作为阈值，对边缘检测后的图像进行 P 参数法二值化处理。图 12.16a 是对图 12.15b 进行上述二值化处理的结果图像，可以看出车牌区域的边缘线被很好地提取了出来，同时也提取出了车体和环境的边缘部分。

对于二值图像，在车牌区域的行扫描线上，像素值会出现由 0 变到 255 或由 255 变到 0 的情况，而且变化的次数至少为 7 次（车牌字数）。本案例提出一种基于行扫描的去噪方法，可以有效地去除大部分非车牌区域的噪声干扰，为后续的车牌提取奠定良好的基础。噪声去除分为以下五步：

1）面积去噪：去除面积小于 5 的白色区域像素。

2）扫描线跳变次数去噪：逐行扫描二值图像，统计像素值由 0 变到 255 的次数，如果次数小于 7，则将此行的像素值全部置 0。

3）扫描线白色中心与图像中心距离去噪：扫描线上白色区间的中心坐标与此行的中心坐标的差值大于允许的范围 nMax，则此白色区间的像素全部置 0。因为车牌区域的 7 个字符排列紧密，各个字符与中心的位置在一定的范围内，经过试验选择 nMax=70。经过这样处理可以去除车灯部分的噪声干扰。

4）扫描线白色中心之间距离去噪：扫描线上两个白色区间之间的距离如果大于设定阈值 nTh，则将距离图像中心远的白色区间全部置 0。经过试验取 nTh=30。

5）膨胀连接：进行 3 次膨胀处理，以使车牌字符区域联通为一体，同时减小去噪过程中可能将部分车牌字符去除的影响。

图 12.16b 是对图 12.16a 进行上述去噪处理后的图像，可见去除了大部分非车牌区域的干扰。

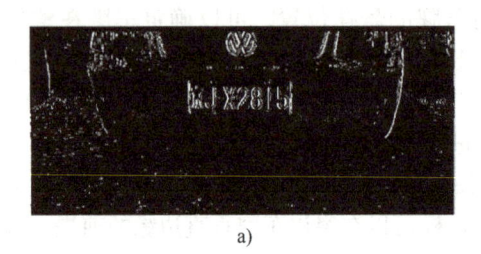

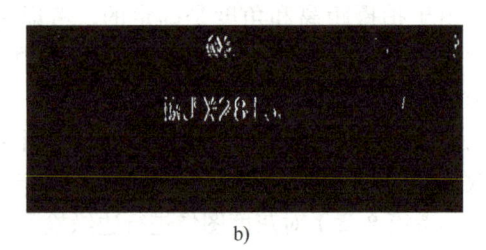

图 12.16 二值化与去噪处理

a）二值图像 b）去噪后图像

3. 车牌粗定位

经过膨胀后的车牌二值图像中可能会存在若干伪车牌区域，采用以下特征参数来提取车牌区域并剔除伪车牌区域。

（1）车牌长宽比 我国汽车前方车牌外廓尺寸为 440mm×140mm，其长宽比例约为 3.14，考虑到对车牌二值图像进行了膨胀处理以及去噪和倾斜对车牌区域的影响，设定车牌长宽比为 2~9。

（2）圆形度 根据我国车牌的外轮廓尺寸，可知其圆形度约为 0.57。考虑到车牌区域可能的倾斜情况，设定圆形度的最大值为 0.7。

（3）水平投影径 因为拍摄距离在一定范围内，所以车牌图像宽度也在一定的范围内。利用水平投影径的大小可以判断车牌和伪车牌区域。考虑到车牌可能存在的倾斜,设定水平投影径的最大值为 80 像素。

以上特征参数由 MIAS 开发平台中的几何参数测量函数 Measure_array(int inframe, int outframe, MACOND cond, int item[ ], MEASUREDATA* mData, int*count)获得。其中,inframe 为输入图像帧号,outframe 为输出图像帧号,cond 为测定条件结构体(包括测量目标、单位、序号表示等),item 为测算项目,mData 为测量结果的输出值,count 为输出的测量目标物个数。将膨胀后的二值图像作为输入图像,在测量条件结构体中设定白色像素为测量对象,在测量项目中设定长宽比、圆形度、水平投影径。通过上述设定,执行函数后即可获得白色区域的个数以及每个白色区域的中心位置坐标、长宽比、圆形度、水平投影径等参数。

在确定各个区域的各特征参数后,就可以根据以上特征参数的取值范围,将不满足条件的区域像素全部置 0。这样就可以去除所有伪车牌区域并保留车牌区域。

图 12.17 为车牌粗定位过程图像。其中,图 12.17a 为对图 12.16b 进行 3 次膨胀处理后的图像,从图中可以看出保留了车牌区域的图像特征,同时产生了几处伪车牌区域。图 12.17b 为经过特征提取后的图像,可见特征参数的选择对排除伪车牌区域是有效的。图 12.17c 为粗定位结果图像,由于经过了膨胀处理车牌区域被扩大,所以需要进行车牌的精确定位。

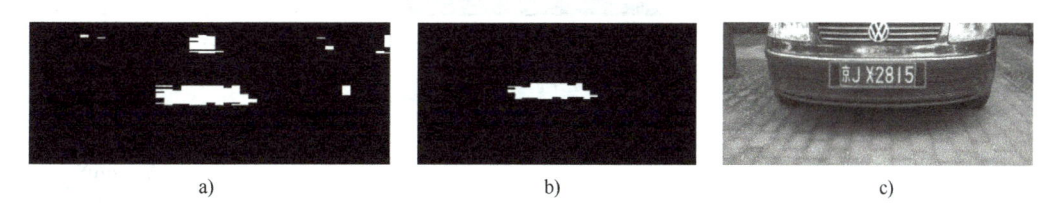

图 12.17 车牌粗定位

a)膨胀处理后图像 b)特征提取后图像 c)粗定位结果

4. 车牌精确定位

经过以上处理后,虽然可以确定车牌区域位置,但是区域中仍然包含了部分非车牌因素,在此利用车牌的颜色特征对车牌区域进行精确定位。

利用图 12.18 所示的 5×5 边缘检测算子,对粗定位后彩色车牌区域的 R、G、B 三个分量图像分别进行边缘检测,在处理后的彩色图像中,车牌字符的边缘将凸显黄色。利用这一特点通过提取黄色像素来进一步定位车牌所在区域,排除车牌周围干扰。逐行扫描车牌区域的像素,将满足式(12.17)条件的像素点全部置为 255,不满足条件的像素全部置 0。这样就可以进一步提取车牌字符区域,去掉非车牌字符区域。

$$\begin{bmatrix} 1 & 0 & 1 & 0 & 1 \\ 0 & 0 & 0 & 0 & 0 \\ 1 & 0 & -8 & 0 & 1 \\ 0 & 0 & 0 & 0 & 0 \\ 1 & 0 & 1 & 0 & 1 \end{bmatrix}$$

图 12.18 5×5 边缘检测算子

$$\begin{cases} Pr > \overline{RG} \\ Pg > \overline{RG} \\ Pr - Pb > Db \\ Pg - Pb > Db \\ Db = \overline{RG} - \dfrac{\overline{B}}{2} \end{cases} \quad (12.17)$$

式中，Pr、Pg 和 Pb 分别代表某一像素点的红色、绿色和蓝色分量值；$\overline{RG}$ 表示车牌区域中红色与绿色亮度和的平均值；$\overline{B}$ 表示车牌区域的蓝色分量的平均亮度值；Db 表示亮度差。

利用彩色图像进行车牌精定位过程如图 12.19 所示。其中，图 12.19a 中的黄色区域为对粗定位车牌区域进行边缘检测的结果；图 12.19b 是提取图 12.19a 中黄色像素后的图像。通过扫描图 12.19b 中白色区域的四个顶点来确定车牌区域的四个顶点坐标，结果如图 12.19c 绿线所示，可见精确地定位了车牌区域。

图 12.19　车牌精定位过程图像

a）边缘检测后图像　b）提取黄色像素后图像　c）精定位结果图像

链 12-2
图 12.19 彩图

5. 车牌倾斜校正

由于车牌安装位置以及拍摄角度的原因，常导致拍摄的车牌图像存在倾斜。如果不进行倾斜校正，会导致字符分割错误而不能被正确识别。对倾斜车牌进行校正，主要分为水平倾斜校正和垂直倾斜校正。水平倾斜校正的准确性将直接影响字符的分割，因此在车牌定位后必须进行水平倾斜校正。水平倾斜校正的关键是确认车牌的倾斜角度。利用 Hough 变换方法（参考 9.4.1 节），对提取黄色像素后的白色像素区域进行直线检测，可以确定车牌的水平倾斜角度 θ。在确定了车牌水平倾斜角度 θ 后，可以以车牌区域的中点（a,b）为基点，利用式（5.7）对车牌灰度图像进行旋转。

对图 12.19b 进行 Hough 变换直线检测，可以检测出车牌的水平倾斜度。图 12.20 中的横线为直线检测结果，检测出了车牌区域的下边框直线。该例图的直线倾斜角度 θ 等于 0，所以此车牌不需要进行水平倾斜校正。

对于存在水平倾斜的车牌需要进行水平倾斜校正。图 12.21 和图 12.22 是两个水平倾斜校正的实例。可见本案例提出的水平倾斜校正算法，对存在水平倾斜的车

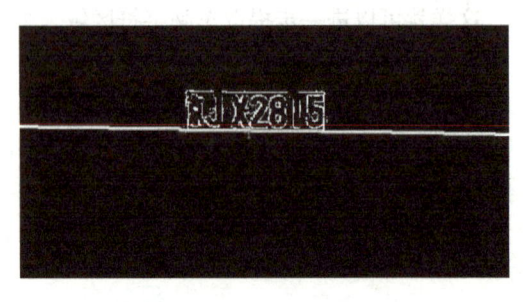

图 12.20　直线检测结果

牌起到了很好的校正作用。

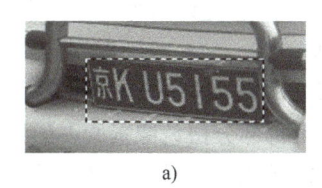

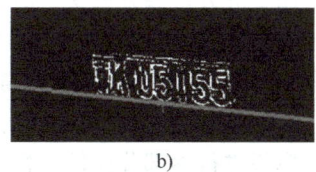

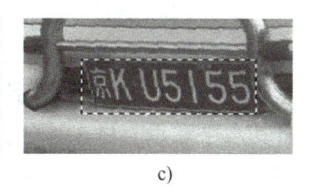

图 12.21　车牌水平倾斜校正实例 1

a）倾斜车牌图像　b）Hough 变换直线检测　c）水平倾斜校正后图像

图 12.22　车牌水平倾斜校正实例 2

a）倾斜车牌图像　b）Hough 变换直线检测　c）水平倾斜校正后图像

6. 字符分割

（1）字符垂直倾斜校正　字符分割就是将车牌中的 7 个字符分割出来，以便逐个进行字符识别。由于车牌的 7 个字符水平排列，字符之间存在固定的间距，经过阈值分割后的车牌图像，利用垂直投影法即可将字符分割出来。

利用大津法（参考 3.2.4 节），将水平旋转校正后的车牌灰度图像进行二值化处理，处理后字符区域将为白色像素，车牌背景为黑色像素。通过统计车牌垂直方向上各个位置白色像素的个数，可以获得车牌区域的垂直累计直方图，如果字符与字符间的垂直累计直方图是相互分开的，只要找出各个字符区域的两个端点坐标就可以完成字符的分割。

由于拍摄角度的原因，车牌字符会存在一定程度垂直方向的倾斜，字符垂直累计直方图可能不完全被分开，会出现字符在垂直累计直方图上粘连的现象，造成字符分割失败。本案例采用旋转垂直累计直方图的方法来消除字符垂直倾斜的影响。

（2）车牌间隔符的去除　车牌间隔符"."处垂直累计白色像素数会明显比其他车牌字符少，根据这一特征可以设定一个白色像素数阈值 T，如果某个字符的垂直累计像素数小于 T，则可认为这个字符为间隔符"."并记录此间隔符的位置。在字符分割时将此位置忽略即可排除间隔符的干扰。

（3）车牌中数字"1"的判定　车牌字符"1"的垂直投影宽度会明显小于其他车牌字符的宽度，根据这一特点可以识别数字"1"。这里把第一个字符的宽度作为基准宽度 W_b，由于车牌的第一个字符不为"1"且其垂直投影宽度与其他非"1"字符投影宽度相同。经过试验从第二个字符依次扫描，如果某个字符的投影宽度小于 $3/4W_b$，则可认为这个字符为数字"1"。

7. 字符识别

经过字符分割和字符"1"的识别后，即可进行其他字符的识别。由于车牌的字符由汉字、英文字母和数字共 7 个字符组成，各个字符都可以制作标准格式的字符模板，所以本案例采用模板匹配的方法来进行字符识别。

将汉字、英文字母和数字制作成为大小为 24×48 像素的黑底白字的标准模板。将标准模板水平方向和垂直方向分别做 3 等分，共分成 9 个部分。然后统计出每个标准字符模板各部分白色像素所占的比例，并存入数组中作为字符识别标准。

将字符分割出的待识别字符大小归一化为 24×48 像素，并依照标准字符模板相同的方法将其水平和垂直做 3 等分，共分成 9 个部分，然后统计出每部分白色像素所占的比例。字符识别时将待识别字符与标准模板进行逐部分比较，找出相似度最大的一个作为识别结果。图 12.23 是车牌字符识别结果示例。

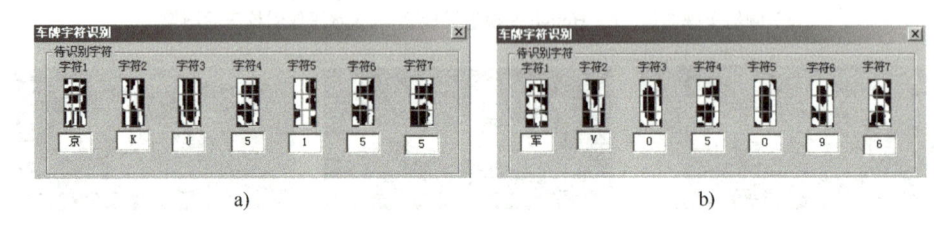

图 12.23　车牌字符识别结果

a）示例 1　b）示例 2

8. 出入口车牌照识别系统

当车辆驶入入口处时，本系统将采集车辆图像并进行车牌号码和类型的识别，识别完成后将车牌号码以及车辆的驶入时间存入数据库中；当车辆驶出时，采用同样的方式进行车牌识别，并将识别结果与数据库中进行比对，计算停车时间、费用等。如果数据库中不存在此车牌，系统将会进行提示，等待人工进行处理。

系统界面如图 12.24 所示，可以设置车牌识别所需功能，如车牌定位、字符识别、存入数据库等。车牌定位和识别结果将在车辆图像下方实时显示，既可以分别识别驶入驶出车辆又可以同时识别。

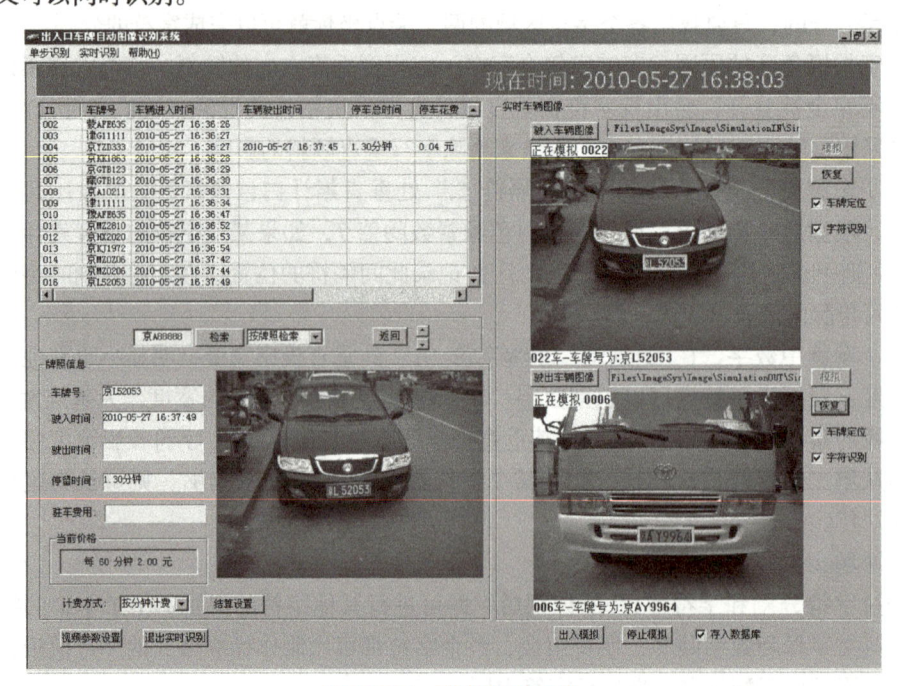

图 12.24　车牌识别系统

9. 视频演示

下面给出车牌照检测的视频演示，读者可以扫描二维码观看视频。

思考题

1. 请阐述基于模式识别的人脸识别基本原理。

2. 通过刑事案件现场视频发现一名可疑人员，为了跟踪可疑人员的行动轨迹，往往需要查看大量的周围监控视频，为了通过图像处理自动查看这些视频，试设计一个模式识别方案。

链 12-3　车牌照检测

第 13 章　神经网络

13.1　人工神经网络

　　自古以来，关于人类智能本源的奥秘，一直吸引着无数哲学家和自然科学家的研究热情。生物学家、神经学家经过长期不懈的努力，通过对人脑的观察和认识，认为人脑的智能活动离不开脑的物质基础，包括它的实体结构和其中所发生的各种生物、化学、电学作用，并因此建立了神经网络理论和神经系统结构理论，而神经网络理论又是此后神经传导理论和大脑功能学说的基础。在这些理论基础之上，科学家们认为，可以从仿制人脑神经系统的结构和功能出发，研究人类智能活动和认识现象。另一方面，19 世纪之前，无论是以欧几里得几何和微积分为代表的经典数学，还是以牛顿力学为代表的经典物理学，从总体上说，这些经典科学都是线性科学。然而，客观世界是如此的纷繁复杂，非线性情况随处可见，人脑神经系统更是如此。复杂性和非线性是连接在一起的，因此，对非线性科学的研究也是人们认识复杂系统的关键。为了更好地认识客观世界，人们必须对非线性科学进行研究。人工神经网络作为一种非线性的、与大脑智能相似的网络模型，就这样应运而生了。所以，人工神经网络的创立不是偶然的，而是 20 世纪初科学技术充分发展的产物。

　　人工神经网络是一种模仿人类神经网络行为特征的分布式并行信息处理算法结构的动力学模型。它用接收多路输入刺激，按加权求和超过一定阈值时产生"兴奋"输出的部件，来模仿人类神经元的工作方式，并通过这些神经元部件相互连接的结构和反映关联强度的权系数，使其"集体行为"具有各种复杂的信息处理功能。特别是这种宏观上具有鲁棒、容错、抗干扰、适应性、自学习等灵活而强有力功能的形成，不是由于元部件性能不断改进，而是通过复杂的互联关系得以实现，因而人工神经网络是一种连接机制模型，具有复杂系统的许多重要特征。

　　人工神经网络的实质反映了输入转化为输出的一种数学表达式，这种数学关系是由网络的结构确定的，网络的结构必须根据具体问题进行设计和训练。而正因为神经网络的这些特点，使之在模式识别技术中得到了广泛的应用。所谓模式，从广义上说，就是事物的某种特性类属，如图像、文字、声纳信号、动植物种类形态等信息。模式识别就是将所研究客体的特性类属映射成"类别号"，以实现对客体特定类别的识别。人工神经网络特别适宜解算这类问题，形成了新的模式信息处理技术。这方面的主要应用有：图形符号、符号、手写体及语音识别，雷达及声纳等目标的识别，机器人视觉、听觉，各种最近相邻模式聚类及识别分类等。

13.1.1　人工神经网络的生物学基础

　　人工神经网络（Artificial Neural Network，ANN）是根据人们对生物神经网络的研究成果设计出来的，它由一系列的神经元及其相应的连接构成，具有良好的数学描述，不仅可以用适当的电子电路来实现，还可以方便地用计算机程序加以模拟。

人的大脑含有 10^{11} 个生物神经元，它们通过 10^{15} 个连接被连成一个系统。每个神经元具有独立的接收、处理和传递电化学（electrochemical）信号的能力。这种传递经由构成大脑通信系统的神经通路所完成，如图 13.1 所示。

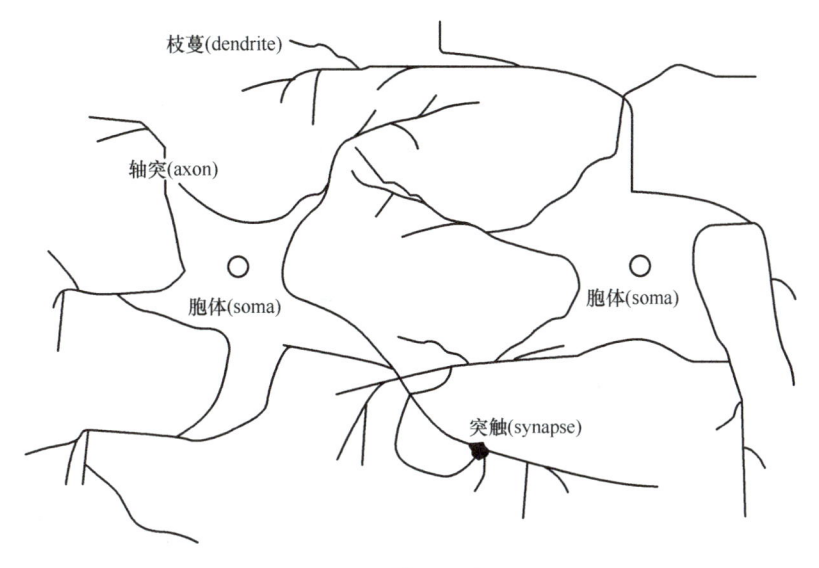

图 13.1　典型的神经元

在这个系统中，每一个神经元都通过突触与系统中很多其他的神经元相联系。研究认为，同一个神经元通过由其伸出的枝蔓发出的信号是相同的，而这个信号可能对接收它的不同神经元有不同的效果，这一效果主要由相应的突触决定。突触的"连接强度"越大，接收的信号就越强；反之，突触的"连接强度"越小，接收的信号就越弱。突触的"连接强度"可以随着系统受到的训练而改变。

总结起来，生物神经系统共有如下几个特点：
1）神经元及其连接。
2）神经元之间的连接强度是可以随训练而改变的。
3）信号可以是起刺激作用的，也可以是起抑制作用的。
4）一个神经元接收的信号的累计效果决定该神经元的状态。
5）神经元之间的连接强度决定信号传递的强弱。
6）每个神经元可以有一个"阈值"。

13.1.2　人工神经元

从上述可知，神经元是构成神经网络的最基本的单元。因此，要想构造一个人工神经网络模型，首要任务是构造人工神经元模型（见图 13.2）。而且人们希望，这个模型不仅是简单容易实现的数学模型，而且它还应该具有上节所介绍的生物神经元的 6 个特征。

每个神经元都由一个细胞体、一个连接其他神经元的轴突和一些向外伸出的其他较短分支——树突组成。轴突的功能是将本神经元的输出信号（兴奋）传递给别的神经元。其末端的许多神经末梢使得兴奋可以同时传送给多个神经元。树突的功能是接收来自其他神经元的兴奋。神经元细胞体将接收到的所有信号进行简单的处理 [如加权求和，即对所有的输入信号都加以考虑且对每个信号的重视程度（体现在权值上）有所不同]后由轴突输出。神经元的树突与另外的神经元的神经末梢相连的部分称为突触。

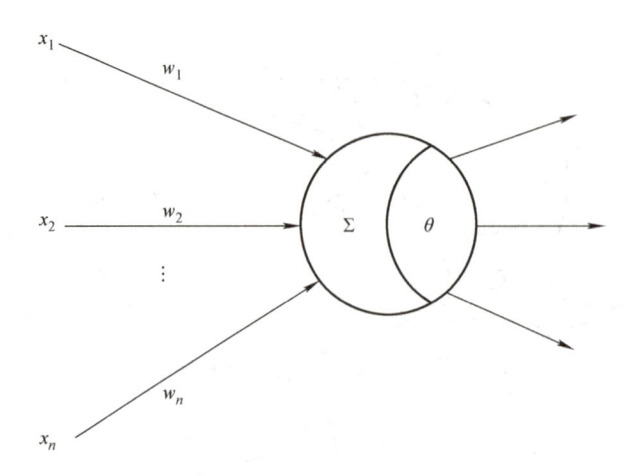

图 13.2　不带激活函数的神经元

$x_1, x_2, \cdots, x_n$ 是来自其他人工神经元的信息，把它们作为该人工神经元的输入，$w_1, w_2, \cdots, w_n$ 依次为它们对应的连接权值。

13.1.3　人工神经元的学习

通过向环境学习获取知识并改进自身性能是人工神经元的一个重要特点。按环境所提供信息的多少，网络的学习方式可分为 3 种：

1）监督学习：这种学习方式需要外界存在一个"教师"，它可对一组给定输入提供应有的输出结果（正确答案）。学习系统可以根据已知输出与实际输出之间的差值（误差信号）来调节系统参数。

2）非监督学习：不存在外部"教师"，学习系统完全按照环境所提供数据的某些统计规律来调节自身参数或结构（这是一种自组织过程）。

3）再励学习：这种学习介于上述两种情况之间，外部环境对系统输出结果只给出评价（奖或惩），而不是给出正确答案，学习系统通过强化那些受奖励的动作来改善自身的性能。

学习算法也可分为 3 种：

1）误差纠正学习：它的最终目的是使某一基于误差信号的目标函数达到最小，网络中每一输出单元的实际输出在某种统计意义上最逼近应有输出。一旦选定了目标函数形式，误差纠正学习就成为一个典型的最优化问题。最常用的目标函数是均方误差判据。

2）Hebb 学习：1949 年，加拿大心理学家 Hebb 提出了 Hebb 学习规则，他设想在学习过程中有关的突触发生变化，导致突触连接的增强和传递效能的提高。Hebb 学习规则成为连接学习的基础。他提出的学习规则可归结为"当某一突触两端的神经元的激活同步时，该连接的强度应增强，反之则应减弱"。

3）竞争学习：在竞争学习时网络多个输出单元相互竞争，最后达到只有一个最强激活者。

13.1.4 人工神经元的激活函数

人工神经元模型是由心理学家 Mcculloch 和数理逻辑学家 Pitts 合作提出的 M-P 模型（见图 13.3），他们将人工神经元的基本模型和激活函数合在一起构成人工神经元，也可以称之为处理单元（PE）。

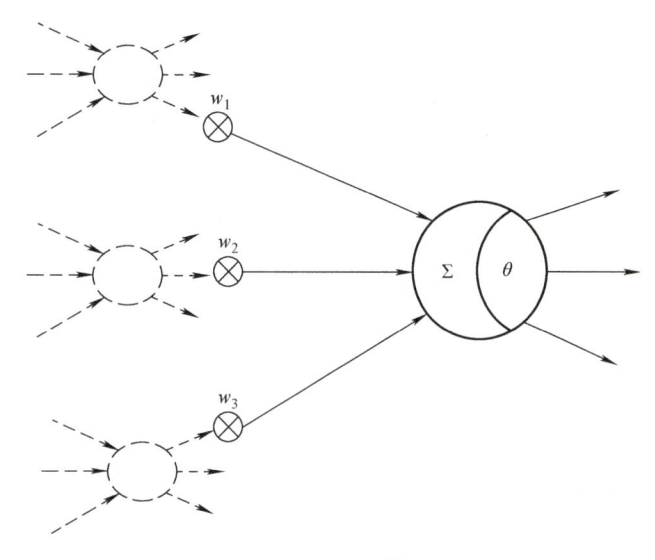

图 13.3 M-P 模型

激发函数：

$$y = f\left(\sum_{i=0}^{n-1} \omega_i \chi_i - \theta\right) \tag{13.1}$$

f 称为激发函数或作用函数，该输出为 1 或 0 取决于其输入之和大于或小于内部阈值 θ。令

$$\sigma = \sum_{i=0}^{n-1} \omega_i \chi_i - \theta \tag{13.2}$$

f 函数的定义如下：

$$y = f(\sigma) = \begin{cases} 1, & \sigma > 0 \\ 0, & \sigma < 0 \end{cases} \tag{13.3}$$

即当 $\sigma > 0$ 时，该神经元被激活，进入兴奋状态，$f(\sigma) = 1$；当 $\sigma < 0$ 时，该神经元被抑制，$f(\sigma) = 0$。激发函数具有非线性特性。常用的非线性激发函数有：阈值型、分段线性、阶跃型、Sigmoid 型（简称 S 型）、双曲正切型和高斯型等。图 13.4 是几个常用非线性激发函数曲线。

阈值型　　　　　　　　　分段线性

Sigmoid型　　　　　　　双曲正切型

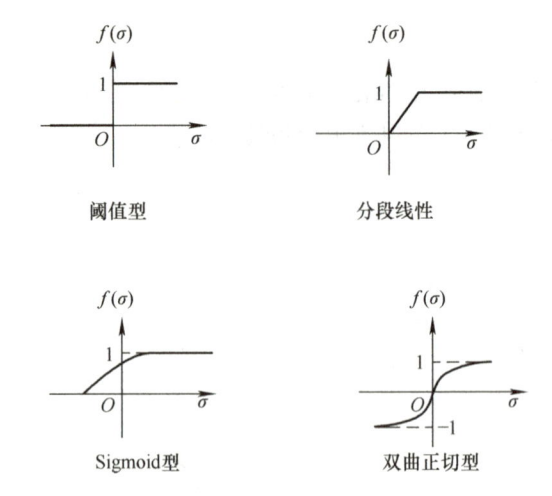

图13.4　常用非线性激发函数曲线

（1）阶跃型函数

$$f(x)=\begin{cases}0, & x<0\\ 1, & x\geq 0\end{cases} \quad \text{或} \quad f(x)=\begin{cases}-1, & x<0\\ 1, & x\geq 0\end{cases} \tag{13.4}$$

（2）Sigmoid（S型）函数

$$f(x)=\frac{1}{1+e^{-x}} \tag{13.5}$$

（3）双曲正切型函数

$$f(x)=\tan h(x)=\frac{e^x-e^{-x}}{e^x+e^{-x}} \tag{13.6}$$

（4）高斯型函数

$$f(x)=\exp\left(-\frac{1}{2\sigma_i^2}\sum_j(x_j-w_{ji})^2\right) \tag{13.7}$$

其中阶跃函数多用于离散型的神经网络，S型函数常用于连续型的神经网络，而高斯型函数则用于径向基神经网络（radial basis function NN）。

13.1.5　人工神经网络的特点

人工神经网络是由大量的神经元广泛互连而成的系统，它的这一结构特点决定着人工神经网络具有高速信息处理的能力。虽然每个神经元的运算功能十分简单，且信号传输速率也较低（大约100次/s），但由于各神经元之间的极度并行互连功能，最终使得一个普通人的大脑在约1s内就能完成现行计算机至少需要数十亿次处理步骤才能完成的任务。

人工神经网络的知识存储容量很大。在神经网络中，知识与信息的存储表现为神经元之间分布式的物理联系。它分散地表示和存储于整个网络内的各神经元及其连线上。每个神经元及其连线只表示一部分信息，而不是一个完整具体概念。只有通过各神经元的分布式综合效果才能表达出特定的概念和知识。

由于人工神经网络中神经元个数众多以及整个网络存储信息容量的巨大，使得它具有很强的不确定性信息处理能力。即使输入信息不完全、不准确或模糊不清，神经网络仍然能够逻辑推理存在于记忆中的事物的完整图像。只要输入的模式接近于训练样本，系统就能给出正确的推理结论。正是因为人工神经网络的结构特点和其信息存储的分布式特点，使得它相对于其他的判断识别系统，如专家系统等，具有另一个显著的优点：健壮性。生物神经网络不会因为个别神经元的损失而失去对原有模式的记忆。最有力的证明是，当一个人的大脑因意外事故受轻微损伤之后，并不会失去原有事物的全部记忆。人工神经网络也有类似的情况。因某些原因，无论是网络的硬件实现还是软件实现中的某个或某些神经元失效，整个网络仍然能继续工作。

人工神经网络同现行的计算机不同，是一种非线性的处理单元。只有当神经元对所有的输入信号的综合处理结果超过某一阈值后才输出一个信号。因此神经网络是一种具有高度非线性的超大规模连续时间动力学系统。它突破了传统的以线性处理为基础的数字电子计算机的局限，标志着人们智能信息处理能力和模拟人脑智能行为能力的一大飞跃。神经网络的上述功能和特点，使其应用前途一片光明。

13.2 BP 神经网络

13.2.1 BP 神经网络简介

BP 神经网络（back-propagation neural network），又称误差逆传播神经网络，或多层前馈神经网络。它是单向传播的多层前向神经网络，第一层是输入节点，最后一层是输出节点，其间有一层或多层隐层节点，隐层中的神经元均采用 Sigmoid 型变换函数，输出层的神经元采用纯线性变换函数。图 13.5 为三层前馈神经网络的拓扑结构。这种神经网络模型的特点是：各层神经元仅与相邻层神经元之间有连接，各层内神经元之间无任何连接，各层神经元之间无反馈连接。

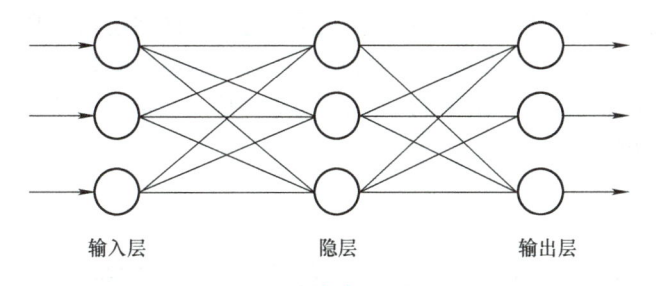

图 13.5 三层前馈神经网络拓扑结构

BP 神经网络的输入与输出关系是一个高度非线性映射关系，如果输入节点数为 n，输出节点数为 m，则网络是从 n 维欧几里得空间到 m 维欧几里得空间的映射。1989 年 Robert Hecht-Nielson 证明了对于闭区间内的任一连续函数都可以用一个含隐层的 BP 神经网络来逼近，因而一个三层的 BP 神经网络可以完成任意的 n 维到 m 维的映射。

关于 BP 神经网络已经证明了存在下面两个基本定理：

定理 1（Kolmogrov 定理）：给定任一连续函数 $f:[0,1]^n \to R^m$，f 可以用一个三层前向神经网络实现，第一层即输入层，有 n 个神经元，中间层有 $2n+1$ 个神经元，第三层即输出层，有 m 个神经元。

定理 2：给定任意 $\varepsilon>0$，对于任意的 L2 型连续函数 $f:[0,1]^n \to R^m$，存在一个三层 BP 神经网络，它可以在任意 ε 二次方误差精度内逼近 f。

通过定理 1、2 可知，BP 神经网络具有以任意精度逼近任意非线性连续函数的特性。在确定了 BP 神经网络的结构后，利用输入、输出样本集对其进行训练，也即对网络的权值和阈值进行学习和调整，以使网络实现给定的输入、输出映射关系。

增大网络的层数可以降低误差、提高精度，但是增大网络层数的同时使网络结构变得复杂，网络权值的数目急剧增大，从而使网络的训练时间增长。精度的提高也可以通过调整隐层中的节点数目来实现，训练结果也更容易观察调整，所以通常优先考虑采用较少隐层的网络结构。

BP 神经网络经常采用一个隐层的结构，网络训练能否收敛以及精度的提高，可以通过调整隐层的神经元个数的方法实现，这种方法与采用多个隐层的网络相比，学习时间和计算量都要减小许多。然而在具体问题中，采用多少个隐层、多少个隐层节点的问题，理论上并没有明确的规定和方法可供使用。近年来，已有很多针对 BP 神经网络结构优化问题的研究，这是网络的拓扑结构设计中非常重要的问题。若网络中隐层节点过少，则学习过程可能不收敛；但是若隐层节点数过多，则会出现长时间不收敛的现象，还会由于过拟合，造成网络的容错、泛化能力的下降。每个应用问题都需要适合它自己的网络结构，在一组给定的性能准则下的神经网络的结构优化问题是很复杂的。

BP 神经网络的最终性能不仅由网络结构决定，还与初始点、训练数据的学习顺序等有关，因而选择网络的拓扑结构是否具有最佳的网络性能，是一个具有一定随机性的问题。隐层单元数的选择在神经网络的应用中一直是一个复杂的问题，事实上，ANN 的应用往往转化为如何确定网络的结构参数和求取各个连接权值。隐层单元数过少可能训练不出网络或者网络不够"强壮"，不能识别以前没有看见过的样本，容错性差；但隐层单元数过多，又会使学习时间过长，误差也不一定最佳，因此存在一个如何确定合适的隐层单元数的问题。在具体设计时，比较实际的做法是通过对不同神经元数进行训练对比，然后适当地加上一点余量。经过训练的 BP 神经网络，对于不是样本集中的输入也能给出合适的输出，这种性质称为泛化（ceneralization）功能。从函数拟合的角度看，这说明 BP 神经网络具有插值功能。

13.2.2　BP 神经网络的训练学习

假设 BP 神经网络每层有 N 个处理单元，则隐层第 i 个神经元所接收的输入为

$$\text{net}_i = x_1 w_{1i} + x_2 w_{2i} + \cdots + x_n w_{ni} \tag{13.8}$$

式中，x_i 表示输入层第 i 个神经元所接收的输入样本；w_{ni} 表示输入层第 i 个神经元与隐层第 n 个神经元之间的连接权值。

激励函数通常选用 Sigmoid 函数（见图 13.6）或双曲正切函数，可以体现出生物神经元的非线性特性，而且满足 BP 算法所要求的激励函数可导条件，则输出为

$$o = f(\text{net}) = \frac{1}{1+e^{-\text{net}}} \quad (13.9)$$

式中，net 表示神经元的输入；o 表示神经元的输出。

$$f'(\text{net}) = -\frac{1}{(1+e^{-\text{net}})^2}(-e^{-\text{net}}) = o - o^2 = o(1-o) \quad (13.10)$$

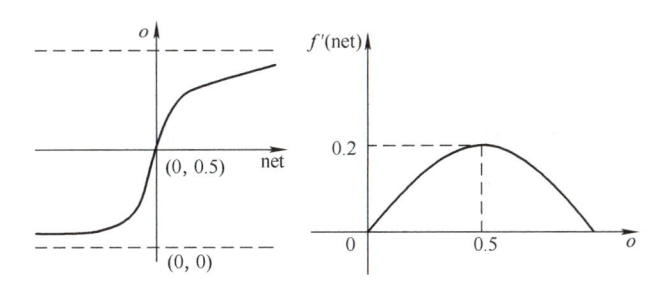

图 13.6　Sigmoid 函数

1. BP 神经网络学习过程

（1）向前传播阶段

1）从样本集中取一个样本 (x_p, y_p)，将 x_p 输入网络。

2）计算相应的实际输出 o_p：

$$o_p = f_l(\cdots(f_2(f_1(x_p w_1)w_2)\cdots)w_l) \quad (13.11)$$

（2）向后传播阶段——误差传播阶段

1）计算实际输出 o_p 与相应的理想输出 y_p 的差。

2）按极小化误差的方式调整权矩阵。

3）网络关于第 p 个样本的误差测度：

$$E_p = \frac{1}{2}\sum_{j=1}^m (y_{pj} - o_{pj})^2 \quad (13.12)$$

式中，y_{pj} 表示对第 p 个样本第 j 维的期望输出；o_{pj} 表示对第 p 个样本第 j 维的实际输出。

4）网络关于整个样本集的误差测度：

$$E = \sum_p E_p \quad (13.13)$$

以下介绍 δ 学习规则，其实质是利用梯度最速下降法，使权值沿误差函数的负梯度方向改变。若权值 w_{ji} 的变化量记为 Δw_{ji}，则

$$\Delta w_{ji} \propto -\frac{E_p}{w_{ji}} \quad (13.14)$$

因为

$$\frac{E_p}{w_{ji}} = \frac{E_p}{\alpha_{pji}}\frac{\alpha_{pji}}{w_{ji}} = \frac{E_p}{\alpha_{pji}} o_{pj} = -\delta_{pj} o_{pj} \quad (13.15)$$

令

$$\delta_{pj} = \frac{E_p}{\alpha_{pji}} \qquad (13.16)$$

于是

$$w_{ji} = \eta \delta_{pj} o_{pj}, \quad \eta > 0 \qquad (13.17)$$

这就是常说的 δ 学习规则。

2. 误差传播分析

（1）输出层权值的调整　输出层权值的调整如图 13.7 所示。

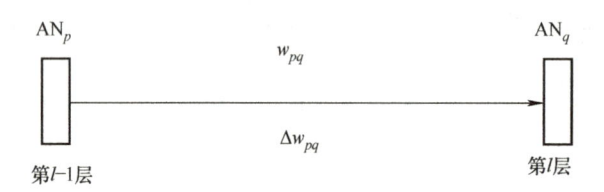

图 13.7　输出层权值的调整

$$w_{pq} = w_{pq} + \Delta w_{pq} \qquad (13.18)$$

式中，w_{pq} 表示输出层第 q 个神经元与隐层第 p 个神经元之间的连接权值。

$$\begin{aligned} \Delta w_{pq} &= \alpha \delta_q o_p \\ &= \alpha f_n'(\text{net}_q)(y_q - o_q) o_p \\ &= \alpha o_q (1 - o_q)(y_q - o_q) o_p \end{aligned} \qquad (13.19)$$

（2）隐层权值的调整　隐层权值的调整如图 13.8 所示。

$$v_{hp} = v_{hp} + \Delta v_{hp} \qquad (13.20)$$

式中，v_{hp} 表示第 $k-2$ 层第 h 个神经元与第 $k-1$ 层第 p 个神经元之间的连接权值。

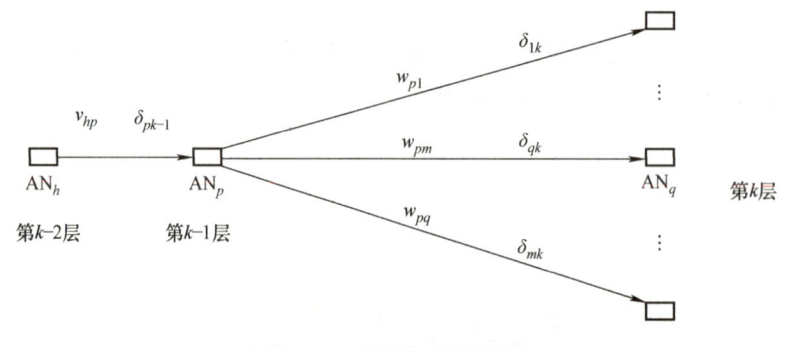

图 13.8　隐层权值的调整

$$\Delta v_{hp} = \alpha * \delta * p_{k-1} o_{hk-2}$$
$$= \alpha f'_{k-1}(\text{net}_p)(w_{p1}\delta_{1k} + w_{p2}\delta_{2k} + \cdots + w_{pm}\delta_{mk})o_{hk-2} \quad (13.21)$$
$$= \alpha o_{pk-1}(1 - o_{pk-1})(w_{p1}\delta_{1k} + w_{p2}\delta_{2k} + \cdots + w_{pm}\delta_{mk})o_{hk-2}$$

13.2.3 改进型 BP 神经网络

输出层和隐层间连接权重的调整量取决于三个因素：α、d_i^k 和 y_j^k，隐层和输入层间的权重调整量也取决于三个因素：β、e_j^k 和 x_i^k。很明显，调整量与校正误差成正比，也与隐层的输出值或输入信号值成正比。即神经元的激活值越高，则它在这次学习过程中就越活跃，与其相连的权值调整幅度也越大。但阈值的调整在形式上只与校正误差成正比。学习系数 α 和 β 越大，学习速度越快，但可能引起学习过程的振荡。

利用 BP 神经网络进行目标值预测时，常会发现所谓的"过拟合"现象，即经过训练的 BP 神经网络与学习样本拟合很好，而对不参加学习的样本的预报值则有较大的偏差。当学习样本集的大小与网络的复杂程度比较不够大时，"过拟合"往往比较严重。这应在神经网络模型的应用中予以注意。

BP 算法的缺点：

1）收敛速度慢，需要成千上万次的迭代，而且随着训练样例维数的增加，网络性能会变差。

2）网络中隐节点个数的选取尚无理论上的指导。

3）从数学角度看，BP 算法是一种梯度最速下降法，这就可能出现局部极小的问题。

当出现局部极小时，表面上看误差符合要求，但这时所得到的解并不一定是问题的真正解。所以 BP 算法是不完备的，因此出现了许多的改进算法，例如，用自适应变步长加速 BP 算法改善收敛速度，用模拟退火（Simulated Annealing，SA）改进 BP 算法以避免局部极小值问题等。

BP 神经网络模型在进行神经网络的训练时，为了防止网络陷入局部极小值，采用了附加动量法。附加动量法使网络在修正其权值时，不仅考虑误差在梯度上的作用，而且考虑在误差曲面上变化趋势的影响。其作用如同一个低通滤波器，它允许网络忽略网络上的微小变化特性。在没有附加动量时，网络可能陷入浅的局部极小值，利用附加动量的作用则有可能滑过这些极小值。附加动量法降低了网络对于误差曲面局部细节的敏感性，可以有效地抑制网络陷于局部极小。该方法是在反向传播法的基础上在每一个权值的变化上加上一项正比于前次权值变化量的值，并根据反向传播法来产生新的权值变化。带有附加动量因子的权值调节公式为

$$\Delta w_{ij}(k+1) = (1 - mc) * \eta * \delta_i * x_j + mc * \Delta w_{ij}(k) \quad (13.22)$$

式中，k 为训练次数；Δw 为权值的增量；η 为学习速度；δ 为误差；x_j 为网络输入；mc 为动量因子，一般取 0.9 左右。

BP 神经网络的信息分散存储于相邻层次神经元的连接权上。网络的进化训练过程，也就是网络对样本数据的学习中不断调整连接权值的过程。在 BP 算法中，人们试图调整一个神经网络的权值，使得训练集的实际输出能与目标输出尽可能地靠近。当输入、输出之间是非线性关系，而且训练样本充足的情况下，该算法非常有效。但在实践中，基于梯度的 BP 算法暴露了自身的弱点，那就是收敛速度慢、全局搜索能力差等问题。因此，学

习规则、学习速率的调整和改进，也是 BP 神经网络设计的一个重要方面。

对于一个特定的问题，要选择适当的学习速率比较困难。因为小的学习速率会导致较长的训练时间，而大的学习速率可能导致系统的不稳定。并且，对训练开始初期功效较好的学习速率，不见得对后来的训练合适。为了解决这个问题，在网络训练中采用自动调整学习速率法，即自适应学习速率法。自适应学习速率法的准则是：检查权值的修正值是否真正降低了误差函数，如果确实如此，则说明所选取的学习速率值小了，可以对其增加一个量；若不是这样，而产生了过调，那么就应该减小学习速率的值。下面给出了一种自适应学习速率的调整公式。

$$\eta(k+1) = \begin{cases} 1.05*\eta(k), & \text{SSE}(k+1) < \text{SSE}(k) \\ 0.7*\eta(k), & \text{SSE}(k+1) > 1.04*\text{SSE}(k) \end{cases} \qquad (13.23)$$

$$\text{SSE} = \sum_{i=1}^{n}(y_i - y_i')^2 \qquad (13.24)$$

式中，η 为学习速度；k 为训练次数；SSE 为误差函数；y_i 为学习样本的输出值；y_i' 为网络训练后 y_i 的实际输出值；n 为学习样本的个数。

13.3 应用案例——BP 神经网络在数字字符识别中的应用

数字字符识别在现代日常生活中的应用越来越广泛，如车辆牌照自动识别系统、联机手写识别系统、办公自动化等。随着办公自动化的发展，印刷体数字字符识别技术已经越来越受到人们的重视。印刷体数字字符识别在不同领域有着广泛的应用。若利用机器来识别银行的签字，那么，它就能在相同的时间内做更多的工作，既节省了时间，又节约了人力、物力资源，提高了工作效率，有效地降低了成本。随着我国社会经济、公路运输的高速发展，以及汽车拥有量的急剧增加。采用先进、高效、准确的智能交通管理系统迫在眉睫。车辆监控和管理的自动化、智能化在交通系统中具有十分重要的意义。车辆自动识别系统能广泛应用于公路和桥梁收费站、城市交通监控系统、港口、机场和停车场等车牌认证的实际交通系统中，以提高交通系统的车辆监控和管理的自动化程度。汽车牌照自动识别是智能交通管理系统中的关键技术之一，而汽车牌照的识别又主要是数字字符的识别，采用机器视觉技术进行车牌识别已经得到普及。利用 BP 神经网络来实现数字字符识别，是常用方法之一。在神经网络的实际应用中，80%～90% 的人工神经网络模型是采用 BP 神经网络或其变化形式的。

13.3.1 BP 神经网络数字字符识别系统原理

一般神经网络数字字符识别系统由预处理、特征提取和神经网络分类器组成。预处理就是将原始数据中的无用信息删除，去除噪声等干扰因素，一般采用梯度锐化、平滑、二值化、字符分割和幅度归一化等方法对原始数据图像进行预处理，以提取有用信息。神经网络数字字符识别系统中的特征提取部分不一定存在，这样就分为两大类：

1）有特征提取部分：这一类系统实际上是传统方法与神经网络方法技术的结合，这种方法可以充分利用人的经验来获取模式特征以及神经网络分类能力来识别字符。特征提取必须能反映整个字符的特征，但它的抗干扰能力不如第 2）类。

2）无特征提取部分：省去特征提取，整个字符直接作为神经网络的输入（有人称此种方式是使用字符网格特征），在这种方式下，系统的神经网络结构的复杂度大大增加了，输入模式维数的增加导致了网络规模的庞大。此外，神经网络结构需要完全自己消除模式变形的影响。但是网络的抗干扰性能好，识别率高。

BP神经网络模型的输入就是数字字符的特征向量，神经网络模型的输出节点是字符数。10个数字字符，输出层就有10个神经元，每个神经元代表一个数字。隐层数要选好，每层神经元数要合适。然后要选择适当的学习算法，这样才会有很好的识别效果。

在学习阶段应该用大量的样本进行训练学习，通过样本的大量学习对神经网络的各层网络的连接权值进行修正，使其对样本有正确的识别结果，这就像人记数字一样，网络中的神经元就像是人脑细胞，连接权值的改变就像是人脑细胞的相互作用的改变。神经网络在样本学习中就像人记数字一样，学习样本时的网络权值调整就相当于人记住各个数字的形象，网络权值就是网络记住的内容，网络学习阶段就像人由不认识数字到认识数字反复学习的过程。神经网络是由特征向量的整体来记忆数字的，只要大多数特征符合学习过的样本就可识别为同一字符，所以当样本存在较大噪声时神经网络模型仍可正确识别。在数字字符识别阶段，只要将输入进行预处理后的特征向量作为神经网络模型的输入，经过网络的计算，模型的输出就是识别结果。可以利用这一原理建立网络模型，用以进行数字字符的识别。

13.3.2 网络模型的建立

首先，设计训练一个神经网络能够识别10个数字，意味着每当给训练过的网络一个表示某一数字的输入时，网络能够正确地在输出端指出该数字，那么很显然，该网络记住了所有10个数字。神经网络的训练应当是有监督地训练出输入端的10组分别表示数字0～9的数组，能够对应出输出端1～10的具体的位置。因此必须先将每个数字的位图进行数字化处理，以便构造输入样本。经过灰度图像二值化、梯度锐化、倾斜调整、噪声滤波、图像分割、尺寸标准归一化等处理后，每个训练样本数字字符被转化成一个8×16矩阵的布尔值表示，如数字0可以用0和1矩阵表示为

$$\text{Letter0} = \begin{bmatrix} 0 & 0 & 1 & 1 & 1 & 1 & 1 & 0 \\ 0 & 0 & 1 & 0 & 0 & 0 & 1 & 0 \\ 0 & 0 & 1 & 0 & 0 & 0 & 1 & 0 \\ 0 & 0 & 1 & 0 & 0 & 0 & 1 & 0 \\ 0 & 0 & 1 & 0 & 0 & 0 & 1 & 0 \\ 0 & 0 & 1 & 0 & 0 & 0 & 1 & 0 \\ 0 & 0 & 1 & 0 & 0 & 0 & 1 & 0 \\ 0 & 0 & 1 & 0 & 0 & 0 & 1 & 0 \\ 0 & 0 & 1 & 0 & 0 & 0 & 1 & 0 \\ 0 & 0 & 1 & 0 & 0 & 0 & 1 & 0 \\ 0 & 0 & 1 & 0 & 0 & 0 & 1 & 0 \\ 0 & 0 & 1 & 0 & 0 & 0 & 1 & 0 \\ 0 & 0 & 1 & 0 & 0 & 0 & 1 & 0 \\ 0 & 0 & 1 & 0 & 0 & 0 & 1 & 0 \\ 0 & 0 & 1 & 0 & 0 & 0 & 1 & 0 \\ 0 & 0 & 1 & 1 & 1 & 1 & 1 & 0 \end{bmatrix}$$

此外，网络还必须具有容错能力。因为在实际情况下，网络不可能接收到一个理想的布尔向量作为输入。对噪声进行数字化处理以后，当噪声均值为 0，标准差 ≤ 0.2 时，系统能够做到正确识别输入向量，这就是网络的容错能力。

对于辨识数字的要求，神经网络被设计成两层 BP 神经网络，具有 $8 \times 16 = 128$ 个输入端，输出层有 10 个神经元。训练网络就是要使其输出向量正确代表数字向量。但是，由于噪声信号的存在，网络可能会产生不精确的输出，而通过竞争传递函数训练后，就能够保证正确识别带有噪声的数字向量。网络模型的建立步骤如下：

1）初始化：首先生成输入样本数据和输出向量，然后建立一个两层神经网络。

2）网络训练：为了使产生的网络对输入向量有一定的容错能力，最好的办法就是既使用理想信号，又使用带有噪声的信号对网络进行训练。训练的目的是获得一个好的权值数据，使得它能够辨认足够多的从来没有学习过的样本。即采用一部分样本输入到 BP 神经网络中，经过多次调整形成一个权值文件。

训练的基本流程如下所述：

1）将输入层和隐层之间的连接权值 w_{ij}、隐层与输出层的连接权值 v_{jl}、阈值 θ_j 赋予 [0,1] 之间的随机值，并指定学习系数 α、β 以及神经元的激励函数。

2）将含有 $n \times n$ 个像素数据的图像作为网络的输入模式 $X_k = (x_{1k}, x_{2k}, \cdots, x_{nn})$ 提供给网络，随机产生输出模式对 $Z_k = (z_{1k}, z_{2k}, \cdots, z_{nn})$。

3）用网络的设置计算隐层各神经元的输出 y_j：

$$\begin{cases} s_j = \sum_{i=1}^{n} w_{ij} x_i - \theta_j \\ y_j = f(s_j) \end{cases} \quad (13.25)$$

4）用网络的设置计算输出层神经元的响应 C_l：

$$\begin{cases} u_l = \sum_{j=1}^{p} v_{jl} y_j - \gamma_l \\ C_l = f(u_l) \end{cases} \quad (13.26)$$

5）利用给定的输出数据计算输出层神经元的一般化误差 d_l^k：

$$d_l^k = (z_l^k - C_l^k) f'(u_l) \quad (13.27)$$

6）计算隐层各神经元的一般化误差 e_j^k：

$$e_j^k = \left[\sum_{l=1}^{q} v_{jl} d_l^k \right] f'(s_j^k) \quad (13.28)$$

7）利用输出层神经元的一般化误差 d_l^k、隐层各神经元输出 y_j，修正隐含层与输出层的连接权重 v_{jl} 和神经元阈值 γ_l：

$$\begin{cases} \Delta v_{jl} = \alpha d_l^k y_j^k, \quad (0 < \alpha < 1) \\ \Delta \gamma_l = -\alpha d_l^k \end{cases} \quad (13.29)$$

8）利用隐层神经元的一般化误差 e_j^k、输入层各神经元输入 X^k，修正输入层与隐层的连接权重 w_{ij} 和神经元阈值 θ_j：

$$\begin{cases} \Delta w_{ij} = \beta e_j^k x_i^k, & (0 < \beta < 1) \\ \Delta \theta_j = -\beta e_j^k \end{cases} \qquad (13.30)$$

9）随机选取另一个输入–输出数据组，返回3）进行学习；重复利用全部数据组进行学习。这时网络利用样本集完成一次学习过程。

10）重复下一次学习过程，直至网络全局误差小于设定值，或学习次数达到设定次数为止。

11）对经过训练的网络进行性能测试，检查其是否符合要求。

上述步骤中的3）、4）是正向传播过程，5）~8）是误差逆向传播过程，在反复的训练和修正中，神经网络最后收敛到能正确反映客观过程的权重因子数值。应用理想的输入信号对网络进行训练，直到其均方差达到精度为止。

13.3.3 数字字符识别演示

对于一幅要识别的图像，需要进行彩色转灰度、二值分割、去噪处理、倾斜调整、文字分割、文字宽度调整、文字规整排列、提取特征向量、BP神经网络训练、读取各层节点数目、文字识别等处理过程。实际应用过程中，对规格为如图13.9所示的数字图像进行训练，来验证BP神经网络在图像文字识别中的应用。

图 13.9　训练样本

1. 网络训练

以下是网络训练的具体操作步骤：

1）首先将图13.9读入系统。

2）打开"2值化处理"对话框，低阈值设定为200，选择"以上"，进行二值化处理，如图13.10所示。

3）关闭"2值化处理"对话框，中值滤波3次，对图像进行去噪处理。

4）打开"基于BP神经网络的文字识别"对话框，如图13.11所示。

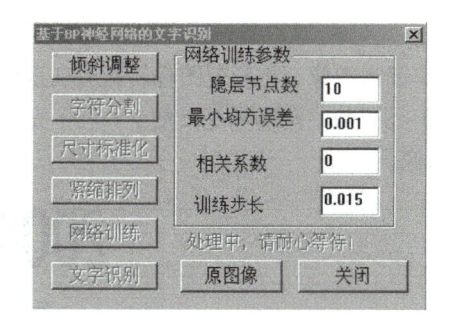

图 13.10　"2值化处理"对话框　　　图 13.11　"基于BP神经网络的文字识别"对话框

5）执行"倾斜调整"，调整文字的倾斜度。执行后，"字符分割"按钮有效。

6）执行"字符分割",分割每个字符。执行后,"尺寸标准化"按钮有效。

7）执行"尺寸标准化",生成标准尺寸的字符。执行后,"紧缩排列"按钮有效。本系统将标准化尺寸固定为高 8 像素、宽 16 像素。

8）执行"紧缩排列",将标准化后的字符顺序排列。执行后,"网络训练"和"文字识别"按钮有效。图 13.12 是经过以上各步处理后得到的文字样本图像。

图 13.12　预处理过后的训练样本

9）执行"网络训练",在内部生成一个存放权值的文件,用于以后的文字识别。"网络训练"需要一定的时间,执行期间需要耐心等待。

经过以上各步操作后将获得一个存放权值的文件,在以后的文字识别中将没有必要再进行训练。如果对训练结果不满意,可以在改变网络训练参数或者改变训练图像后,重新进行训练。

由于预处理后所得的对象是 8×16 像素的字符,因此,输入端采用 128 个神经元,每个输入神经元分别代表所处理图像的一个像素值。输出层采用 10 个神经元,分别对应 10 个数字。隐层和输出层的神经元传递函数均应用 Sigmoid,这是因为该函数输出量在（0,1）区间内,恰好满足输出为布尔值的要求。神经网络的参数设定如图 13.11 所示,隐层节点数为 10 个,最小均方误差为 0.001,训练步长为 0.015。神经网络训练的过程就是要使其输出向量正确代表数字向量。

2. 文字识别

图 13.13 是要识别的文字图像,该图像是彩色图像。以下介绍对该图像进行文字识别的具体步骤。

图 13.13　测试样本

链 13-1
图 13.13 彩图

1）读入图像,将彩色图像转化为灰度图像。

2）~8）与"网络训练"的 2）~8）完全相同。图 13.14 是经过以上各步处理后的测试样本图像。

图 13.14　预处理过后的测试样本

9）执行"文字识别"命令,输出图 13.15 的识别结果。注意该输出结果是比较理想的识别结果,一般情况下,识别的准确率在 80% 以上。

图 13.15 识别结果

3. 视频演示

下面给出 BP 神经网络数字识别的视频演示，读者可以扫描二维码观看视频。

📝 思考题

1. 论述 BP 神经网络的基本结构及其工作原理。
2. 请问什么是泛化能力？BP 神经网络有没有泛化能力？

链 13-2 BP 神经网络数字识别

第 14 章 深度学习

14.1 浅层学习和深度学习

1. 浅层学习是机器学习的第一次浪潮

第 13 章介绍的 BP 神经网络，发明于 20 世纪 80 年代末期，它带来的机器学习热潮，一直持续到今天。人们发现，利用 BP 算法可以让一个人工神经网络模型从大量训练样本中学习统计规律，从而对未知事件做预测。这种基于统计的机器学习方法比起过去基于人工规则的系统，在很多方面显出优越性。这个时候的人工神经网络，虽也被称作多层感知机（multi-layer perceptron），但实际是只含有一个隐层节点的浅层模型，因此也被称为浅层学习（shallow learning）。

20 世纪 90 年代，各种各样的浅层机器学习模型相继被提出，如支撑向量机（Support Vector Machines，SVM）、Boosting、最大熵方法 [如逻辑回归（Logistic Regression，LR）] 等。这些模型的结构基本上可以看成带有一个隐层节点（如 SVM、Boosting），或没有隐层节点（如 LR）。这些模型无论是在理论分析还是应用中都获得了巨大的成功。相比之下，由于理论分析的难度大，训练方法又需要很多经验和技巧，这个时期浅层人工神经网络反而相对沉寂。

2. 深度学习是机器学习的第二次浪潮

2006 年，加拿大多伦多大学教授、机器学习领域的泰斗 Geoffrey Hinton 和他的学生 RuslanSalakhutdinov 在《科学》上发表了一篇文章，开启了深度学习在学术界和工业界的浪潮。这篇文章有两个主要观点：①多隐层的人工神经网络具有优异的特征学习能力，学习得到的特征对数据有更本质的刻画，从而有利于可视化或分类；②深度神经网络在训练上的难度，可以通过"逐层初始化"（layer-wise pre-training）来有效克服，在这篇文章中，逐层初始化是通过无监督学习实现的。

当前多数分类、回归等学习方法为浅层结构算法，其局限性在于有限样本和计算单元情况下对复杂函数的表示能力有限，针对复杂分类问题其泛化能力受到一定制约。深度学习可通过学习一种深层非线性网络结构，实现复杂函数逼近，表征输入数据分布式表示，并展现了强大的从少数样本集中学习数据集本质特征的能力。也就是说，多层的好处是可以用较少的参数表示复杂的函数。

深度学习的实质，是通过构建具有很多隐层的机器学习模型和海量的训练数据，来学习更有用的特征，从而最终提升分类或预测的准确性。因此，"深度模型"是手段，"特征学习"是目的。区别于传统的浅层学习，深度学习的不同在于：①强调了模型结构的深度，通常有 5 层、6 层，甚至 10 多层的隐层节点；②明确突出了特征学习的重要性，也就是说，通过逐层特征变换，将样本在原空间的特征表示变换到一个新特征空间，从而使分类或预测更加容易。与人工规则构造特征的方法相比，利用大数据来学习特征，更能够刻画数据的丰富内在信息。

14.2 深度学习与神经网络

深度学习是机器学习（Machine Learning，ML）研究中的一个新的领域，其动机在于建立、模拟人脑进行分析学习的神经网络，它模仿人脑的机制来解释数据，如图像、声音和文本。深度学习是无监督学习的一种。

深度学习的概念源于人工神经网络的研究。含多隐层的多层感知器就是一种深度学习结构。深度学习通过组合低层特征形成更加抽象的高层表示属性类别或特征，以发现数据的分布式特征表示。深度学习是机器学习的一个分支，可以简单理解为神经网络的发展。大约二三十年前，神经网络曾经是ML领域特别火热的一个方向，但是后来却慢慢淡出了，原因包括以下两个方面：

1）比较容易过拟合，参数比较难调整（tune），而且需要很多训练（trick）。

2）训练速度比较慢，在层次比较少（≤3）的情况下效果并不比其他方法更优。

所以中间有大约20多年的时间，神经网络被关注很少，这段时间基本上是SVM和Boosting算法的天下。但是，一个痴心的老先生Hinton，他坚持了下来，并最终和其他人（Bengio、Yann Lecun等）一起提出了一个实际可行的深度学习框架。

深度学习与传统的神经网络之间既有相同的地方也有很多不同之处。相同之处在于深度学习采用了与神经网络相似的分层结构，系统由包括输入层、隐层（多层）、输出层组成的多层网络，只有相邻层节点之间有连接，同一层以及跨层节点之间相互无连接，每一层可以看作是一个逻辑回归（logistic regression）模型；这种分层结构，是比较接近人类大脑的结构的。

为了克服神经网络训练中的问题，深度学习采用了与神经网络很不同的训练机制。传统神经网络中，采用的是反向传播（back propagation）的方式进行，简单来讲就是采用迭代的算法来训练整个网络，随机设定初值，计算当前网络的输出，然后根据当前输出和标记（label）之间的差去改变前面各层的参数，直到收敛（整体是一个梯度下降法）。而深度学习整体上是一个逐层（layer-wise）训练机制。这样做的原因是，如果采用反向传播机制，对于一个深层网络（7层以上），残差传播到最前面的层已经变得太小，会出现所谓的梯度扩散（gradient diffusion）。

14.3 深度学习训练过程

如果对所有层同时训练，复杂度会很高。如果每次训练一层，偏差就会逐层传递。这会面临跟上面监督学习中相反的问题，因为深度网络的神经元和参数太多，会严重欠拟合。

2006年，Hinton提出了在非监督数据上建立多层神经网络的一个有效方法，简单地说可分为两步：

1）首先逐层构建单层神经元，这样每次都是训练一个单层网络。

2）当所有层训练完后，使用Wake-Sleep算法进行调优。

将除最顶层以外的其他层间的权重变为双向的，这样最顶层仍然是一个单层神经网络，而其他层则变为了图模型。向上的权重用于"认知"，向下的权重用于"生成"。然后使用Wake-Sleep算法调整所有的权重，让认知和生成达成一致，也就是保证生成的最顶层表示能够尽可能正确地复原底层的节点。例如，顶层的一个节点表示人脸，那么所有人脸的图像应该激活这个节点，并且这个结果向下生成的图像应该能够表现为一个大概的人脸图像。Wake-Sleep 算法分为醒（Wake）和睡（Sleep）两个部分。

1）Wake 阶段：认知过程，通过外界的特征和向上的权重（认知权重）产生每一层的抽象表示（节点状态），并且使用梯度下降修改层间的下行权重（生成权重）。也就是"如果现实跟我想象的不一样，改变我的权重使得我想象的东西就是这样的"。

2）Sleep 阶段：生成过程，通过顶层表示（醒时学得的概念）和向下权重，生成底层的状态，同时修改层间向上的权重。也就是"如果梦中的景象不是我脑中的相应概念，改变我的认知权重使得这种景象在我看来就是这个概念"。

深度学习具体训练过程如下：

1）自下而上的非监督学习。从底层开始，一层一层地往顶层训练。采用无标定数据（有标定数据也可）分层训练各层参数，这一步可以看作是一个无监督训练过程，是和传统神经网络区别最大的部分。这个过程可以看作是特征学习（feature learning）过程。首先用无标定数据训练第一层，训练时先学习第一层的参数（这一层可以看作是得到一个使得输出和输入差别最小的三层神经网络的隐层），由于模型容量（capacity）的限制以及稀疏性约束，使得得到的模型能够学习到数据本身的结构，从而得到比输入更具有表示能力的特征；在学习得到第 $n-1$ 层后，将 $n-1$ 层的输出作为第 n 层的输入，训练第 n 层，由此分别得到各层的参数。

2）自顶向下的监督学习。通过带标签的数据去训练，误差自顶向下传输，对网络进行微调。基于第一步得到的各层参数进一步调整整个多层模型的参数，这一步是一个有监督训练过程。第一步类似神经网络的随机初始化初值过程，由于深度学习的第一步不是随机初始化，而是通过学习输入数据的结构得到的，因而这个初值更接近全局最优，从而能够取得更好的效果。所以，深度学习的效果好坏，很大程度上归功于第一步的特征学习过程。

14.4 深度学习的常用方法

14.4.1 自动编码器

深度学习最简单的一种方法是利用人工神经网络的特点，人工神经网络（Artificial Neural Networks，ANN）本身就是具有层次结构的系统，如果给定一个神经网络，假设其输出与输入是相同的，然后训练调整其参数，得到每一层中的权重。自然就得到了输入 I 的几种不同表示（每一层代表一种表示），这些表示就是特征。自动编码器（auto encoder）就是一种尽可能复现输入信号的神经网络。为了实现这种复现，自动编码器就必须捕捉可以代表输入数据的最重要的因素，找到可以代表原信息的主要成分。

1. 自动编码过程

1）给定无标签数据，用非监督学习特征。在之前的神经网络中，如图 14.1a 所示，输入的样本是有标签的（即输入、目标），这样根据当前输出和目标（标签）之间的差去改变前面各层的参数，直到收敛。但现在只有无标签数据，也就是右边的图 14.1b。那么这个误差怎么得到呢？

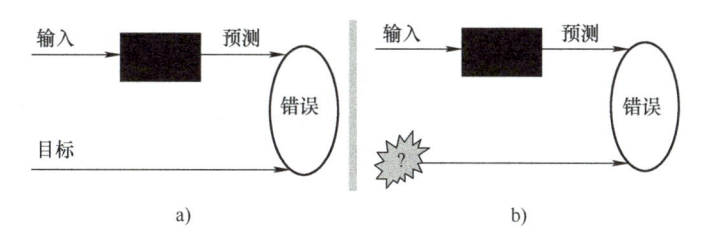

图 14.1　神经网络输入

a）有标签输入　b）无标签输入

如图 14.2 所示，输入经过编码器后，就会得到一个编码，这个编码也就是输入的一个表示，那么怎么知道这个编码表示的就是输入呢？再加一个解码器，这时解码器就会输出一个信息，那么如果输出的这个信息和一开始的输入信号是很像的（理想情况下就是一样的），那很明显，就有理由相信这个编码是靠谱的。所以，就通过调整编码器和解码器的参数，使得重构误差最小，这时就得到了输入信号的第一个表示，也就是编码。因为是无标签数据，所以误差的来源就是直接重构后与原输入相比得到的。

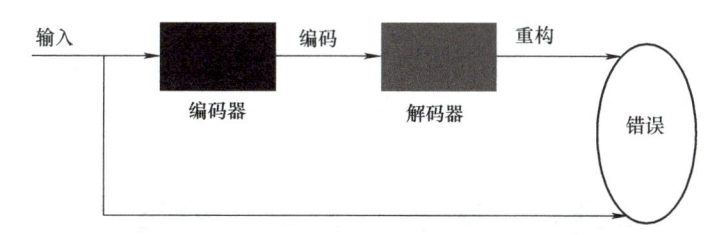

图 14.2　编码器与解码器

2）通过编码器产生特征，然后逐层训练下一层。上面得到了第一层的编码，根据重构误差最小说明这个编码就是原输入信号的良好表达，或者说它和原信号是一模一样的（表达不一样，反映的是一个东西）。第二层和第一层的训练方式一样，将第一层输出的编码当成第二层的输入信号，同样最小化重构误差，就会得到第二层的参数，并且得到第二层输入的编码，也就是原输入信息的第二个表达。其他层如法炮制就行了（训练这一层，前面层的参数都是固定的，并且它们的解码器已经没用了，都不需要了）。图 14.3 表示逐层训练模型。

图 14.3　逐层训练模型

3）有监督微调。经过上面的方法，可以得到很多层。至于需要多少层（或者深度需要多少，目前没有一个科学的评价方法）需要自己试验。每一层都会得到原始输入的不同的表达。当然，越抽象越好，就像人的视觉系统一样。

到这里，这个自动编码器还不能用来分类数据，因为它还没有学习如何去连接一个输入和一个类。它只是学会了如何去重构或者复现它的输入而已。或者说，它只是学习获得了一个可以良好代表输入的特征，这个特征可以最大程度代表原输入信号。为了实现分类，可以在自动编码器最顶的编码层添加一个分类器（如罗杰斯特回归、SVM 等），然后通过标准的多层神经网络的监督训练方法（梯度下降法）去训练。也就是说，这时需要将最后层的特征编码输入到最后的分类器，通过有标签样本，通过监督学习进行微调，这也分为两种：

一种是只调整分类器，如图 14.4 的黑色部分。

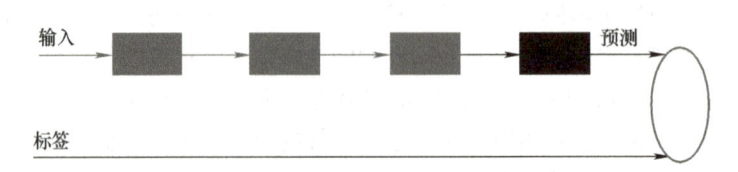

图 14.4　调整分类器示意图

另一种是如图 14.5 所示，通过有标签样本，微调整个系统。如果有足够多的数据，这种方法最好，可以端对端学习（end-to-end learning）。

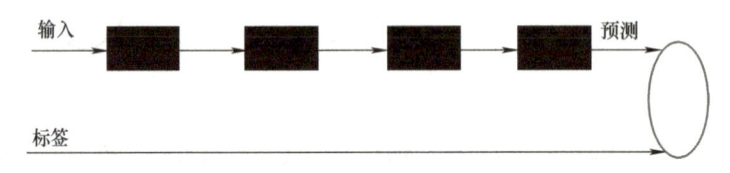

图 14.5　微调整个系统示意图

一旦监督训练完成，这个网络就可以用来分类了。神经网络的最顶层可以作为一个线性分类器，然后可以用一个更好性能的分类器去取代它。在研究中可以发现，如果在原有的特征中加入这些自动学习，得到的特征可以大大提高精确度。

2. 自动编码的变体

自动编码器存在一些变体，这里简要介绍两个。

1）稀疏自动编码器。可以继续加上一些约束条件得到新的 Deep Learning 方法，例如，如果在自动编码器（auto encoder）的基础上加上 L1 的规则性（regularity）限制（L1 主要是约束每一层中的节点中大部分都要为 0，只有少数不为 0，这就是 sparse 名称的来源），就可以得到稀疏自动编码器（sparse auto encoder）。其实就是限制每次得到的表达编码（code）尽量稀疏。因为稀疏的表达往往比其他的表达要有效。人脑好像也是这样的，某个输入只是刺激某些神经元，其他的大部分的神经元是受到抑制的。

2）降噪自动编码器。降噪自动编码器（Denoising Auto Encoders，DAE）是在自动编码器的基础上训练数据加入噪声，所以自动编码器必须学习去除这种噪声而获得真正的没有被噪声污染过的输入。因此，这就迫使编码器去学习输入信号的更加鲁棒的表达，这也是它的泛化能力比一般编码器强的原因。DAE 可以通过梯度下降算法去训练。

14.4.2 稀疏编码

如果把输出必须和输入相等的限制放松，同时利用线性代数中基的概念，即

$$O = a_1 * \Phi_1 + a_2 * \Phi_2 + \cdots + a_i * \Phi_i \tag{14.1}$$

式中，Φ_i 是基；a_i 是系数。

由此可以得到这样一个优化问题：Min $|I - O|$，其中 I 表示输入，O 表示输出。通过求解这个最优化式子，可以求得系数 a_i 和基 Φ_i。

如果在上述式子上加上 L1 的规则性（regularity）限制，得

$$\text{Min } |I - O| + u * (|a_1| + |a_2| + \cdots + |a_i|) \tag{14.2}$$

这种方法被称为稀疏编码（sparse coding）。通俗地说，就是将一个信号表示为一组基的线性组合，而且要求只需要较少的几个基就可以将信号表示出来。"稀疏性"定义为：只有很少的几个非零元素或只有很少的几个远大于零的元素。要求系数 a_i 是稀疏的意思就是说，对于一组输入向量，只有尽可能少的几个系数远大于零。选择使用具有稀疏性的分量来表示输入数据，是因为绝大多数的感官数据，如自然图像，可以被表示成少量基本元素的叠加，在图像中这些基本元素可以是面或者线。人脑有大量的神经元，但对于某些图像或者边缘只有很少的神经元兴奋，其他都处于抑制状态。

稀疏编码算法是一种无监督学习方法，它用来寻找一组"超完备"基向量来更高效地表示样本数据。虽然形如主成分分析技术（PCA）能方便地找到一组"完备"基向量，但是这里想要做的是找到一组"超完备"基向量来表示输入向量（也就是说，基向量的个数比输入向量的维数要大）。超完备基的好处是它们能更有效地找出隐含在输入数据内部的结构与模式。然而，对于超完备基来说，系数 a_i 不再由输入向量唯一确定。因此，在稀疏编码算法中，另加了一个评判标准"稀疏性"来解决因超完备而导致的退化（degeneracy）问题。例如，在图像的特征提取（feature extraction）的最底层，要生成边缘检测器（edge detector），这里的工作就是从原图像中随机（randomly）选取一些小块（patch），通过这些小块生成能够描述它们的"基"，然后给定一个测试小块（test patch）。之所以生成边缘检测器是因为不同方向的边缘就能够描述出整幅图像，所以不同方向的边缘自然就是图像的基了。稀疏编码分为两个部分：

（1）训练（training）阶段　给定一系列的样本图像 $[x_1, x_2, \cdots]$，通过学习得到一组基 $[\Phi_1, \Phi_2, \cdots]$，也就是字典。

稀疏编码是聚类算法（k-means）的变体，其训练过程也差不多，就是一个重复迭代的过程。其基本的思想如下：如果要优化的目标函数包含两个变量，如 $L(W, B)$，那么可以先固定 W，调整 B 使得 L 最小，然后再固定 B，调整 W 使 L 最小，这样迭代交替，不断将 L 推向最小值。按上述方法，交替更改 a 和 Φ 使得下面这个目标函数最小。

$$\min_{a, \Phi} \sum_{i=1}^{m} \left\| x_i - \sum_{j=1}^{k} a_{i,j} \Phi_j \right\|^2 + \lambda \sum_{i=1}^{m} \sum_{j=1}^{k} |a_{i,j}| \tag{14.3}$$

每次迭代分两步：

1）固定字典 $\Phi[k]$，然后调整 $a[k]$，使得式（14.3）的目标函数最小，即解 LASSO（Least Absolute Shrinkage and Selectionator Operator）问题。

2）然后固定住 $a[k]$，调整 $\Phi[k]$，使得式（14.3）的目标函数最小，即解凸 QP（Quadratic Programming，凸二次规划）问题。

不断迭代，直至收敛。这样就可以得到一组可以良好表示这一系列 x 的基，也就是字典。

（2）编码（coding）阶段　给定一个新的图像 x，由上面得到的字典，通过解一个 LASSO 问题得到稀疏向量 α。这个稀疏向量就是这个输入向量 x 的一个稀疏表达，见式（14.4）。

$$\min_{\alpha} \sum_{i=1}^{m} \left\| x_i - \sum_{j=1}^{k} \alpha_{i,j} \phi_j \right\|^2 + \lambda \sum_{i=1}^{m} \sum_{j=1}^{k} |\alpha_{i,j}| \qquad (14.4)$$

编码示例如图 14.6 所示。

Represent x_i as: $a_i = [0,0,\cdots,0,0.8,0,\cdots,0,0.3,0,\cdots,0,0.5,\cdots]$

图 14.6　编码示例

14.4.3　限制玻尔兹曼机

假设有一个二层图，如图 14.7 所示，每一层的节点之间没有连接，一层是可视层，即输入数据层（v），另一层是隐藏层（h），如果假设所有的节点都是随机二值变量节点（只能取 0 或者 1 值），同时假设全概率分布 $p(v,h)$ 满足 Boltzmann 分布，则称这个模型是限制玻尔兹曼机（Restricted Boltzmann Machine，RBM）。

由于该模型是二层图，所以在已知 v 的情况下，所有的隐藏节点之间是条件独立的（因为节点之间不存在连接），即 $p(h|v) = p(h_1|v) \cdots p(h_n|v)$。同理，在已知隐藏层 h 的情况下，所有的可视节点都是条件独立的。同时又由于所有的 v 和 h 满足 Boltzmann 分布，因此，当输入 v 的时候，通过 $p(h|v)$ 可以得到隐藏层 h，而得到隐藏层 h 之后，通过 $p(v|h)$ 又能得到可视层。如果通过调整参数，可以使从隐藏层得到的可视层 v_1 与原来的可视层 v 一样，那么得到的隐藏层就是可视层另外一种表达，因此隐藏层可以作为可视层输入数据的特征，所以它就是一种 Deep Learning 方法。

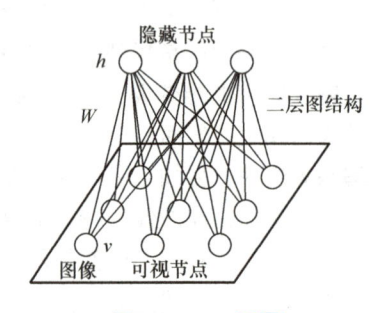

图 14.7　二层图

如何训练，也就是可视层节点和隐节点间的权值怎么确定？需要做一些数学分析，也就是建立模型。

联合组态（joint configuration）的能量可以表示为式（14.5）。

$$E(v,h;\theta) = -\sum_{ij} W_{ij} v_i h_j - \sum_i b_i v_i - \sum_j a_j h_j \qquad (14.5)$$

$\theta = \{W, a, b\}$ model parameters

而某个组态的联合概率分布可以通过 Boltzmann 分布（和这个组态的能量）来确定，

见式（14.6）。

$$P_\theta(v,h) = \frac{1}{Z(\theta)}\exp(-E(v,h;\theta)) = \frac{1}{Z(\theta)}\prod_{ij}e^{W_{ij}v_ih_j}\prod_i e^{b_iv_i}\prod_j e^{a_jh_j}$$

$$Z(\theta) = \sum_{h,v}\exp(-E(v,h;\theta))$$

(14.6)

因为隐藏节点之间是条件独立的（因为节点之间不存在连接），即

$$p(h|v) = \prod_j P(h_j|v)$$

(14.7)

可以比较容易[对式（14.7）进行因子分解（factorizes）]得到在给定可视层 v 的基础上，隐层第 j 个节点为 1 或者为 0 的概率：

$$P(h_j = 1|v) = \frac{1}{1+\exp\left(-\sum_i W_{ij}v_i - a_j\right)}$$

(14.8)

同理，在给定隐藏层 h 的基础上，可视层第 i 个节点为 1 或者为 0 的概率也可以容易得到：

$$p(v|h) = \prod_i P(v_i|h) P(v_i = 1|h) = \frac{1}{1+\exp\left(-\sum_j W_{ij}h_j - b_i\right)}$$

(14.9)

给定一个满足独立同分布的样本集：$D = \{v^{(1)}, v^{(2)}, \cdots, v^{(N)}\}$，需要学习参数 $\theta = \{W,a,b\}$。最大化以下对数似然函数（最大似然估计：对于某个概率模型，需要选择一个参数，让当前的观测样本的概率最大）：

$$L(\theta) = \frac{1}{N}\sum_{n=1}^N \log P_\theta(V^{(n)}) - \frac{\lambda}{N}\|W\|_F^2$$

(14.10)

也就是对最大对数似然函数求导，就可以得到 L 最大时对应的参数 W，见式（14.11）。

$$\frac{\partial L(\theta)}{\partial W_{ij}} = Ep_{\text{data}}[v_ih_i] - Ep_\theta[v_ih_i] - \frac{2\lambda}{N}W_{ij}$$

(14.11)

如果把隐藏层的层数增加，就可以得到深度玻尔兹曼机（Deep Boltzmann Machine，DBM）；如果在靠近可视层的部分使用贝叶斯信念网络（即有向图模型，这里依然限制层中节点之间没有连接），而在最远离可视层的部分使用限制玻尔兹曼机（restricted Boltzmann machine），可以得到深度信念网（Deep Belief Net，DBN），如图 14.8 所示。

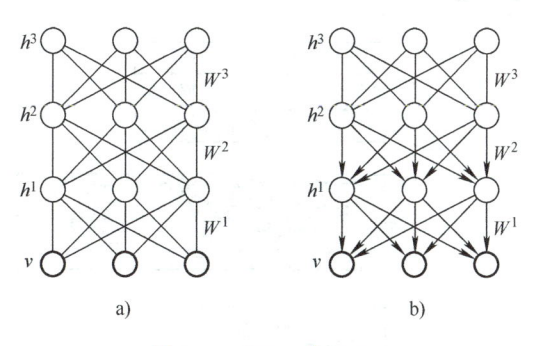

图 14.8　DBM 与 DBN

a）DBM　b）DBN

14.4.4 深信度网络

如图 14.9 所示，深信度网络（Deep Belief Networks，DBNs）是一个概率生成模型，与传统的判别模型的神经网络相对，生成模型是建立一个观察数据和标签之间的联合分布，对 P（observation|label）和 P（label|observation）都做了评估，而判别模型仅仅评估了后者而已，也就是 P（label|observation）。对于在深度神经网络应用传统的 BP 算法时，DBNs 遇到了以下问题：

1）需要为训练提供一个有标签的样本集。

2）学习过程较慢。

3）不适当的参数选择会导致学习收敛于局部最优解。

深信度网络结构

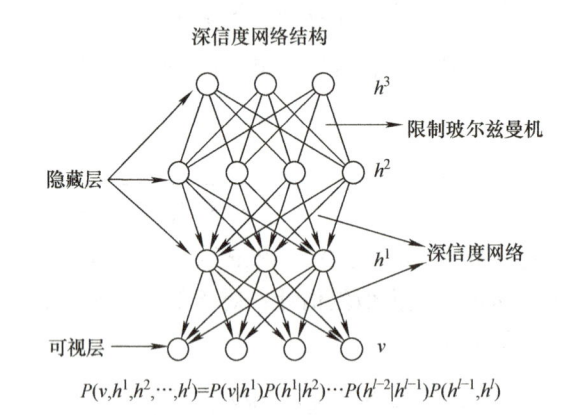

$$P(v,h^1,h^2,\cdots,h^l)=P(v|h^1)P(h^1|h^2)\cdots P(h^{l-2}|h^{l-1})P(h^{l-1},h^l)$$

图 14.9　DBNs 模型

DBNs 由多个限制玻尔兹曼机层组成，一个典型的神经网络类型如图 14.10 所示。这些网络被"限制"为一个可视层和一个隐层，层间存在连接，但层内的单元间不存在连接。隐层单元被训练去捕捉在可视层表现出来的高阶数据的相关性。

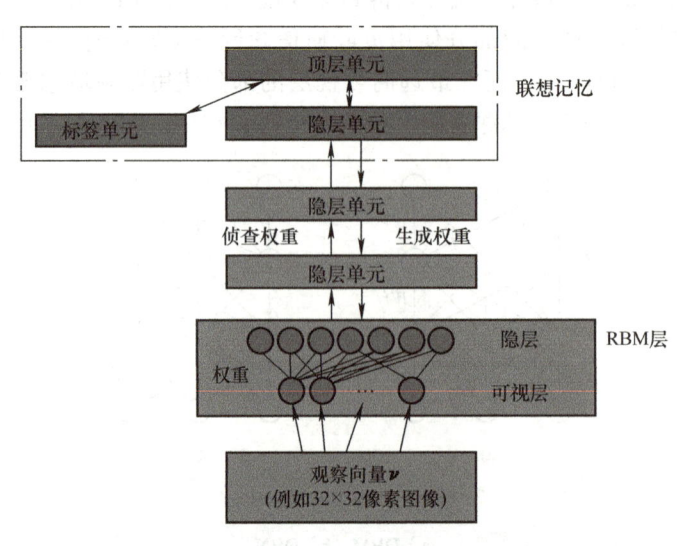

图 14.10　典型的神经网络

首先，先不考虑最顶构成一个联想记忆（associative memory）的两层，一个 DBN 的连接是通过自顶向下的生成权值来指导确定的，RBMs 就像一个建筑块一样，相比传统和深度分层的 Sigmoid 信念网络，它更易于连接权值的学习。

开始，通过一个非监督贪婪逐层方法去预训练获得生成模型的权值，非监督贪婪逐层方法被 Hinton 证明是有效的，并被其称为对比分歧（contrastive divergence）。在这个训练阶段，在可视层会产生一个向量 v，通过它将值传递到隐层。反过来，可视层的输入会被随机选择，以尝试去重构原始的输入信号。最后，这些新的可视的神经元激活单元将前向传递重构隐层激活单元，获得 h。这些后退和前进的步骤就是常用的吉布斯（Gibbs）采样，而隐层激活单元和可视层输入之间的相关性差别就作为权值更新的主要依据。

这样训练时间会显著地减少，因为只需要单个步骤就可以接近最大似然学习。增加进网络的每一层都会改进训练数据的对数概率，可以理解为越来越接近能量的真实表达。这个有意义的拓展，和无标签数据的使用，是任何一个深度学习应用的决定性的因素。

在最高两层，权值被连接到一起，这样更低层的输出将会提供一个参考的线索或者关联给顶层，这样顶层就会将其联系到它的记忆内容。而最后想得到的就是判别性能。

在预训练后，DBN 可以通过利用带标签数据用 BP 算法去对判别性能做调整。在这里，一个标签集将被附加到顶层（推广联想记忆），通过一个自下向上的、学习到的识别权值获得一个网络的分类面。这个性能会比单纯的 BP 算法训练的网络好。这可以很直观地解释，DBNs 的 BP 算法只需要对权值参数空间进行一个局部的搜索，这相比前向神经网络来说，训练是要快的，而且收敛的时间也少。

DBNs 的灵活性使得它的拓展比较容易，一个拓展就是卷积 DBNs（Convolutional Deep Belief Networks，CDBNs）。DBNs 并没有考虑到图像的二维结构信息，因为输入是简单地将一个图像矩阵进行一维向量化。而 CDBNs 考虑到了这个问题，它利用邻域像素的空域关系，通过一个称为卷积 RBMs 的模型区达到生成模型的变换不变性，而且可以容易地变换到高维图像。DBNs 缺乏对观察变量时序依赖（temporal dependencies）的显式建模机制，虽然目前已经有这方面的研究，如堆叠时间 RBMs，以此为推广的有序列学习的时间卷积机（dubbed temporal convolution machines），这种序列学习的应用，给语音信号处理问题带来了一个让人激动的未来研究方向。

目前，和 DBNs 有关的研究包括堆叠自动编码器，它是通过用堆叠自动编码器来替换传统 DBNs 里面的 RBMs。这就使得可以通过同样的规则来训练产生深度多层神经网络架构，但它缺少层的参数化的严格要求。与 DBNs 不同，自动编码器使用判别模型，这样这个结构就很难采样输入采样空间，这就使得网络更难捕捉它的内部表达。但是，降噪自动编码器却能很好地避免这个问题，并且比传统的 DBNs 更优，它通过在训练过程添加随机的污染并堆叠产生场泛化性能。训练单一的降噪自动编码器的过程和 RBMs 训练生成模型的过程一样。

14.4.5 卷积神经网络

卷积神经网络（Convolutional Neural Networks，CNN）是人工神经网络的一种，已成为当前语音分析和图像识别领域的研究热点。它的权值共享网络结构使之更类似于生物神经网络，降低了网络模型的复杂度，减少了权值的数量。该优点在网络的输入是多维图像时表现得更为明显，使图像可以直接作为网络的输入，避免了传统识别算法中复杂的特征提取和数据重建过程。卷积网络是为识别二维形状而特殊设计的一个多层感知器,这种网络结构对平移、比例缩放、倾斜或者其他形式的变形具有高度不变性。

CNNs 是受早期的延时神经网络(TDNN)的影响。延时神经网络通过在时间维度上共享权值降低学习复杂度,适用于语音和时间序列信号的处理。

CNNs 是第一个真正成功训练多层网络结构的学习算法。它利用空间关系减少需要学习的参数数目,以提高一般前向 BP 算法的训练性能。CNNs 作为一个深度学习架构提出是为了最小化数据的预处理要求。在 CNN 中,图像的一小部分(局部感受区域)作为层级结构的最底层的输入,信息再依次传输到不同的层,每层通过一个数字滤波器去获得观测数据的最显著的特征。这个方法能够获取对平移、缩放和旋转不变的观测数据的显著特征,因为图像的局部感受区域允许神经元或者处理单元可以访问到最基础的特征,如定向边缘或者角点。

1. 卷积神经网络的历史

1962 年 Hubel 和 Wiesel 通过对猫视觉皮层细胞的研究,提出了感受野(receptive field)的概念,1984 年日本学者 Fukushima 基于感受野概念提出的神经认知机(neocognitron)可以看作是卷积神经网络的第一个实现网络,也是感受野概念在人工神经网络领域的首次应用。神经认知机将一个视觉模式分解成许多子模式(特征),然后进入分层递阶式相连的特征平面进行处理,它试图将视觉系统模型化,使其能够在即使物体有位移或轻微变形的时候,也能完成识别。

通常神经认知机包含两类神经元,即承担特征抽取的 S- 元和抗变形的 C- 元。S- 元中涉及两个重要参数,即感受野与阈值参数,前者确定输入连接的数目,后者则控制对特征子模式的反应程度。许多学者一直致力于提高神经认知机性能的研究,在传统的神经认知机中,每个 S- 元的感光区中由 C- 元带来的视觉模糊量呈正态分布。如果感光区的边缘所产生的模糊效果要比中央来得大,S- 元将会接受这种非正态模糊所导致的更大的变形容忍性。一般希望得到的是,训练模式与变形刺激模式在感受野的边缘与其中心所产生的效果之间的差异变得越来越大。为了有效地形成这种非正态模糊,Fukushima 提出了带双 C- 元层的改进型神经认知机。

Van Ooyen 和 Niehuis 为提高神经认知机的区别能力引入了一个新的参数。事实上,该参数作为一种抑制信号,抑制了神经元对重复激励特征的激励。多数神经网络在权值中记忆训练信息。根据 Hebb 学习规则,某种特征训练的次数越多,在以后的识别过程中就越容易被检测。也有学者将进化计算理论与神经认知机结合,通过减弱对重复性激励特征的训练学习,而使得网络注意那些不同的特征,以助于提高区分能力。上述都是神经认知机的发展过程,而卷积神经网络可看作是神经认知机的推广形式,神经认知机是卷积神经网络的一种特例。

2. 卷积神经网络的网络结构

如图 14.11 所示,卷积神经网络是一个多层的神经网络,每层由多个二维平面组成,而每个平面由多个独立神经元组成。

输入图像通过与三个可训练的滤波器及可加偏置进行卷积操作,滤波过程如图 14.11 所示,卷积后在 C_1 层产生三个特征映射图,然后特征映射图中每组的四个像素再进行求和、加权值、加偏置,通过一个 Sigmoid 函数得到三个 S_2 层的特征映射图。这些映射图再经过滤波得到 C_3 层。这个层级结构再和 S_2 一样产生 S_4。最终,这些像素值被光栅化,并连接成一个向量输入到传统的神经网络，得到输出。

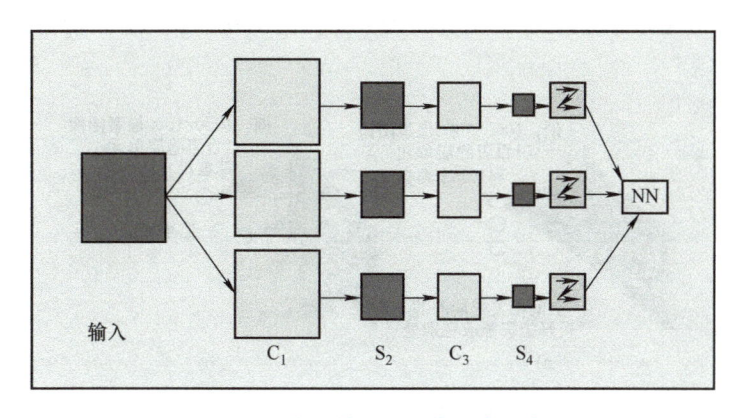

图 14.11　卷积神经网络的概念示意图

一般地，C 层为特征提取层，每个神经元的输入与前一层的局部感受野相连，并提取该局部的特征，一旦该局部特征被提取后，它与其他特征间的位置关系也随之确定下来；S 层是特征映射层，网络的每个计算层由多个特征映射组成，每个特征映射为一个平面，平面上所有神经元的权值相等。特征映射结构采用影响函数核小的 Sigmoid 函数作为卷积网络的激活函数，使得特征映射具有位移不变性。

此外，由于一个映射面上的神经元共享权值，因而减少了网络自由参数的个数，降低了网络参数选择的复杂度。卷积神经网络中的每一个特征提取层（C- 层）都紧跟着一个用来求局部平均与二次提取的计算层（S- 层），这种特有的两次特征提取结构使网络在识别时对输入样本有较高的畸变容忍能力。

3. 关于参数减少与权值共享

上面提到，CNN 的一个重要特性就在于通过感受野和权值共享减少了神经网络需要训练的参数的个数。如图 14.12a 所示，如果有 1000×1000 像素的图像，有一百万个隐层神经元，那么它们全连接的话（每个隐层神经元都连接图像的每一个像素点），就有 $1000 \times 1000 \times 1000000 = 10^{12}$ 个连接，也就是 10^{12} 个权值参数。然而图像的空间联系是局部的，就像人是通过一个局部的感受野去感受外界图像一样，每一个神经元都不需要对全局图像做感受，每个神经元只感受局部的图像区域，然后在更高层，将这些感受不同局部的神经元综合起来就可以得到全局的信息了。这样就可以减少连接的数目，也就是减少神经网络需要训练的权值参数的个数。如图 14.12b 所示，假如局部感受野是 10×10，隐层每个感受野只需要和这 10×10 的局部图像相连接，所以一百万个隐层神经元就只有一亿个连接，即 10^8 个参数。比原来减少了四个 0（数量级），这样训练起来就没那么费力了，但还是感觉很多。

隐层的每一个神经元都连接 10×10 个图像区域，也就是说，每一个神经元存在 $10 \times 10 = 100$ 个连接权值参数。如果每个神经元这 100 个参数是相同的，也就是说每个神经元用的是同一个卷积核去卷积图像，这样就只有 100 个参数了。不管隐层的神经元个数有多少，两层间的连接只有 100 个参数，这就是权值共享，也是卷积神经网络的重要特征。

假如一种滤波器，也就是一种卷积核，提取图像的一种特征，如果需要提取多种特征，就加多种滤波器，每种滤波器的参数不一样，表示它提取输入图像的不同特征，如不同的边缘。这样每种滤波器去卷积图像就得到对图像的不同特征的放映，称之为 feature map。所以 100 种卷积核就有 100 个 feature map，这 100 个 feature map 就组成了一层神经元。

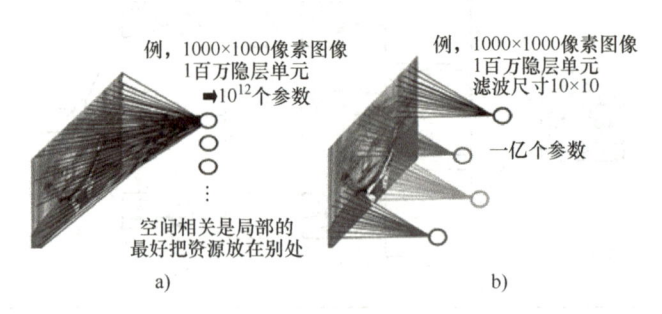

图 14.12　隐层神经元连接

a）全连接神经网络　b）局部连接神经网络

隐层的神经元个数与输入图像的大小、滤波器的大小及滤波器在图像中的滑动步长都有关。例如，输入图像是 1000×1000 像素，而滤波器大小是 10×10，假设滤波器没有重叠，也就是步长为 10，这样隐层的神经元个数就是 (1000×1000)/(10×10) = 100×100 个神经元了，假设步长是 8，也就是卷积核会重叠两个像素，那么神经元个数就不同了。这只是一种滤波器，也就是一个 feature map 的神经元个数，如果 100 个 feature map 就是 100 倍了。由此可见，图像越大，神经元个数和需要训练的权值参数个数的贫富差距就越大。

总之，卷积网络的核心思想是，将局部感受野、权值共享（或者权值复制）以及时间或空间亚采样这三种结构思想结合起来获得了某种程度的位移、尺度、形变不变性。

14.5　深度学习框架介绍

为了改进业务流程并在竞争中保持领先地位，越来越多的组织正转向深度学习（DL）和人工智能（AI）。然而，由于规模和资源的限制，并不是所有的组织都能为自己的业务和产品开发整套的人工智能深度学习系统。因此，一些有实力的大公司开发并开源了深度学习框架，提供了进行深度学习模型开发所必需的接口、库及工具，大幅度降低了个人和小规模企业开发智能产品的门槛。

本节将介绍一些流行的深度学习框架，包括：TensorFlow、Keras、PyTorch、Caffe、MXNet、CNTK、Theano、Darknet、PaddlePaddle、YOLO 等。

1. TensorFlow

TensorFlow 是由谷歌公司 Google's Brain（谷歌大脑）团队开发的深度学习框架，于 2015 年底开源（Apache 2.0 许可），并迅速成为最流行的开源深度学习框架之一。

TensorFlow 的前身是谷歌大脑团队开发的闭源深度学习系统 DistBelief。为了适应分布式计算并优化其在谷歌的张量处理单元（Tensor Processing Unit，TPU）上的运行效率，谷歌重新设计了 TensorFlow，在设计之初就已经充分考虑了分布式计算及基于 ASIC 芯片的运行需求，因此，TensorFlow 具有较高的深度学习运行效率。TensorFlow 名称中的"Tensor"为张量，即多维的矢量或矩阵，"Flow"是"流"，因此 TensorFlow 表示张量的流图，充分体现了深度学习中人工神经网络模型是由一系列矩阵（或称为张量）按照特定的流程运算来实现这一特征。Tensorboard 工具包提供了计算流图可视化功能，为模型的调试和优化提供了便利。

TensorFlow 可以运行在 CPU、图形处理器（Graphics Processing Unit，GPU）及 TPU 等处理器上，包括服务器、个人 PC、手机等移动设备上。开发者可以将模型灵活地布置在多种不同的操作及硬件平台上，可以本地运行也可以在云端实施。TensorFlow 提供主流的编程语言接口，包括：Python、C++、Java、Go，以及社区支持的 C#、Haskell、Julia、Rust、Ruby、Scala、R、JavaScript 和 PHP 等。同时，谷歌公司提供了一套轻量化的面向移动设备优化的 TensorFlow-Lite 库及相关转换工具，可将服务器或高性能 PC 训练好的模型轻松移植到基于移动处理器及 Android 和 Linux 系统的移动设备上，完成从理论验证到产品定型全流程支持。与类似的深度学习框架（如 Torch 和 Theano）相比，TensorFlow 对分布式处理有更好的支持，对商业应用有更大的灵活性和性能。支持 GPU、TPU、NPU 等硬件加速，在学术界也得到了广泛应用。

由于 Google 使用专有版本的 TensorFlow 进行文本和语音搜索、语言翻译和图像搜索等，TensorFlow 的主要优势在于分类和推理。例如，Google 搜索结果排名引擎 RankBrain 就是基于 TensorFlow 实现的。TensorFlow 可用于改进语音识别和语音合成，区分多个语音或在高噪声环境中过滤语音，模仿语音模式以获得更自然的语音文本转换。此外，它可用于处理不同语言的句子结构，以产生更好的翻译。识别及分类图像和视频中的地标、人、情感或活动，大幅度提高图像和视频搜索的准确性。

由于其灵活、可扩展和模块化的设计，TensorFlow 不会将开发人员局限于特定的模型或应用程序。不仅实现了机器学习和深度学习算法，还实现了统计和通用计算模型。

2. Keras

Keras 是麻省理工学院（Massachusetts Institute of Technology，MIT）许可发布的一个开源 Python 包，Keras 作为深度学习库与其他的深层学习框架不同，Keras 是神经网络的高级 API 规范。它可以作为深度学习框架的前端，但无法独立运行，需要其他的深度学习框架（TensorFlow、Theano 等）作为后端服务。

Keras 最初是作为学术上流行的 Theano 框架的简化前端，同时支持作为 TensorFlow 的前端。目前 Keras 已正式支持微软认知工具包（Computational Network Toolkit，CNTK）、Deeplearning4J 和 Apache MXNet。由于这种广泛的支持，Keras 成为了模型在不同框架间迁移的有力工具。开发人员不仅可以移植深度学习的神经网络算法和模型，还可以移植预训练的网络和权重。Keras 前端支持在研究中快速建立神经网络模型。该 API 易于学习和使用，并具有易于在框架之间移植模型的附加优势。

因为 Keras 本身是自我完备的，不需要后端框架交互。Keras 有用于定义计算图的图数据结构，不依赖于底层后端框架的图数据结构，开发者不必学习编写后端框架，因此，Google 选择将 Keras 添加到 TensorFlow 核心，作为默认的高级 API 前端。并且在 Keras2.4.0 版本中，Keras 已经停止使用多后端，专注于针对 TensorFlow 的优化。Keras 作为高级 API，大幅度简化了人工神经网络模型构建过程，提高了研发效率，支持多后端间的迁移，降低了研发成本。

Keras 本质上是 TensorFlow 的一部分。Keras 子模块 / 包是用于 TensorFlow 的 Keras API 的实现。TensorFlow 具有灵活优化底层算子的能力，Keras 可以快速构架上层模型，因此，使用 Keras 做前端、TensorFlow 做后端的组合，已经成为目前最流行的深度学习模型开发策略。

3. PyTorch

PyTorch 是一个开源的 Python 包，遵循改进的 Berkeley 软件发行许可。Facebook、IdiAP 研究所、纽约大学（NYU）和日本电气公司（NEC）美国实验室共同持有 PyTorch 版权。虽然 Python 是数据科学的首选语言，PyTorch 的前身 Torch 使用的却不是 Python 而是另外一种脚本语言 Lua。

神经网络算法通常通过最小化或最大化损失函数来完成模型训练，大多数算法使用梯度下降函数。在 PyTorch 的前身 Torch 中，使用 Torch Autograd 包计算梯度函数。PyTorch Autograd 是实现此功能最快的工具之一。PyTorch 用户可以任意调整他们的神经网络，而不会产生过大的开销和延迟。因此，与大多数知名框架不同，PyTorch 用户可以动态构建图形，框架的速度和灵活性有助于研究和开发新的深度学习算法。

PyTorch 核心中使用模块化设计，PyTorch 将 CPU 和 GPU 的大部分张量和神经网络后端作为独立的、基于精简 C 的模块来实现，并带有集成的数学加速库来提高速度。PyTorch 与 Python 无缝集成，并保留了 Torch 基于 Lua 的可扩展性。用户也可以使用 C/C++ 扩展 API。

Torch 和 PyTorch 在 Facebook 上都被大量用于研究文本和语音的神经语言程序（Neuro-Linguistic Programming，NLP）。Facebook 发布了许多开源的 PyTorch 项目，其中包括：聊天机器人、机器翻译、文本搜索、文本到语音转换、图像和视频分类等。PyTorch-Torchvision 模块允许用户访问流行的图像分类模型（如 AlexNet、VGG 和 ResNet）的架构和预训练权重。

4. Caffe

Caffe 是加州大学伯克利分校的贾扬清主导开发的，以 C++/CUDA 代码为主，是最早的深度学习框架之一，比 TensorFlow、Mxnet、PyTorch 等都更早，需要进行编译安装。支持命令行、Python 和 Matlab 接口，单机多卡、多机多卡等都可以很方便地使用。目前 master 分支已经停止更新，Intel 分支等还在维护，Caffe 框架比较稳定。

Caffe 的优点：以 C++/CUDA/Python 代码为主，速度快，性能高；采用工厂设计模式，代码结构清晰，可读性和拓展性强；支持命令行、Python 和 Matlab 接口，使用方便；CPU 和 GPU 之间切换方便，多 GPU 训练方便；工具丰富，社区活跃。

Caffe 的缺点：源代码修改门槛较高，需要实现前向反向传播，以及 CUDA 代码；不支持自动求导；不支持模型级并行，只支持数据级并行；不适合于非图像任务。

5. MXNet

MXNet 是由李沐等人领导开发的非常灵活、扩展性很强的框架，被 Amazon 采纳为官方框架。MXNet 同时拥有命令式编程和符号式编程的特点。在命令式编程方面，MXNet 提供张量运算，进行模型的迭代训练和更新中的控制逻辑；在符号式编程中，MXNet 支持符号表达式，用来描述神经网络，并利用系统提供的自动求导来训练模型。MXNet 性能非常高，适用于资源受限的场合应用。

6. CNTK

CNTK 是微软公司开源的深度学习工具包，它通过有向图将神经网络描述为一系列计算步骤。在有向图中，叶节点表示输入值或网络参数，而其他节点表示其输入上的矩阵运算。CNTK 允许用户非常轻松地实现及组合流行的模型，包括：前馈 DNN、卷积神经网络（CNN）和循环网络（RNN / LSTM）。与目前大部分框架一样，实现了自动求导，利用随机梯度下降方法进行优化。

CNTK 性能较高，官方宣称，CNTK 比其他的开源框架性能都更高。CNTK 由微软语音团队开发并开源，更适合做语音任务，使用 RNN 等模型，以及在时空尺度分别进行卷积。

7. Theano

Theano 最早始于 2007 年，以一个希腊数学家的名字命名，早期开发者是蒙特利尔大学的 Yoshua Bengio 和 Ian Goodfellow。Theano 是最老牌和最稳定的库之一，是第一个有较大影响力的 Python 深度学习框架，早期的深度学习库的开发不是 Caffe 就是 Theano。

Theano 是一个比较底层的 Python 库，这一点和 TensorFlow 类似，专门用于定义、优化和求值数学表达式，效率高，非常适用于多维数组，所以特别适合做机器学习。Theano 可以被理解为一个数学表达式的编译器，Theano 框架会对用符号式语言定义的程序进行编译，高效运行于 GPU 或 CPU 上。但是 Theano 不支持分布式计算，这使其更适合于在实验室的学习入门，并不适用于大型的工业界的项目，这可能是其技术上落后的一个重要原因。

Theano 来自学界，它最初是为学术研究而设计的，这使得深度学习领域的许多学者至今仍在使用 Theano，但 Theano 在工程设计上有较大的缺陷，有难调试和建图慢的缺点，开发人员在它的基础之上，开发了 Lasagne、Blocks、PyLearn2 和 Keras 等上层接口封装框架。但随着 TensorFlow 在谷歌的大力支持下强势崛起，使用 Theano 的人已经越来越少了。标志性的事件就是创始人之一的 Ian Goodfellow 放弃 Theano 转去谷歌开发 TensorFlow 了。而另一位创始人 Yoshua Bengio 于 2017 年 9 月宣布不再维护 Theano，事实上已经宣告死亡。基于 Theano 的前端轻量级的神经网络库，如 Lasagne 和 Blocks 也同样没落了。Theano 作为第一个主要的 Python 深度学习框架，为早期的研究人员提供了强大的工具和很大的帮助，为后来的深度学习框架奠定了以计算图为框架核心，采用 GPU 加速计算的基本设计理念。

8. Darknet

Darknet 最初是 Joseph Redmon 为了 YOLO 系列开发的框架。基于 Darknet 框架，Joseph Redmon 提出了著名的 YOLO 系列目标识别模型，该系列模型凭借优越的性能被各个领域的研究人员及商业公司广泛采用。Darknet 几乎没有依赖库，是从 C 和 CUDA （Compute Unified Device Architecture，统一计算设备架构）开始撰写的深度学习开源框架，支持 CPU 和 GPU 加速。Darknet 跟 Caffe 有众多相似之处，却更加轻量级，适合作为深度学习框架构建的参考。

9. PaddlePaddle

PaddlePaddle 又名飞桨，是由百度公司开发并开源的深度学习框架。以百度多年的深度学习技术研究和业务应用为基础，是我国首个开源开放、技术领先、功能完备的产业级深度学习平台，集深度学习核心训练和推理框架、基础模型库、端到端开发套件和丰富的工具组件于一体。目前，飞桨已凝聚超 265 万名开发者，服务企业 10 万家，基于飞桨开源深度学习平台产生了 34 万个模型。飞桨助力开发者快速实现 AI 想法，快速上线 AI 业务。帮助越来越多的行业完成 AI 赋能，实现产业智能化升级。

10. YOLO

Joseph Redmon 于 2015 年提出了 YOLO 算法。YOLO 系列算法是一种能满足实时检测要求（FPS > 30）的高精度算法，所以受到广大工程应用人员的青睐，在实际项目中有非常广泛的应用，值得初学者投入时间精力去学习、研究和应用。

从 YOLOv1 到 YOLOv3 都是由 YOLO 算法的创始人 Joseph Redmon 在主持升级和完善。2020 年 2 月 21 日，Joseph Redmon 在个人的 Twitter 上宣布，将停止一切 CV（Computer Vision）研究，原因是自己的开源算法已经用在军事和隐私问题上，这对他的道德造成了巨大的考验，从此其他人开始接手 YOLO 系列算法的改进工作。

2020 年 4 月 23 日，Alexey Bochkovskiy、Chien-Yao Wang 和 Hong-Yuan Mark Liao 推出了 YOLOv4，展示了令人印象深刻的成果。这个模型甚至收到了 Redmon 的称赞。距离 YOLOv4 发布一个多月的时间，YOLOv5 又进入了大众的视野。之后，YOLOv6、YOLOv7、YOLOv8 陆续被不同的开发者推了出来。

YOLO 是 You Only Look Once 的缩写，意思是只需要看一眼就知道位置及对象。它将单个卷积神经网络（CNN）应用于整个图像，将图像分成网格，并预测每个网格的类概率和边界框。然后，对于每个网格都会预测一个边界框和与每个类别（汽车、行人、交通信号灯等）相对应的概率。每个边界框可以使用四个描述符进行描述：边界框的中心、高度、宽度、值映射到对象所属的类。

此外，该算法还可以预测边界框中存在对象的概率。如果一个对象的中心落在一个网格单元中，则该网格单元负责检测该对象。每个网格中将有多个边界框。在训练时，根据哪个 Box 与 ground truth box 的重叠度最高，从而分配一个 Box 来负责预测对象。最后，对每个类的对象应用一个称为"非最大抑制（non max suppression）"的方法来过滤出"置信度"小于阈值的边界框。

YOLO 速度非常快，它比"R-CNN"快 1000 倍，比"Fast R-CNN"快 100 倍，能够处理实时视频流，延迟小于 25ms；它的精度是以前实时系统的两倍多。YOLO 遵循的是"端到端深度学习"的实践。

14.6 应用案例

14.6.1 基于 YOLOv4 的前方车辆距离检测及视频演示

1. 内容简介

汽车辅助驾驶系统（Advanced Driver Assistance System，ADAS）是智能车辆领域研究和发展的重点，行驶过程中对前方车辆的检测是该系统完成驾驶任务的前提。本案例以行车过程中道路前方车辆为研究对象，研究一种基于单目视觉的前方车辆检测与测距系统。

2. 硬件设备及图像采集

本案例所使用的硬件设备包括：实验车辆、行车记录仪（单目摄像头）和笔记本计算机。实验车辆上安装一台单目摄像头，该摄像头位于前方玻璃内侧、后视镜前方，并通过 USB 转换器电缆连接到笔记本计算机。车载摄像头型号为 OmniVision OV4689，采用 CMOS 图像传感器，分辨率 2560×1440 像素，帧率 60 帧/s，镜头焦距 5mm，水平视场 60°，安装在距地面 1.35m 的高度。采用安装有 CUDA 11.2.0 和 CUDNN 8.1.0.77 的笔记本计算机进行图像采集和处理，显卡 GTX3060 6GB，处理器 R7 6800H，内存 16GB RAM，硬盘 512GB SSD。

测试视频采集：将单目摄像头固定在驾驶室内前方位置，车辆在不同道路、时间段以及不同场景下行驶并录制视频。

标定图像采集：采集过程中，车辆处于车道中央位置，以人为采集目标，摄像头对不同距离的采集目标进行图像拍摄。

3. 数据划分与标注

在数据集预处理阶段，使用标注工具 LabelImg 对检测目标逐个标注。检测目标分为行人和机动车，将数据集中的机动车统一用类别 car 表示，行人用类别 person 表示。标注工具 LabelImg 会生成标注物体的类别、位置及尺寸等信息的 .xml 文件。为了排除多目标重叠和目标间干扰的影响，在标注过程中，对此类的检测目标不进行标注。本案例总共标注机动车目标 11465 个、行人目标 2111 个，通过将数据集图像和 .xml 文件分别转入 JPEGImages 文件夹和 Annotations 文件夹的方式转换成符合 VOC2007 数据集结构的形式。同时，将数据集按照 8∶1∶1 的比例划分为训练集、验证集和测试集，创建相应的 .txt 文件并将其放入 ImageSets/Main 文件夹中，以记录每个集合中包含的图像名称。训练集被用于训练模型并确定其参数，测试集用于评估模型的泛化误差。评估经过训练的不同模型在测试集上的表现，可以近似估计其在不同数据上的泛化能力。此外，还可以通过比较这些模型在测试数据上的泛化误差，来选择具有较强泛化能力的模型。

4. 数据扩增

数据扩增是在有限的数据基础上，利用图像处理技术对样本数据进行变换和处理，生成新样本的一种方法。数据扩增通过生成额外的数据样本，扩大原始数据集的规模，来提高模型的泛化能力和鲁棒性，同时减少过拟合风险。车辆检测任务中，数据扩增可以通过引入随机变换、旋转、裁剪、平移等操作来扩展数据集，有效地减轻过拟合现象，提高模型的泛化能力。数据扩增还可以通过引入多样性、变换和扰动，提高模型对不同角度、尺度、光照条件、天气条件等的适应能力，从而增强模型的鲁棒性。本案例主要采用基于几何变化的随机翻转、剪裁、平移以及旋转、Mosaic 数据增强和 MixUp 数据增强的方式对数据集图像进行了扩增。

5. 车道线检测与感兴趣区域提取

为研究图像车道宽度与实际距离的回归关系，需要通过车道线检测获取不同距离的图像车道宽度像素值。基于数据回归的测距方法仅针对道路正前方目标进行测距。因此，本案例车道线检测算法采用较为成熟的 OpenCV 库函数对道路正前方车道线进行检测。

在车道线检测和识别过程中，划分感兴趣区域（Region of Interest，ROI）可以剔除其他区域信息，限定和缩小处理范围，减少程序运算量和运行时间。由于行车记录仪的角度和位置不发生变化，ROI 在图像上的位置固定不变。本案例以道路正前方车道线区域作为 ROI 区域。这样能够针对当前车道线进行检测与识别，排除其他车道线以及道路环境的影响，从而提高车道线识别的精度和鲁棒性。

6. 基于改进 YOLOv4-lite 的前方车辆检测

本案例选择以 YOLOv4 网络模型为基础对其进行改进，旨在减小模型参数量，同时提升模型的检测速度与精度。为了减少模型的参数量以及提高模型的训练和检测速度，将 YOLOv4 的 CSPDarkNet53 主干网络替换为 MobileNetV2，将深度可分离卷积与普通卷积进行结合用于整个网络卷积块结构，搭建轻量化网络模型 YOLOv4-lite。为了优化 YOLOv4-lite 目标检测算法的精度问题，本案例提出了两方面的改进：①改进加强特征网络与预测网络中的卷积块；②改进注意力机制并添加到主干特征提取网络。通过消融实验和对比实验验证改进后的 YOLOv4-lite 目标检测算法对前方车辆检测性能的提升。

图 14.13 展示了原始的 YOLOv4-lite 网络和改进后的网络的目标检测效果。从图中可以看出，图 14.13a 漏检了前方远距离小目标车辆，图 14.13b 检测成功，并且其检测出的目标框置信度高；图 14.13c 成功检出前方车辆，但目标框的置信度相较于图 14.13d 低。表明改进后的 YOLOv4-lite 网络具有更强的检测能力，可以更准确地识别车辆目标，从而验证了改进点的合理性和有效性。

图 14.13 改进 YOLOv4-lite 检测效果图

a）场景 1 原 YOLOv4-lite　b）场景 1 改进 YOLOv4-lite
c）场景 2 原 YOLOv4-lite　d）场景 2 改进 YOLOv4-lite

7. 视频演示

下面给出 YOLOv4 前车距离检测的视频演示，读者可以扫描二维码观看视频。

14.6.2 基于 YOLOv7 的果园导航线检测及视频演示

本案例以苹果树为检测对象，设计出一种基于 YOLOv7 改进的果树树干检测算法，在保证识别速度的同时提高了识别的准确率。利用该

链 14-1 YOLOv4 前车距离检测

模型获得矩形边框的底部中心坐标，并将其作为定位参照点，通过最小二乘法对两侧树行线和导航线进行拟合。

1. YOLOv7 模型

YOLOv7 网络结构主要由三个部分组成，即输入端（input）、主干网络（backbone）、检测头网络（head）。在帧率（FPS）为 5 ~ 160 范围内，该模型在速度和精度上有较大的优势。输入部分通常为 640×640×3 像素大小的图像，经过预处理输入到主干网络中。主干网络在 YOLOv5 的基础上引入 ELAN 结构和 MP1 结构，结合 CBS 模块对输入的图像进行特征提取。其中，CBS 模块由卷积（Conv_2D）、标准化（batch normalization）、激活函数（SiLU）组成，ELAN 结构由多个 CBS 模块进行堆叠，MP1 结构则通过最大池化层（maxpool）和卷积块双路径分别对特征图进行压缩。检测头网络由 SPPCSPC 结构、引入了 ELAN-H 结构和 MP2 结构的特征提取网络以及 RepConv 结构组成。由主干网络输出的三个特征层在检测头网络得到进一步的训练，经过整合最终输出三个不同大小的预测结果，实现对目标的多尺度检测。

2. YOLOv7 网络改进

YOLOv7 模型对尺度较小或低分辨率的目标信息识别能力不足，容易出现漏检和误检的情况。而在果园图像中，靠近相机的物体会占据更多的图像空间，离相机较远的物体图像空间占据少，看起来更小，这种"透视效果"对于果园行间远处的目标树干检测要求更高。另外，本案例以矩形框的底边中点坐标作为果树定位参照点，矩形框的准确性对导航线的提取至关重要，因此提升矩形框的置信度以及准确度，可以有效提高导航线的精度。

首先，在检测头网络中引入 CBAM 注意力机制，有效提取苹果树干的关键特征信息，同时抑制树干背景噪声对目标检测的干扰，增强了模型对目标的识别能力。其次，在 ELAN-H 模块和 Repconv 模块间增加一个用于低分辨率图像和小物体的新 CNN 模块 SPD-Conv，完全替代甚至消除卷积步长和池化层带来的负面影响，有效提高了对低分辨率和小目标的检测能力。

3. 图像采集及预处理

图像采集的果园内果树树形为纺锤形，种植行距约为 3.5m，株距约为 2.5m。采用 PCBA-P1080P 工业摄像头进行图像采集，拍摄时水平手持摄像头，置于两行果树中央，距离地面 1.5m 左右，缓缓向前移动，采集包括不同光照亮度下的苹果树行间图像。共采集视频 28 条，平均时长在 30s 以上，对视频进行抽帧处理，得到数据集共 1588 张。将数据集进行划分，得到训练集 1264 张、验证集 158 张、测试集 158 张，使用 LabelImg 进行标注，标签设置为 tree。将完整的树干标定在矩形边框内，1588 张图像所标记的苹果树干为 11043 个。图像标定完成后，所生成的标签以 xml 文件保存，文件中包含了标签类别和矩形边框的左上角和右下角坐标。

4. 实验环境

本案例实验采用的是台式计算机，处理器 Intel（R）Core（TM）i5-12400 2.50GHz，内存为 16GB，GPU 为 NVIDIA GeForce RTX 3070，运行环境为 Windows 10（64 位）操作系统，配置深度学习环境为 Python = 3.7.12 + torch = 1.7.1 + torchvision = 0.8.2，CUDA 版本为 11.0。在训练过程中，对网络模型使用随机梯度下降法（Stochastic Gradient Denset，SGD）进行学习和更新网络参数，并采用余弦退火的学习率衰减方式，设定的部分超参数见表 14.1。

表 14.1 网络训练超参数

训练参数名称	参数值
初始学习率	0.01
最小学习率	0.0001
权重衰减系数	0.0005
动量（momentum）	0.937
批处理大小（batch）	2
训练批次（epoch）	200
图像输入尺寸	640

5. 树干检测结果

为验证本案例改进算法在苹果树干识别的有效性，对原 YOLOv7 模型和改进 YOLOv7 模型的检测结果进行比较，如图 14.14 所示。图 14.14a、c 分别为原 YOLOv7 模型得到的树干检测结果，图 14.14 b、d 分别为改进 YOLOv7 模型得到的检测结果。

可以看出图 14.14a 中漏检了右前方的一棵果树，且图像左下角这棵树的目标框标记不太准确，图 14.14b 中则没有出现这些问题；图 14.14c 中漏检了远处特征不明显的一棵小树，图 14.14d 则检测成功且更为准确。实验结果表明，改进后的算法在果园环境中能够更有效、更准确地检测出小目标，且漏检率较低。此外，改进后 YOLOv7 模型输出的置信度值通常更高，这说明改进后的网络的检测能力更强，更能关注目标的关键信息。从以上分析可以看出，本书提出的改进方法对于提高对苹果树干的检测效果是合理有效的。

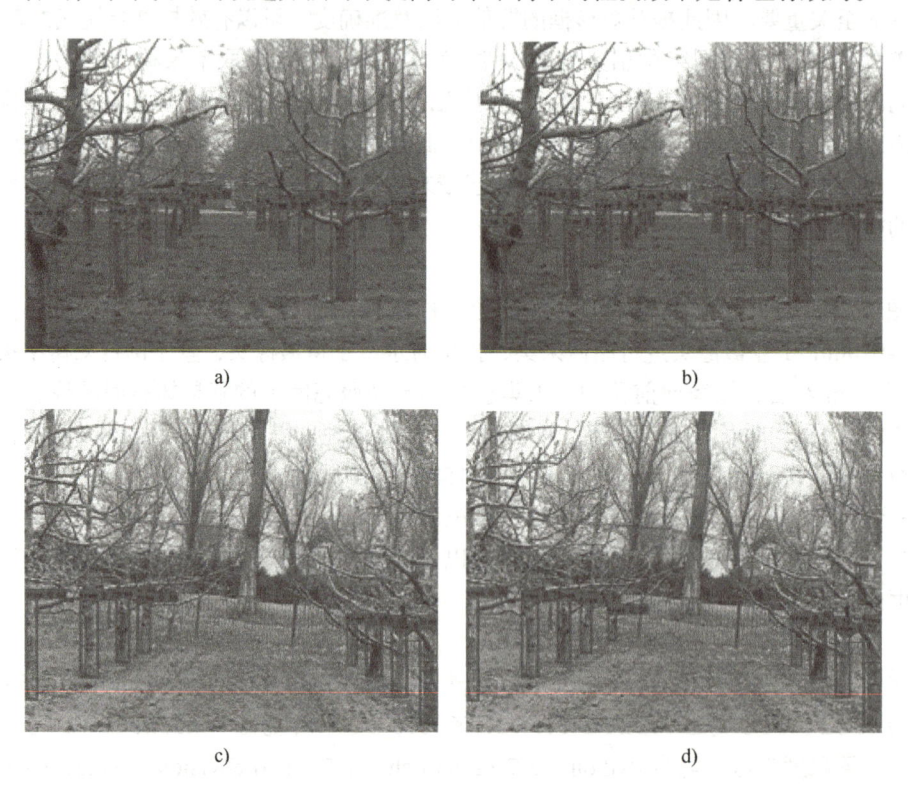

图 14.14 果树树干检测结果对比

a）场景 1 原 YOLOv7 检测结果　b）场景 1 改进 YOLOv7 检测结果
c）场景 2 原 YOLOv7 检测结果　d）场景 2 改进 YOLOv7 检测结果

6. 导航线检测

YOLOv7 检测得到被识别果树树干的矩形边框坐标，通过计算进而得到果树树干的中心坐标。因为导航线主要通过果树树干中心点的 x 方向坐标来进行拟合，y 方向上的移动对其影响不大，因此将果树树干根部中点作为定位参照点。

在获得左右两列果树树干的定位参照点坐标后，进行两侧果树行线的拟合。设单侧树干生成的 m 个定位参照点坐标为 (X_i, Y_i)，$i = 1,2,3,\cdots,m$，通过最小二乘法对其进行拟合，得到两侧果树行线，如图 14.15 所示树根处的直线。

在得到的两侧果树行线上分别在垂直方向上等间隔取 20 个点，将这左右各 20 个点的 x、y 坐标分别对应求取平均值，可以得到位于两侧果树行线中间的用于导航线拟合的 20 个定位点，对定位点进行最小二乘法计算，可得到导航线，如图 14.15 所示中间的直线。

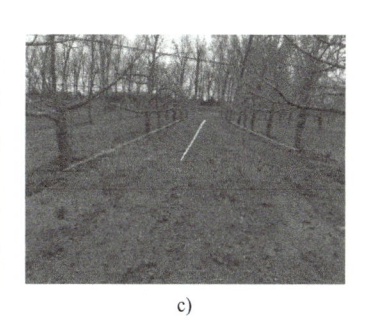

图 14.15 拟合导航线

a) 场景 1　b) 场景 2　c) 场景 3

7. 视频演示

下面给出基于 YOLOv7 的果园导航线检测的视频演示，读者可以扫描二维码观看视频。

链 14-2　基于 YOLOv7 的果园导航线检测

思考题

1. 为什么不同应用领域的机器学习都可以使用 CNN？CNN 解决了这些领域的哪些共性问题？它是如何解决的？

2. 举例说明常用的 3 种深度学习框架，并概述其主要特点和应用方向。

参 考 文 献

[1] 陈兵旗，谭彧，等.机器视觉及深度学习：经典算法与系统搭建[M].北京：化学工业出版社，2022.

[2] 陈兵旗.机器视觉技术[M].北京：化学工业出版社，2018.

[3] 陈兵旗.机器视觉技术及应用实例详解[M].北京：化学工业出版社，2014.

[4] 陈兵旗，孙明，等.实用数字图像处理与分析[M].2版.北京：中国农业大学出版社，2014.

[5] 房鑫.基于单目视觉的前方车辆检测与测距研究[D].北京：中国农业大学，2023.

[6] 彭书博，陈兵旗，李景彬，等.基于改进YOLOv7的果园行间导航线检测[J].农业工程学报，2023，39（16）：131-138.